개정판

일반통계학

- 이론 및 엑셀통계 실습 -

염준근 · 김혜중 · 이관제 · 김주환 · 심규박
조태경 · 이영섭 · 김선웅 · 안홍엽 지음

敎友社

머리말

21세기 정보화 시대에 통계학은 여러 분야에서 폭넓게 활용되고 있으며 그 중요성도 날로 더해가고 있다. 이 책은 통계학을 처음으로 배우고자 하는 학생들을 위하여 통계학입문에 해당하는 내용을 이해하기 쉽도록 설명하였다. 또한 통계학 이론의 응용력을 키우기 위한 많은 실제 응용에 적용되는 연습문제들을 제시하였으며, 연습문제들은 가능한 한 엑셀(EXCEL 2000)을 이용하여 처리할 수 있도록 각 장마다 엑셀 실습 예제를 추가하였다. 과거의 통계학 강의에서 어렵고 지루하게 느끼던 복잡한 계산 부분은 이러한 엑셀실습의 예제를 통해 얻은 방법을 응용하면 될 것이다.

이 책은 총 14개 장으로 그 내용이 구성되어 있으며, 각 장마다 필요한 내용을 간단 명료하게 설명하였고 많은 예제를 통해 기본 개념과 이론을 이해하고 응용력을 키울 수 있도록 하였다. 1장에서는 통계학의 정의 및 통계학을 공부하는데 있어 주요한 용어 및 개념을 설명하고, 2장 기술통계에서는 도수분포표와 그래프 및 줄기-잎 도표를 이용하여 자료를 정리하고 요약하는 방법을 실명하였으며, 3장에서는 일변량 자료의 분석을 위한 대표값, 위치값, 산포도, 적률, 표준점수, 상자그림 등을 설명하였다. 4장에서는 이변량 자료의 정리를 위한 상관도, 상관분석 및 단순회귀분석의 기초개념을 설명하였다.

5장에서는 통계학을 공부하는데 기초가 되는 확률이론 중 통계실험, 경우의 수, 확률의 정의, 확률의 연산, 확률변수 등을 설명하였다. 6장 이산확률분포에서는 기본적인 이항분포, 초기하분포, 포아송 분포를, 7장 연속확률분포에서는 통계적 방법을 이해하는데 기본이 되며 많은 활용을 하는 정규분포 및 응용을 다루었다. 8장에서는 표본추출 및 표본분포에 대한 설명을 하였으며 χ^2-분포, t-분포, F-분포를 소개하였다.

9장과 10장에서는 모집단의 특성을 추론하기 위한 추정과 가설검정에 대한 개념과 방법을, 11장에서는 두 모집단에 대한 통계적 추론을 설명하였다. 통계적 분석방법으로 12장에서는 범주형 자료에 대한 적합도 검정, 독립성 검정, 동질성 검정을 설명하고, 13장에서는 11장의 확장으로 두 개 이상의 모집단에 대한 평균비교를 할 수 있는 분산분석방법을 설명하였다. 마지막 14장에서는 단순선형회귀분석과 중회귀 분석을 다루었다.

따라서 이 책은 대학에서 통계학 개론에 해당되는 교과목의 한학기 또는 두 학기 교재로 활용할 수 있다. 최근에는 SAS, SPSS, Minitab, S+, JMP 등과 같은 통계분석 소프트웨어들이 사용자들이 사용하기 편리하게 개발이 되었다. 그러나 통계적 방법을 제대로 이해하지 못하고는 계산되어 나오는 무수한 통계 결과물은 단지 골치 아픈 숫자일 뿐이다. 이런 통계분석 소프트웨어와는 차별적으로 엑셀은 많은 사람들이 쉽게 접할 수 있으며, 엑셀 프로그램에서 주어진 데이터분석 기능을 이용하면 본 저서에서 소개하는 통계분석의 대부분을 처리할 수 있고, 이러한 계산을 하면서 통계학의 기본원리를 좀 더 이해할 수 있다. 이 책을 교재로 사용하고자 하는 경우 이 교재의 내용을 EXCEL을 활용하여 강의를 진행하여 나간다면 통계학을 처음 접하는 학생들에게 많은 도움이 되리라고 믿는다.

나름대로 내용을 쉽게 설명하려고 노력하였으나 통계학 이론은 한 번에 이해하기가 쉽지 않고, 복잡한 계산과 반복적인 연습을 필요로 하는 학문 분야이다. 통계학을 활용하기까지는 많은 시간과 노력이 필요하다. 어렵더라도 책의 순서에 따라 꾸준히 내용을 이해하고 연습문제를 풀어보면 통계학을 이해하고 응용할 수 있으리라 믿는다.

그간 몇 권의 통계학 전공 관련 책을 출판하기는 하였으나 통계학 개론에 해당하는 책의 집필이 가장 어렵다고 생각한다. 통계학 개론서를 접하는 대상의 분야가 넓고 응용범위가 다양하기 때문에 내용의 수준을 맞추기가 어렵기 때문이다. 대부분의 통계학 개론서는 국내외를 막론하고 포함되는 내용이 대동소이 하지만 저자들이 대학 강의에서 활용하였던 Richard C. Weimer의 “STATISTICS” 원서의 내용이 알차고 설명이 잘되어 있어 이를 주로 참조하고 부족한 내용을 보충 및 보완을 하여 본서를 준비하였다. 이 책은 동국대학교 통계학과(서울 캠퍼스)와 정보통계학과(경주 캠퍼스)의 교수 9명이 각각 일부분씩 맡아서 집필한 후 종합하였다. 이 책을 준비하면서 나름대로 최선을 다하였지만 부족하고 미흡한 부분이 많이 있으리라고 생각된다. 이러한 부분에 대해서는 많은 충고와 질책을 부탁드린다.

2006년 6월

서울 남산과 경주 남산에서

저자 씀

차 례

제9장 추정 ····· 205

제10장 가설검정 ····· 247

제11장 두 모수에 대한 추론 ····· 275

제1장 통계학이란 무엇인가?

1.1 통계학을 공부하는 이유

21세기를 살아가는 우리들은 거의 매일 "통계"란 말을 듣고 또한 통계를 우리도 모르는 사이에 이용하며 살아간다. 즉 통계는 우리 생활의 일부가 되었으며 통계를 잘 이해하면 우리 생활에 큰 보탬이 될 수 있다.

영어로 "Statistics"라 하면 복수로는 통계를 말하고 단수로는 통계학을 의미하는데 이 단어는 라틴어의 "Status"에서 유래되었다. 이 단어의 뜻은 한 국가의 경제, 인구, 정치에 관련된 자료를 나타내는 것으로서 오늘날에도 많은 사람들은 통계학을 비율, 평균, 도표와 그래프를 이용해서 자료를 정리하고 전체 집단을 파악하는 학문으로 인식하고 있다. 또 일부 사람들은 통계학을 정보를 다루기 위한 규칙들과 방법들을 구성하는 학문으로 이해하기도 하며 또 일부 사람들은 불규칙적이고 불확실한 상황에서 합리적인 의사결정을 내리기 위한 방법을 연구하는 학문으로 이해하기도 한다. 이와 같은 여러 가지 해석을 종합하면

통계학(統計學)은 불확실한 관심의 대상에 대해 자료를 수집하고 그 자료를 요약, 정리, 해석하여 불확실한 사실에 내한 합리석인 결론이나 일관성 등을 이끌어 내는데 필요한 이론과 방법을 연구하는 학문

으로 정리할 수 있다. 또한,

> **통계**는 특정한 집단을 조사나 실험을 통하여 구하여진 결과를 요약한 형태의 표현

이라고 할 수 있다. 이에서 보는 바와 같이 통계학의 관심 대상은 항상 불확실하다는 것이다. 그런데, 우리 생활은 항상 불확실한 환경에 놓여 있으며 이것을 해결하는 방법이 바로 통계학이므로 우리는 통계학을 생활의 일부로 여길 수밖에 없다.

몇 가지 예를 들어 보자. 우리는 매일 매스미디어에 의해 다음과 같은 광고들을 접하게 된다.

① A자동차의 연비는 동급 차들 중 가장 좋다.
② A진통제는 다른 진통제에 비해 빨리 효과가 나타난다.
③ 오늘의 기온은 작년 오늘에 비해 따뜻하다.
④ 치과의사가 A칫솔을 추천하였다.

위의 예 중에서 ①과 ②에서의 문제는 어떤 자료(증거)에 의해 그러한지 알 수 없다는 것이다. ③에서의 문제는 작년 오늘과 금년 오늘을 직접 비교하는 것이 어떤 의미를 갖느냐 하는 것이며 ④에서는 얼마나 많은 치과 의사를 조사하였는지 알 수가 없다는 것이다. 즉 우리는 많은 통계정보를 접하게 될 때 그 통계정보에 대한 분석 없이 그대로 받아들이면 잘못된 판단을 내리게 되어 손해를 볼 수도 있게 된다. 따라서 우리들은 통계학에 대한 기본적인 개념의 이해와 통계처리기법에 대한 이해가 필요한 것이다. 다음의 예를 들어보자.

예제 1 우리 대학에서 가장 훌륭한 교수님을 선정하려고 할 때 어떻게 할 것인가를 생각해 보자. 한 방법으로 학생들을 대상으로 조사를 할 수 있을 것이다. 이때 몇 명의 학생을 조사할 것인지, 어떻게 학생을 선정할 것인지, 누가 조사할 것인지, 어떻게 자료를 분석할 것인지 등 모든 것들은 통계적 방법으로 결정되어진다.

예제 2 A제품이 다른 제품들에 비해 우수하다는 TV 보도에 대해 반론을 제기하기 위해서는 어떻게 해야 하는가? 우선 모든 제품들에 대한 정보를 통계적인 방법으로 수집하여 분석해야 된다. 불충분한 정보나 정보의 잘못된 분석으로 잘못된 보도를 할 수 있기 때문이다.

1.2 통계학의 용어

앞에서 설명하였듯이 통계학에서는 불확실한 대상을 조사하여 결론을 얻기 위해서는 자료가 수집되어야 하는데, 경우에 따라서 조사과정을 통하여 실제로 조사되는 대상과 조사 가능한 모든 대상과는 구분되어 진다.

모집단(Population)
관심의 대상으로서 조사 가능한 정보나 개체의 모든 집합

표본(Sample)
모집단의 일부로서 실제 조사되는 대상들의 집합

<예제 1>에서 최고의 교수님이 누구인지를 조사하고자 할 때 모집단은 우리 대학에 재학하는 전체 학생들이 된다. 그런데 전체 학생들을 조사하는 것은 매우 어렵고 시간이 많이 소비되기 때문에 전체 학생 중에서 일부분을 뽑아 조사를 실시한다. 이 일부분의 학생이 표본이다.

모집단은 그것을 구성하는 개체들의 수에 따라 유한모집단(finite population)과 무한모집단(infinite population)으로 나누어진다.

유한모집단
모집단을 구성하는 개체의 수가 유한개인 모집단

무한모집단
모집단을 구성하는 개체의 수가 무한개인 모집단

예제 3 <예제 1>에서 우리 대학의 전체 학생들은 유한모집단이다. 동전을 던지는 실험에서는 실험이 무한히 계속될 수 있으므로 무한모집단이 된다.

통계학에서 이용되는 수치적 특성으로 통계량(statistic)과 모수(parameter)가 있다.

통계량
표본의 분포적 특성을 나타내는 수치적 함수

모수
모집단에 대한 수치적 특성

예제 4 우리 대학에서 흡연하는 학생들의 비율을 추정하기 위해서 200명을 조사하였다.

모수: 우리대학 전체 학생들 중 흡연자 비율

통계량: 200명 학생들 중 흡연자 비율

1.3 기술통계학과 추측통계학

통계학은 기술통계학(descriptive statistics)과 추측통계학(inferential statistics)으로 나누어진다.

기술통계학은 수집된 자료를 정리하고 요약하여 자료집단의 특성을 파악하려는 분야로서 방대하고 복잡한 자료를 그래프나 숫자로 요약하여 보다 쉽고 빠르게 전체를 이해할 수 있게 한다. 이 기법은 모집단이나 표본 모두에 이용된다.

추측통계학은 모집단 전체를 조사 대상으로 하는 것이 아니고 표본을 조사하여 모집단의 특성을 추측하고 검정하는 분야이다. 그런데 조사되어진 표본은 모집단의 특성에 대하여 완전한 정보를 갖고 있는 것이 아니고 표본에 따라 서로 다른 정보를 갖게 되므로 어떠한 표본으로부터 모집단의 특성을 추측하느냐에 따라 서로 다른 결과가 나타나게 된다. 이와 같이 모집단의 특성과 표본으로부터 얻어진 차이를 오차(error)라고 하며 추측통계학에서 오차는 불가피한 것이다.

예제 5 다음은 기술통계학의 예이다.

① 어떤 양궁 선수의 지난 10 게임에서의 평균 득점

② 어떤 정치인의 지난 대선에서의 득표율

③ 지난 5년간 평균 물가 상승률

④ 금년도 신입생의 성적분포

예제 6 다음은 추측통계학의 예이다.

① 여론조사 결과로부터 다음 대선에서 이길 가능성

② 과거의 주가를 토대로 내일의 주가 변동을 예측

③ 새로 개발된 감기약의 효과를 분석

제2장 자료의 요약

2.1 서론

통계학에서 가장 기본이 되는 단계는 자료를 수집하는 단계로써 수집된 자료는 목적에 따라 분류 정리되어 분석하게 된다.

자료를 정리하는 방법은 분석의 대상이 되는 자료의 형태에 따라 달라지며 일반적으로 자료는 질적자료(qualitative data)와 양적자료(quantitative data)로 구분된다. 질적자료는 관측된 결과가 숫사가 아닌 범주나 속성으로 분류되는 자료로서 범주형자료(categorical data)라고도 한다. 양적자료는 관측결과가 숫자로 표현되는 수치적 자료를 말하다.

예제 1 성별(남, 여), 색상(붉은색, 노란색, 파란색), 종교(불교, 천주교, 기독교), 혈액형(O, A, B, AB) 등은 질적자료이다.

예제 2 무게, 연령, 길이, 성적 등은 양적자료이다.

주의하여야 할 것은 질적자료와 양적자료의 구분이 단지 자료가 숫자로 표현되는가의 여부에 따라 구분되는 것은 아니라는 것이다. 숫자로 표현되는 자료라 하더라도 그것이 어떻게 이용되느냐에 따라 질적변수일 수도 있고 양적변수일 수도 있다. 예를 들어 찬성은 1, 반대는 0 으로 찬·반을 나타낼 때 이 자료는 질적자료로서 범주를 나타낸다. 그러나 크기로서 0, 1이 표현된다면 이것은 양적자료이다. 양적자료도 질적자료의 형태로 변환하여 사용할 수 있다.

예제 3 개인의 키가 cm 단위로 측정되면 양적자료이고 170cm이하, 170cm~180cm, 180cm이상으로 나누어 작음, 중간, 키큼으로 표현하면 질적자료이다.

양적자료는 관측되어지는 값에 따라 이산형(discrete)과 연속형(continuous)으로 나누어진다. 관측값이 셀 수 있는 값이면 이산형 자료이고, 관측값이 구간에서의 자료이면 연속형 자료이다.

예제 4 한 가족에서 어린아이의 수, 교통사고 건수, 저금통 속의 동전 수 등은 이산형 자료이다.

예제 5 자동차의 속도, 무게, 시간 등은 연속형 자료이다.

또한 자료는 척도의 수준에 따라 다음과 같이 나누어진다.

① 명목척도(nominal scale)
② 순위척도(ordinal scale)
③ 구간척도(interval scale)
④ 비율척도(ratio scale)

①의 명목척도는 숫자의 의미가 범주를 구분하기 위해 사용되는 기호의 의미로 구분하거나 분류의 목적으로 사용되며 양적자료와 질적자료 모두 적용된다.

예제 6 주민등록번호, 차번호, 남(0), 여(1)

②의 순위척도는 측정이 범주형이고 각각의 범주간에는 순서의 의미가 있다.

예제 7
- 성적 A, B, C, D, F
- 조교수, 부교수, 교수
- 초등학교, 중학교, 고등학교, 대학교

③은 측정된 관측치 간의 차이가 양적으로 계산될 수 있도록 순위척도로 측정된 자료를 구간척도라 한다. 두 값들 사이의 거리(차이)는 의미가 있고 구간척도는 반드시 양적자료이어야 한다. 구간 척도는 절대 영점이 존재하지 않는다.

예제 8 IQ 점수: 두 개의 점수간의 차이는 계산되지만 IQ 180이 IQ 90의 두 배를 나타내는 것은 아니다.

온도: 0^oC는 "온도가 없음"을 뜻하는 것은 아니다.

④의 비율척도는 구간척도가 갖는 특성에 0의 의미가 "없다"라는 뜻이 포함된 자료를 말한다. 비율 척도는 비율 계산이 가능한 일반적으로 사용되는 단위들이다.

이용되는 측정척도에 따라 자료를 분류하는 것은 중요한 일이다. 모집단에 대해 추론하기 위해 이용되는 통계적 방법은 측정척도의 형태에 의존한다. 만약 순위자료의 표본이 이용된다면 순위자료에 대한 통계적 기법이 이용되어야 한다.

2.2 도수분포표를 이용한 자료의 정리

자료를 정리하는 목적은 전체 자료의 형태를 파악하고 간단하게 분석하기 위해서이다. 정리하기 전의 원래의 자료를 원자료(raw data)라 하며 원자료를 배열하는 하나의 방법은 자료를 크기 순서로 정렬하는 것이다. 그러나 자료의 개수가 방대하면 크기 순서로 정렬하는 것이 쉽지 않기 때문에 표를 이용하여 원자료를 정리한다. 이 표를 도수분포표(frequency table)라고 하며 도수는 동일한 관측값 또는 범주안의 개수로서 질적자료나 이산자료의 정리에 이용되며 f로 표시한다.

예제 9 다음은 9번의 농구 경기에서 자유투의 수이다.

2 4 7 6 7 2 4 8 7

x를 관측값이라 놓고 f를 도수라 하고 정리하면

x	2	4	6	7	8
f	2	2	1	3	1

이 된다.

다음 자료는 1학년 40명의 통계학 성적이다.

<표 2.1> 통계학 성적

71	64	70	78	58	49	79	65	83	69
62	47	60	70	66	79	63	60	67	92
59	67	66	78	63	62	69	56	66	81
68	86	70	66	82	72	73	54	70	71

<표 2.1>과 같은 연속형 자료이거나 많은 관측값들로 구성되는 이산형 자료는 전체를 몇 개의 그룹으로 나누어 도수분포표를 만들면 된다. 이때 각 그룹을 계급(class)이라 하는데, 계급의 수를 정하는 데는 특별한 법칙이 있는 것이 아니다. 그러나 자료의 총수에 비하여 너무 많거나 적은 수의 계급을 사용하면 자료에 포함된 정보를 충분히 나타내지 못한다. 전체 자료를 계급으로 나눌 때 다음과 같은 점을 유의하여야 한다.

① 각 계급은 동일한 간격(width)을 가져야 한다.
② 어느 두 계급도 겹쳐져서는 안된다.
③ 모든 자료는 반드시 어느 하나의 계급에 속하여야 한다.

예제10 <표 2.1>의 자료를 이용하여 도수분포표를 만들어 보자.

<표 2.2> 통계학 성적의 도수분포표

계급	도수
40 이상~50 미만	2
50 이상~60 미만	6
60 이상~70 미만	18
70 이상~80 미만	9
80 이상~90 미만	4
90 이상~100 미만	1

<예제 10>에서 각 계급의 아래에 있는 값을 급하한(lower class limit)이라 하고 각 계급의 위에 있는 값을 급상한(upper class limit)이라 한다. 또한 급상한과 급하한 사이의 거리를 계급간격(class width)이라 한다. 이 예에서 급간격은 10이다.

급간격 = i 번째 계급의 급상한 - i 번째 계급의 급하한

자료로부터 계급을 이용하여 도수분포표를 만드는 데는 특별한 법칙은 없으나 경험에 의하면 5~15개의 계급을 만드는 것이 전체 자료를 요약하는데 적당하다.

근사적으로 필요한 계급의 수를 결정하는데 스털저스(Sturgers)의 법칙을 이용하기도 한다.

Sturgers의 법칙

$$C = \log_2 n + 1 = 3.3(\log_{10} n) + 1$$

n 은 자료의 수

여기서 C의 값은 일반적으로 가장 가까운 정수로 반올림된다.

자료의 범위(range)를 R이라 하면

범위

R = 최대값- 최소값

이며, 계급 간격은

계급 간격

$$W = \frac{R}{C}$$

이다. W의 값은 $\frac{R}{C}$보다 큰 최소 정수를 취한다.

따라서 최소값이 첫 번째 계급에 포함되도록 첫 번째 계급의 급하한을 정하고 동일한 급간격으로 순차적으로 C개의 계급을 구하면 도수분포표를 만들 수 있다.

예제11 <표 2.1>을 Sturgers의 법칙을 이용하여 계급의 수를 구하여 보자.

$C = 3.3(\log 40) + 1 = 5.806 \approx 6$

$R =$ 최대값 $-$ 최소값 $= 92 - 47 = 45$

$W = \frac{R}{C} = \frac{45}{6} = 7.5$

도수분포표에서 각 계급을 대표하기 위하여 각 계급의 중앙값을 이용하는데 이 값을 계급값(class mark)이라 한다. 계급값을 이용하면 원자료를 이용하는 것 보다 계산이 쉽고 간단하다. 그러나 정확도는 떨어진다.

$$\textbf{계급값} = \frac{l_1 + l_2}{2}$$

여기서 l_1: 급하한 l_2: 급상한

도수분포표의 작성

1) 자료의 최소값과 최대값을 찾아 범위 R을 구한다.
2) 자료의 크기를 고려하여 5~15개의 계급의 개수 C를 정하고 적당한 계급의 간격 W을 정한다.
3) 최소값이 첫 번째 계급에 포함되도록 첫 번째 계급의 하한을 정한 후 동일한 계급간격으로 중복되지 않게 순차적으로 C개의 계급을 정한다.
4) 각 계급의 중앙값으로 계급값을 정한다.
5) 각 계급에 속하는 관측값의 개수를 세어 도수를 구한다.

〔상대도수분포표〕

도수분포표에서 각 계급의 도수를 전체 관측자료의 총수에 대한 비율로 나타내는 것이 유용할 때가 있다. 이 비율을 상대도수(relative frequency)라고 한다.

$$\text{상대도수} = \frac{f}{n}$$

도수분포표에 상대도수를 포함한 표를 상대도수분포표라 한다.

〔누적도수분포표〕

도수분포표에서 각 계급의 급상한 보다 작은 값을 갖는 자료의 수를 각 계급에서의 누적도수(cumulative frequency)라 하며, 누적도수를 포함하는 도수분포표를 누적도수분포표라 한다.

예제12 <표 2.1>의 자료를 이용하여 누적도수분포표를 만들어 보자.

계급	계급표	도수	상대도수	누적도수
40 이상~50 미만	45	2	2/40	2
50 이상~60 미만	55	6	6/40	8
60 이상~70 미만	65	18	18/40	26
70 이상~80 미만	75	9	9/40	35
80 이상~90 미만	85	4	4/40	39
90 이상~100 미만	95	1	1/40	40(= n)

2.3 그래프를 이용한 자료의 정리

그래프는 자료를 묘사하고 요약하는 그림을 뜻한다. 자료를 그림으로 표현하는 것이 때로는 도수분포표보다 자료의 특징을 명백하게 보여준다. 따라서 자료를 표현하는데 그래프를 많이 이용하게 된다. 그래프에는 막대그래프, 원그래프, 선그래프, 히스토그램 등이 있다.

[막대그래프와 원그래프]

일반적으로 많이 사용되는 그래프는 막대그래프와 원그래프이다. 이 그래프들은 주로 범주형 자료와 명목형 자료에 이용된다. 특히 원그래프는 예산액과 같이 전체에 대해 각 부분들을 나타낼 때 많이 이용된다. 범주형 자료에서 수평축에는 범주를 수직축에는 각 범주에 대응되는 도수를 막대의 높이가 도수의 크기에 비례하도록 그린다.

예제13 다음 자료는 어느 사회단체에서 한 해 동안 받은 기부금의 내역이다.

<표 2.3> 기부금 수령 분야

수령 분야	기부금액(억)
종교	31.0
문화	4.1
사회	6.9
교육	9.0
건강	9.2
기타	4.7
합계	64.9

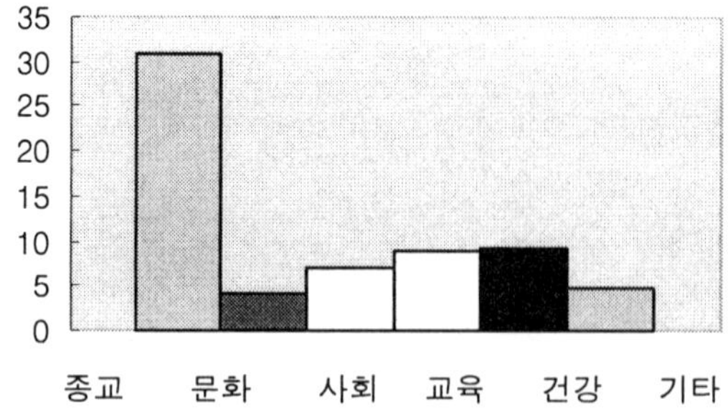

<그림 2.1> 기부금 수령 분야에 대한 막대그래프

원 그래프는 먼저 원을 그린 후 원의 중심각을 각 범주의 도수에 비례하도록 나누어 부채꼴 형태로 그림을 그린다. 조각의 크기 순서로 인접하여 그리면 전체를 해석하는데 용이하다.

예제14 <표 2.3>의 자료를 이용하여 원그래프를 그리시오.

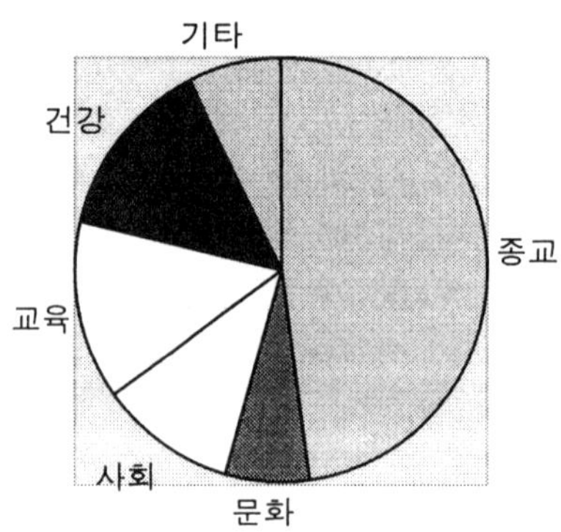

<그림 2.2> 기부금 수령 분야에 대한 원그래프

〔히스토그램〕

히스토그램(histogram)은 막대그래프의 일종이다. 히스토그램은 범주형 자료에서도 이용할 수 있다. 히스토그램을 작성할 때에는 막대의 넓이가 도수에 비례되도록 하기 위하여 막대의 폭을 일정하게 하여야 한다.

예제15 어느 회사에서 지난 한달 간 직원들의 지각 현황을 조사한 자료가 다음과 같다. 히스토그램을 그려라.

지각 횟수	도수
0	15
1	8
2	14
3	9
4	4

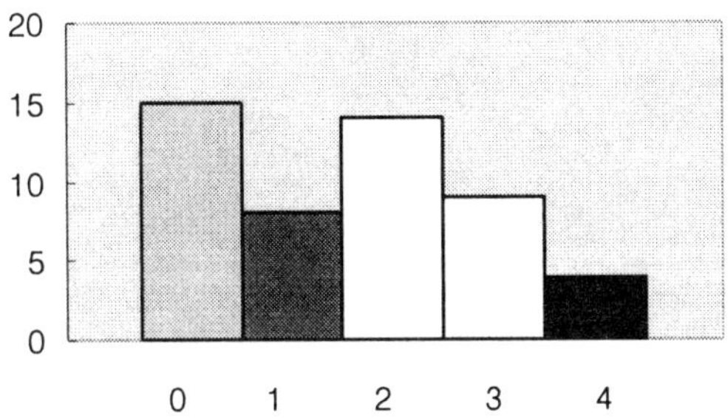

<그림 2.3> 직원들의 지각 현황

예제16 다음 도수분포표를 이용하여 히스토그램을 작성하라.

계급	도수
3.7 - 5.1	5
5.2 - 6.6	12
6.7 - 8.1	6
8.2 - 9.6	1
9.7 - 11.1	0
11.2 - 12.6	1
12.7 - 14.1	2
합계	27

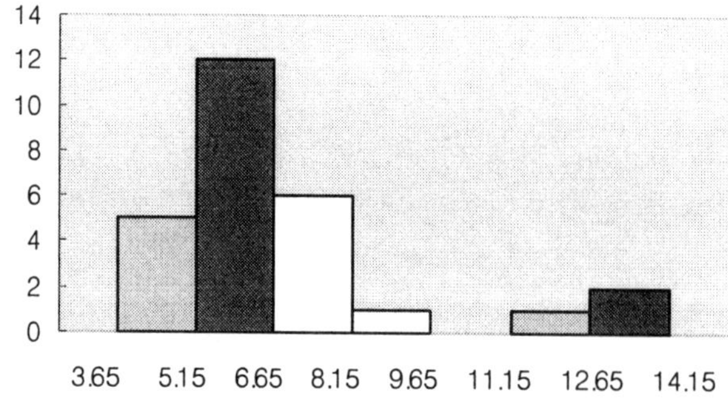

<그림 2.4> 히스토그램

〔상대도수 다각형〕

상대도수 다각형은 히스토그램에서 막대의 윗부분에 있는 중심점(계급값)을 직선으로 연결하여 그린 것이다.

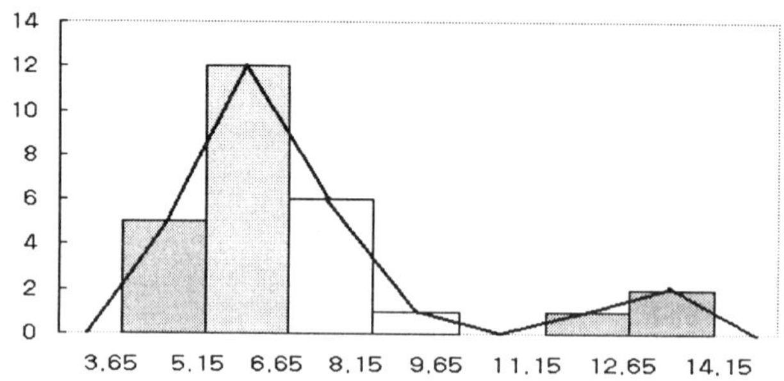

<그림 2.5> 상대도수 다각형

〔줄기-잎 그림〕

모든 자료들을 계급에 따라 분류하여 도수분포표를 만들면 본래의 관측값에 대한 정보가 손실된다. 이와 같은 도수분포표의 단점을 보완하기 위해 줄기-잎 그림을 이용한다. 줄기-잎 그림(stem-and-leaf plot)을 작성하기 위해서는 관측값들의 자리수를 고려하여 처음 몇 자리는 줄기로 정하고 나머지 부분을 잎으로 결정한다. 예를 들면 275라는 숫자를

2	75		27	5
줄기	잎		줄기	잎

으로 나눈다. 이와 같이 모든 자료를 줄기와 잎으로 나누어 세로축에 줄기를 크기 순서로 나열하고 각 줄기에 잎을 붙여 가로로 나열한다.

줄기-잎 그림 작성순서

1) 모든 자료에서 줄기 부분을 결정하고 나머지를 잎으로 결정한다.
2) 줄기를 세로축에 크기 순서로 나열하고 그 옆에 수직선을 긋는다. 각 줄기에 해당되는 자료의 잎 부분을 그 줄기의 오른쪽에 가로로 나열한다.
3) 각 줄기에서 잎의 값을 크기 순서로 나열한다.

예제17 통계학 수강인원 25명에 대한 성적이 다음과 같다. 줄기-잎 그림을 작성하라.

64 84 82 81 68 85 76 89 93 77 66 64 86 74 64
70 53 98 59 79 57 59 65 67 80

1단계: 십 자리를 줄기로 일의 자리를 잎으로 한다.

2단계: 줄기를 세로축에 크기 순서로 나열하고 각 줄기에 잎을 가로로 나열한다.

5 | 3 9 7 9
6 | 4 8 6 4 4 5 7
7 | 6 7 4 0 9
8 | 4 2 1 5 9 6 0
9 | 3 8

3단계: 잎의 값을 크기 순서로 나열한다.

5 | 3 7 9 9
6 | 4 4 4 5 6 7 8
7 | 0 4 6 7 9
8 | 0 1 2 4 5 6 9
9 | 3 8

<예제 17>에서 알 수 있듯이 줄기-잎 그림은 원 자료의 값을 확인할 수 있기 때문에 히스토그램보다 더 많은 정보를 포함하고 있다. 또한 모든 자료 값이 크기 순서로 나열되어 있기 때문에 최소값과 최대값은 물론 특정 자료값의 상대적 위치를 알 수 있다. 그러나 줄기-잎 그림은 원 자료의 수가 많을 경우 모든 자료를 나열하는 것이 불가능할 수 있다. 또한 각 자료 값이 흩어져 있거나 각 자료 값의 자리수가 클 경우 부적절하다.

연 습 문 제

[1] 다음 각 조건의 경우에 계급의 간격 W를 구하시오.

1) $L=17$, $U=81$, $C=8$
2) $L=14.5$, $U=102.3$, $C=7$
3) $L=23$, $U=204$, $C=11$
4) $L=13.6$, $U=73.6$, $C=12$

[2] 다음 각 조건의 경우에서 첫 번째 계급 구간의 상한을 구하시오.

1) $L=17$, $U=81$, $C=8$, 측정단위$=1$
2) $L=14.5$, $U=102.3$, $C=7$, 측정단위$=0.1$
3) $L=23$, $U=204$, $C=11$, 측정단위$=1$
4) $L=23.65$, $U=67.24$, $C=10$, 측정단위$=0.01$
5) $L=13.6$, $U=73.6$, $C=12$, 측정단위$=0.1$

[3] 그룹화 된 도수분포표를 사용하여 다음을 구하시오.

1) 상대도수분포표
2) 누적도수분포표
3) 누적상대도수분포표

계급	도수
1 - 4	14
5 - 8	18
9 - 12	12
13 - 16	16
17 - 20	20

[4] 주어진 도수분포표를 사용하여 다음을 구하시오.

1) 상대도수분포표
2) 누적도수분포표
3) 누적상대도수분포표

계급값	도수
4	1
7	3
8	6
9	4
10	2

[5] Sturges 공식을 사용하여 자료의 크기가 다음과 같을 때 계급의 수를 계산하시오.

1) 25　　2) 50　　3) 75

4) 100　　5) 500

[6] 다음 자료는 25명의 학생들이 기말고사 기간에 소비한 간식의 양을 나타낸 것이다.

57 28 63 38 29 89 77 72 39 47 64 84 88
42 36 72 69 68 41 52 39 72 45 52 84

6개의 계급으로 나누어 도수분포표를 그리시오.

[7] 다음은 어느 마을의 과거 28년 동안에 7월 1일 정오의 온도(화씨 온도)를 기록한 것이다.

66 83 77 90 78 84 83 80 77 79
75 88 72 66 83 85 94 88 79 79
72 78 76 84 81 73 80 90

이 자료를 이용하여 6개의 계급으로 나누어 누적도수분포표를 그리시오.

[8] 학점에 대한 표본 자료는 다음과 같다. 다음 그래프를 그리시오.

A C D B C C C D F F
D F A D C B C D D B

1) 막대그래프　　2) 원그래프

[9] 다음의 데이터에 대한 히스토그램을 작성하시오. 단 6개의 막대를 이용한다.

17	14	16	8	31	16	14	9	17	11
25	24	28	10	48	24	12	13	43	24
32	37	33	42	11	34	16	41	21	15

[10] 다음 데이터에 대한 줄기-잎 그림을 작성하시오.

49	62	53	61	51	51	49	64	54	52
48	49	62	60	45	62	49	53	51	45
52	61	61	62	63	53	61	59	62	51
50	50	65	54	67	66	59	72	75	62

[11] 다음 그룹의 도수분포표에 대응하는 누적도수분포표를 작성하시오.

계급	도수
1 - 4	1
5 - 8	18
9 - 12	12
13 - 16	16
17 - 29	20

[12] 병원 환자 100명중에서 30명의 혈액은 O형이었고, 38명은 A형, 22명은 B형, 10명은 AB형이었다. 이 데이터에 대하여 다음을 그리시오.

1) 막대그래프   2) 원그래프

[13] 다음은 자동차 판매사원의 지난 해 주당 평균 판매 대수에 대한 데이터이다. 이를 이용하여 히스토그램을 그리시오.

판매 대수	빈도수
0	4
1	17
2	12
3	13
4	2
5	3
6	0
7	1

제3장 기술통계 :일변량 자료의 분석

통계학은 기술통계학(descriptive statistics)과 추측통계학(inductive statistics)으로 분류할 수 있다. 기술통계학은 관측된 자료를 해석하기 쉽게 기술하는 방법의 연구를 목적으로 하고, 추측통계학은 표본의 자료를 기초로 하여 모집단에 대한 추론을 목적으로 한다. 일반적으로 통계학은 개개의 측정결과를 연구 대상으로 하는 것이 아니고 측정값들이 발생된 집단을 연구대상으로 한다. 기술통계는 자료를 정리, 요약하고 비교하여 집단의 특징을 기술하는 것이다.

우리는 2장에서 주어진 자료를 도표와 그림으로써 정리하는 방법들을 배웠다. 그리고 이러한 기법들이 관측된 자료의 분포모양, 연관성, 패턴 또는 경향들을 시각적으로 살펴보는데 도움이 된다는 것을 알았다. 그러나 도표와 그림의 작성에는 계급의 간격, 계급의 수, 줄기의 수 등 분석자의 주관적인 판단에 따라 한 자료에서 여러 형태의 도표와 그림이 나올 수 있어 분석에 어려움이 따른다. 이 장에서는 자료의 분포모양이나 특징들을 보다 객관적으로 요약하고 설명·비교할 수 있도록 하는 여러 가지 기술통계에 대해서 배우고자 한다. 이는 분석자가 표와 그래프를 통해 얻은 자료에 대한 시각적인 정보를 심층적으로 해석하게 하는 역할을 한다. 자료의 특징을 나타내는 기술통계에는 분포의 중심위치를 나타내는 통계인 대표값, 자료의 측정값들이 흩어져 있는 정도를 나타내는 통계인 산포도, 그리고 측정값들의 상대적 위치를 나타내는 통계인 분위수 등이 있다.

3.1 중심위치를 나타내는 통계값 (대표값)

대표값은 자료 분포의 중심 또는 중심적 경향(central tendency)을 나타낸다. 일반적으로 자료의 분포를 정확하게 파악하는 것은 매우 복잡하고 어렵다. 따라서 자료의 분포를 전부 파악하는 대신 대표값을 사용하여 그 분포의 특징을 기술한다. 대표값에는 평균(mean), 중위수(median), 최빈수(mode), 중앙범위(midrange) 등이 있다. 이들 통계값들은 중심위치를 나타내는데 있어 각각 장·단점을 가지고 있기 때문에 자료의 성격이나 분석목적에 따라 적절히 선택하여 사용하여야 한다.

다음 네 가지 예를 고려해 보자.

① 체중자료 - 45, 46, 52, 55, 60 (Kg)

② 시험성적자료 - 31, 74, 78, 79, 80, 81

③ 승용차의 색상자료 - 흰색 3대, 적색 4대, 흑색 7대, 청색 1대

④ 교원 직위자료 -교수 7명, 부교수 3명, 조교수 2명, 전임강사 10명

①과 ②에서 사용된 자료의 유형은 비율형(ratio)이고, ③은 명목형(nominal), ④는 순서형(ordinal)이다. 위와 같이 자료의 형태에 따라 자료의 중심을 나타내는데 사용되는 대표값은 다르다. 위 예에서 ①의 대표값으로는 평균, ②는 중위수 그리고 ③과 ④는 최빈수가 사용될 것이다.

대표값의 종류

평균 : 자료의 산술평균

중위수 : 자료를 크기 순서로 나열하여 찾은 중간위치의 수

최빈수 : 자료 중에서 가장 많이 반복해 나타나는 수

중앙범위 : 자료의 최대값과 최소값의 산술평균

3.1.1 평균

평균은 모집단 자료와 표본자료에서 공통적으로 사용되는 대표값이다. 이때 유의할 사항은 각 자료에서 평균을 계산하는 방법은 동일하지만 서로 다른 기호를 사용하는 점이다.

모평균과 표본평균

모평균(또는 모집단 평균)

크기 N인 유한모집단의 자료가 $\{x_1, x_2, \cdots, x_N\}$ 일 때, 모평균은 μ ("뮤"라고 읽음)로 다음과 같이 정의된다.

$$\mu = \frac{1}{N}\sum_{i=1}^{N} x_i$$

표본평균

크기 n인 표본자료를 $\{x_1, x_2, \cdots, x_n\}$ 이라고 할 때, 표본평균은 $\bar{x}$ ("x 바"라고 읽음)로 다음과 같이 정의된다.

$$\bar{x} = \frac{1}{n}\sum_{i=1}^{n} x_i$$

무한개의 측정값들로 이루어진 무한모집단의 평균 μ는 계산이 불가능하며, 이들 중에서 몇 개를 표본으로 추출하여 구한 표본자료의 표본평균으로 그 값을 추정한다.

예제 1 미 농무성에서 조사한 자료에 의하면 1974년에서 1983년까지 미국의 연간 농산물 수출액은 219, 219, 230, 236, 294, 347, 412, 433, 391, 337억불이었다. 이 기간 동안 미국의 연간 농산물 수출액의 평균을 구하시오

풀이 자료의 합은 $\sum_{i=1}^{N} x_i = 3{,}118$ 이므로, 모평균은

$$\mu = \frac{1}{N}\sum_{i=1}^{N} x_i = \frac{3118}{10} = 311.8$$

때때로 측정값들이 동일한 값을 가지는 경우가 있다. 어느 대학의 1학년 10명을 대상으로 나이를 조사한 결과 다음과 같은 표본자료를 얻었다고 하자.

18 18 18 18 19 19 19 20 20 21

이 표본자료의 평균을 구하면

$$\bar{x} = \frac{1}{n}\sum_{i=1}^{n} x_i = \frac{190}{10} = 19$$

가 된다.

한편, 위의 자료를 도수분포표로 나타내면 <표 3.1>이 된다.

<표 3.1> 대학 1학년 나이의 도수분포표

x_i^*	f_i	$f_i x_i^*$
18	4	72
19	3	57
20	2	40
21	1	21
	10	190

위 표를 이용하여 표본평균을 구하면 앞에서 계산된 평균값과 동일하다.

$$\bar{x} = \sum_{i=1}^{k} f_i x_i^* \Big/ \sum_{i=1}^{k} f_i = \frac{190}{10} = 19$$

도수분포표에서의 평균계산

관측된 자료의 도수분포표에서 각 계급의 계급값들을 $x_1^*, x_2^*, \cdots, x_k^*$ 라 하고, 이에 대응하는 도수를 각각 $f_1, f_2, \cdots, f_k$ 라 하면,

$$\mu = \sum_{i=1}^{k} f_i x_i^* \Big/ \sum_{i=1}^{k} f_i, \quad \text{단, } \sum_{i=1}^{k} f_i = N \quad (\text{유한모집단 자료의 경우})$$

$$\bar{x} = \sum_{i=1}^{k} f_i x_i^* \Big/ \sum_{i=1}^{k} f_i, \quad \text{단, } \sum_{i=1}^{k} f_i = n \quad (\text{표본자료의 경우})$$

평균은 모든 자료를 다 사용하므로 자료에 있는 극단적인 측정값(이상값)에 크게 영향을 받는 경향이 있다. 이상값이 포함된 자료에서는 평균 대신 다음에 설명하는 중위수를 대표값으로 사용하는 것이 바람직하다.

3.1.2 중위수

중위수는 구간척도(interval scale)나 비율척도(ratio scale)로 관측된 자료에 사용되는 대표값의 일종으로, 자료의 측정값들을 크기 순서로 배열하였을 때 그 배열의 중간에 위치한 값을 말한다. 예를 들어, 크기 순서로 배열한 측정값 9, 22, 37, 45, 57의 중위수는 37이 된다.

중위수 계산

① 자료의 수가 n 인 자료들을 크기 순서로 정렬한다.

② 만약 n 이 홀수이면 중위수는 중간순위인 $(\frac{n+1}{2})$번째 되는 측정값이고, n 이 짝수이면 $(\frac{n}{2})$번째와 $(\frac{n}{2}+1)$번째의 순위를 가진 측정값들의 산술평균으로 중위수를 구한다.

일반적으로 모집단의 중위수는 M 그리고 표본의 중위수는 $\tilde{x}$ ("x 틸드"로 읽음)로 표기한다.

예제 2 7번의 농구 경기에서 A선수의 득점수는 다음과 같다.

6 10 3 21 0 35 14

이 점수들을 크기 순서로 배열하면

0 3 6 10 14 21 35

가 되고, 중간 위치 값인 10이 이 자료의 중위수이다.

만약 8번째 경기에서 A선수가 얻은 득점이 42점이라고 하면, 이 점수를 포함시켜 얻은 자료의 크기순 점수는 0 3 6 10 14 21 35 42 이고, $(10+14)/2=12$ 가 새로운 자료의 중위수가 된다.

중위수는 자료에 포함된 이상값들의 영향을 받지 않으나 자료의 수가 아주 많은 경우 자료를 크기 순서로 배열하여 중간위치에 해당하는 값을 찾는데 어려움이 따른다.

예제 3 다음 도수분포표는 2006년 1학기에 D대학에서 개설한 정보통계학 수강생들이 한 학기동안 결석한 일수를 조사하여 나타낸 것이다. 이 표로부터 결석횟수 자료의 중위수를 구하시오.

<표 3.2> 결석일수자료

결석일수	도수(학생수)	누적도수
0	10	10
1	10	20
2	8	28
3	4	32
4	8	40

풀이 자료는 측정값이 짝수인 40개로, 중위수는 측정값들을 크기 순서로 배열했을 때 20($n/2$)번째와 21($n/2+1$)번째 값의 산술평균값이 된다. 따라서, 결석일수의 중위수는 $(1+2)/2=1.5$이다.

예제 4 어느 마라톤 선수가 국내 6개 마라톤 대회에서 거둔 성적은 3등, 5등, 4등, 6등, 2등, 85등이다. 이 자료의 대표값을 구하시오.

풀이 자료의 평균은 $\mu=17.5$등 이다. 그러나, 이 선수가 5번째 대회까지는 6등이 최저 성적이었음을 감안할 때 평균 17.5등은 이 선수의 성적을 대표한다고 볼 수 없다. 이 경우 중위수인 $(4+5)/2=4.5$을 대표값으로 사용하는 것이 바람직하다

3.1.3 최빈수

최빈수(mode)는 자료의 측정값들 중에서 가장 높은 빈도를 갖는 값이다. 최빈수는 평균과 중위수와는 달리 질적자료에 사용되는 대표값이다.

예제 5 관측된 자료가 1, 1, 3, 3, 2, 3, 8 일 때 최빈수는 3이다.

최빈수를 사용할 경우 다음과 같은 장·단점들이 있다.

◦ 장점 :

① 최빈수는 중위수와 함께 자료에 포함된 이상값들의 영향을 받지 않는 대표값이다. 여기서 이상값이란 자료를 크기 순서로 나열했을 때 그 크기가 다른 값들에 비해 훨씬 큰(또는 작은)값을 의미한다.

예제 6 두 자료 A와 B의 최빈수는 2이다.

A : 1, 2, 2, 2, 3, 78　　　B : 1, 2, 2, 2, 3, 8

② 최빈수는 질적자료의 분석에서 유일하게 사용되는 대표값이다.

예제 7 대학생 12명을 대상으로 혈액형을 조사한 결과,

A, A, B, A, AB, O, O, B, O, A, B, AB

를 얻었다. 이 명목자료의 최빈수는 A형이다.

③ 최빈수는 자료가 숫자로 관측되었으나 그 숫자가 질적인 의미를 가졌을 경우 유일하게 사용되는 대표값이다.

예제 8 자료 02, 051, 042, 02, 051, 042, 042는 어느 시점에서 통화된 시외통화의 지역번호를 조사한 자료이다. 이 자료는 051(부산)과 같이 숫자가 질적인 의미를 지녔다. 대표값은 최빈수 042(대전)이다.

◦ 단점 :

① 자료의 측정값들이 모두 동일한 빈도수를 가진 경우, 그 자료에는 최빈수가 존재하지 않는다.

예제 9 측정값이 적색, 백색, 갈색, 청색일 때 이 자료의 최빈수는 존재하지 않는다.

② 자료에 따라 여러 개의 최빈수가 존재할 수 있다.

예제10 측정값들이 2, 2, 3, 3, 4, 5, 6 일 때 2와 3이 최빈수이며, 이러한 자료를 이봉자료(bimodal data)라 한다.

3.1.4 중앙범위

자료의 측정값들 중에서 얻은 최대 측정값과 최소 측정값의 산술평균을 중앙범위(midrange)라고 한다.

예제11 다음 자료는 여중생 8명의 몸무게를 측정한 것이다.

32, 38, 45, 44, 27, 36, 40, 38

중앙범위을 구하시오.

풀이 자료 중에서 최대값은 $U = 45$, 최소값은 $L = 27$ 이다. 그러므로,

$$\text{중앙범위} = (U + L)/2 = 36$$

3.2 자료의 위치점

어느 자료의 p% 위치점(position point)이란 자료의 측정값들을 작은 것부터 크기 순서로 나열하였을 때 전체 측정값 중에서 주어진 비율 p 만큼의 측정값들이 그 값보다 작거나 같고 $(1-p)$ 비율만큼의 측정값들이 그 값과 같거나 큰 값으로 정의된다. 위치점의 전형적인 예는 중위수이며, 그 외에도 백분위수(percentiles), 십분위수(deciles) 그리고 사분위수(quartiles)가 있다.

예제12 자료의 분포에서 50%($p = 0.5$)가 중위수와 같거나 작고 나머지 50%가 중위수와 같거나 크다. 그러므로 중위수는 위치점이다.

3.2.1 백분위수

> **백분위수**
>
> n% 백분위수 p_n 은 측정값들을 작은 것부터 크기 순서로 나열하였을 때 적어도 n%의 측정값들이 p_n 과 같거나 작고, $(100-n)$%의 관측값들이 p_n 과 같거나 큰 값이 되도록 하는 값으로 정의된다.

예제13 다음의 줄기-잎 그림(stem-and-leaf diagram)에서 25% 백분위수 P_{25} 를 구하시오.

줄기	잎
3	4 4 6 9
4	3 6 7 [8] [9]
5	0 1 1 5 7 7 8 9
6	0 0 4 4 7
7	1 5 8 8 8 9
8	4 6 8 8

풀이 표본의 크기는 32이다. 정의에 의하면 P_{25}는 측정값들을 작은 것부터 순서대로 나열하였을 때 $32\times(25\%)=8$개의 측정값들이 P_{25}와 같거나 작고 $32\times(75\%)=24$개의 측정값들이 P_{25}와 같거나 큰 값이어야 된다. 이 두 조건을 만족시키는 값은 $P_{25}=(48+49)/2=48.5$ 이다.

예제14 위의 줄기-잎 그림에서 30% 백분위수를 칮으면 $P_{30}=50$이 된다.

3.2.2 사분위수

자료의 분포에는 3개의 사분위수(quartile)가 있다. 사분위수는 제1사분위수(Q_1), 제2사분위수(Q_2), 그리고 제3사분위수(Q_3)로 구분된다. 이들은 자료의 측정값들을 작은것부터 크기 순서로 나열한 것을 25%씩 4등분하는 위치점들이며 백분위수와는 다음과 같은 관계가 있다.

① $Q_1=P_{25}$ (25% 백분위수)

② $Q_2=\tilde{x}$ (중위수)$=P_{50}$ (50% 백분위수)

③ $Q_3=P_{75}$ (75% 백분위수)

3.2.3 십분위수

십분위수는 자료의 측정값들을 작은것부터 크기 순서대로 나열한 것을 10등분 하는 위치점들이다. 자료의 십분위수는 9개가 있다. 십분위수는 제1십분위수(D_1), 제2십분위수(D_2) ,…, 제9십분위수(D_9)로 구분된다. 그리고, 십분위수와 백분위수의 관계는 $D_1 = P_{10}$, $D_2 = P_{20}$, … , $D_9 = P_{90}$이 성립된다.

예제15 역도선수 12명을 대상으로 팔목힘(kg)을 조사한 자료가 다음과 같다.

80.6 89.9 101.4 102.6 115.0 120.1
123.4 126.3 131.8 138.6 151.6 160.5

1) 제1사분위수를 구하시오.
2) 제2십분위수를 구하시오.

풀이 1) 제1사분위수는 25% 백분위수이므로 $12\times(25\%)=3$개의 측정값들이 Q_1과 같거나 작고 $12\times(75\%)=9$개의 측정값들이 Q_1과 같거나 큰 것을 만족시키는 Q_1 값의 후보를 찾으면, 101.4와 102.6의 중앙값이 이에 해당된다. 따라서 $Q_1=(101.4+102.6)/2=102$이다.

2) 제2십분위수 D_2는 20% 백분위수이므로 $12\times(20\%)=2.4$개의 측정값들이 D_2와 같거나 작고 $12\times(80\%)=9.6$개의 측정값들이 D_2와 같거나 큰 것을 만족시키는 D_2값을 찾으면 $D_2=101.4$이다.

앞에서 배운 위치점들은 자료의 모든 측정값들이 모두 주어져야 정확하게 구할 수 있다. 만약 자료가 아래와 같은 도수분포표로 기술되어 있을 때에는 그 값을 정확하게 구할 수 없다. 다만 아래에서 설명된 방법으로 위치점들을 근사적으로 구한다. 도수분포표로부터 위치점을 계산하는 절차를 60% 백분위수 P_{60}의 계산 예로 설명해 보자.

<표 3.3> 도수분포표

계급	계급값 x^*	도수 f	누적도수 F
1~5	2.5	3	3
5~10	7.5	2	5
10~15	12.5	5	10
15~20	17.5	8	18
20~25	22.5	7	25
25~30	27.5	10	35
합 계		35	

먼저 $n=35$의 측정값들 중에서 35×0.6 (60%)$=21$번째 측정값(P_{60})이 위치한 계급(20~25)을 찾아 다음 공식을 사용하여 P_{60}을 구한다.

도수분포표상에서 백분위수 계산공식

$$L+(\frac{n\times \text{백분률}-F}{f})\times w$$

단, L=백분위수가 위치한 계급의 하한
F=백분위수가 위치한 계급 전까지의 누적도수
f=백분위수가 위치한 계급의 도수
w=중위수가 속한 계급의 폭

$$P_{60}=20+\frac{(21-18)}{7}\times5=22.14$$

위 식은 백분위수 뿐 아니라 중위수, 사분위수 및 십분위수의 계산에도 적용된다. 즉, 구하는 수를 백분위수로 나타낸 후 위 공식을 이용하여 위치점을 계산한다.

3.3 산포도를 나타내는 통계값

일반적으로 앞에서 배운 대표값과 위치점 만으로는 측정된 자료의 분포가 가진 특징을 적절하게 설명할 수 없다. 예를 들어보자. 다음의 도수분포표는 "갑"과 "을" 두 양궁선수가 각각 화살을 25발씩 쏘아 얻은 점수를 나타낸 것이다.

점수		1	2	3	4	5	6	7	8	9	10
도수	갑	2	3	4	7	2	1	1	1	2	2
	을	0	0	7	9	6	5	0	0	0	0

위 표의 자료에 의하면 "갑"과 "을"의 평균득점은 $\bar{x} = 4.68$로 동일하다. 그러나 "갑"과 "을"의 득점 패턴에는 현저한 차이가 있다. <그림 3.1>에 의하면 "갑"이 득점한 점수가 "을"의 점수보다 더 산포(dispersion)되어 있어 "갑"점수의 변동성(variability)이 "을"보다 더 큼을 알 수 있다.

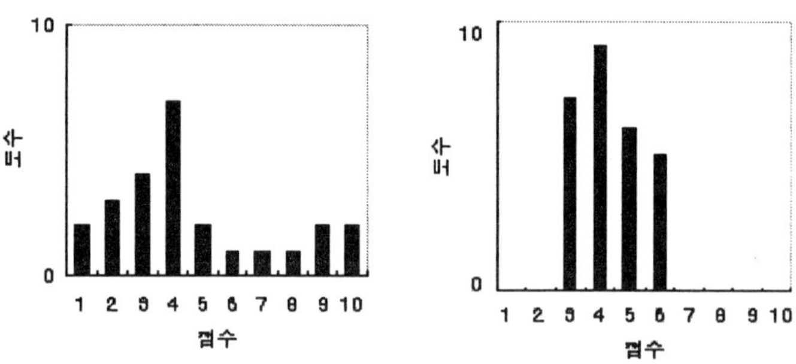

갑 을

<그림 3.1>

우리는 앞의 예에서 측정된 자료의 분포를 적절하게 설명하기 위해서 대표값과 위치점 이외에도 자료의 변동성(또는 산포도의 정도)을 측정하는 통계값이 필요함을 알았다.

산포도
자료(모집단자료 또는 표본자료)의 측정값들이 그 대표값 주위에서 어느 정도 크기의 변동을 하며 분포되어 있는가를 계량하는 통계값

변동성은 통계학에서 매우 중요한 개념이기 때문에, 현재 양적자료의 변동성을 계량할 수 있는 산포도가 여러 종류 개발되어 있다. 그 중에서 현재 자주 사용되는 산포도인 범위(range), 사분위수 범위(interquartile range), 분산(variance), 표준편차(standard deviation) 그리고 변이계수(coefficient of variation)에 대해서 알아보기로 하자.

3.3.1 범위

범위

자료의 측정값이 $x_1, x_2, \cdots, x_n$일 때 범위는 $R = U - L$로 정의된다. 단,

$$U = \text{최대값} = \max_{1 \le i \le n}\{x_i\}, \quad L = \text{최소값} = \min_{1 \le i \le n}\{x_i\}$$

이다.

예제16 어느 가족의 연령분포가 30, 2, 1, 7, 4, 32, 10일 때 범위는

$$R = U - L = 32 - 1 = 31$$

이다.

범위(range)는 계산이 간단하여 가끔 계산이 복잡한 산포도를 간접적으로 추정하는데도 사용된다. 그러나, 유용하게 사용되는 산포도는 아니며 자료에 포함된 이상값에 크게 영향을 받는다.

예제17 A와 B 실직선 상에 나타낸 두 자료의 산포도는 어느 것이 큰가? 두 자료의 범위는 $R = 16$으로 같다. 그러나 <그림 3.2>에 의하면 자료 A가 자료 B보다 더 산포되어 있다. 이 예는 범위가 유용한 산포도가 아님을 보여준다.

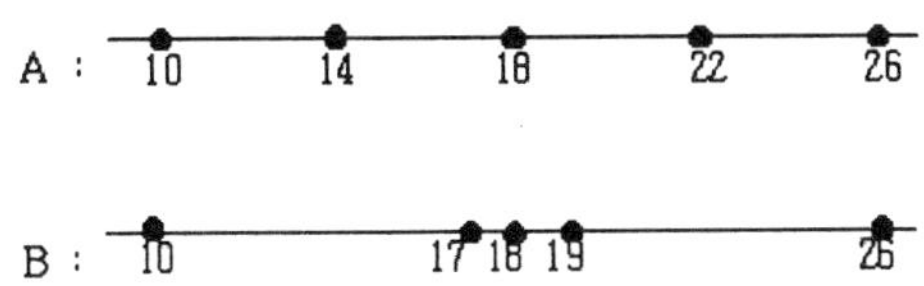

<그림 50.2>

3.3.2 사분위수 범위

> **사분위수 범위**
> 자료의 제1사분위수를 Q_1, 제3사분위수를 Q_3 라 할 때 사분위수 범위를 IQR 로 나타내고 $IQR = Q_3 - Q_1$ 으로 정의된다.

사분위수 범위(interquartile range)는 자료에 포함된 이상값들의 영향을 받지 않으며, 중위수를 대표값으로 사용할 때, 이에 대응하는 산포도로 사분위수 범위를 사용한다.

예제18 다음은 중년남성 21명을 대상으로 측정한 폐활량지수(ml/kg · min)이다. 이 자료의 사분위수 범위를 구하시오.

12.81	14.95	15.83	15.97	17.90	18.27	18.34	19.82	19.94	20.62
20.88	20.93	20.99	21.15	22.16	22.24	23.16	23.56	24.01	35.78
36.73									

풀이 적어도 $(0.25)(21) = 5.25$개의 측정값들이 Q_1과 같거나 작고, 적어도 $(0.75)(21) = 15.75$개 측정값들이 Q_1 값과 같거나 큰 Q_1 값을 자료에서 찾으면 $Q_1 = 18.27$ 이다. 같은 방법에 의하면 $Q_3 = 22.16$ 임을 알 수 있다. 따라서 $IQR = Q_3 - Q_1 = 22.16 - 18.27 = 3.89$ 이며 범위와는 달리 이상값인 36.73과 35.78의 영향을 받지 않음을 알 수 있다.

앞에서 배운 범위와 사분위수 범위는 그 계산에 자료의 일부분만을 사용하고 있어 측정값들이 가진 산포에 대한 정보를 모두 반영하지 못한다. 즉 범위의 계산에는 측정값들의 최대값과 최소값만 필요하며, 사분위수 범위의 계산에는 Q_1 보다 작고 Q_3 보다 큰 측정값들의 정보는 제외된다. 한편 앞으로 배울 분산(variance)과 표준편차(standard deviation)는 자료에 있는 측정값들을 모두 사용하여 계산하는 것으로 이상값이 없는 경우 범위와 사분위수 범위보다 더 정확한 산포도로 평가받고 있다.

3.3.3 분산과 표준편차

측정값들이 $x_1, x_2, \cdots, x_N$ 인 유한모집단의 자료와 측정값들이 $x_1, x_2, \cdots, x_n$ 인 표본자료의 분산(variance)은 각각 다음과 같이 정의된다.

분산
· 모집단 분산(population variance) : $\sigma^2 = \dfrac{\sum_{i=1}^{N}(x_i-\mu)^2}{N}$
· 표본 분산(sample variance) : $s^2 = \dfrac{\sum_{i=1}^{n}(x_i-\overline{x})^2}{n-1}$

여기서 모집단 평균은 $\mu = \sum_{i=1}^{N} x_i / N$ 으로 표본평균인 $\overline{x} = \sum_{i=1}^{n} x_i / n$ 와 구분되며, 모분산은 표본분산인 s^2 ("에스 제곱"으로 읽음)과 구분하며 σ^2 ("시그마 제곱"으로 읽음)으로 표기한다.

분산의 계산에 필요한 용어들을 알아보자. i 번째 관측값 x_i 와 평균의 차인 $x_i - \overline{x}$ (또는 $x_i - \mu$) 값을 편차점수(deviation score)라 하고, 모든 관측값들의 편차점수의 제곱합인 $\sum_{i=1}^{n}(x_i-\overline{x})^2$(또는 $\sum_{i=1}^{N}(x_i-\mu)^2$)을 제곱합(sum of squares)이라 한다. 편차점수와 제곱합의 성질은 다음과 같다.

① $\sum_{i=1}^{N}(x_i-\mu)=0$ 또는 $\sum_{i=1}^{n}(x_i-\overline{x})=0$

② $\sum_{i=1}^{N}(x_i-\mu)^2 = \sum_{i=1}^{N} x_i^2 - N\mu^2$ 또는 $\sum_{i=1}^{n}(x_i-\overline{x})^2 = \sum_{i=1}^{n} x_i^2 - n\,\overline{x}^2$

예제19 A 고등학교에서 표본으로 뽑은 학생 5명의 영어점수는 62, 80, 83, 72, 73 이었다. 이 자료의 분산을 구하시오.

풀이

· 표본평균: $\bar{x} = \frac{1}{5}(62+80+83+72+73) = 74$

· 제곱합 : $\sum_{i=1}^{5}(x_i - \bar{x})^2 = (62-74)^2 + (80-74)^2 + (83-74)^2 + (72-74)^2 + (73-74)^2 = 226$

또는 $\sum_{i=1}^{5} x_i^2 - n\bar{x}^2 = 62^2 + 80^2 + 83^2 + 72^2 + 73^2 - 5(74)^2 = 226$

따라서, $s^2 = \sum_{i=1}^{5}(x_i - \bar{x})^2/(5-1) = 226/4 = 56.5$

예제20 <예제 19>에서 주어진 영어점수가 다섯 학생으로 구성된 모집단의 자료인 경우 모집단의 분산은 $\sigma^2 = 226/5 = 53.2$가 된다.

때때로 자료가 아래와 같은 도수분포표로 기술되어 있을 때, 이 표로부터 분산을 근사적으로 구해야 할 경우가 있다.

계급	계급값 x^*	도수 f
$a_0 \sim a_1$	x_1^*	f_1
$a_1 \sim a_2$	x_2^*	f_2
⋮	⋮	⋮
$a_{k-1} \sim a_k$	x_k^*	f_k
총도수		N 또는 n

이때 사용되는 분산의 계산식은 다음과 같다.

도수분포표에서의 근사분산 계산식

k개 계급으로 구성된 도수분포표의 계급값을 $x_1^*, x_2^*, \cdots, x_k^*$ 그리고 이에 대응하는 도수를 각각 $f_1, f_2, \cdots, f_k$ 라고 하면, 자료의 분산은 다음 공식에 의해 근사적으로 계산된다.

유한 모집단의 분산:	$\sigma^2 = \dfrac{\sum_{i=1}^{k} f_i (x_i^* - \mu)^2}{N}$, 단 $\mu = \dfrac{1}{N} \sum_{i=1}^{k} f_i x_i^*$
표본분산:	$s^2 = \dfrac{\sum_{i=1}^{k} f_i (x_i^* - \overline{x})^2}{n-1}$, 단 $\overline{x} = \dfrac{1}{n} \sum_{i=1}^{k} f_i x_i^*$

위 식에서 분자의 계산에 $\sum_{i=1}^{k} f_i (x_i^* - \mu)^2 = \sum_{i=1}^{k} f_i x_i^{*2} - N\mu^2$를 사용하면 분산의 계산이 훨씬 쉬워진다($s^2$의 계산에는 이 관계식에 μ 대신 $\overline{x}$를 대입시킴).

예제21 다음 자료는 15명의 학생이 일주일간 지하철을 탄 횟수이다. 표본평균과 표본분산을 구하시오.

계급값(x^*)	10	15	17	20	22
빈도수(f)	1	3	5	2	4

풀이 다음은 계산과정을 나타낸 표이다

x^*	f	$f\,x^*$	x^{*2}	$f\,x^{*2}$
10	1	10	100	100
15	3	45	225	675
17	5	85	289	1445
20	2	40	400	800
22	4	88	484	1936
	15	268		4956

위 표로부터

$$\overline{x} = \frac{1}{n} \sum_{i=1}^{5} f_i x_i^* = 268/15 = 17.87$$

$$\sum_{i=1}^{k} f_i (x_i^* - \overline{x})^2 = \sum_{i=1}^{k} f_i x_i^{*2} - n\,\overline{x}^2 = 4{,}956 - 15 \cdot (268/15)^2 = 167.73$$

따라서, $\overline{x} = 17.87$, $s^2 = 167.73/14 = 11.98$

분산공식에 의하면 분산의 측정단위가 측정값의 원래 단위의 제곱형태이므로 분산 값을 해석하는데 어려움이 있다. 예를 들어, 측정값의 단위가 "원"이면 분산의 측정단위는 "원제곱"이 된다. 이 점을 감안하여 원래 자료를 단위로 나타낼 수 있는 분산의 양의 제곱근을 사용한 산포도가 제안되었으며, 이것을 표준편차(standard deviation)라 한다.

표준편차

표본 표준편차 : $s = \sqrt{s^2} = \sqrt{\text{표본분산}}$

모집단 표준편차 : $\sigma = \sqrt{\sigma^2} = \sqrt{\text{모분산}}$

자료의 범위를 이용하면 계산이 복잡한 표본표준편차의 근사값을 간단히 계산할 수 있다. 표본 자료의 크기가 20 이상이고 종형분포(bell-shaped distribution)를 따르는 경우 아래의 공식으로 표본표준편차를 근사적으로 계산할 수 있다.

s의 근사 계산

$s \approx R/4$, 단 R은 범위

그리고 이 근사값은 표준편차 공식에 의해서 계산된 s의 계산에 오류가 있는지를 확인하는데 유용하게 사용된다. 즉, $R/4$과 s값을 비교해서 두 값이 서로 두 배 이상의 차이를 보이면 s의 계산에 오류가 있을 가능성이 크다.

예제22 어떤 표본 자료의 최대값은 90이고 최소값은 30이다. 또한, 이 자료로부터 계산된 표준편차는 185였다. s의 계산 결과를 믿을 수 있는가?

풀이 범위는 $R = 90 - 30 = 60$이고 s의 추정값은 $s \approx 60/4 = 15$이다. 그러므로 추정된 값 15와 계산된 s값 185간에 차이가 너무 커서 s의 계산에 오류가 있을 가능성이 크다.

분산과 표준편차는 자료의 측정값들이 평균을 중심으로 어느 정도 흩어져 분포하고 있는지를 측정하는 통계값이다. 그러나, 이들은 이상값(outliers)들의 영향을 많이 받는 산포도라는 것을 염두에 두고 사용해야 된다. 만약, 자료에 이상값이 포함되어 있으면 분산과 표준편차 대신 사분위수 범위를 산포도로 사용하는 것이 바람직하다.

한편, 러시아 수학자 체비셰프(chebyshev)는 자료의 측정값들이 평균을 중심으로 어느 정도 퍼져 분포하는지를 표준편차의 크기와 연계시켜 나타낼 수 있도록 하는 다음의 정리를 제시하였다.

> **체비셰프 정리**
> 분포의 모양에 관계없이 표본자료의 평균을 $\bar{x}$, 표준편차를 s 라고 할 때, $\bar{x} \pm ks$ 구간 내에 분포하는 측정값들의 비율은 $(1-\frac{1}{k^2})$ 이상이다. 단, $k \geq 1$ 인 실수이다.

자료가 모집단의 자료인 경우에도 체비셰프의 정리는 성립하며, 이때는 $\bar{x}$ 와 s 대신 μ 와 σ 를 각각 사용하면 된다.

예제23 만일 $k=3/2$이면 $1-1/(3/2)^2 = \frac{5}{9} \approx 56\%$이다. 체비셰프 정리에 의하면 $\bar{x} \pm 1.5s$ 구간 내에 적어도 자료의 56%가 분포한다.

예제24 자료의 평균이 $\bar{x}=52.89$ 이고 표준편차는 $s=12.94$ 라 하자. 체비셰프 정리에 의하면, $\bar{x} \pm 2s = 52.89 \pm 12.94$ 구간 내에 $1-1/2^2 = 75\%$ 이상의 자료가 분포한다.

3.3.4 변이계수

> **변이계수**
> 자료의 측정값 분포에서 평균을 $\bar{x}$, 표준편차를 s 라 할 때, 이 자료의 변이계수(coefficient of variation) V_c 는
>
> $$V_c = \frac{s}{\bar{x}} \times 100\,(\%) \text{ (표본 자료)}$$
>
> 로 정의된다. 이 때, V_c^2 을 상대분산(relative variance)이라 한다. 모집단 자료인 경우는 다음과 같다.
>
> $$V_c = \frac{\sigma}{\mu} \times 100\,(\%) \text{ (모집단 자료)}$$

변이계수는 상대적 산포도(relative dispersion)라고 하며, 앞에서 이미 설명한 산포도들은 절대적 산포도(absolute dispersion)라고 한다. 변이계수는 성질이나 평균이 크게 다른 여러 집단의 산포도를 서로 비교하는데 사용되며, 보통 백분율(%)로 나타낸다.

예제25 40대 여자의 체중과 10대 여자의 체중비교가 아래와 같다. 변이계수를 구하여 비교하시오.

여자	$\overline{X}$ (kg)	s (kg)
40대	51	5
10대	26.5	3.7

풀이 40대 : $V_c = 5/51 \times 100 = 9.8(\%)$

10대 : $V_c = 3.7/26.5 \times 100 = 14.0(\%)$

따라서 10대의 산포도가 크다.

3.4 자료의 적률

평균이나 분산식인 $\overline{x} = \frac{1}{n}\sum_{i=1}^{k} f_i x_i,\ s^2 = \frac{1}{n-1}[\sum_{i=1}^{k} f_i x_i^2 - n\overline{x}^2]$에서 알 수 있듯이 기술통계에서 자료의 분포를 설명하는데 사용되는 중요한 통계량은 적률(moments)로 정의되는 $\frac{1}{n}\sum_{i=1}^{k} f_i x_i$, $\frac{1}{n}\sum_{i=1}^{k} f_i x_i^2$, $\frac{1}{n}\sum_{i=1}^{k} f_i x_i^3$,과 같은 식들의 결합으로 표현되는 것을 알 수 있다. 이 절에서는 여러 종류의 적률과 그 계산식에 관하여 설명한다.

3.4.1 원점에 관한 적률

자료에 있는 $n(=\sum_{i=1}^{k} f_i)$개 측정값들의 도수분포표가 다음과 같고, 그 평균을 $\overline{x}$, 분산을 s^2이라 하자.

X의 측정값 또는 계급값	:	x_1	x_2	$\cdots$	x_k
도수 f	:	f_1	f_2	$\cdots$	f_k

원점에 관한 r차 표본적률

n개 측정값들의 원점에 관한 r차 표본적률(the r-th sample moment about the zero)을 ν_r로 나타내면

$$\nu_r = \frac{1}{n}\sum_{i=1}^{k} f_i \, x_i^r$$

과 같이 정의된다. 여기서, $\nu_0 = 1$ 이고 $\nu_1 = \bar{x}$ 이다.

3.4.2 평균에 관한 적률

평균에 관한 r차 표본적률

n개 측정값들의 평균에 관한 r차 표본적률(the r-th sample moment about the mean)을 μ_r 로 나타내면

$$\mu_r = \frac{1}{n}\sum_{i=1}^{k} f_i \,(x_i - \bar{x})^r$$

과 같이 정의된다. 여기서, $\mu_0 = 1$, $\mu_1 = 0$, $\mu_2 = \frac{1}{n}\sum_{i=1}^{k} f_i\,(x_i - \bar{x})^2 = s^2$이다.

3.4.3 계승적률

계승적률

n개 측정값들의 r차 계승적률(the r-th factorial moment)을 $\alpha_{[r]}$이라 하면

$$\alpha_{[r]} = \frac{1}{n}\sum_{i=1}^{k} f_i \, x_i \,(x_i - 1)\,(x_i - 2)\cdots\,(x_i - r + 1)$$

로 정의된다.

3.4.4 표준화적률

표준화적률

측정값 $x_1, x_2, \cdots, x_k$의 표준점수(standard scores)들을 $u_1, u_2, \cdots, u_k$라 하자. r차 표준화적률(r-th standardized moments)이란 u_i들의 평균에 관한 r차 표본적률로 정의되며 α_r로 나타낸다.(단, $u_i = (x_i - \bar{x})\,/\,s$, $i = 1,2,\cdots,k$)

표준점수들의 평균과 표본분산은 $\bar{u}=0$ 과 $s_u^2=1$ 이다. 따라서, $u_1, u_2, \cdots, u_k$의 평균에 관한 r차 표본적률은 다음과 같다.

$$\begin{aligned}\alpha_r &= \frac{1}{n}\sum_{i=1}^{k} f_i(u_i-\bar{u})^r \\ &= \frac{1}{n}\sum_{i=1}^{k} f_i u_i^r \\ &= \frac{1}{n}\sum_{i=1}^{k} f_i\left(\frac{x_i-\bar{x}}{s}\right)^r \\ &= \frac{\mu_r}{s^r}.\end{aligned}$$

3.4.5 왜도(또는 비대칭도)와 첨도

측정값들의 평균과 표준편차(또는 분산)의 값만으로는 자료가 가진 분포모양을 완전하게 설명할 수 없다. 자료 분포의 특징을 더 정확하게 기술하는 데에는 이들과 함께 표준화적률(standardized moments)이 사용된다.

예를 들어, 50명으로 구성된 A, B, C 세 그룹의 성적이 다음 표와 같은 경우를 생각하자.

점수	인원수
20	0
30	6
40	12
50	14
60	12
70	6
80	0
	50

(A)

점수	인원수
20	0
30	2
40	20
50	12
60	10
70	4
80	2
	50

(B)

점수	인원수
20	2
30	2
40	10
50	22
60	10
70	2
80	2
	50

(C)

이 자료들의 평균과 표준편차를 각각 구하면 세 반 모두 평균(50점)과 표준편차(12점)가 같다. 그러나 분포상태는 현저히 다르다. 이것을 히스토그램으로 그려보면 다음과 같다.

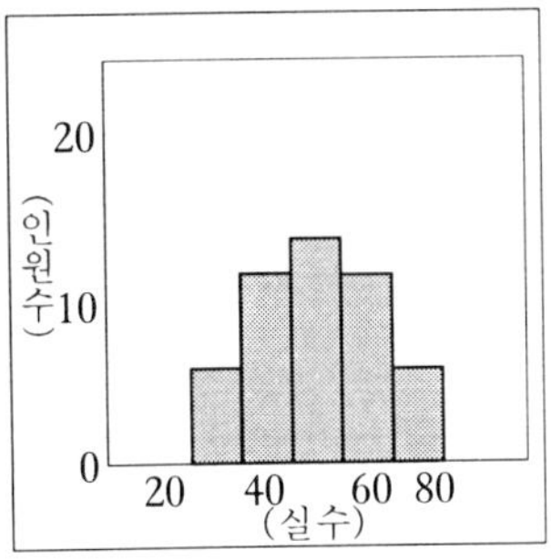

(A)

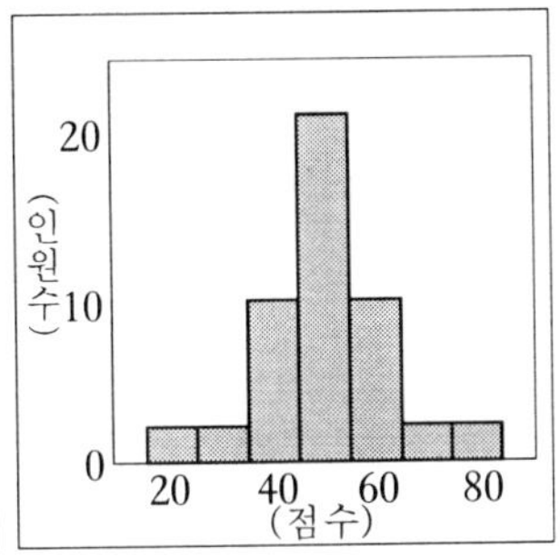

(B)

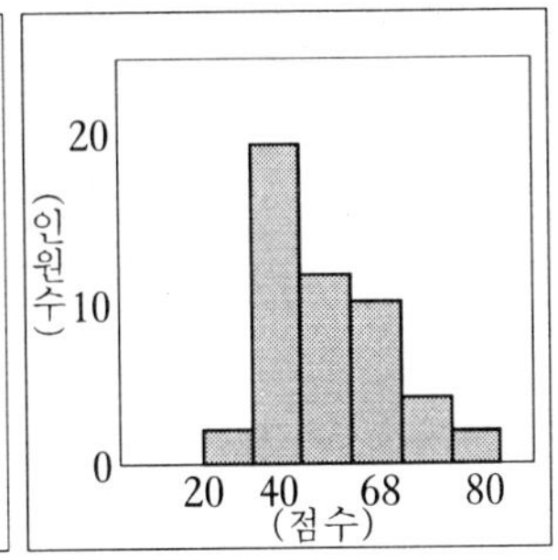

(C)

히스토그램으로부터 알 수 있듯이 (A)와 (B)는 평균 50점에 관하여 대칭이나 (C)는 비대칭이다. 또 대칭인 (A)와 (B)를 비교할 때 (A)보다는 (B)가 한층 첨예한 분포를 가지고 있다. 분포의 대칭이나 비대칭 또는 첨예의 정도를 판정하는데 쓰이는 통계값에는 왜도(歪度, skewness)와 첨도(尖度, kurtosis)가 있다.

왜도와 첨도

측정값들의 왜도(또는 비대칭도)는 3차 표준화적률인 $\alpha_3 = \frac{\mu_3}{\sigma^3}$로 정의하고, 첨도(첨예의 정도)는 4차 표준화적률인 $\alpha_4 = \frac{\mu_4}{\sigma^4}$로 정의된다.

자료의 분포가 평균을 중심으로 보이는 비대칭의 정도 및 형태를 왜도의 값으로 설명할 수 있다. 위의 예에서 그림 (A)와 (B)는 히스토그램이 평균 50을 중심으로 대칭이다. 이와 같이, 대칭형 히스토그램을 가진 자료의 왜도는 $\alpha_3 = 0$ 이며, 그림 (C)와 같이 분포의 우측에 긴 꼬리(우 비대칭 분포)가 있는 경우는 $\alpha_3 > 0$ 이 되고 이와 반대로 좌측에 긴 꼬리(좌 비대칭 분포)가 있는 경우는 $\alpha_3 < 0$ 의 값을 가진다.

분포의 첨예의 정도를 측정하는 첨도는 $\alpha_4 = 3$ 일 때 중첨(mesokurtic), $\alpha_4 > 3$ 인 경우는 급첨(leptokurtic), $\alpha_4 < 3$ 일 때는 완첨(platykurtic)이라 한다. 경우에 따라, $\beta = \alpha_4 - 3$를 첨도로 사용하기도 한다. 앞으로 배울 정규분포는 왜도와 첨도가 각각 $\alpha_3 = 0$ 과 $\alpha_4 = 3$ 인($\beta = 0$) 분포이다.

3.5 표준점수

어느 학생이 전국적으로 치른 수능시험에서 얻은 점수가 어느 정도 수준인지 알고자 한다. 이때 표준점수는 그 학생의 점수가 다른 학생들과 비교해 어느 정도인지를 나타내는 상대적인 위치를 나타내는 측도로 사용된다.

> **표준점수**
>
> 어느 자료의 평균과 분산을 알고 있을 때 그 자료의 i 번째 측정값 x_i 의 표준점수는 다음과 같다.
>
> · **모집단 자료의 경우**: $Z=\dfrac{x_i-\mu}{\sigma}$
>
> · **표본자료인 경우** : $Z=\dfrac{x_i-\bar{x}}{s}$

위와 같이 정의된 표준점수(standard scores)를 Z-점수(Z score)라 부르기도 한다. 표준점수는 측정단위가 없는 단순한 숫자이며, 이런 이유로 표준점수는 서로 다른 분포를 가진 자료의 측정값들을 상호 비교하는 데에도 사용된다.

예제26 갑은 SAT의 수학부문에서 700점을 기록했고, 을은 CPT(College Placement Test)의 수학부문에서 24점을 받았다. SAT 수학점수의 평균과 표준편차는 500점과 100점이고, CPT 수학점수의 평균과 표준편차는 각각 18점과 6점이었다. 두 시험이 모두 학생의 수학에 대한 능력을 시험하는 것이라고 가정한다면, 두 학생 중에서 어느 학생이 더 시험 석차가 좋은가?

풀이 갑의 Z-점수는 $(700-500)/100=2$ 이고 을은 $(24-18)/6=1$이다. 위의 정의에 의하면 갑과 을 모두 평균보다 높은 성적을 받았다. 또한, 갑은 SAT 수학 평균점수 보다 표준편차의 2배 더 높은 점수를 받았고, 을은 CPT 수학 평균점수 보다 표준편차의 1배 더 높은 점수를 받았다. 따라서 갑이 을보다 더 좋은 석차를 기록했다.

예제27 다음은 도시 15곳의 돼지고기 가격과 닭고기 가격을 조사한 표이다. 타 도시들과 비교해 볼 때 서울에서는 돼지고기 가격과 닭고기 가격 중 어느 것이 더 비싸게 거래된다고 생각하는가?

도시	돼지고기	닭고기
속초	661	400
부산	238	274
대구	127	108
대전	136	203
전주	206	260
광주	156	181
인천	233	315
성남	108	229
울산	199	398
진주	247	237
포항	195	176
부천	246	296
구리	535	254
시흥	419	238
서울	329	269

풀이 위의 자료에 의하면 돼지고기와 닭고기 가격의 평균은 각각 $\bar{x}_1 = 269$ 이고 $\bar{x}_2 = 256$이다. 표준편차는 각각 $s_1 = 157$, $s_2 = 77$ 이다. 이들을 갖고 서울에서의 돼지고기와 닭고기 가격의 Z-점수를 계산하면, 돼지고기 가격의 Z-점수$(Z_1) = (329-269)/157 = 0.38$이고 닭고기 가격의 Z-점수$(Z_2) = (269-256)/77 = 0.17$이다. 따라서 타 노시와 비교해 볼 때 서울에서는 돼지고기가 닭고기 보다 더 비싸게 거래되고 있다.

3.6 상자그림과 이상값

3.6.1 상자그림

상자그림(box plots)은 자료의 중심위치, 산포도, 대칭 또는 비대칭의 정도를 한꺼번에 보여주는 그림으로 상자-수염 그림(box-and-whisker diagrams)이라고

도 한다. 이 그림은 사분위수들과 측정값들의 최대값 및 최소값을 이용하여 다음과 같이 그린다.

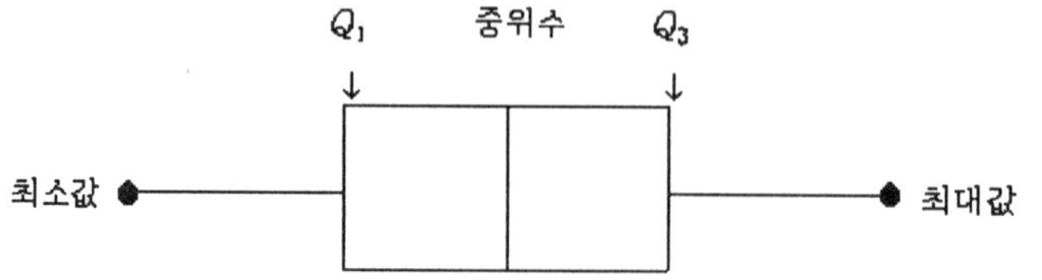

<그림 3.3> 상자그림

3.6.2 이상값

이상값(outlier)들은 자료에 포함된 극단적으로 크거나 작은 측정값들을 말하며, 가끔 기록오류나 입력오류에 의해 발생되기도 한다. 이상값들은 이미 배운 것과 같이 평균과 분산에 큰 영향을 주어, 결국은 자료의 중심위치 및 산포도의 측정을 왜곡시킨다. 따라서 이상값을 찾아 그것이 오류에 의한 것으로 판단되면 자료를 수정하거나 이상값을 자료에서 제외시키고, 중요한 의미를 가진 것이면 이를 자료에 포함시켜서 분석한다. 자료에서 이상값을 찾는 방법은 다음의 두 가지가 있다.

방법1: 크기가 $n \geq 10$인 자료의 도수분포가 종형일 때, 이 자료에서 측정값의 Z-점수가 3이상 또는 -3 이하인 것들은 이상값으로 판단한다.

방법2: 자료에서 제1사분위수(Q_1), 제3사분위수(Q_3) 및 사분위수 범위인 $IQR = Q_3 - Q_1$를 계산하고 측정값이 $Q_1 - 1.5 \cdot IQR$보다 작거나 $Q_3 + 1.5 \cdot IQR$ 보다 크면 이상값으로 판단한다.

예제28 다음 자료는 중년 남성 21명의 폐활량을 조사한 것이다. 이들 자료 중에서 마지막 자료 35.78이 이상값인지 알아보시오.

12.81, 14.95, 15.83, 15.97, 19.90, 18.34, 19.82, 19.94, 20.62, 36.73, 20.88, 20.93, 20.98, 21.15, 22.24, 23.16, 22.24, 23.16, 23.56, 35.78

풀이 위의 자료에 대한 히스토그램이나 줄기-잎 그림을 그리면 도수분포가 종형이 아님을 알 수 있다. 따라서 이 자료의 이상값 탐색에 방법 1은 사용할 수 없다.

방법 2에 의하면, $Q_1 = 18.27$, $Q_3 = 22.16$ 이고 $IQR = Q_3 - Q_1 = 3.89$에 의해 $22.26 + 1.5(3.89) = 28.095$이다. 마지막 자료 35.78과 이 값을 비교하면 $35.78 > 28.095$이 되어 이상값이 된다.

EXCEL 실습

[실습 1] EXCEL 함수를 이용한 기술통계

다음은 20개 국가의 이자율을 조사한 자료이다. 이 자료들의 기술통계를 통계 함수를 이용해 계산하는 연습을 해보자.

4.4	6.4	3.0	4.1	0.8	5.7	2.0	3.9	1.9	5.7
2.8	4.1	3.8	1.6	3.4	8.4	5.2	6.9	2.7	1.9

1단계: 자료 입력

	A	B
1	이자율	
2	4.4	
3	6.4	
4	3.0	
5	4.1	
6	.8	
7	5.7	
8	2.0	
9	3.9	
10	1.9	
11	5.7	
12	2.8	
13	4.1	
14	3.8	
15	1.6	
16	3.4	
17	8.4	
18	5.2	
19	6.9	
20	2.7	
21	1.9	
22		

2단계: 엑셀 통계함수의 입력

D4에서 D15까지 엑셀 통계함수를 입력해 통계량을 구한다.

각 셀에 입력되는 내용은 다음과 같다.

평　　균 : D4 = AVERAGE(A2:A21)
분　　산 : D5 = VAR(A2:A21)
표준편차 : D6 = STDEV(A2:A21)
중 위 수 : D7 = MEDIAN(A2:A21)
최 소 값 : D8 = MIN(A2:A21)
최 대 값 : D9 = MAX(A2:A21)

범 위 : D10 = D9-D8

첨 도 : D11 = KURT(A2:A21)

왜 도 : D12 = SKEW(A2:A21)

제 1사분위수 : D13 = QUARTILE(A2:A21, 1)

제 3사분위수 : D14 = QUARTILE(A2:A21, 3)

사분위수범위 : D15 = D14-D13

	A	B	C	D	E
1	이자율				
2	4.4		자료의 요약		
3	6.4				
4	3.0		평균	3.9	
5	4.1		분산	3.90555	
6	.8		표준편차	1.97625	
7	5.7		중앙값	3.9	
8	2.0		최소값	.8	
9	3.9		최대값	8.4	
10	1.9		범위	7.6	
11	5.7		첨도	-0.1618	
12	2.8		왜도	0.53968	
13	4.1		제1사분위	2.525	
14	3.8		제3사분위	5.325	
15	1.6		사분위범위	2.8	
16	3.4				
17	8.4				

[실습 2] EXCEL 함수를 이용한 기술통계 계산

다음으로 엑셀의 데이터 분석 도구를 이용해 기술 통계량을 구하여 보자.

1단계: 메뉴에서 [도구] → [데이터 분석]을 선택

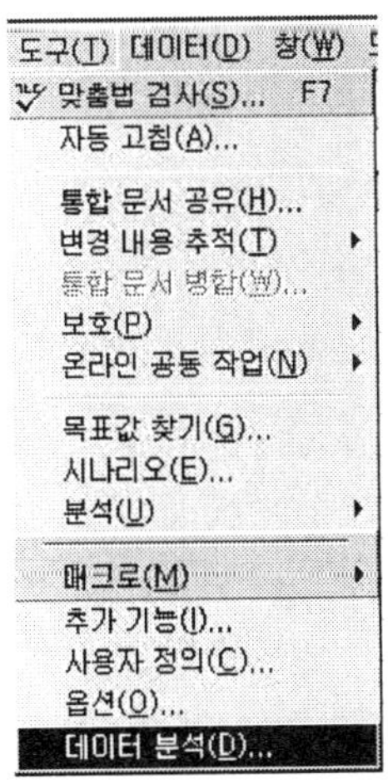

2단계: [통계 데이터 분석] 대화상자가 나타나면 [기술 통계법]을 선택

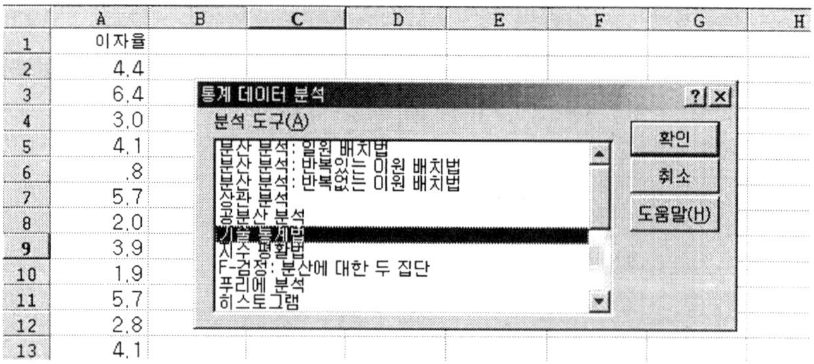

3단계: [기술 통계법] 대화상자가 나타나면 [입력]과 [출력 옵션]을 입력

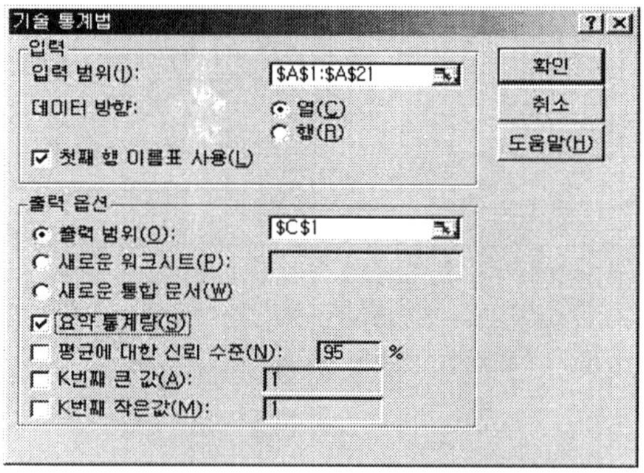

[입력]

입력범위 : $A$1:$A$21

데이터 방향 : 열 선택

첫째 행 이름표 사용 : 선택

[출력 옵션]

출력 범위 : C1

요약 통계량 : 선택

지정이 끝났으면 확인 단추를 누름

다음과 같은 출력이 워크시트에 출력된다.

	A	B	C	D	E
1	이자율		이자율		
2	4.4				
3	6.4		평균	3.935	
4	3.0		표준 오차	0.4419	
5	4.1		중앙값	3.85	
6	.8		최빈값	4.1	
7	5.7		표준 편차	1.97625	
8	2.0		분산	3.90555	
9	3.9		첨도	-0.1618	
10	1.9		왜도	0.53968	
11	5.7		범위	7.6	
12	2.8		최소값	0.8	
13	4.1		최대값	8.4	
14	3.8		합	78.7	
15	1.6		관측수	20	
16	3.4				

연 습 문 제

[1] 어느 볼링선수가 6게임에서 얻은 득점이 201, 187, 162, 234, 208, 198 이었다. 이 자료를 갖고 다음의 통계값들을 구하시오.

1) 평균 2) 중위수 3) 최빈수

4) 중앙범위 5) Q_1과 Q_3 6) D_4

[2] 각각 15명, 20명, 10명, 18명으로 구성된 4개의 학급이 있다. 각 학급의 평균체중이 각각 63Kg, 62Kg, 66Kg, 64Kg이라면 전체 학생들의 평균체중은 얼마인가?

[3] 다음 도수분포표는 대기업 간부 100명의 연봉(백만원)을 나타낸 것이다.

연봉	55	60	70	80	300
도수	7	5	6	4	3

이 표로부터 다음의 통계값들을 구하시오.

1) 중위수 2) 평균 3) 중앙범위 4) 왜도

5) IQR 6) D_6 7) 표준편차

[4] 자료의 측정값들이 백분율로 주어졌을 때, 이 자료의 평균계산에는 주로 기하평균(geometric mean)이 사용된다. 기하평균은

$$\bar{x}_g = (x_1 \times x_2 \times \cdots \times x_n)^{1/n}, \qquad \text{단 } x_i > 0, \quad i = 1, 2, \cdots, n$$

다음의 백분율 자료 95%, 125%, 140%, 100%로부터 기하평균을 계산하시오.

[5] 다음은 어느 공장 근로자들의 연간 소득분포표이다(단위: 만원). 연간소득의 산술평균, 중위수, 최빈수를 구하시오.

소득(X)	인원(f)
118~126	3
127~135	5
136~144	9
145~153	12
154~162	5
163~171	4
172~180	2

[6] 자료의 측정값들이 일정 거리를 달린 어떤 물체의 속도로 주어 졌을 때, 이들의 평균속도 계산에는 조화평균(harmonic mean)이 사용된다. 주어진 일정구간 속도의 측정값들이 $x_1, x_2, \cdots, x_n$ 일 때 이들의 조화평균은

$$\overline{x_h} = n / \sum_{i=1}^{n} (1 / x_i)$$

로 정의된다. 만약 한 자동차 운전자가 40km를 달리는데 처음 20km를 30km/hr의 속도로, 그 이후 구간을 60km/hr로 달렸다면, 이 운전자가 40km의 거리를 달린 평균속도는 얼마인가?

[7] 다음은 한 학급의 통계학 시험점수를 도수분포표로 작성한 것이다.

시험점수(X)	도수(f)
50~59	2
60~69	12
70~79	26
80~89	15
90~99	5

1) 시험점수의 산술평균, 중위수, 최빈수를 각각 구하시오.
2) 표준편차와 분산을 구하시오
3) 왜도를 구하고 분포의 모양을 설명하시오.

[8] 어떤 회사 사무직 직원 9명에 대한 월급(단위: 만원)을 조사한 결과 다음과 같은 자료를 얻었다.

42	58	61	52	66	38	72	95	420

1) 평균과 중위수를 구하시오.
2) 평균과 중위수중 어느 것을 중심위치를 나타내는데 바람직한가?
3) 표준편차를 계산하시오.

[9] 표본자료의 통계값들이 다음과 같을 때 표본분산(s^2)과 표본표준편차(s)를 계산하시오.

1) $\sum_{i=1}^{n} x_i^2 = 52, \quad \sum_{i=1}^{n} x_i = 7, \quad n=9$

2) $\sum_{i=1}^{n} x_i^2 = 25, \quad \sum_{i=1}^{n} x_i = 12, \quad n=20$

[10] 다음은 서울 올림픽의 여자 양궁 결승에서 한국선수와 스웨덴선수가 기록한 점수이다.

회수	한국	스웨덴
1	118	119
2	116	105
3	117	110

1) 각 선수의 점수에 대한 평균과 표준편차를 구하시오.
2) 어느 나라 선수가 더 우수한 선수라고 판단되는지를 설명하시오.

[11] 유한모집단으로부터 얻은 자료가 4, 8, 12, 16, 20일 때, 다음의 모수들을 구하시오.

1) μ 2) σ
3) 각 측정값들의 Z-점수 4) Z-점수들의 평균과 분산

[12] 다음 자료의 상자그림을 작성하시오.

1.32, 1.41, 0.95, 1.06, 1.18, 1.26, 0.99, 1.26, 1.10

[13] 통계학 시험을 본 다섯 학급(A, B, C, D, E)의 평균과 표준편차는 다음과 같다. 만일, 당신의 통계학시험 점수가 75점일 때, 이 점수는 어느 학급에서 가장 석차가 높은 것일까?

A: $\mu=65,\ \sigma=10$　　B: $\mu=70,\ \sigma=5$　　C: $\mu=55,\ \sigma=15$

D: $\mu=75,\ \sigma=2$　　E: $\mu=70,\ \sigma=3$

[14] 다음 자료는 서울의 어느 초등학교 6학년 학생 60명의 앉은키를 조사한 결과이다. 범위와 사분위수를 구하시오.

76 74 80 81 83 82 78 76 83 76 81 73 77 77 72 75 76 77
82 79 75 71 78 75 82 70 77 71 80 81 80 75 82 72 85 84
82 72 72 70 77 80 71 85 85 80 78 78 73 81 82 72 78 81
82 78 83 81 77 75

[15] 다음 표본자료는 특정 자동차 34대의 연비(km/ ℓ)를 측정한 것이다.

9, 9, 13.5, 7, 6.5, 11, 9, 11.7, 11, 11, 12, 9.8, 5, 13, 8, 11, 9, 9,
8, 9, 10, 13, 13.7, 8, 13, 8, 13, 12, 11, 10.5, 9, 14, 10, 13.

1) 자료의 상자그림을 작성하시오.
2) 자료 중에 이상값이 있으면 찾으시오.

[16] 80명으로 구성된 어떤 학급 학생들의 통계학 성적의 평균은 80점, 표준편차는 10점, 수학성적의 평균은 70점, 표준편차는 8점이었다. 랜덤으로 뽑은 한 학생의 통계학 점수가 75점, 수학점수가 70점이었다면, 이 학생은 어느 과목에서 더 우수한 성적을 얻었다고 할 수 있는가?

[17] 400명 학생의 수학성적의 평균과 분산은 각각 600과 400이다. 이 성적분포가 종 모양이라면 구간 530과 670사이에는 몇 명이 들어 있는가? 구간 460과 740사이에는 근사적으로 몇 명인가?

[18] 다음의 측정값은 우유병에 들어있는 우유의 양(온스)으로 7.1, 7.2, 7.0, 7.3, 7.0이다. $\bar{y}$, s^2 그리고 s 를 계산하시오.

[19] 바다의 미생물 수를 알아보기 위해 10군데에서 바닷물을 채취하여 미생물의 수(100 $m\ell$ 당 박테리아 수)를 조사한 자료가 다음과 같다.

49, 70, 54, 67, 59, 40, 61, 69, 71, 52

1) 범위를 사용하여 s의 근사값을 계산하시오.
2) $\bar{y}$와 s를 계산하고 (1)에서 구한 s의 근사값과 비교하시오

[20] 지능지수 IQ는 생활연령에 대한 정신연령의 비에 100을 곱하여 지능을 나타낸다. 그래서 평균(정신연령이 생활연령과 같을 때)은 100이 된다. 다음 IQ점수의 평균과 분산을 구하시오

100	103	99	101	100	120	109	82
101	112	95	118	118	89	114	113
92	137	130	94	87	93	111	96
93	98	101	96	84	86	89	90

[21] 다음 표본자료는 세계 19대 도시를 대상으로 월 전화 기본요금(단위 달러) 조사한 것이다.

7.28, 8.54, 15.28, 5.51, 3.17, 6.34, 3.80, 4.59, 5.12, 9.98,
7.04, 10.00, 11.96, 5.48, 2.30, 5.85, 9.39, 8.73, 7.66

1) 평균 $\bar{x}$를 구하시오.
2) 표준편차 s를 계산하시오.
3) 미국 뉴욕의 월 전화 기본요금이 10(달러)일 때, 이 측정값의 $Z-$점수를 구하시오.
4) 상자그림을 작성하시오.

[22] 쥐의 맥박 수는 매분 당 평균 23회이고, 표준편차는 4.5이다. 이 분포가 종모양의 분포를 따르면 분당 맥박수가 18.5와 32사이일 백분율은 얼마인가?

[23] 100마리 여우의 임의표본을 통하여 특정 기생충의 유병율을 결정하고자 한다. 여우 한 마리당 기생충 수를 세어보니 69마리가 기생충이 전혀 없으며 17마리가 기생충 하나를 갖고 있다. 다음은 도수분포표이다.

기생충수 y	0	1	2	3	4	5	6	7	8
여우마리수 f	69	17	6	3	1	2	1	0	1

1) y (마리당 기생충 수)의 상대도수히스토그램을 작성하시오.
2) $\bar{y}$ 와 s 를 계산하시오.
3) 기생충의 수가 평균에서 두 표준편차 이내 $(\bar{y} \pm 2s)$에 해당되는 비율은? 이들 결과는 체비셰프의 정리와 일치하는가?

[24] 볼트를 생산하는데 평균직경은 0.51인치이고 0.01인치의 표준편차를 갖는다. 볼트직경의 분포가 거의 종 모양의 분포를 따르면 직경이 구간 0.49인치에서 0.53인치 사이인 볼트의 비율은?

[25] 5개의 측정값 2, 3, 3, 5, 7의 평균값 $\bar{x}$ 를 구하시오.

[26] 측정값 2, 3, 3, 5, 7로부터 평균에 대한 적률 μ_2, μ_3, μ_4 를 구하시오.

[27] 다음은 500명 학생의 시험성적에 대한 도수분포표이다. 평균 $\bar{x}$, 표준편차 s, 왜도 α_3, 첨도 β 를 구하시오.

점수	15 -29	30 -44	45 -59	60 -74	75 -89	90 -104	105 -119	105 -119	120 -134	135 -149	150 -164	165 -179
도수	3	11	29	53	100	119	79	79	42	33	20	71

[28] n 개의 측정값 $x_1, x_2, \cdots, x_n$ 에 대하여 다음 식이 성립함을 증명하시오.

$$\min(x_1, x_2, \cdots, x_n) \leqq \bar{x} \leqq \max(x_1, x_2, \cdots, x_n)$$

[29] 2개의 수 x_1, x_2 의 분산은 $s^2 = \frac{1}{2}(x_1 - x_2)^2$임을 증명하시오.

[30] $x_1, x_2, \cdots, x_m$ 의 평균을 $\bar{x}$, 분산을 s_x^2 이라 하고, $y_1, y_2, \cdots, y_n$ 의 평균을 $\bar{y}$, 분산을 s_y^2 이라 하면 $m+n$ 개의 측정값 $x_1, x_2, \cdots, x_m$, $y_1, y_2, \cdots, y_n$ 의 평균 (M) 과 분산(s^2) 이 각각 다음과 같음을 증명하시오.

$$M = \frac{m\bar{x} + n\bar{y}}{m+n}$$

$$s^2 = \frac{(m-1){s_x}^2 + (n-1){s_y}^2}{m+n-1} + \frac{mn}{(m+n)(m+n-1)}(\bar{x} - \bar{y})^2$$

제4장 기술통계 :이변량 자료의 정리

지금까지 모집단의 특성을 나타내는 한 변량 X에 관한 동계사료를 기술하는 방법에 대하여 고찰하였다. 그러나 경우에 따라 모집단의 두 가지 특성을 나타내는 이변량 X와 Y에 대한 통계자료를 비교하고 관찰하여 변수 간에 존재하는 어떤 상호관계를 분석해야 될 필요가 종종 있다. 이에 대한 전형적인 예는 다음과 같다.

· A지방의 교사 월급 X와 나이 Y 간의 관계
· 학생들의 키 X와 몸무게 Y 간의 관계
· 어느 지방의 강수량 X와 기온 Y 간의 관계

여기서, 이변량 X와 Y의 자료란 $\{(x_i, y_i), i = 1, 2, \cdots, n\}$과 같이 쌍으로 측정된 값들의 집합을 말한다. 이변량 자료에 존재하는 상호관계에는 선형 및 비선형 관계가 있으며, 이를 분석하는 방법에는 도표를 비롯한 상관(correlation)과 회귀(regression)분석이 있다. 이 장에서는 이들 분석법에 대하여 살펴보기로 한다.

4.1 이변량 자료의 도표

이변량 자료를 하나의 표로써 요약한 것으로 일변량 자료의 도수분포표에 해당하는 것이 분할표(contingency table)이다. 이 표는 이변량 자료를 정리하여 두 변량간의 관계를 연구하는데 매우 효과적인 도표이다. 두 변량의 측정값이 질적 속성을 나타내거나 이산적인 수이면서 측정값의 종류가 많지 않은 경우에 사용한다. 분할표의 작성요령은 이변량 자료의 범주를 행과 열로 나눈 후 해당 칸(cell)에 측정값의 도수(또는 상대도수)를 조사하여 기록한다. <표 4.1>은 400명 학생의 국어, 영어, 수학 세 과목의 선호도를 조사한 결과를 분할표로 나타낸 것이다.

<표 4.1> 분할표

	국어	영어	수학	합계
남자	.18	.24	.18	.60
여자	.14	.16	.10	.40
합계	.32	.40	.28	1.00

표본자료가 일차원인 경우 도수분포표를 이용하여 막대그래프를 작성하듯이, 이차원인 경우에도 분할표를 이용하여 이차원 막대그래프를 그릴 수 있다. 이 경우에는 평면 위에 각 이차원 측정값의 위치를 잡고 그 위로 도수(또는 상대도수)에 비례하는 높이의 막대를 그리면 된다.

두 변량의 측정값들이 연속적인 수이거나 또는 이산적이지만 매우 다양한 값을 가진 경우에는 도수분포표를 작성할 때와 같이 각 변량의 측정값들의 범위를 몇 개의 계급으로 나누어 <표 4.2>와 같은 모양의 분할표를 작성한다. 또한, 이를 이용하여 이차원 히스토그램도 그릴 수 있다. 이차원 히스토그램은 이차원 계급을 평면 위에 표시하고 그 위에 각 이차원 계급의 상대도수를 부피로 하는 직육면체를 그린 것이다.

예제 1 다음은 키(단위 cm)와 몸무게(단위 kg) 자료로 첫 번째 값은 키이고, 두 번째 값은 몸무게이다. 이 표본자료를 이용하여 분할표와 이차원 히스토그램을 작성하여라.

(183, 82) (168, 52) (165, 52) (158, 55) (180, 93)
(176, 57) (168, 60) (160, 48) (160, 50) (150, 49)
(180, 79) (183, 73) (170, 60) (170, 66) (185, 74)

(170, 82) (165, 57) (170, 54) (168, 57) (154, 55)
(152, 50) (173, 63) (173, 60) (165, 49) (163, 63)
(163, 57) (160, 57) (178, 77) (138, 54) (171, 69)
(163, 50) (168, 57) (165, 54) (165, 59) (178, 79)
(170, 54) (168, 79) (183, 70) (145, 37) (174, 65)

풀이 키와 몸무게를 각각 6개의 계급으로 나누어 분할표를 작성하면 <표 4.2>와 같다. 이를 이용하여 이차원 히스토그램을 그리면 <그림 4.1>과 같다.

<표 4.2> 예제 1의 분할표

키 \ 몸무게	36.5~46.5	46.5~56.5	56.5~66.5	66.5~76.5	76.5~86.5	86.5~96.5	합계
137.5~145.5	.025	.025	.000	.000	.000	.000	.050
145.5~153.5	.000	.050	.000	.000	.000	.000	.050
153.5~161.5	.000	.100	.025	.000	.000	.000	.125
161.5~169.5	.000	.125	.175	.000	.025	.000	.325
169.5~177.5	.000	.050	.150	.025	.025	.000	.250
177.5~185.5	.000	.000	.000	.075	.100	.025	.200
합계	.025	.350	.350	.100	.150	.025	1.000

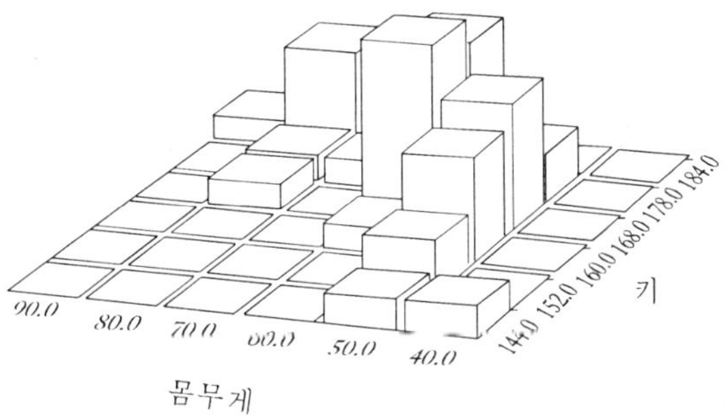

<그림 4.1> 예제 1의 이차원 히스토그램

두 변량의 값이 연속적인 수인 경우, 이변량 자료를 그림으로 나타내는 또 다른 방법으로 산점도(scatter plot)와 리그레쏘그램(regressogram)이 있다. 산점도란 두 변량 사이의 관계를 그림으로 분석하기 위해서 한 변량을 x축, 다른 변량을 y축으로 하여 각 이변량 측정값 (x_i, y_i)를 xy-좌표 평면 위의 점으로 나타낸 것이다. <그림 4.2>는 예제 1의 자료를 산점도로 나타낸 것이다. 이와 같이 산점도는 두 변량 간의 관계를 시각적으로 파악할 수 있게 해주는 그림이다.

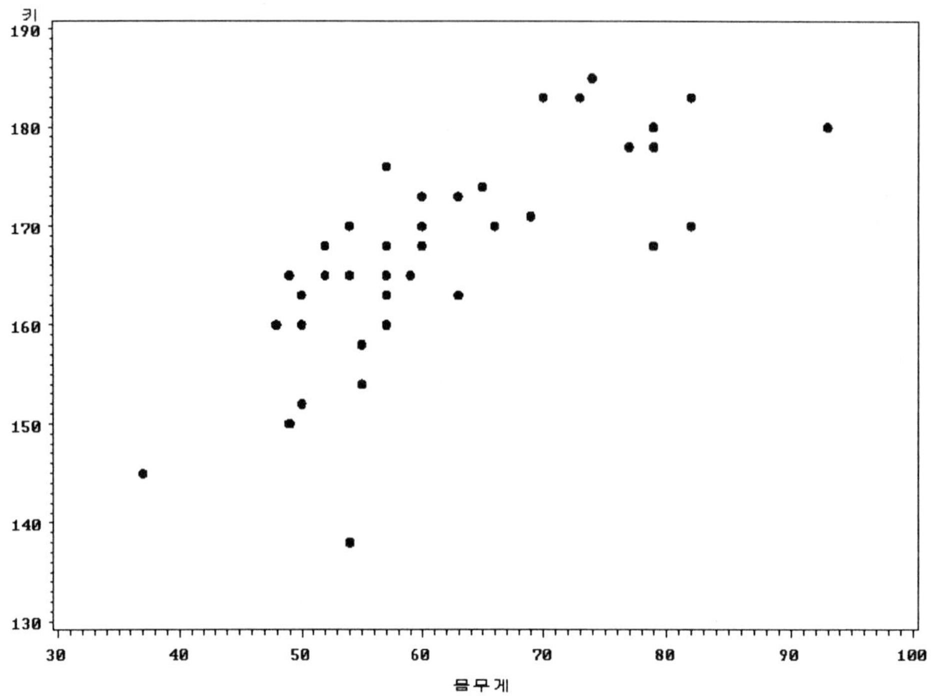

<그림 4.2> 예제 1의 산점도

예제 1의 자료를 이용하여 리그레쏘그램을 그리는 방법에 대하여 알아보자. 먼저, 두 변량 중 하나에 대하여 측정값의 범위를 히스토그램을 그릴 때와 같이 몇 개의 계급으로 나눈 후 각 그룹에서 평균값을 구한다. 예제 1의 자료에서 몸무게를 6개의 계급으로 나누고 이에 따라 전체 표본자료를 나눈 다음 각 그룹에서 키의 평균을 구하면 다음 표와 같다.

몸무게의 계급	키의 값	평균
36.5~46.5	145	145.0
46.5~56.5	168, 165, 158, 160, 160, 150, 170, 154, 152, 165, 138, 163, 165, 170	159.9
56.5~66.5	176, 168, 170, 170, 165, 168, 173, 173, 163, 163, 160, 168, 165, 174	168.3
66.5~76.5	183, 185, 171, 183	180.5
76.5~86.5	183, 180, 170, 178, 168	176.2
86.5~96.5	180	180

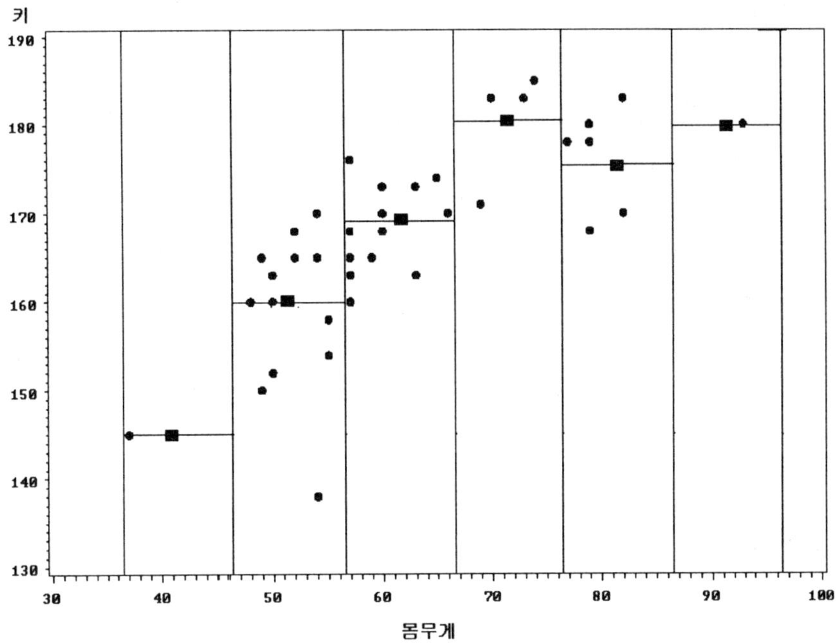

<그림 4.3> 예제 1의 리그레쏘그램

이와 같이 산점도와 리그레쏘그램은 두 변수의 변화 관계를 쉽게 알아 볼 수 있는 그래프이다. 일반적으로, 산점도보다 리그레쏘그램이 두 특성의 변화 관계를 파악하는데 더 효율적인 그래프이다.

4.2 상관분석

두 개의 변량이 가지고 있는 어떤 상호관계는 이들에 대한 자료(이변량 자료)를 통해 구할 수 있으며, 이를 상관관계(correlation)라고 한다. 상관분석(correlation analysis)이란 두 변량 간에 존재하는 상관관계(선형 또는 비선형적인 종속관계)의 강도를 측정하는 일련의 방법을 의미한다. 두 변량간의 상관관계를 조사하려면 먼저 이변량 자료의 산점도 작성이 필요하다. 산점도에서 두 변량간의 관계가 대체로 직선적인 경우는 상관계수(correlation coefficient)를 계산하여 그 상관의 정도를 파악할 수 있다. 만일 두 변량간의 관계가 곡선적인 경향을 보이는 경우는 상관의 정도를 상관비(correlation ratio)로 계산한다. 이 장에서는 상관계수에 대해서만 설명할 것이며, 상관비에 대한 내용은 다른 서적을 참고하기 바란다.

4.2.1 공분산

예제 1의 자료를 가지고 학생의 몸무게와 키 간의 관계를 조사하기 위해서 <그림 4.2>의 산점도를 그렸다고 하자. 이와 같은 산점도는 이변량 자료가 지닌 분포의 개략적인 형태를 파악하는데 적합하다. <그림 4.2>의 산점도는 두 변량의 측정값들 간에 기울기가 양(positive)인 직선적인 관계가 있음을 보이고 있다. 이러한 관계를 한 개의 숫자로 나타내는 통계값에는 공분산(covariance)과 상관계수(correlation coefficient)가 있다. 공분산은 두 변량 간에 존재하는 선형적 관계를 평균적으로 측정하는 것인데 반하여, 상관계수는 선형적 관계를 크기(또는 강도)로 측정하는 통계값이다.

4.2.2 상관계수

표본상관계수

이변량 자료를 $(x_1, y_1), (x_2, y_2), \cdots, (x_n, y_n)$ 이라 하고, X와 Y의 표본상관계수(sample correlation coefficient)를 r_{XY}로 나타내면

$$r_{XY} = \frac{s_{XY}}{s_X s_Y}$$

$$= \frac{1}{n-1}\sum\left(\frac{x_i-\bar{x}}{s_X}\right)\left(\frac{y_i-\bar{y}}{s_Y}\right)$$

$$= \frac{\sum(x_i-\bar{x})(y_i-\bar{y})}{\sqrt{\sum(x_i-\bar{x})^2\sum(y_i-\bar{y})^2}}$$

로 정의된다. 여기서 s_{XY}는 공분산이고 s_X와 s_Y는 이변량 자료로부터 각각 계산된 표본표준편차들을 나타낸다.

한편, 모집단의 상관계수는 ρ_{XY}로 표기하고, 이 값은 위에서 정의된 표본상관계수로 추정한다. 표본상관계수 다음과 같은 성질이 있어 표본공분산과는 달리 두 변량 간의 선형적 강도의 크기를 측정하는데 적합하다.

① r_{XY} 의 값은 $-1 \leq r_{XY} \leq 1$ 의 범위 안에 있다.

② $r_{XY} = 0$ 일 때 두 변량은 무상관이다.

③ $0 < r_{XY} < 1$ 일 때 두 변량의 관계는 한쪽 변량이 증가(감소)하면 다른 쪽 변량도 증가(감소)하는 비례적인 관계를 나타낸다. 이 경우, 두 변량 사이의 상관을 양(선형)상관(positive linear correlation)이라 한다.

④ $-1 < r_{XY} < 0$ 일 때 두 변량의 관계는 한쪽 변량이 증가(감소)하면 다른 쪽 변량은 역으로 감소(증가)하는 반비례적인 관계를 나타낸다. 이때 두 변량 사이의 상관을 음(선형)상관(negative linear correlation)이라 한다.

⑤ 산점도에서 두 변량의 측정값들이 일직선상에 놓여 있을 때 $r_{XY} = \pm 1$ 이 된다. 이때 두 변량 사이의 상관은 완전(선형)상관(perfect linear correlation)이라 하고, $r_{XY} = 1$ 일 경우 양의 완전(선형)상관, $r_{XY} = -1$ 인 경우는 음의 완전(선형)상관이라 한다.

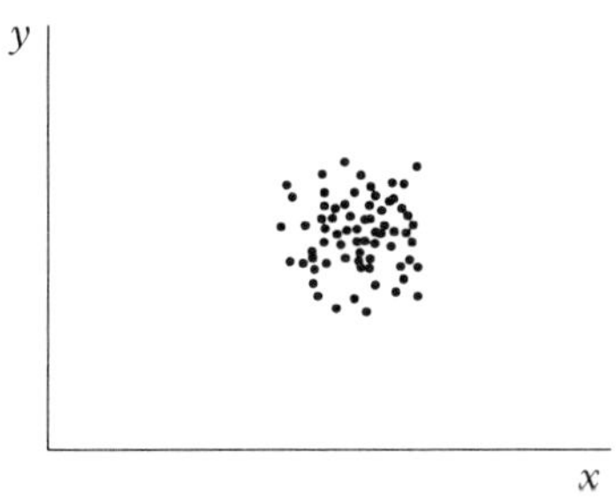

$r=0$

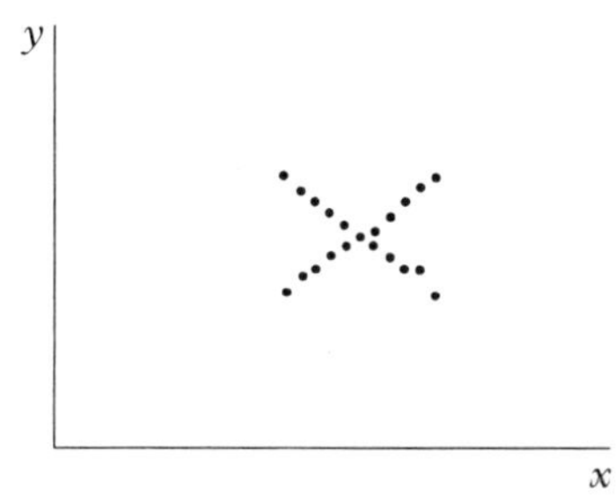

$r=0$

$r=0$

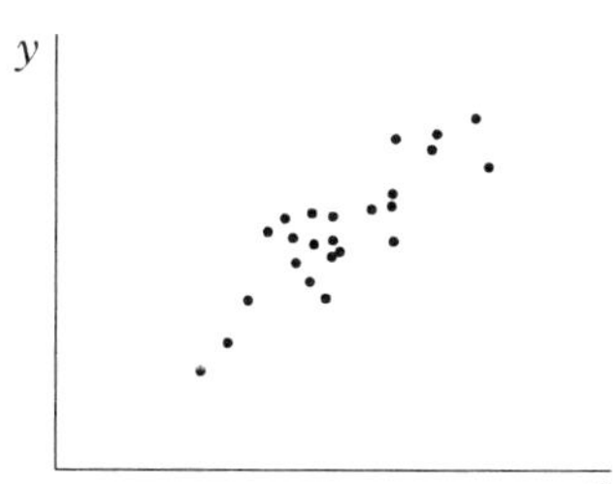

$0<r<1$

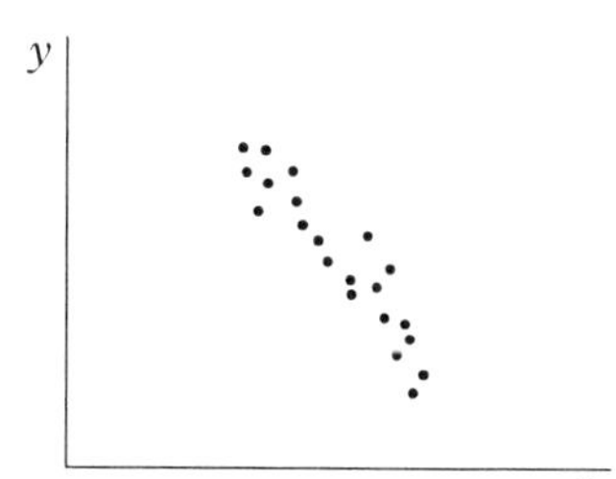

$-1<r<0$

예제 2 다음 자료를 가지고 두 변량인 시험공부시간(X)과 시험점수(Y)간의 표본상관계수를 구하시오

X	3	6	5	2	7	8	5	3	6	5
Y	70	80	75	65	70	95	80	70	85	80

풀이 표본평균이 $\bar{x} = 5$, $\bar{y} = 77$ 이고 $s_{XY} = 12.8$ 이다. 두 변량의 표준편차를 계산하면 $s_X = 1.89$ 이고 $s_Y = 8.88$ 이 된다. 따라서 상관계수 공식에 대입시키면 $r_{XY} = s_{XY}/(s_X s_Y) = 12.8/(1.89 \times 8.88) = 0.763$ 이다. 상관계수가 양수이므로 두 변량 간에 양의 상관이 존재함을 알 수 있다.

4.2.3 순위상관계수

음악경연대회나 미인선발대회와 같이 성적이 순위로 주어지는 경우, 상관계수 대신 순위상관계수(Spearman's rank correlation coefficient)를 사용하여 두 변량 음악경연대회 성적 X와 미인선발대회 성적 Y 간의 상관을 측정한다.

순위상관계수

두 변량 X와 Y의 n 개의 측정값들이 각각 순위 x_i와 y_i로 측정되었을 때, 이들 순위의 짝인 (x_i, y_i)를 만든다. 이 때 i 번째 개체의 순위 차를 d_i 라 하면, 순위상관계수를 r_s 는

$$r_s = 1 - \frac{6\sum_{i=1}^{n} d_i^2}{n(n^2-1)}$$

으로 정의한다. 단 $d_i = x_i - y_i$ 이다.

예제 3 다음 표는 학생 10명의 음악과 미술성적을 순위로 나타낸 자료이다. 순위상관계수를 구하여라.

<표 4.3> 학생의 음악과 미술성적 순위

학생	음악성적의 순위	음악성적의 수정순위(x)	미술성적의 순위	미술성적의 수정순위(y)	$d=x-y$	d^2
A	2등	2등	1등	1등	1	1
B	9	9	5	5	4	16
C	7 or 8	7.5	9	9	-1.5	2.25
D	1	1	2 or 3	2.5	-1.5	2.25
E	4 or 5	4.5	6	6	-1.5	2.25
F	3	3	2 or 3	2.5	0.5	0.25
G	4 or 5	4.5	7	7	-2.5	6.25
H	7 or 8	7.5	4	4	3.5	12.25
I	6	6	8	8	-2.0	4
J	10	10	10	10	0	0
Σ						46.5

풀이 순위상관계수의 정의에 의하여

$$r_s = 1 - \frac{6\sum d_i^2}{n(n^2-1)} = 1 - \frac{6 \times 46.5}{10(10^2-1)} = 0.72$$

4.3 단순선형회귀분석

회귀분석은 영국의 유전학자 S. F. Galton(1822 ~ 1911)이 제안한 방법으로, 독립변수라 불리는 한 개 또는 그 이상의 변량들에 대하여 종속변수라 불리는 다른 한 변수 사이의 관계를 수학적인 함수식을 사용하여 규명하고, 규명된 함수식을 이용하여 독립변수의 변화로부터 종속변수의 변화를 예측하고자 할 경우에 사용되는 통계적 방법이다.

회귀분석에서 독립변수를 한 개만 사용할 경우를 단순회귀분석(simple regression analysis)이라 하고, 이 경우 종속변수를 설명변수의 1차 선형함수 관계로 분석하는 것을 단순선형회귀분석(simple linear regression analysis)이라고 한다. 또한 두 개 이상의 독립변수를 사용할 경우를 중회귀분석(multiple regression analysis)이라 한다. 이 장에서는 단순선형회귀분석에 대해서만 간단히 설명하기로 한다. 회귀분석에 대한 자세한 내용은 14장을 참고하기 바란다.

4.3.1 회귀직선의 추정

회귀분석의 첫 번째 목적은 독립변수 X의 변동에 대한 종속변수 Y의 평균적인 관계변동을 나타내는 함수식을 규명하는 것이다. 이 함수식을 회귀선 또는 회귀방정식(regression equation)이라 한다.

두 변량에 관한 자료인 $\{(x_i, y_i): i=1,2,\cdots,n\}$로부터 구체적인 회귀선을 찾아내는 것을 회귀선의 추정이라 한다. 회귀선은 그 모양에 따라 회귀직선(regression line)과 회귀곡선(regression curve)로 나눠진다. 회귀직선은 독립변수와 종속변수 사이의 관계를 일차함수로 나타낸 것이다. <그림 4.2>와 같이 산점도(scatter plot)상에 나타난 점 (x_i, y_i) 들에 가장 적합한 회귀직선을

$$y=\alpha+\beta x$$

라 가정하자. 여기서 α 와 β 는 미지의 모수이며, 측정값으로부터 추정할 회귀계수들이다. 반응변수 y_i 와 적합된 회귀직선 간의 차이인

$$\epsilon_i = y_i-(\alpha+\beta x_i), \quad i=1, 2, \cdots, n$$

을 오차(errors)라 한다. 산점도의 점들을 가장 잘 적합하는 회귀직선은 오차 ϵ_i 들의 제곱합이 최소가 되는 직선일 것이다. 이렇게 구한 오차들의 제곱합을

$$Q=\sum_{i=1}^{n}\{y_i-(\alpha+\beta x_i)\}^2$$

로 하자. 최소제곱법(method of least squares)의 원리를 사용하면 오차의 제곱합을 최소로 하는 미지의 회귀계수를 구할 수 있다.

4.3.2 최소제곱법

최소제곱법은 오차의 제곱합 $Q=\sum_{i=1}^{n}\{y_i-(\alpha+\beta x_i)\}^2$를 최소화 하는 미지의 계수 α (회귀직선의 절편)와 β (회귀직선의 기울기 또는 회귀계수)를 구하는 방법이다.

최소제곱법에 의한 α 와 β 의 추정은 오차의 제곱합 $Q=\sum_{i=1}^{n}\{y_i-(\alpha+\beta x_i)\}^2$를 α 와 β 에 대해 각각 편미분하여 0으로 놓은 정규방정식(normal equations)을 풀어 구한다. 구체적으로 a 와 b 를 α 와 β 의 추정값이라 할 때

$$\frac{\partial Q}{\partial \alpha}=-2\sum_{i=1}^{n}(y_i-\alpha-\beta x_i) \quad 와 \quad \frac{\partial Q}{\partial \beta}=-2\sum_{i=1}^{n}(y_i-\alpha-\beta x_i)x_i$$

를 구하고, 위 식들을 0으로 하는 α 와 β 의 추정값들을 a 와 b 라 하면 다음과 같은 정규방정식을 얻는다.

$$\sum_{i=1}^{n} y_i = na + b \sum_{i=1}^{n} x_i$$

$$\sum_{i=1}^{n} x_i y_i = a \sum_{i=1}^{n} x_i + b \sum_{i=1}^{n} x_i^2$$

위 방정식으로부터 구한 a 와 b 는 각각 다음과 같다.

회귀직선의 절편과 회귀계수
$a = \bar{y} - b\bar{x}$, $\quad b = \dfrac{s_{XY}}{s_X^2}$

따라서 추정된 회귀직선은

$$\hat{y} = a + bx$$

이다. 이 식은 두 변량 간의 함수관계를 규명할 뿐 아니라 y 값의 예측에도 사용되어 예측선(prediction line) 이라고도 한다. 즉 임의의 x_0 값이 주어지면 예측선에 대입하여 y_0 의 예측값인 $\hat{y_0}$ 를 구한다.

한편, 두 변량의 표본상관계수 r_{XY} 와 회귀계수의 추정값인 b 간에는

$$r_{XY} = b\frac{s_X}{s_Y} \text{와} \quad b = r_{XY}\frac{s_Y}{s_X}$$

의 관계가 성립함을 쉽게 알 수 있다. 이것은 Y의 X에 관한 회귀계수로부터 두 변량 Y와 X간에 상관계수를 추정할 수 있음을 의미한다.

예제 4 다음은 어떤 상품의 가격 P와 그 수요량 D와의 관계를 나타낸 표이다. 수요직선 $D = \alpha + \beta P$를 추정하여라. 그리고 가격이 2,000원일 때의 수요량을 예측하시오.

가격(백원)	11	12	13	14	15	16	17	18
수요량	17	15	14	14	12	10	10	8

풀이 이변량 자료가 직선적인 경향을 보이므로 회귀직선 $D=\alpha+\beta P$를 고려한다. 이 회귀직선의 정규방정식은

$$\sum D = na + b\sum P$$

$$\sum PD = a\sum P + b\sum P^2$$

과 같다. $n=8$ 이고 식 속의 $\sum$ 항을 계산하기 위하여 표에 $\sum PD$, $\sum P^2$ 의 칸을 추가한다.

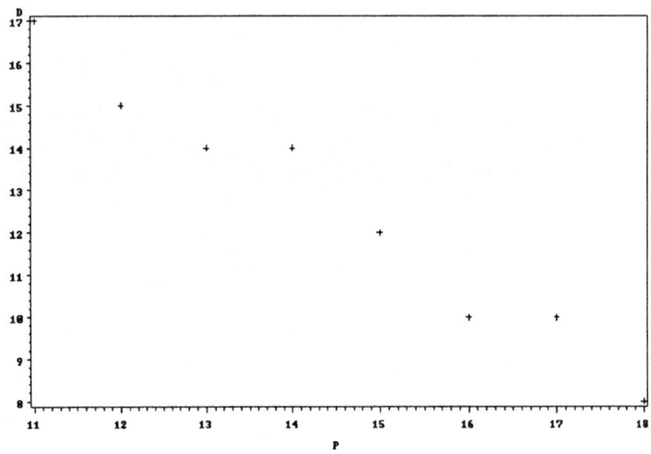

P	11	12	13	14	15	16	17	18	$\sum P=116$
D	17	15	14	14	12	10	10	8	$\sum D=100$
PD	187	180	182	196	180	160	170	144	$\sum PD=1399$
P^2	121	144	169	196	225	256	289	324	$\sum P^2=1724$

표에서 구한 $\sum$ 항의 계산 값을 위의 정규방정식에 대입시키면

$$100 = 8a + 116b \text{와} \qquad 1399 = 116a + 1724b$$

의 두 방정식을 얻는다. 이 두 식을 연립하여 구한 α와 β의 추정값은 각각 $a=30.11$ 와 $b=-1.124$ 이며, 따라서 추정된 수요식은

$$\hat{D} = 30.11 - 1.124P$$

이다. 이 예측선을 이용하면 가격이 2000원일 때의 수요는

$$\hat{D}_0 = 30.11 - 1.124(20) = 7.63$$

이 된다.

EXCEL 실습

[실습 1] 산점도 그리기

1단계: 자료입력

	A	B	C
1	온도	아이스크림판매량	
2	23	27	
3	25	23	
4	26	25	
5	27	28	
6	28	35	
7	29	36	
8	30	38	
9	32	33	
10	33	30	
11			

<그림 4.4> 자료입력

2단계: 차트 마법사 시작

<그림 4.5> 차트 마법사

3단계: [차트 종류]에서 분산형을 선택한다.

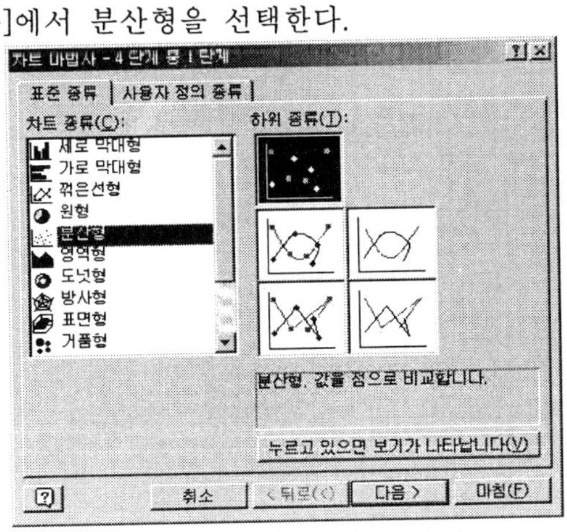

<그림 4.6> 차트 종류 선택

4단계: [데이터 범위]에 A1에서 B10까지를 지정한다.

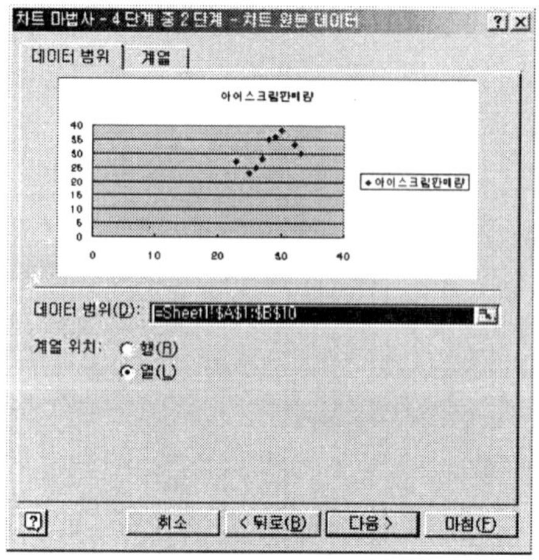

<그림 4.7> 자료 범위 지정

5단계: 출력에 필요한 옵션을 수정한다.

[차트 제목] → 산점도

X(값) 축 → 온도

Y(값) 축 → 아이스크림 판매량

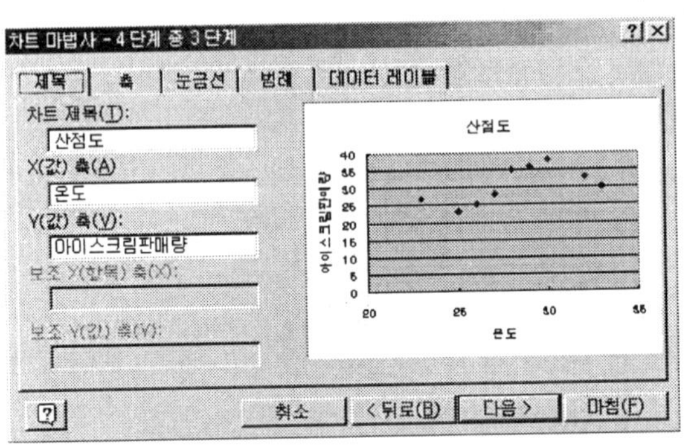

<그림 4.8> 출력 옵션의 선택

6단계: 차트의 출력 위치를 지정하고 [마침]을 누른다

<그림 4.9> 차트 위치 지정

[실습 2] 공분산분석

1단계: 온도와 아이스크림 판매량 자료를 이용하자. 자료를 다음과 같이 입력한다.

	A	B	C
1	온도	판매량	
2	23	27	
3	25	23	
4	26	25	
5	27	28	
6	28	35	
7	29	36	
8	30	38	
9	32	33	
10	33	30	
11			

<그림 4.10> 자료 입력

2단계: [도구]→[데이터 분석] 선택

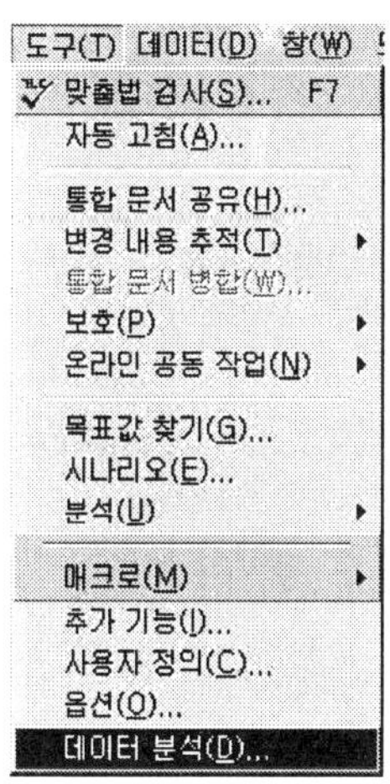

3단계: [공분산 분석]을 선택한다.

<그림 4.11> [통계 데이터 분석] 대화상자

4단계: [공분산 분석] 대화상자를 입력한다.

입력 범위 ⇒ A1:B10

첫째 행 이름표 사용 ⇒ 선택

입력이 완료되면 "확인" 단추를 누른다.

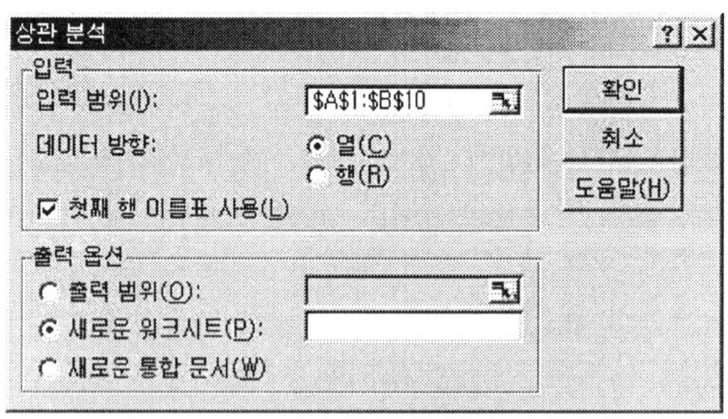

다음과 같은 출력이 나타난다.

	A	B	C
1		온도	판매량
2	온도	9.432099	
3	판매량	9.049383	24.24691
4			

<그림 4.12>

<그림 4.12>에 의하면 두 변량 온도 X와 판매량 Y의 표본공분산은 s_{XY} = 9.049383이고, 온도와 판매량의 분산은 각각 s_X^2 = 9.432099와 s_Y^2 = 24.24691로 계산되었다.

[실습 3] 상관분석

1단계: 온도와 아이스크림 판매량 자료를 이용하자. 자료를 다음과 같이 입력.

	A	B	C
1	온도	판매량	
2	23	27	
3	25	23	
4	26	25	
5	27	28	
6	28	35	
7	29	36	
8	30	38	
9	32	33	
10	33	30	
11			

<그림 4.13> 자료입력

2단계: [도구]→[데이터 분석] 선택

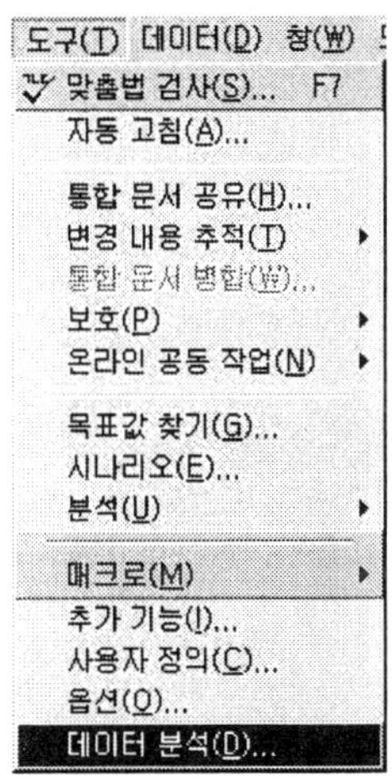

3단계: [상관분석]을 선택한다.

<그림 4.14> [통계 데이터 분석] 대화상자

4단계: [상관분석] 대화상자를 입력한다.

입력 범위 → A1:B10

첫째 행 이름표 사용 → 선택

입력이 완료되면 "확인" 단추를 누른다.

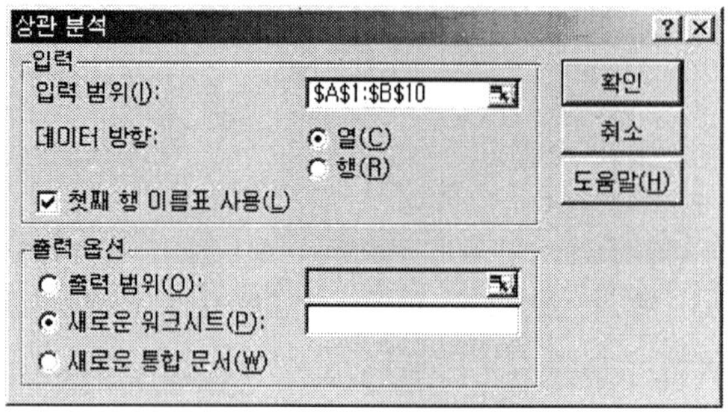

다음과 같은 <그림 4.14> 출력이 나타난다.

	A	B	C	D
1		온도	판매량	
2	온도	1		
3	판매량	0.598393	1	
4				

<그림 4.15>

두 변량 온도와 판매량의 상관계수는 $r = 0.5984$ 로 나타났다. 이제 다음과 같이 엑셀 함수를 입력해 상관계수에 대한 추론을 해보도록 하자.

[실습 4] 회귀분석

1단계: 다음과 같이 자료를 입력한다.

	A	B	C
1	온도	생산량	
2	20	16	
3	26	18	
4	23	15	
5	30	20	
6	29	17	
7	22	14	
8	25	18	
9	24	18	
10	27	18	
11	25	16	
12	28	19	
13	27	21	
14	26	17	
15	21	15	
16			

<그림 4.16> 자료입력

2단계: [도구]→[데이터 분석] 선택

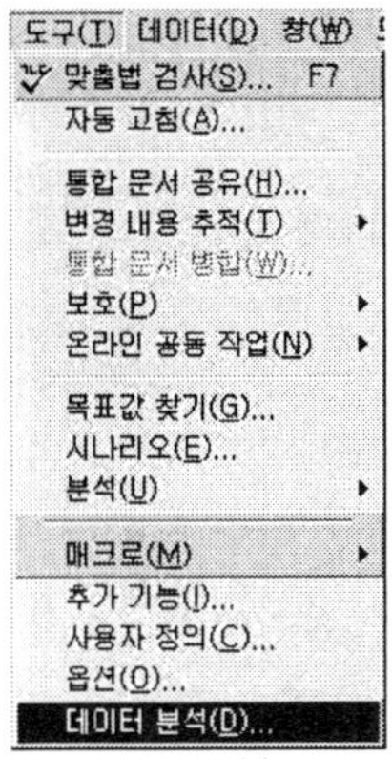

3단계: [회귀분석]을 선택한다.

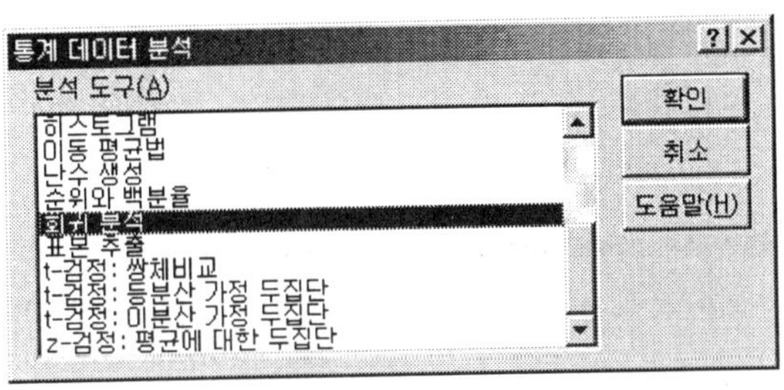

<그림 4.17> [통계 데이터 분석] 대화상자

4단계: [회귀분석] 대화상자를 입력한다.

Y축 입력 범위	→ B1:B15 (종속변수)
X축 입력 범위	→ A1:A15 (독립변수)
이름표	→ 선택
잔차	→ 선택
잔차도	→ 선택
표준잔차	→ 선택
선적합도	→ 선택

입력이 완료되면 "확인" 단추를 누른다.

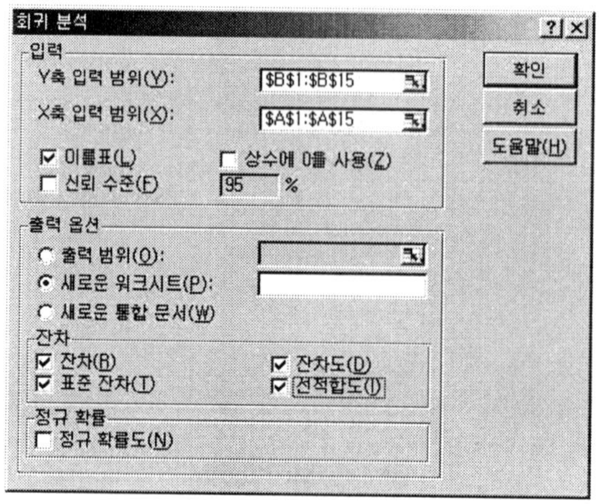

다음 <그림 4.18>와 같은 출력이 나타난다.

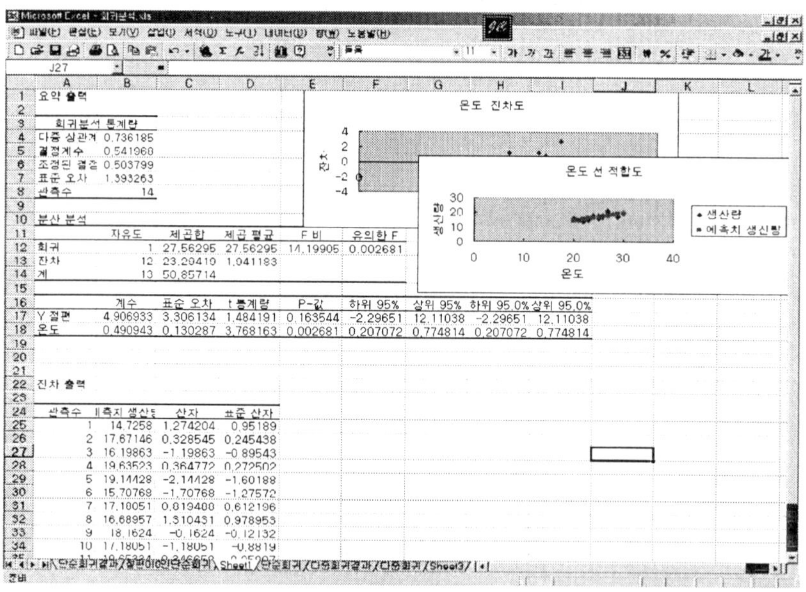

<그림 4.18>

실행 결과에 의한 적합된 회귀 직선 식은 $\hat{y} = 4.907 + 0.491x$ 이다.

연 습 문 제

[1] 다음과 같은 이변량 자료가 주어졌다고 하자.

x	0	1	4	-5	2	6
y	-2	-1	2	-7	0	4

1) 산점도를 그리시오.
2) 상관계수 r을 계산하고, 두 변량 X와 Y간의 관계를 분석하시오.

[2] 만일 이변량 자료의 모든 측정값들이 같은 직선상에 있고

1) 그 직선의 기울기가 양수이면 r의 값은 얼마인가?
2) 그 직선의 기울기가 음수이면 r의 값은 얼마인가?

[3] 다음의 이변량 자료로부터 회귀직선 식을 추정하시오.

x	0	1	4	-5	2	6
y	-2	-1	2	-7	0	4

[4] 두 변량에 대한 10개의 측정값 자료로부터 계산한 통계값들이 다음과 같다. 이 값들을 사용하여 회귀직선 식 $\hat{y} = a + bx$를 구하시오.

$\bar{x} = 2.8$, $\bar{y} = 3.1$, $r_{XY} = .049$, $s_X = 1.476$, $s_Y = 1.853$, $n = 10$

[5] 한 수퍼마켓에서 A제품의 판매량이 매장의 크기와 어떤 관계가 있는지 알기 위해서 12주 동안 다른 매장은 3평으로 고정시켜 놓고, A제품 매장은 3평에서 6평과 9평으로 랜덤하게 변화시킨 결과 다음과 같은 자료를 얻었다.

판매량	526	421	581	630	412	560	434	443	590	570	346	672
매상의 크기	6	3	6	9	3	9	6	3	9	6	3	9

1) 이 자료를 사용하여 회귀직선을 구하시오.
2) 상관계수를 구하시오.
3) 매장이 6평으로 주어졌을 때 90% 신뢰구간을 이용하여 미래 어느 시점의 판매량을 예측하시오.

[6] 다음 자료에 대하여

x	1	2	3	4	5	6
y	7	5	5	3	2	0

1) 회귀직선을 구하시오.
2) 상관계수 r을 구하고 그 의미를 설명하시오.

[7] 선거비용과 선거에서 득표간의 관계를 알아보기 위해 다섯 후보의 선거비용과 득표수를 조사한 자료이다.

선거비용(억)	3	4	2	5	1
득표수(천명)	14	12	5	20	4

1) 산점도를 작성하시오.
2) 상관계수 r을 계산하시오.
3) 득표수 Y와 선거비용 X간의 회귀직선 식을 구하시오.
4) 선거비용을 1억 추가로 지출하면 득표수는 몇 표가 증가될 것으로 기대하는가?
5) 선거비용에 3.5억을 투입하면 득표수는 몇 표가 될 것으로 예측하는가?
6) 산점도와 회귀직선 식을 겹쳐서 그리시오.

[8] 어떤 이변량 자료의 회귀분석 결과는 다음과 같다.

$$\hat{y} = 25.1875\,x - 878.8583$$

$$s_Y = 278.5247,\ s_X = 9.3956,\ \bar{x} = 51.5,\ \bar{y} = 418.3,\ n = 10$$

1) 두 변량간의 표본상관계수 r_{XY}를 계산하시오.

2) x 값이 45일 때 y의 예측값은?

3) x 값이 한 단위 증가 할 때 y는 몇 단위 증가하는가?

[9] 다음 식이 성립함을 증명하여라.

$$s_{XY} = \frac{1}{n}\sum_{i=1}^{n}(x_i - \bar{x})(y_i - \bar{y}) = \frac{1}{n}\sum_{i=1}^{n} x_i y_i - \bar{x}\,\bar{y}$$

[10] 학생 20명의 수학점수 X와 영어점수 Y가 다음 표와 같다. 분할표를 작성하시오.

No	1	2	3	4	5	6	7	8	9	10	11	12	13	14	15	16	17	18	19	20
X	50	70	70	40	90	70	60	50	80	60	90	70	70	70	80	60	80	50	90	80
Y	60	60	80	50	80	60	60	60	80	70	80	60	70	70	70	50	80	50	90	60

[11] 학생 10명의 키 X와 체중 Y을 측정하여 다음 표를 얻었다. 두 변량 X와 Y의 상관계수 및 Y의 X에 관한 회귀직선과 X의 Y에 관한 회귀직선을 구하시오.

X(cm)	123	122	132	131	130	130	125	121	127	121
Y(kg)	25	26	32	25	24	29	25	25	26	23

제5장 기초확률론

5.1 서론
5.2 통계실험과 사건
5.3 경우의 수
5.4 확률의 정의
5.5 확률의 법칙
5.6 확률변수

5.1 서론

이 장에서는 추측통계학(inferential statistics)을 올바르게 이해하는데 필요한 기본적인 확률이론을 소개한다. 확률은 불확실성의 양을 측정하는 수치로써, 0과 1 사이에 있는 값으로 표현하고, 0에 가까운 값일수록 일어날 가능성이 적고, 반대로 1에 가까우면 일어날 가능성이 커짐을 나타낸다.

추측통계학은 기술통계학(descriptive statistics)과 더불어 통계학을 구성하는 두 부분 중의 하나로, 연구대상인 모집단(population)으로부터 추출된 표본에서 얻은 정보를 이용하여 모집단의 여러 특성들(characteristics)에 대하여 연구하는 통계이론과 방법론이다. 이 추측통계학에서는 항상 불확실성을 내포하게 되는데, 이에 대한 예로서 다음과 같은 것들이 있다.

① 어느 제약회사의 주식이 당일 최하한가로 떨어질 가능성은 얼마인가?
② 신생아의 평균키는 얼마인가?
③ 야구팀 두산이 야구팀 삼성을 이길 것인가?
④ 첫 KTX가 정시에 도착할 것인가?

이러한 예들을 통계학의 문제로 인지하거나 규정하지 않을 뿐이지, 우리는 하루하루 생활의 매우 많은 경우에서 확률에 근거한 통계적 의사결정의 문제들을 접하게 된다. 이러한 문제들은 대개 다음과 같은 단어들, 즉 기회(chance), 가능성(possibility), 불확실한(uncertain), 아마도(probable), 모르긴 몰라도, 확신할 수는 없지만, 거의, 등등의 단어를 포함하는데, 이것이 한마디로 불확실성(uncertainty)을 표현하는 단어들이다. 우리가 일상생활에서 만날 수 있는 불확실성을 내포하는 또 다른 예로는 다음과 같은 것들이 있다.

① 오늘 휴강할 확률은 있는가?
② 우리나라에서 교통사고로 사망할 가능성은 얼마나 될까?
③ 수학 숙제를 제 시간에 끝낼 수 있을까?
④ 크리스마스에 눈이 올 확률은 30%가 넘는다.
⑤ 신생아가 여아일 확률이 반반이다.
⑥ 새로운 교육정책이 대학교 입시문제를 해결할 가능성이 있을까?
⑦ 이번에는 운전면허시험을 합격할 수 있을 것 같다.

이외에도 많은 유사한 의미를 갖은 예들을 찾을 수 있으며, 이러한 예들이 추측통계학을 과학적으로 접근할 수 있도록 이론적 근거를 제공하는 확률(probability)을 이해하는데 도움을 준다. 즉, 확률이론을 이용하면 어느 특정한 성질을 갖는 표본이 추출될 가능성을 수리적으로 유추해낼 수 있고, 이러한 정보가 표본이 추출된 모집단에 대한 과학적이고 객관적인 추정을 가능하게 한다. 다음 절에서는 확률을 소개하기 전에 통계실험과 사건에 대해 설명한다.

5.2 통계실험과 사건

5.2.1 통계실험

통계실험(statistical experiment) 또는 간단히 실험은 자료(data)나 측정값(observation, 또는 observed value)를 얻는 일련의 과정이다. 우리가 접할 수 있는 간단한 실험의 예는 하나의 동전을 던져 앞면인지 뒷면인지를 관찰하는 실험이나 하나의 주사위를 던져 주사위 면의 숫자를 기록하는 실험이다. 동전 던지는 실험에서는 {앞, 뒤}, 알파벳을 이용하여 H, T, 또는 $\{1, 2\}$ 등으로 기록할 수 있겠고, 반면에 주사위 실험에서는{ 1, 2, 3, 4, 5, 6 }으로 기록할 수 있을 것이다. 또한 주사위를 이용한 실험에서 관측 결과를 홀수와 짝수로만 기록할 수도 있겠는데, 통계실험에서 결과를 기록할 때에는 각 결과에 대한 명확한 정의가 필수적이다. 즉, 동전을 던지는 실험에서 결과를 1과 2로 기록할 경우 1과 2가 각각 무엇을 나타내는지 명확히 해야 하며, 주사위 실험에서 결과를 홀수와 짝수로 기록한다면 사용할 기호에 대한 정의가 명확하여야 한다. 예를 들면 1-홀수, 2-짝수 또는 가-홀수, 나-짝수로 정의한다.

또 다른 통계실험의 예는 어느 공장에서 생산되는 생산품의 품질을 검사하여 합격품과 불량품을 기록하는 실험이 있다. 이러한 실험은 여러 번 반복 관찰할 수 있는 특징이 있는 실험들인데, 그러지 않은 실험도 있다. 예를 들면, 내일 비가 올 가능성이나 내년 한국시리즈에서 우승할 팀을 예상하는 실험은 반복할 수 없는 실험들이다. 본 절에서는 정해진 숫자만큼 반복할 수 있는 실험을 고려한다.

모든 통계실험은 결과가 있고, 그 결과는 불확실성 하에서 주어진 기회에 기초하여 나타난다. 실험결과를 나타내는 용어로서 표본공간이 있는데 다음과 같다.

실험에 의하여 일어날 수 있는 가능한 모든 결과들의 집합을 그 실험에 의한 표본공간(sample space)이라 하고 Ω로 나타낸다.

예를 들면 동전 1개를 1번 던지는 시행에서 앞면을 H, 뒷면을 T로 나타낼 때 표본공간은

$$\Omega = \{H, T\}$$

이고, 만일 2개의 동전을 동시에 1번 던진다면 표본공간은

$$\Omega = \{ HH, HT, TH, TT \}$$

와 같다. 표본공간을 구성하는 개개의 결과를 표본공간의 원소(elements) 또는 표본점(sample points) 또는 근원사건(elementary event)이라 한다.

흔히 표본점을 ω로 표시하는데, n개의 표본점 $\omega_1, \omega_2, \cdots, \omega_n$으로 구성되는 표본공간 Ω를

$$\Omega = \{\omega_1, \omega_2, \cdots, \omega_n\}$$

와 같이 나타내기로 한다.

위에서 예로 든 주사위 1개를 던지는 실험에서, Ω는 6개의 숫자로 구성되며 $\Omega = \{ 1, 2, 3, 4, 5, 6 \}$이 된다. 만일 2개의 주사위를 던지는 실험을 한다면 표본공간은

$$\Omega = \{ (1,1), (1,2), (1,3), (1,4), (1,5), (1,6) \\ (2,1), (2,2), (2,3), (2,4), (2,5), (2,6) \\ (3,1), (3,2), (3,3), (3,4), (3,5), (3,6) \\ (4,1), (4,2), (4,3), (4,4), (4,5), (4,6) \\ (5,1), (5,2), (5,3), (5,4), (5,5), (5,6) \\ (6,1), (6,2), (6,3), (6,4), (6,5), (6,6)\}$$

과 같이 나타낼 수 있고, 이를 집합기호를 이용하여 다음과 같이 간단히 나타낼 수 있다. 즉, a를 첫 번째 주사위의 숫자, b를 두 번째 주사위의 숫자를 나타낸다면 이 실험의 표본공간은

$$\Omega = \{ (a, b) \mid a, b = 1,\ 2,\ 3,\ 4,\ 5,\ 6\}$$

와 같이 나타낸다. 이 표본공간에서 첫 번째 주사위의 눈이 1이 나온 경우들을 모아서, 집합 A라 하면 A는 다음과 같다.

$$\begin{aligned} A &= \{ (1, b) \mid b = 1, 2, \cdots, 6\} \\ &= \{(1, 1), (1, 2), (1, 3), (1, 4), (1, 5), (1, 6)\} \end{aligned}$$

두 번째 주사위의 눈이 2가 나온 경우들의 집합을 B라 하면, B는

$$\begin{aligned} B &= \{ (a, 2) \mid a = 1,\ 2, \cdots, 6\} \\ &= \{(1, 2), (2, 2), (3, 2), (4, 2), (5, 2), (6, 2) \} \end{aligned}$$

와 같이 나타낸다. 이와 같이 표본점들의 집합, 보다 수학적인 용어로 표현하면 표본공간의 부분집합을 사건(event) 또는 사상이라 하고, 주로 대문자 알파벳 $A, B, \cdots$ 등으로 표시하거나, 첨자를 이용하여 n개의 사건을 $A_1, A_2, \cdots, A_n$ 으로 나타낸다.

예제 1 동전 한 개와 주사위 한 개를 던지는 실험에서 표본공간과 주사위의 숫자가 짝수가 나타나는 사건 A를 정의하시오

풀이 1) 표본공간은 12개의 근원사건으로 구성되며

$$\Omega = \{(H, 1), (H, 2), \cdots, (H, 6), (T, 1), (T, 2), \cdots, (T, 6)\}$$

로 표시된다.

2) 사건 A는

$$A = \{(H, 2), (H, 4), (H, 6), (T, 2), (T, 4), (T, 6) \}$$

으로 정의된다.

5.2.2 사건의 종류

① 합사건

> 표본공간 Ω의 임의의 두 사건 A와 B의 적어도 한쪽이 일어나는 사건을 합사건(union event)이라 하며, 다음과 같이 표현한다.
>
> $$A \cup B = \{\omega \mid \omega \in A \text{ 또는 } \omega \in B\}$$

n개의 사건 $A_1, A_2, \cdots, A_n$의 합사건은

$$\bigcup_{i=1}^{n} A_i = A_1 \cup A_2 \cup \cdots \cup A_n$$

로 나타내며, 마찬가지로 무한열의 사건 $A_1, A_2, \cdots, A_n, \cdots$의 합사건은 다음과 같이 나타낸다.

$$\bigcup_{i=1}^{\infty} A_i = A_1 \cup A_2 \cup \cdots \cup A_n \cup \cdots$$

② 곱사건

> 표본공간 Ω의 임의의 두 사건 A와 B가 함께 일어나는 사건을 곱사건(intersection event)이라 하며, 다음과 같이 표현한다.
>
> $$A \cap B = \{\omega \mid \omega \in A \text{ 그리고 } \omega \in B\}$$

n개의 사건 $A_1, A_2, \cdots, A_n$의 곱사건은

$$\bigcap_{i=1}^{n} A_i = A_1 \cap A_2 \cap \cdots \cap A_n$$

로 나타내며, 마찬가지로 무한열의 사건 $A_1, A_2, \cdots, A_n, \cdots$의 곱사건은 다음과 같이 나타낸다.

$$\bigcap_{i=1}^{\infty} A_i = A_1 \cap A_2 \cap \cdots \cap A_n \cap \cdots$$

③ 여사건

> 사건 A가 일어나지 않는 사건을 여사건(complement event)이라 하며, 다음과 같이 표현한다.
>
> $$A^c = \{\omega \mid \omega \notin A\}$$

④ 공사건

사건 A가 어떠한 결과도 포함하지 않는 경우, 이러한 사건을 공사건(null event 또는 empty event)이라 하고, $\varnothing$로 표시한다.

⑤ 배반사건

사건 A와 B의 곱사건이 공사건인 경우 배반사건(exclusive event)이라 하며, 다음과 같이 표현한다.

$$A \cap B = \varnothing \Rightarrow A \text{와 } B \text{는 배반사건}$$

또한, 표본공간에서 2개의 사건 A와 B가 공통원소를 없을 때, 서로 배반(mutually exclusive)라고 한다. n개의 사건 $A_1, A_2, \cdots, A_n$의 배반사건은

$$A_i \cap A_j = \varnothing \quad (i \neq j)$$

로 나타내며, 마찬가지로 무한열의 사건 $A_1, A_2, \cdots, A_n, \cdots$의 배반사건은 다음과 같이 나타낸다.

$$A_i \cap A_j = \varnothing \quad (i \neq j)$$

예제 2 주사위 1개를 던지는 시행에서 표본공간은 $\Omega = \{1, 2, \cdots, 6\}$이다. 여기서 n을 주사위에 나타난 눈의 수라하고

$$A = \{n \text{은 짝수}\}, \qquad B = \{n \geq 3\}$$

이라 할 때

1) $A \cup B$ 2) B^c

3) $(A \cup B)^c$ 4) $A \cap B^c$ 를 구하라.

풀이 1) $A \cup B = \{n\text{은 짝수 또는 } n \geq 3\} = \{2, 3, 4, 5, 6\}$

2) $B^c = \{n \geq 3 \text{이 아니다}\} = \{n < 3\} = \{1, 2\}$

3) $(A \cup B)^c = \{n\text{은 홀수 그리고 } n < 3\} = \{1\}$

4) $A \cap B^c = \{n\text{은 짝수 그리고 } n < 3\} = \{2\}$

5.2.3 사건의 연산법칙

표본공간 Ω 의 임의의 사건 A, B, C 에 대해, 다음과 같은 사건의 연산이 성립된다.

① 교환법칙

$$A \cup B = B \cup A, \quad A \cap B = B \cap A$$

② 결합법칙

$$A \cup (B \cup C) = (A \cup B) \cup C$$
$$A \cap (B \cap C) = (A \cap B) \cap C$$

③ 배분법칙

$$A \cap (B \cup C) = (A \cap B) \cup (A \cap C)$$
$$A \cup (B \cap C) = (A \cup B) \cap (A \cup C)$$

④ 드모르간(De Morgan)의 법칙

$$(A \cup B)^c = A^c \cap B^c$$
$$(A \cap B)^c = A^c \cup B^c$$

예제 3 사건 A, B, C에 대하여 다음의 배분법칙이 성립함을 보이시오.

$$A \cap (B \cup C) = (A \cap B) \cup (A \cap C)$$

풀이 좌변에서 임의의 원소가 우변에 속하고, 우변의 임의의 원소가 좌변에 속한다는 것으로 등식이 성립함을 보인다.

① 좌변 ⇒ 우변

$x \in A \cap (B \cup C) \Rightarrow x \in A$ 이고 ($x \in B$ 또는 $x \in C$) 이다.

$x \in B$ 이라면 $x \in A$ 이므로 $x \in A \cup B$ 이고,
$x \in C$ 이라면 $x \in A$ 이므로 $x \in A \cup C$ 이다.
따라서, $x \in (A \cap B) \cup (A \cap C)$ 이다.

즉 $x \in A \cap (B \cup C) \Rightarrow x \in (A \cap B) \cup (A \cap C)$

따라서 $A \cap (B \cup C) \subset (A \cap B) \cup (A \cap C)$ 가 성립된다.

② 우변 ⇒ 좌변

$x \in (A \cap B) \cup (A \cap C) \Rightarrow x \in A \cap B$ 또는 $x \in A \cap C$이다.

$x \in A \cap B$ 이라면 $x \in B$ 이므로 $x \in B \cup C$ 이다.

따라서, $x \in A \cap (B \cup C)$ 이다.

$x \in A \cap C$ 이라면 $x \in C$ 이므로 $x \in B \cup C$ 이다.

따라서, $x \in A \cap (B \cup C)$ 이다.

즉 $x \in (A \cap B) \cup (A \cap C) \Rightarrow x \in A \cap (B \cup C)$

따라서 $(A \cap B) \cup (A \cap C) \subset A \cap (B \cup C)$가 성립된다.

①과 ②로부터 $A \cap (B \cup C) = (A \cap B) \cup (A \cap C)$이 성립한다.

예제 4 다음에 대해 드모르간의 법칙이 성립함을 보여라.

$$(A_1 \cup A_2 \cup \cdots \cup A_n)^c = A_1^c \cap A_2^c \cap \cdots \cap A_n^c$$

풀이 **① 좌변 ⇒ 우변**

$x \in (A_1 \cup A_2 \cup \cdots \cup A_n)^c \Leftrightarrow x \notin A_1 \cup A_2 \cup \cdots \cup A_n$

$\Leftrightarrow x$는 어떤 A_i에도 속하지 않는다.

$\Leftrightarrow x$는 모든 A_i^c에 속한다.

$\Leftrightarrow x \in {A_1}^c \cap {A_2}^c \cap \cdots \cap {A_n}^c$

따라서 $x \in (A_1 \cup A_2 \cup \cdots \cup A_n)^c$이면 $x \in A_1^c \cap A_2^c \cap \cdots \cap A_n^c$이다.

② 우변 ⇒ 좌변

$x \in A_1^c \cap A_2^c \cap \cdots \cap A_n^c \Leftrightarrow x$는 모든 A_i^c에 속한다.

$\Leftrightarrow x$는 어떤 A_i에도 속하지 않는다.

$\Leftrightarrow x \notin A_1 \cup A_2 \cup \cdots \cup A_n$

$\Leftrightarrow x \in (A_1 \cup A_2 \cup \cdots \cup A_n)^c$

따라서 $x \in A_1^c \cap A_2^c \cap \cdots \cap A_n^c$ 이면 $x \in (A_1 \cup A_2 \cup \cdots \cup A_n)^c$이다.

①과 ②로부터 $(A_1 \cup A_2 \cup \cdots \cup A_n)^c = A_1^c \cap A_2^c \cap \cdots \cap A_n^c$이 성립한다.

예제 5 사건 A, B 에 대하여 다음이 성립함을 보이시오.

$$A \cup B = (A \cap B) \cup (A^c \cap B) \cup (A \cap B^c)$$

또한, $A \cap B$, $A^c \cap B$, $A \cap B^c$ 이 서로 배반사건임을 보이시오.

풀이 좌변 식에서 우변 식을 또는 우변 식에서 좌변 식을 유도하여 사건에 관한 등식이 성립함을 보인다. 먼저,

$$\begin{aligned} A &= A \cap \Omega \\ &= A \cap (B \cup B^c) \\ &= (A \cap B) \cup (A \cap B^c) \\ B &= B \cap \Omega \\ &= B \cap (A \cup A^c) \\ &= (A \cap B) \cup (A^c \cap B) \end{aligned}$$

이므로, 이 두 등식으로부터 다음을 얻을 수 있다.

$$\begin{aligned} A \cup B &= [(A \cap B) \cup (A \cap B^c)] \cup [(A \cap B) \cup (A^c \cap B)] \\ &= (A \cap B) \cup (A^c \cap B) \cup (A \cap B^c) \end{aligned}$$

또한,

$$(A \cap B) \cap (A^c \cap B) \subset A \cap A^c = \varnothing$$

이 성립함으로 $A \cap B$ 와 $A^c \cap B$는 서로 배반사건이다. 마찬가지로,

$$(A \cap B) \cap (A \cap B^c) \subset B \cap B^c = \varnothing$$

이고,

$$(A^c \cap B) \cap (A \cap B^c) \subset A^c \cap A = \varnothing$$

이므로, $A \cap B$와 $A \cap B^c$, $A^c \cap B$와 $A \cap B^c$ 는 서로 배반사건이다.

따라서 $A \cap B$, $A^c \cap B$, $A \cap B^c$ 이 서로 배반임을 알 수 있다.

5.3 경우의 수

오늘 아침 출근을 하기 위해 아파트 주차장에 갔을 때 28대의 자동차가 주차되어 있었다. 그 중 11대는 검은색, 8대는 흰색, 2대는 적색, 7대는 청색이었다. 또한 주차되어 있는 자동차 중 9대는 소형차, 15대는 중형차, 4대는 수입자동차였다.

출근길에 어제 시내 교통사고 건수가 125회, 사망사고 건수가 15회라는 알림 표시판을 보고 자동차로 인한 사망사고의 심각성에 대해서 생각하게 되었다.

자동차에 관심이 많은 한 사람이 집을 떠나 회사에 도착할 때까지의 짧은 시간 동안에도, 자동차에 관련된 여러 상황 즉 자동차의 색상별, 크기별 개수를 센다거나, 교통사고 발생 건수를 본다거나 하는 일은 매우 흔한 일이다.

이와 같이 사건이 발생하거나 관심 있는 대상을 발견했을 때, 사건 발생 건수 또는 관심 있는 대상의 개수를 세어보게 된다. 위의 예에서처럼 주차된 총 자동차의 수, 색상별 또는 크기별 자동차의 수, 교통사고 발생 건수 등 세어지는 건수, 개수, 빈도 등을 경우의 수라고 한다.

경우의 수를 세는 데에는 사건의 발생 형태에 따라 합사건과 곱사건의 두 가지 상황을 고려해야 한다. 사건 A, B가 발생할 경우의 수가 각각 m, n이라 하자.

- **합사건** : 사건 A 또는 B가 발생하는 경우의 수 $= m+n$
- **곱사건** : 사건 A와 B가 동시에 발생하는 경우의 수 $= m \times n$

예제 6 한 어린이가 3 종류의 모자와 4 종류의 목도리를 갖고 있다. 각각의 조건에 따라 경우의 수를 구하시오.

1) 모자나 목도리 중에서 한 가지만 착용하고 외출한다.
2) 모자와 목도리 모두 착용하고 외출한다.

풀이 1) $3+4=7$

2) $3 \times 4=12$

경우의 수를 셀 수는 있겠지만 대부분의 상황에서 어떤 사건이 발생할 수 있는 모든 가능한 결과를 일일이 열거하면서 경우의 수를 센다는 것은 쉬운 일은 아니다.

이 절에서는 순열, 조합과 같은 수리적인 개념을 이용하여, 경우의 수를 세는 방법을 다루고자 한다.

5.3.1 순열

한 학급에서 회장, 부회장을 각각 1명씩 선출한다고 하자. 이 때, A가 회장, B가 부회장으로 선출된 경우와 B가 회장, A가 부회장으로 선출된 경우는 분명히 서로 다르다. 이와 같이 임의의 집단에서 순서를 고려하여 일부를 선택하는 경우에 관해 먼저 다루기로 한다.

일반적인 순열

서로 다른 n개의 원소로 이루어진 임의의 집합으로부터 $r(r \le n)$개의 원소를 선택하고, 선택된 원소들 간에 순서를 고려하여 일렬로 배열하는 방법을 순열(permutation)이라 한다. 이러한 순열에서 경우의 수는 ${}_nP_r$이라 표현하고, 다음과 같이 계산된다.

$${}_nP_r = n \times (n-1) \times \ldots \times (n-r+1) = \frac{n!}{(n-r)!}$$

$${}_nP_n = n!$$

$${}_nP_0 = 0! = 1$$

예제 7 어느 기숙사의 영양사는 아침 메뉴로 시중에 나와 있는 8종류의 빵 중에서 3가지를 선택하여 3일 동안 아침 식단을 작성하고자 한다. 가능한 식단의 경우의 수를 구하시오.(단, 아침 메뉴 중 빵을 제외한 다른 음식은 모두 동일하다.)

풀이 ${}_8P_3 = 8 \times 7 \times 6 = 336$

예제 8 다섯 개의 알파벳 HOUSE에서 서로 다른 세 개의 알파벳을 이용하여 만들 수 있는 문자열은 몇 개인가?

풀이 ${}_5P_3 = 5 \times 4 \times 3 = 60$

중복순열

서로 다른 n개의 원소로 이루어진 임의의 집합에서 중복을 허락하여 r개의 원소를 선택하는 순열을 중복순열이라 한다. 이러한 순열에서 경우의 수는 ${}_n\Pi_r$이라 표현하고, 다음과 같이 계산된다.

$${}_n\Pi_r = n^r$$

예제 9 어느 대학교의 응원부는 3가지 종류의 응원복을 가지고 있다. 시즌 중 5회의 게임에 참여하여 응원한다면, 5회의 게임에서 선택할 수 있는 응원복 선택의 배열은 전부 몇 가지인가?

풀이 ${}_3\Pi_5 = 3^5 = 243$

동일한 원소을 포함하는 경우의 순열

n개의 원소 중에 동일한 원소가 각각 p개, q개, $\cdots$, r개가 포함되어 있는 경우, n개 모두를 일렬로 배열하는 순열에서 경우의 수는 다음과 같다.

$$\frac{n!}{p!\times q!\times \ldots \times r!}$$

단, $n = p + q + \cdots + r$이다.

예제10 STATISTIC의 9개 문자 모두를 일렬로 배열하고자 한다. 경우의 수를 구하시오.

풀이 T가 3개, S와 I가 각각 2개, A와 C가 1개씩 포함되어 있으므로 다음과 같이 계산된다.

$$\frac{9!}{3!\times 2!\times 2!\times 1!\times 1!} = \frac{362880}{24} = 15120$$

원순열

서로 다른 n개의 원소로 이루어진 임의의 집합에서 모든 원소를 택하여 원형으로 배열하는 방법을 원순열이라 하고, 뒤집어 놓을 수 있는 원순열을 염주순열이라고 한다. 각 순열에서 경우의 수는 다음과 같다.

- 원순열 $= (n-1)!$
- 염주순열 $= \dfrac{(n-1)!}{2}$

예제11 정사각형 테이블보 모서리에 서로 다른 4가지 모양의 장식을 달고자 한다. 앞, 뒷면의 구분이 있을 때와 없을 때 각각 몇 종류의 테이블보가 만들어지겠는가?

풀이 ① 구분이 있을 때의 경우의 수 $= (4-1)! = 6$
② 구분이 없을 때의 경우의 수 $= (4-1)!/2 = 3$

5.3.2 조합

한 학급에서 임원 두 사람을 선출한다고 하면, A와 B가 임원이 되는 경우와 B와 A가 임원이 되는 경우는 동일한 결과이다. 조합은 이와 같이 임의의 집단에서 순서를 고려하지 않고 일부를 선택하는 경우의 수를 구하는 수리적인 방법이다.

조합

서로 다른 n개의 원소로 이루어진 임의의 집합으로부터 순서를 고려하지 않고 $r\,(r \le n)$개의 원소를 선택하는 방법을 조합(combination)이라 한다. 이러한 조합에서 경우의 수는 ${}_nC_r$ (또는 $\binom{n}{r}$)이라 표현하고, 다음과 같이 계산된다.

$$ {}_nC_r = \frac{n!}{r! \times (n-r)!} = \frac{{}_nP_r}{r!} $$

$$ {}_nC_r = {}_nC_{n-r} $$

$$ {}_nC_0 = 1 $$

예제12 산악부 소속인 일곱 명의 친구들이 등산을 가서 2명을 선발대로 뽑아 다른 일행보다 1시간 전에 목적지로 출발시키기로 했다. 선발대를 선택하는 경우의 수를 구하시오.

풀이 $$ {}_7C_2 = \frac{7!}{2! \times 5!} = 21 $$

예제13 통계학과에서는 7과목을 졸업시험 대상과목으로 결정하였다. 그 중 4과목을 선택하여 4과목 모두 기준 점수 이상을 받는 경우 졸업할 수 있다. 시험과목을 선택하는 경우의 수를 구하시오.

풀이 $_7C_4 = \dfrac{7!}{4! \times 3!} = 35$

중복조합

서로 다른 n개의 원소로 이루어진 임의의 집합에서 중복을 허락하여 r개의 원소를 선택하는 조합을 중복조합이라 한다. 이러한 조합에서 경우의 수는 $_nH_r$로 표현하고, 다음과 같이 계산된다.

$$_nH_r = {}_{n+r-1}C_r$$

예제14 10명의 회원으로 구성된 모임에서, 비밀투표를 통해 3인의 후보 중 한 사람을 회장으로 선출하고자 한다. 투표 결과 가능한 경우의 수를 구하시오. (단, 회원 10명 모두 투표에 참여하고 기권이나 무효표는 없다.)

풀이 $_{10}H_3 = {}_{12}C_3 = 220$

5.4 확률의 정의

기차는 거의 틀림없이 예정된 시간에 도착한다. 이번 주말에는 비가 올 가능성이 80%이다. 이번 학기 중에 아르바이트를 얻을 가능성이 반반이다. 아마도 내일은 좋은 일이 있을 것 같다 등은 우리가 일상생활에서 흔하게 불확실성에 대한 표현을 사용한 예인데, 통계학에서는 이러한 불확실성의 정도를 표현하기 위해서 확률을 이용한다.

5.4.1 사건의 확률

한 사건의 확률이란 동일한 조건 하에서 실험을 반복적으로 시행할 때 그 사건이 일어나리라 기대되는 가능성의 척도이다. 표본공간에서 정의된 임의의 사건을 A 라고 하면, 사건 A 의 확률은 $P(A)$ 로 표시하고, 이는 사건 A 가 일어날 가능성을 나타내는 수치이다. 즉, 사건 A 의 확률은 불확실성의 양을 측정하는 수치로써 0과 1 사이의 값으로 표현하고 0에 가까운 값일수록 사건 A 가 일어날 가능성은 적고, 반대로 1에 가까우면 사건 A 가 일어날 가능성이 커짐을 나타낸다.

5.4.2 확률의 정의

n 개의 근원사건을 갖는 표본공간 $\Omega = \{\omega_1, \omega_2, \ldots, \omega_n\}$ 에서 사건 A 의 확률은

$$P(A) = \sum_{\omega_i \in A} P(\omega_i), \qquad \forall\, \omega_i \text{ 는 근원사건}$$

로 정의된다. 만일 각 근원사건이 일어날 확률이 동등하게 같다면(equally likely) 사건 A 의 확률은

$$P(A) = \frac{\text{사건 } A \text{에 있는 근원사건의 수}}{\text{표본공간에 있는 근원사건의 수}} = \frac{n(A)}{n(\Omega)}$$

로 정의된다.

이와 같이 모든 근원사건들이 일어날 가능성이 동일한 확률을 고전적(수학적) 확률 또는 균일확률모형이라 한다. 물론 통계학에서 균일확률모형만 고려되는 것은 아니다. 예로써 사람의 혈액형을 들 수 있는데, 사람의 네 가지 혈액형(A, B, O, AB)이 다 똑같이 1/4은 아니다.

확률에는 다음과 같이 일반적으로 적용되는 공리가 있다.

확률의 공리

① 임의의 사건 A 에 대하여, $0 \le P(A) \le 1$ 을 만족한다.

② $P(\Omega) = \sum_{\omega_i \in \Omega} P(\omega_i) = 1$

③ 각 사건이 모두 서로 배반사건일 때 즉, $i \neq j$ 일 때 $A_i \cap A_j = \varnothing$ 을 만족한다면, $P(\bigcup_i A_i) = \sum_i P(A_i)$ 이다.

예제15 한 개의 정육면체 주사위를 던지는 경우 짝수가 나올 확률을 구하시오.

풀이 표본공간은 $\Omega = \{1, 2, 3, 4, 5, 6\}$ 이고 균일확률모형이므로

$$P(k) = 1/6 \quad (k = 1, 2, \ldots, 6)$$

이다. 짝수가 나오는 사건을 A라 하면,

$$P(A) = P(2) + P(4) + P(6) = 1/2$$

이다.

모집단에서 크기 n인 표본을 선택할 경우 모집단의 모든 개체가 표본으로 추출될 확률이 동일하도록 표본을 추출하는 방법을 임의추출(random sampling)이라 한다.

예제16 남학생 4명, 여학생 3명이 있다. 이 중 2명을 조장으로 선출하고자 한다. 남녀 각 1명씩 선택될 확률을 구하시오.

풀이 각 학생이 뽑힐 가능성이 같은 임의추출이므로 7명 중 2명을 선택되는 경우의 수와 남녀 각 1명이 선택되는 경우의 수의 비로 구한다.

$$\frac{{}_4C_1 \times {}_3C_1}{{}_7C_2} = \frac{12}{21}$$

통계실험에서 확률의 의미는 다음과 같이 이해되어야 한다. 주사위를 6번 던지면 각 숫자가 정확히 1번씩 나오는가? 실제로 이러한 결과가 나오기는 어렵다. 그렇다면 각 숫자가 나올 확률 1/6은 무의미한 것인가? 사건 A의 확률 $P(A)$는 시행회수가 증가되면서, 상대도수가 안정되어지는 값으로 정의한다. 즉 6번이 아닌 충분히 주사위를 많이 던져보면 발생확률이 1/6에 근사함을 알게 된다. 그러므로 실험을 수없이 많이 반복함으로써 $P(A)$의 값을 알 수 있다. 이와 같은 확률을 통계적 확률이라 한다.

5.4.3 확률의 연산

표본공간이 Ω인 실험에서 임의의 사건 A, B에 대하여 다음이 성립된다.

① $P(A) = 1 - P(A^c)$

② $P(\phi) = 0$

③ $A \subset B$ 이면, $P(A) \le P(B)$ 이다.

④ $P(A \cup B) = P(A) + P(B) - P(A \cap B)$

[증명]

① $A \cap A^c = \phi$이고 $A \cup A^c = \Omega$ 이므로 확률의 공리에 의해,

$$1 = P(\Omega) = P(A \cup A^c) = P(A) + P(A^c)$$

를 만족한다.

② $\phi^c = \Omega$ 이므로 공리 2에 의하여 $P(\phi) = 1 - P(\Omega) = 0$이다.

③ $A \subset B$ 이므로 $B = A \cup (A^c \cap B)$이고 $A \cap (A^c \cap B) = \phi$ 이므로 $P(B) = P(A) + P(A^c \cap B)$이다. 확률의 공리에 의해 $P(A^c \cap B) \geq 0$을 만족하므로 $P(B) \geq P(A)$를 만족한다.

④ $B = (A \cap B) \cup (A^c \cap B)$이고 $(A \cap B) \cap (A^c \cap B) = \phi$ 이므로

$$P(B) = P(A \cap B) + P(A^c \cap B)$$

이다. $A \cup B = A \cap (A^c \cap B)$ 이고, $A \cap (A^c \cap B) = \phi$ 이다. 위의 사실들을 이용하면

$$P(A \cup B) = P(A) + P(A^c \cap B) = P(A) + P(B) - P(A \cap B)$$

를 얻을 수 있다.

예제17 한 개의 주사위를 던지는 실험에서 A는 2 이하의 눈이 나올 사건, B는 짝수 눈이 나올 사건, C는 소수가 나올 사건이라 하자. 다음 확률을 구하시오.

1) 적어도 한 사건이 일어난다.
2) A와 C는 일어나고, B는 일어나지 않는다.
3) 사건 C가 일어날 확률

풀이
1) $P(A \cup B \cup C) = P(\Omega) = 1$
2) $P(A \cap B^c \cap C) = P(1) = 1/6$
3) $P(C) = 1/2$

5.5 조건부 사건

5.5.1 조건부 확률

한 대학교의 신입생 1,000명 중에 남학생이 600명, 여학생이 400명 있고, 신입생 중에서 재수생은 200명이라고 하자. 이 신입생 중에서 한 명을 임의로 추출하

였을 때, 재수생이 뽑힐 사건을 A, 남학생이 뽑힐 사건을 B라 하면 이 실험에서 사건 A, B에 대한 확률은 $P(A) = 200/1000 = 0.2$ 와 $P(B) = 600/1000 = 0.6$ 이다. 또한 신입생 중에서 남학생이고 재수생인 학생이 100명이면 확률은 $P(A \cap B) = 100/1000 = 0.1$ 이 된다.

이제 남학생 중에서 한 명을 임의로 선택하는 경우를 생각해보자. 이 때 남학생 중 재수생이 뽑힐 사건의 확률은 100/600 이 된다. 이 경우에는 실험에서 가능한 실험 결과가 B로 국한되므로 사건의 확률이 다르게 주어진다. 이 경우에 실험의 가능한 결과 전체의 집합이 B임을 나타내기 위하여 $P(A|B)$로 표시한다. 이를 "사건 B가 주어진 경우에 사건 A의 확률"이라 한다.

주어진 표본공간 Ω의 일부분인 사건 $B \subset \Omega$를 전제로 하는 조건부 실험을 생각할 수 있다. 이때 생각할 수 있는 "확률"의 개념을 조건부 확률(conditional probability)라 한다. 일반적으로 사건 B가 주어진 경우에 사건 A의 조건부확률을 $P(A|B)$로 나타내고,

$$P(A|B) = \frac{P(A \cap B)}{P(B)} \qquad \text{단, } P(B) > 0$$

로 정의한다.

> $P(B) > 0$ 일 때, 조건부 확률 $P(A|B)$ 는 확률의 공리
>
> ① 임의의 사건 A에 대하여 $P(A|B) \geq 0$
> ② 사건 B에 대하여 $P(B|B) = 1$
> ③ 사건 $A_1, A_2, \cdots, A_n$ 가 서로 배반이면,
>
> $$P\left(\bigcup_{i=1}^{n} A_i \,|\, B\right) = \sum_{i=1}^{n} P(A_i|B)$$
>
> 를 만족한다.

[증명]

①과 ②는 명백하며 ③의 경우만 증명한다.

사건 $A_1, A_2, \cdots, A_n$ 가 서로 배반이면, $A_1 \cap B$, $A_2 \cap B, \cdots, A_n \cap B$ 가 서로 배반이므로

$$
\begin{aligned}
P\left(\bigcup_{i=1}^{n} A_i \mid B\right) &= \frac{P\left(\left(\bigcup_{i=1}^{n} A_i\right) \cap B\right)}{P(B)} \\
&= \frac{P\left(\bigcup_{i=1}^{n} (A_i \cap B)\right)}{P(B)} \\
&= \frac{\sum_{i=1}^{n} P(A_i \cap B)}{P(B)} \\
&= \sum_{i=1}^{n} P(A_i \mid B)
\end{aligned}
$$

이다.

조건부 확률의 정의로부터 $P(A \cap B) = P(A|B)\,P(B)$, $(P(B) > 0)$ 이며, 이를 n 개의 사건에 적용시키면

$$P(A_1 \cap A_2) = P(A_2|A_1)\,P(A_1), \qquad (P(A_1) > 0)$$

$$P(A_1 \cap A_2 \cap A_3) = P(A_3|A_1 \cap A_2)\,P(A_2 \cap A_1), \quad (P(A_1 \cap A_2) > 0)$$

$$\cdots\cdots\cdots$$

$$P(A_1 \cap \cdots \cap A_n) = P(A_n \mid A_1 \cap \cdots \cap A_{n-1})\,P(A_1 \cap \cdots \cap A_{n-1}), \quad (P(A_1 \cap \cdots \cap A_{n-1}) > 0)$$

임을 알 수 있다. 따라서 다음 정리를 얻을 수 있다.

> 임의의 사건 $A_1, A_2, \cdots, A_n$ 에 대하여 $P(A_1 \cap \cdots \cap A_{n-1}) > 0$이면
>
> $$P(A_1 \cap \cdots \cap A_n) = P(A_1)\,P(A_2 \mid A_1)\,P(A_3 \mid A_1 \cap A_2) \cdots P(A_n|A_1 \cap \cdots \cap A_{n-1})$$
>
> 이다.

5.5.2 조건부 확률의 응용

도심과 외곽으로 나뉘어져 있는 어느 지역의 흡연율을 조사하고자 한다. 이 지역의 흡연자는 도심지역 거주자의 흡연자와 외곽지역 거주자의 흡연자의 합과 같으며 이 합을 전체 지역의 거주자로 나눈 값이 이 지역의 흡연율이 된다. 이와 같이 표본공간이 배반인 집합으로 나누어진 경우의 확률을 고려하자.

표본공간을 한 개의 사건 B와 여사건 B^c로 나누고, 조건부 확률의 정의를 이용하면,

$$P(A) = P(A \cap B) + P(A \cap B^c)$$
$$= P(A|B)P(B) + P(A|B^c)P(B^c), \qquad 0 < P(B) < 1$$

가 된다. 일반적으로, 사건 $B_1, B_2, \cdots, B_n$이 서로 배반이고

$$\bigcup_{i=1}^{n} B_i = \Omega$$

이면, 사건 $B_1, B_2, \cdots, B_n$을 표본공간 Ω의 분할(partition)이라 한다.

> 사건 $B_1, B_2, \cdots, B_n$가 표본공간 Ω의 분할이면, 임의의 사건 A가 일어날 사건은 다음과 같다.
>
> $$P(A) = \sum_{i=1}^{n} P(A|B_i)P(B_i) \qquad P(B_i) > 0,\ i = 1, 2, \cdots, n$$

[증명]

$$P(A) = P\left(A \cap \left(\bigcup_{i=1}^{n} B_i\right)\right)$$
$$= P\left(\bigcup_{i=1}^{n} (A \cap B_i)\right)$$
$$= \sum_{i=1}^{n} P(A \cap B_i)$$
$$= \sum_{i=1}^{n} P(A|B_i)P(B_i)$$

위에서 구한 식을 전확률(total probability) 공식이라 한다.

예제18 어느 지역의 특수 질병에 대한 새로운 치료방법의 효과에 대하여 자료를 수집한 결과가 다음과 같다.

	도시 거주자		농촌 거주자	
	치료받음	치료받지 않음	치료받음	치료받지 않음
생존	1000	50	95	5000
사망	9000	950	5	5000

이 질병에 걸린 환자가 생존할 사건을 A, 치료를 받을 사건을 T, 도시에 거주할 사건을 C라고 할 때 다음 확률을 구하시오.

1) 치료에 의한 생존확률 $P(A|T)$를 구하시오.
2) 도시 거주자에 대한 생존확률 $P(A|C)$를 구하시오.
3) 농촌 거주자이면서 치료받은 사람에 대한 생존확률 $P(A|C^c \cap T)$를 구하시오.

풀이 1) $P(A|T) = \dfrac{1000+95}{1000+9000+95+5} = 0.108$

2) $P(A|C) = \dfrac{1000+50}{1000+9000+50+950} = 0.095$

3) $P(A|C^c \cap T) = \dfrac{95}{95+5} = 0.95$

흡연율과 흡연에 대한 폐암 발생률 그리고 비흡연자에 대한 폐암 발생률을 알고 있는 경우, 폐암 환자의 흡연 여부를 알고자 하는 경우가 있다. 이와 같이 조건부 확률 $P(A|B)$에서 사건 발생의 원인을 B, B^c라 하면, 사건 A가 발생할 확률은 사건 발생의 원인인 B, B^c에 대한 확률과 원인에 의한 사건 발생확률에 의하여 설명이 가능하다. 즉

$$P(A) = P(A|B)\,P(B) + P(A|B^c)P(B^c), \qquad 0 < P(B) < 1$$

이때, 원인을 나타내는 $P(B)$ 또는 $P(B^c)$을 사전확률(prior probability)이라 하고, 결과 A에 대한 원인 B의 확률 $P(B|A)$를 사후확률(posterior probability)이라 한다.

사후확률은

$$P(B|A) = \frac{P(A \cap B)}{P(A)} = \frac{P(A|B)\,P(B)}{P(A|B)\,P(B) + P(A|B^c)P(B^c)}$$

와 같다.

베이즈 정리(Bayes' Theorem)

사건 $B_1, B_2, \cdots, B_n$ 가 표본공간 Ω 의 분할이면,

$$P(B_k \mid A) = \frac{P(A \mid B_k)\, P(B_k)}{\sum_{i=1}^{n} P(A \mid B_i)\, P(B_i)} \qquad P(B_i) > 0,\ i = 1, 2, \cdots, n$$

이다.

예제19 한 질병에 대한 혈액 검사의 적중률은 95%이다. 또한 질병이 없는 사람의 혈액검사가 양성으로 나타날 확률이 0.01이다. 이 질병의 감염률이 1,000명 중에서 5명일 때, 혈액검사가 양성으로 나타난 사람이 이 질병에 걸려 있을 확률을 구하시오.

풀이 질병에 걸려 있을 사건을 B, 혈액 검사의 결과가 양성으로 나타날 사건을 A 일 때,

$$P(B) = 5/1000 = 0.005,\ P(A \mid B) = 0.95,\ P(A \mid B^c) = 0.01$$

$$P(A) = P(A \mid B)\, P(B) + P(A \mid B^c)\, P(B^c)$$

$$= 0.95 \times 0.005 + 0.01 \times 0.995 = 0.0147$$

$$P(B \mid A) = \frac{P(A \mid B)\, P(B)}{P(A)} = \frac{0.95 \times 0.005}{0.0147} = 0.3231$$

5.5.3 독립사건

사건 B가 발생했을 때, 사건 A가 발생할 조건부 확률 $P(A \mid B)$가 일반적인 사건 A의 발생확률 $P(A)$와 같다면, 사건 B가 사건 A의 발생에 영향을 미치지 않는다고 말할 수 있다. 이런 경우에 A와 B는 서로 독립이라고 한다. 즉, 두 사건 A와 B가 서로 독립이면

$$P(A \mid B) = \frac{P(A \cap B)}{P(B)} = P(A), \qquad P(B) > 0$$

을 만족하며, 또한

$$P(A \cap B) = P(A)\, P(B)$$

를 만족한다.

두 사건 A와 B에 대하여

$$P(A \cap B) = P(A)P(B)$$

을 만족하면 독립(independent)이라 한다. 독립이 아닌 두 사건을 종속(dependent)이라 한다.

예제20 52장인 한 벌의 카드에서 무작위로 한 장의 카드를 선택할 때, 카드가 에이스일 사건을 A, 스페이드일 사건을 B라 한다.

1) 사건 A와 B의 확률을 구하시오.
2) 사건 A와 B는 독립인가?
3) 사건 A와 B^c는 독립인가?

풀이 1) $P(A) = 4/52 \quad P(B) = 13/52$

2) $P(A \cap B) = 1/52 = P(A)\,P(B)$
   따라서, 사건 A와 B는 독립이다.
3) $P(A \cap B^c) = 3/52 = (1/13)\,(39/52) = P(A)\,(1 - P(B))$
   따라서, 사건 A와 B^c는 독립이다.

사건 A와 B가 독립이면 $\Rightarrow$ A와 B^c도 독립이다.
$\Rightarrow$ A^c와 B도 독립이다.
$\Rightarrow$ A^c와 B^c도 독립이다.

5.6 확률변수

통계실험에서 통계이론과 방법을 적용시키고자 할 때, 실험의 결과가 문자보다는 숫자로 표시될 수 있으면 매우 편리하다. 예를 들면 한 개의 동전을 10번 던지는 실험에서 표본공간을 나타내고자 한다면 많은 시간과 노력이 필요하다. 그러나 주사위를 10번 던지는 실험에서 나타나는 눈금의 합으로 표본공간을 정의한다면 그렇게 복잡한 작업은 아니다. 즉, 동전을 10번 던지는 실험에서는 표본공간의 원소는 2^{10}개가 있어 어느 사건을 나타나는네도 많은 시간과 주의가 필요하다. 그러나 주사위를 10번 던지는 실험에서 눈금의 합에 대한 표본공간의 원소수는 10부터 60까지의 자연수이다. 물론 편리함에 있어서는 비교할 수 없을 정도로 숫자로 된 실험결과가 편리하다. 그러면 어떻게 문자로 된 실험결과를 수치로 나타낼 수 있을까? 동전을 10번 던지는 실험에서 실험 결과를 숫자화 할 수 있는 쉬운 방법 중의 하나는 앞면이 나타나는 횟수를 숫자로 기록하는 것이다. 그러면 표본공간을 다시 정의할 수 있는데, 이때 표본공간의 원소는 $0, 1, \cdots, 10$ 의 11개 정수이다. 여기서 표본공간에 대하여 혼돈이 없어야 한다. 제2절 표본공간의 정의에서 설명하였듯이, 한 통계실험에서 관심 있는 사건의 정의에 따라 여러 개의 표본공간이 정의될 수 있으며, 확률이나 사건은 각각의 표본공간에서 각각 다르게 정의된다. 즉, 한 통계실험에서 연구목적에 맞는 표본공간이 정의되어 진다.

동전 던지는 실험의 예와 같이 문자화나 수치화된 실험결과를 연구목적에 맞게 수치화하는 법칙, 또는 각 실험결과와 실수를 일대일 대응시키는 법칙(수학에서는 이를 함수라 함)을 확률변수(random variable: rv)라 한다.

5.6.1 확률변수의 정의

표본공간 Ω 의 각 원소 $\omega \in \Omega$ 에 대하여 실수값(real number) $X(\omega)$ 를 대응시키는 함수(function) $X : \Omega \rightarrow R$ 을 확률변수(random variable) 라고 한다. 여기에서, R 은 실수 전체의 집합을 나타내고, 관례적으로 확률변수는 영어의 대문자 X, Y, Z ... 등을 사용하여 나타낸다. 간단한 예로써 PC의 품질을 관리하는 실험에서 정의될 수 있는 확률변수는 불량품인 PC는 1로, 양품인 PC는 0으로 할 수 있다.

확률변수의 값은 통계실험의 결과에 의해 결정되기 때문에, 확률변수의 가능한 값들에 확률을 부여할 수 있다. 수학에서의 변수와 확률변수는 비슷하나, 수학의 변수는 확률의 개념이 없는 반면, 확률변수의 값은 항상 확률이 대응된다.

확률변수의 값에 대응하는 확률을 나타내 것을 확률분포(probability distribution)라 한다. 또한 확률변수는 확률변수의 값에 따라 이산확률변수(discrete random variable)와 연속확률변수(continuous random variable)로 나누어진다. 이는 다음 절에서 자세히 설명된다.

예제21 공평한 동전 3개를 던지는 확률실험에서, 확률변수 X 를 앞면이 나온 동전의 수라 정의한다.

1) 확률변수 X 의 가능한 값을 구하시오.

2) 각 값에 대한 확률을 구하시오

풀이 1) $X(\Omega)=\{0, 1, 2, 3\}$

$X=0 \leftarrow \{(T, T, T)\}$

$X=1 \leftarrow \{(T, T, H), (T, H, T), (H, T, T)\}$

$X=2 \leftarrow \{(T, H, H), (H, T, H), (H, H, T)\}$

$X=3 \leftarrow \{(H, H, H)\}$

2) $P\{X=0\}=\frac{1}{8}$, $P\{X=1\}=\frac{3}{8}$,

$P\{X=2\}=\frac{3}{8}$, $P\{X=3\}=\frac{1}{8}$

위의 예제에서 확률변수 X의 값은 0부터 3까지이며, 각 확률의 총합은

$$P(\bigcup_{i=0}^{3}\{Y=i\})=\sum_{i=0}^{3}P\{Y=i\}=1$$

이 된다. 이는 확률분포의 성질을 만족하는 것을 알 수 있다.

5.6.2 분포함수

확률변수 X의 누적분포함수(cumulative distribution function(cdf)) $F_X(\cdot)$는 모든 실수 b에 대해 $F_X(b)=P\{X\leq b\}$로 정의한다. 즉, $F(b)$는 확률변수 X가 b 이하의 값을 취할 확률을 나타낸다. 누적분포함수 F는 다음 성질들을 만족한다.

① F는 비감소 함수이다. 즉, $a<b$이면 $F(a)\leq F(b)$이다.

② $\lim_{b\to\infty}F(b)=1$

③ $\lim_{b\to-\infty}F(b)=0$

④ F는 우측연속이다. 즉, 수렴하는 감소수열 $b_n\,(n\geq 1)$에 대해

$$\lim_{n\to\infty}F(b_n)=F(b)$$

이다. 단, $\lim_{n\to\infty}b_n=b$.

5.6.3 이산확률변수

동전 10개를 던졌을 때 앞면의 개수, 어떤 제품의 불량품 개수, 가족 수, 시험에

합격할 때까지의 시도 횟수 등과 같이 확률변수의 가능한 값들이 유한하거나 기껏해야 가산 무한개일 때, 이러한 확률변수를 이산확률변수(discrete random variable)라 한다. 이산확률변수 X에 대해, X의 확률질량함수(probability mass function) $P(x)$를 다음과 같이 정의한다.

$$P(x) = P\{X = x\}$$

X가 $x_1, x_2, \cdots$ 중에서 하나를 취한다고 가정하면, 모든 $x_1, x_2, \cdots$ 에 대하여

$$P(x) \geq 0$$

을 만족하고, 모든 확률의 합은

$$\sum_{i=1}^{\infty} P(x_i) = 1$$

이 된다.

〔이산확률변수의 평균과 분산〕

X가 이산확률변수이고, $P(x)$를 X의 확률질량함수라 하면, X의 기대값(평균)은

$$\mu = E(X) = \sum x\, P(x)$$

와 같이 정의된다. 또한 이산확률변수 X의 분산은

$$\sigma^2 = \sum (x - \mu)^2 P(x) = \sum x^2 P(x) - \mu^2$$

으로 정의된다.

예제22 X의 확률질량함수가 다음과 같다.

$$P(1) = \frac{1}{4} \quad P(2) = \frac{1}{2} \quad P(3) = \frac{1}{8} \quad P(4) = \frac{1}{8}$$

1) X의 누적분포함수 $F_X(\cdot)$를 구하시오.

2) X의 평균을 구하시오.

3) X의 분산을 구하시오.

풀이 1) 누적분포함수

$$F(x) = \begin{cases} 0 & x < 1 \\ \frac{1}{4} & 1 \le x < 2 \\ \frac{3}{4} & 2 \le x < 3 \\ \frac{7}{8} & 3 \le x < 4 \\ 1 & 4 \le x \end{cases}$$

2) 평균

$$\mu = E(X) = \sum x P(x) = 1(\frac{1}{4}) + 2(\frac{1}{2}) + 3(\frac{1}{8}) + 4(\frac{1}{8}) = \frac{17}{8}$$

3) 분산

$$\sigma^2 = \sum (x-\mu)^2 P(x)$$

$$= (1-\frac{17}{8})^2 (\frac{1}{4}) + (2-\frac{17}{8})^2 (\frac{1}{2}) + (3-\frac{17}{8})^2 (\frac{1}{8}) + (4-\frac{17}{8})^2 (\frac{1}{8})$$

$$= \frac{55}{64}$$

5.6.4 연속확률변수

확률변수 X의 가능한 값들이 몸무게, 키, 제품의 수명, 기차의 도착시간 등과 같이 셀 수 없이 무한히 많을 때 이를 연속확률변수(continuous random variable)라고 한다.

임의의 실수 값 x에 대해 음이 아닌 함수 f가 존재하여, 임의의 실수들의 집합 E에 대해

$$P\{X \in E\} = \int_E f(x)\,dx$$

를 만족하면, 함수 f를 확률변수 X의 확률밀도함수(probability density function : p.d.f.)라 한다. 또한 확률변수 X에 대한 누적확률밀도분포함수 $F_X(\cdot)$는 다음과 같다.

$$F(b) = P(X \le b) = \int_{-\infty}^{b} f(x)\,dx$$

〔연속확률변수의 평균과 분산〕

X가 연속확률변수이고, $f(x)$를 X의 확률밀도함수라 하면, X의 기대값(평균)은

$$\mu = E(X) = \int_{-\infty}^{\infty} x\, f(x)\, dx$$

와 같이 정의된다. 또한 연속확률변수 X의 분산은

$$\begin{aligned} \sigma^2 &= E(X-\mu)^2 \\ &= \int_{-\infty}^{\infty} (x-\mu)^2 f(x)\, dx \\ &= \int_{-\infty}^{\infty} x^2 f(x)\, dx - \mu^2 \\ &= E(X^2) - \mu^2 \end{aligned}$$

로 정의된다.

예제23 X의 확률밀도함수가 다음과 같다.

$$f_X(x) = \begin{cases} c\,(4x - 2x^2), & 0 < x < 2 \\ 0, & \text{다른곳에서} \end{cases}$$

1) 상수 c 값을 구하시오.
2) $F(1)$ 을 구하시오.
3) X의 평균을 구하시오.
4) X의 분산을 구하시오.

풀이

1) $\int_{-\infty}^{\infty} f(x)\,dx = \int_0^2 c(4x-2x^2)\,dx = 1$을 만족한다.
따라서 $c = \frac{3}{8}$

2) $F(1) = P(X \le 1) = \int_{-\infty}^{1} f(x)\,dx = \int_0^1 \frac{3}{8}(4x-2x^2)\,dx = \frac{1}{2}$

3) $E(X) = \int_0^2 x f(x)\,dx = \int_0^2 \frac{3}{8} x\,(4x-2x^2)\,dx = \frac{1}{2}x^3 - \frac{3}{16}x^4 \Big|_0^2 = 1$

4) $V(X) = E(X^2) - (E(X))^2$

$$= \int_0^2 x^2 f(x)\, dx - \left(\int_0^2 x f(x)\, dx\right)^2$$

$$= \int_0^2 \frac{3}{8}x^2 (4x - 2x^2)\, dx - \left(\int_0^2 \frac{3}{8}x (4x - 2x^2)\, dx\right)^2$$

$$= \frac{6}{5} - 1 = \frac{1}{5}$$

연속확률변수 X에 대한 구간 $[a, b]$의 확률은

$$P(a \le X \le b) = \int_a^b f(x)\, dx$$

로 정의되며, 한 점 a 에서의 확률은

$$P(X = a) = P(a \le X \le a) = \int_a^a f(x)\, dx = 0$$

이다. 부연 설명하면 연속확률변수에서의 확률은 적분에 의한 면적으로 정의되기 때문에 연속확률변수가 임의의 한 실수 값을 취할 확률은 이차원 평면에서 직선으로 면적이 존재하지 않는다. 즉, 2차원(면적)에서 일차원(직선)은 면적이 없이 길이만 존재하다.

연 습 문 제

[1] 동전을 세 번 던지는 시행에서 앞면을 H, 뒷면을 T라 할 때, 다음에 답하시오.

1) 표본공간을 정의하시오.
2) 두 번째 시행에서 앞면이 나오는 사건을 A, 앞면이 꼭 두 번만 나오는 사건을 B라 할 때, 사건 A와 B를 나타내시오.
3) 2)에서 정의한 사건 A, B에 대하여 $A \cup B$, $A \cap B$, A^c, B^c, $(A \cap B)^c$, $A^c \cap B$를 구하시오.

[2] 임의의 사건 A, B, C에 대하여 다음이 성립함을 증명하시오.

1) $A \cup B = A \cap B$ 이면, $A = B$ 이다.
2) $A \cup B = \varnothing$이면, $(A \cap C) \cap (B \cap C) = \varnothing$ 이다.
3) $A - (B \cup C) = (A - B) \cap (A - C)$
4) $(A \cup B) - (A \cap B) = (A \cap B^c) \cup (A^c \cap B)$

[3] $\Omega = A \cup (A \cap B)^c$ 임을 보여라.

[4] 다음 드모르간의 법칙이 성립함을 보이시오.

$$(A_1 \cap A_2 \cap \cdots \cap A_n)^c = A_1^c \cup A_2^c \cup \cdots \cup A_n^c$$

[5] 한 개의 주사위와 두 개의 동전을 던지는 확률실험을 하였다. 예상되는 실험결과는 몇 가지인가?

[6] 주사위를 던져서 나오는 눈의 수를 x라 하자. 이 때 $x^2 - 2x > 0$을 만족하는 경우의 수를 구하시오.

[7] 0, 1, 2, 3, 4, 5의 숫자가 적혀 있는 6장의 카드를 이용하여 만들 수 있는 4자리 짝수는 몇 개인가?

[8] 서점에 A, B, C 세 종류의 책이 각각 2, 3, 4권 새로 들어왔다. 새로 들어온 책들끼리 한 곳에 진열하는데, 진열방법은 몇 가지인가?

[9] 어느 백화점에서 고객에게 7가지 경품 중에서 3가지를 선택하여 가질 수 있는 행사를 실시하였다. 선물을 고를 수 있는 방법은 몇 가지인가?

[10] 다음은 각 사건의 발생 빈도를 표로 정리한 것이다. 이 표를 이용하여 다음의 확률을 구하시오.

	A_1	A_2	A_3
B_1	15	2	20
B_2	10	15	15

1) $P(A_1)$
2) $P(A_2 \cap B_1)$
3) $P(A_3 \cup B_2)$
4) $P(A_1 \cap A_3 \cap {B_2}^c)$

[11] x는 동전을 던져서 앞, 뒷면이 나옴에 따라 각각 1, 2라 하고, y는 주사위를 던져서 나오는 눈의 개수라 하자.
1) $x+y \geq 6$ 일 확률을 구하시오.
2) $x+y \leq 3$ 일 확률을 구하시오.
3) $x \geq y$ 일 확률을 구하시오.

[12] 졸업예정자 30명 중에서 운전면허 소시자는 21명이고, 운전면허증과 정보처리기사 자격증 모두 없는 사람은 2명이다. 그렇다면 임의로 한 사람을 선택했을 때 정보처리기사 자격증만 소지하고 있는 학생이 선택될 확률은 얼마인가?

[13] 어느 슈퍼마켓에서 판매되는 옥수수는 A, B 지역에서 생산되는 옥수수가 각각 30%, 40%이다.
1) $P(A \cup B)=1$인가? 참인지 판별하고 선택한 답에 관하여 설명하시오.
2) $P(A \cap B)=0$인가? 참인지 판별하고 선택한 답에 관하여 설명하시오.

[14] 냉장고에 흰 우유, 딸기 우유가 각각 4개씩 들어있다. 5명의 어린이가 우유를 하나씩 선택했다.

1) 딸기 우유가 적어도 2개 선택될 확률을 구하시오.

2) 딸기 우유가 많아야 2개 선택될 확률을 구하시오.

[15] 다음을 증명하시오.

$P(A \cup B \cup C)$

$= P(A) + P(B) + P(C) - P(A \cap B) - P(A \cap C) - P(B \cap C) + P(A \cap B \cap C)$

[16] 항아리 A에는 5개의 흰 공과 7개의 검은 공이, 항아리 B에는 3개의 흰 공과 12개의 검은 공이 들어 있다. 공정한 동전을 한 번 던지는 실험에서 앞면이 나타나면 A로부터, 뒷면이 나타나면 B로부터 한 개의 공을 추출한다. 만일 뽑힌 공이 흰 공이라고 하자. 동전의 뒷면이 나타났을 확률을 구하시오.

[17] 두 개의 주사위를 던져서, 눈의 합이 8일 사건을 A, 두 주사위가 모두 짝수의 눈을 가질 사건을 B라고 하자. 두 사건은 독립인가?

[18] 어떤 기금 모금의 행사에서 1달러, 5달러, 10달러의 상품이 각각 25개, 5개, 1개 들어 있는 추첨함이 준비되어 있다. 돈을 지불하면 한 번의 뽑는 기회가 주어진다고 하고, 지불한 금액과 같은 값의 상품을 얻으려면 얼마를 지불하면 되는가?

[19] 주사위를 한 개 던져 나온 수의 제곱의 점수를 얻을 때 점수의 기대값을 구하시오.

[20] 지하철이 A역에 7시에서 7시 10분 사이에 정차를 한다. 어떤 사람이 7시에서 7시 10분 사이의 임의의 시간에 A역에 도착한다고 한다. 이 사람이 7시 이후에 A역에 도착하는 시간을 X라 하면, X의 확률밀도함수는 다음과 같다.

$$f(x) = \begin{cases} \dfrac{1}{10} & , 0 \le x \le 10 \\ 0 & , \text{그 밖에서} \end{cases}$$

1) $E(X)$를 구하시오.

2) $\sigma^2 = Var(X)$를 구하시오.

제6장 이산확률분포

앞의 5장에서 설명한 바와 같이 표본공간에 있는 각각의 근원사상에 관심 있는 수치를 대응시키는 함수를 확률변수라 하였다. 그리고 확률을 확률변수가 취할 수 있는 각 값들에 대응하면 그 확률에 따라 여러 가지 값을 갖게 되는데 이와 같이 확률변수가 갖는 값들과 그에 대응하는 확률 값을 나타내어 표나 수식으로 표현한 것을 확률분포라 한다.

확률변수가 자연수 또는 유한 값과 일대일 대응이 되는 무한히 많은 값을 가질 때 이를 이산확률변수(discrete random variable)라 하고, 확률변수가 연속적인 양의 측도로 표현되고 모든 값들이 어떤 구간에 있을 때 이것을 연속확률변수(continuous random variable)라 한다.

확률변수는 보통 대문자 X로 표시되며, 확률변수의 실현치는 소문자 x로 표시된다. 이산확률변수 X의 확률분포는 X의 서로 다른 값들과 그에 대응하는 확률 값들로 표현된다. 이 장에서는 이산확률변수와 확률분포를 다루며 연속확률변수와 확률분포는 7장에서 다루기로 한다.

6.1 이항분포

6.1.1 이항분포

이 절에서는 이산확률분포 중에서 가장 기본적이고 중요한 이항분포(binomial

distribution)에 대하여 알아보고자 한다. 흔히 실험의 결과가 두 가지로만 나오는 경우가 있는데, 예를 들면 공평한 동전을 세 번 던져서 앞면이 나오는 횟수를 관찰한다고 하자. 이 때 반복적으로 동전을 던지는 행위를 시행(trial)이라고 한다. 이 실험은 다음과 같은 특징을 가지고 있다.

① 동전 하나를 동일한 시행으로 세 번 던진다.
② 각 시행은 앞면(H)과 뒷면(T)의 두 가지 결과만을 갖는다.
③ 각 시행은 서로 독립으로 각 시행의 결과가 다른 시행에 영향을 주지 않는다.
④ 각 시행에서 동전의 앞면이 나타날 확률은 동일한 값 p 이다. 이 실험에서는 공평한 동전이므로 p 는 0.5 이다.

앞면과 뒷면이 일어나는 경우를 각각 H와 T로 나타내어, 모든 가능한 경우를 열거해 보면 다음과 같은 8가지가 있으며 각 경우가 일어날 확률은 같다.

$$HHH \quad THT \; HTH \quad TTH \; HHH \quad THH \; HTT \quad TTT$$

이 때 앞면이 나오는 횟수를 X라 하면 x의 가능한 값들은 0, 1, 2, 3이다. 즉, 위의 8가지 경우 중 앞면(H)의 수가 0인 경우는 1가지, 1인 경우는 3가지, 2인 경우는 3가지, 3인 경우는 1가지이다. 한편 위에서 열거한 8가지의 각 경우가 일어날 가능성이 같으므로 각 경우의 확률은 1/8 로 생각할 수 있다.

이 실험에서 일어난 결과들과 이에 대응하는 X 값들과 확률분포는 다음과 같이 실수 및 확률로 대응시킬 수 있다.

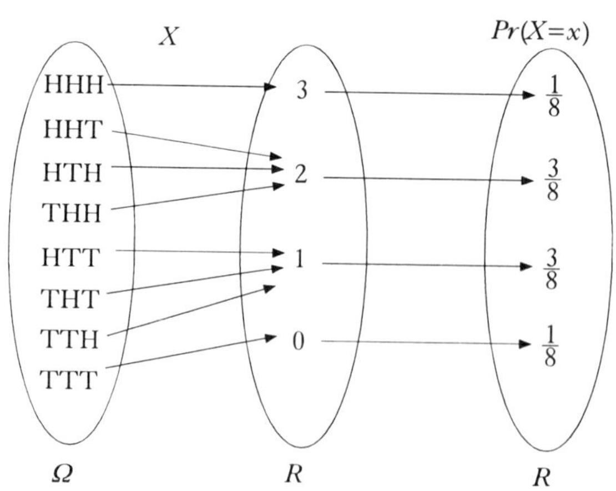

앞면이 나온 횟수 X의 확률분포는 다음 <표 6.1>과 같이 나타낼 수도 있다.

<표 6.1> 동전을 세 번 던질 때 앞면이 나온 횟수 X의 확률분포

x	0	1	2	3	합계
$P(X=x)$	$\frac{1}{8}$	$\frac{3}{8}$	$\frac{3}{8}$	$\frac{1}{8}$	1

일반적으로, 어떤 실험의 결과가 성공(S)과 실패(F)와 같이 오직 두 가지 중의 하나이며, 동일한 성공의 확률을 가진 독립적인 시행을 반복할 때, n번의 시행에서 성공한 횟수를 이항확률변수(binomial random variable)라 하고, 성공한 횟수의 분포를 이항분포(binomial distribution)라 한다.

이러한 이항확률변수의 특징을 요약하면 다음과 같다.

① n번의 동일한 시행이다.
② 각 시행은 성공(S)과 실패(F)의 두 결과만을 갖는다. 이러한 시행을 베르누이 시행(Bernoulli trial)이라 한다.
③ 각 시행에서 성공인 사건이 발생할 확률은 $P(S)=p$이고 실패할 사건이 발생할 확률은 $P(F)=q=1-p$로 그 값은 일정하다.
④ 각 시행의 결과가 다른 시행의 결과에 영향을 주지 않는다. 즉, 각 시행은 독립적이다.
⑤ 이항확률변수는 이러한 n번의 반복적 시행에서 성공한 횟수이다.

위와 같이 n번의 시행에서 이항분포, 즉 성공한 횟수 X 분포의 확률을 구하는 방법을 생각해 보자. X의 가능한 값은 $0, 1, 2, \ldots, n$이다. n회의 베르누이 시행에서 성공인 횟수가 x번이라고 할 때, 나머지 $n-x$번은 실패한 횟수가 된다.

이 때 성공이 x번, 실패가 $n-x$번 일어날 확률은 성공과 실패의 순서에 관계없이 모두 $p^x(1-p)^{n-x}$로 주어지며, 특정한 순서대로 늘어놓을 수 있는 경우의 수는 모두 $\binom{n}{x}$가지가 됨을 알 수 있다. 따라서 n번의 베르누이 시행에서 x번의 성공이 일어날 확률, 즉 이항확률변수의 확률분포는 다음과 같다.

$$P(X=x)=\binom{n}{x}p^x(1-p)^{n-x}\ ,\ x=0,1,2,\cdots,n \tag{6.1}$$

확률변수 X가 이항분포를 따를 때,

$$X \sim Bin(n, p) \tag{6.2}$$

로 나타낸다. 여기서 n 과 p를 이항분포의 모수(parameter)라 한다.

예제 1 동전을 세 번 던지는 실험에서 앞면이 나온 횟수를 X라 하면, $n=3$ (시행횟수), $p=1/2$(공평한 동전에서 앞면이 나올 확률)이 된다. 식 (6.1)을 사용하면, 확률분포는 다음과 같다.

<표 6.2> $n=3$, $p=0.5$인 이항확률변수의 분포

x	$P(X=x)$
0	$\binom{3}{0}\left(\frac{1}{2}\right)^0\left(\frac{1}{2}\right)^3=\frac{1}{8}$
1	$\binom{3}{1}\left(\frac{1}{2}\right)^1\left(\frac{1}{2}\right)^2=\frac{3}{8}$
2	$\binom{3}{2}\left(\frac{1}{2}\right)^2\left(\frac{1}{2}\right)^1=\frac{3}{8}$
3	$\binom{3}{3}\left(\frac{1}{2}\right)^3\left(\frac{1}{2}\right)^0=\frac{1}{8}$

위의 <표 6.2>는 <표 6.1>과 같음을 알 수 있다.

예제 2 최근의 한 통계에 의하면 우리나라 고등학생 중 40%가 담배를 피운다고 조사되었다. 만약 6명의 고등학생을 무작위로 추출한다면, 그 중에서 3명이 담배를 피울 확률을 구하시오.

풀이 X를 고등학생 6명 중 담배를 피우는 학생의 수라 하면, X는 이항분포 $Bin(6, 0.4)$를 따른다. 따라서

$$P(X=3)=\binom{6}{3}(0.4)(0.6)^3$$

이고, 또한 이 값은 부록 <표 2>의 이항 분포표에서 구할 수 있다.

예제 3 5개의 보기 중 하나의 답을 선택하는 어떤 객관식 시험에서 총 문제의 수는 10 문제라고 하자. 무작위로 답을 써넣은 경우에

1) 모든 문제가 다 맞을 확률을 구하시오.
2) 하나도 맞지 않을 확률을 구하시오.
3) 기껏해야 3문제가 정답일 확률을 구하시오.
4) 정답이 4개에서 6개 사이일 확률을 구하시오.

풀이 5지선다형이므로 각 문제에서 맞출 확률은 $p = 1/5 = 0.2$이다. 확률변수 X를 10문제 중 정답을 고른 문제의 수라고 하면, X는 이항분포 $Bin(10, 0.2)$를 따른다. 따라서 부록 <표 2>의 이항분포표를 이용하여 다음을 구할 수 있다.

1) $P(X=10)=0$
2) $P(X=0)=0.107$
3) $P(X \leq 3) = P(X=0)+P(X=1)+P(X=2)+P(X=3)=0.878$
4) $P(4 \leq X \leq 6) = P(X=4)+P(X=5)+P(X=6)$
$= 0.088+0.026+0.006=0.120$

참고 : 일부 교재에서는 이항분포표가 누적확률분포로 주어져 있다. 이 경우에는 위의 각 확률은 다음과 같이 누적확률을 이용하여 구할 수 있다.

1) $P(X=10) = P(X \leq 10) - P(X \leq 9) = 0$
3) $P(X \leq 3) = 0.878$
4) $P(4 \leq X \leq 6) = P(X \leq 6) - P(X \leq 3) = 0.999 - 0.878 = 0.121$

6.1.2 이항분포의 평균과 분산

이항분포의 평균을 구하는 방법을 알아보도록 하자. 이항분포에서 평균은 성공한 횟수 X에 대한 기대값으로 앞장에서 언급한 바와 같이 다음과 같이 나타낼 수 있다.

$$\mu = E(X) = \sum_x x\, P(X=x) \tag{6.3}$$

이 식을 이용하여 공평한 동전을 5번 던졌을 때 나오는 앞면의 수 X의 평균을 구해보자. 먼저 확률분포는 다음과 같다.

<표 6.3> 동전을 5번 던졌을 때 앞면이 나오는 횟수 X의 확률분포

x	0	1	2	3	4	5	합계
$P(X=x)$	$\frac{1}{32}$	$\frac{5}{32}$	$\frac{10}{32}$	$\frac{10}{32}$	$\frac{5}{32}$	$\frac{1}{32}$	1

식 (6.3)을 이용하여 평균을 구해보면,

$$\begin{aligned}E(X) &= \sum_x x\,P(X=x) \\ &= 0\cdot P(X=0)+1\cdot P(X=1)+2\cdot P(X=2)+3\cdot P(X=3) \\ &\quad +4\cdot P(X=4)+5\cdot P(X=5) \\ &= 0\left(\frac{1}{32}\right)+1\left(\frac{5}{32}\right)+2\left(\frac{10}{32}\right)+3\left(\frac{10}{32}\right)+4\left(\frac{5}{32}\right)+5\left(\frac{1}{32}\right)=\frac{80}{32} \\ &= 2.5\end{aligned}$$

여기에서 평균 2.5는 어떻게 해석할 것인가? 물론 공평한 동전을 5번 던졌을 때 앞면이 2.5번 나올 것이라고 기대할 수는 없다. 다만 많은 사람들에게 각각 동전을 5번 던지게 하여 나온 앞면의 횟수를 평균내면 2.5에 가까운 값을 얻을 것이며 더 많은 사람들에게 시행하면 2.5와 거의 같아질 것이라는 의미이다.

식 (6.3)을 이용하여 평균을 구한다면 계산하는 방법이 복잡하거나 지루할 수가 있다. 따라서 다음과 같은 방법으로 생각해 볼 수 있다. 공정한 동전을 300번 던지면 앞면이 $300\times 0.5=150$번 정도 나올 것이라고 기대할 수 있다. 즉 n번의 독립적인 베르누이 시행에서 성공확률이 p일 때 성공의 횟수는 np가 되리라고 기대한다.

> $X\sim Bin(n,p)$인 이항분포의 평균은 다음과 같다.
>
> $$\mu=E(X)=np \qquad (6.4)$$

앞의 예에서 $\mu=np=5\times 0.5=2.5$로 앞의 계산과 동일하다. 이항분포의 경우 수학적으로 (6.4)는 (6.3)과 같은 값을 가지지만 (6.4)가 더 간단하고 계산하기 편리한 형태이다.

다음은 이항분포의 분산에 대하여 알아보자. 앞 장에서 확률변수 X의 분산은

$$\sigma^2=\sum_x (x-\mu)^2P(X=x)=\sum_x x^2P(X=x)-\mu^2 \qquad (6.5)$$

으로 구하였다.

예를 들어 공평한 동전을 세 번 던졌을 때 앞면이 나온 횟수를 X라 하면, $X \sim Bin(3, \frac{1}{2})$이 되며 평균은 $\mu = np = 3 \times \frac{1}{2} = 1.5$가 된다. 분산을 구하기 위하여 다음과 같은 X의 분포표가 필요하다.

<표 6.4> 동전을 세 번 던졌을 때 앞면이 나온 횟수 X의 분산

x	$P(X=x)$	$x-\mu$	$(x-\mu)^2$	$(x-\mu)^2 P(X=x)$
0	1/8	-1.5	2.25	0.2812
1	3/8	-0.5	0.25	0.0938
2	3/8	0.5	0.25	0.0938
3	1/8	1.5	2.25	0.2812
				0.75

그러므로 분산은 $\sigma^2 = 0.75$이다.

앞의 평균의 경우와 마찬가지로 식 (6.5)를 이용하여 <표 6.4>처럼 계산하는 것은 복잡하고 자칫 실수하기가 쉽다. 따라서 수학적으로 동일하지만 더 간편한 다른 방법으로 이항분포의 분산을 구할 수 있다.

확률변수 X가 이항분포 $Bin(n, p)$를 따를 때 분산은

$$\sigma^2 = np(1-p) \tag{6.6}$$

이다. 마찬가지로 표준편차는 분산의 제곱근이 된다. 즉

$$\sigma = \sqrt{np(1-p)} \tag{6.7}$$

이다.

예제 4 총 100문제의 객관식으로 된 기초통계학 중간고사에서 각 문제는 5개의 보기 중 하나의 정답을 가진 5지 선다형 문제들이다. 어떤 학생이 시험 준비를 하지 않아서 모든 문제를 마음대로 정답을 추측하여 답한다고 할 때, 이 학생의 답 중에서 맞은 문제의 개수를 X라 하자. 확률변수 X의 평균과 분산, 표준편차를 구하여라.

풀이 이항확률변수 $X \sim Bin(100, 0.20)$ 이므로

평균 $\mu = np = 100 \times 0.20 = 20$

분산 $\sigma^2 = np(1-p) = 100 \times 0.2 \times 0.8 = 16$

표준편차 $\sigma = \sqrt{np(1-p)} = \sqrt{16} = 4$

이다. 이 학생은 100문제를 단지 추측만으로 답하여도 20문제는 맞출 수 있다고 기대할 수 있다. 만약 정답을 맞은 문제보다 틀린 문제에 더 관심을 갖는다면 Y는 100문제 중 틀린 문제의 수가 되며 확률변수 $Y \sim Bin(100, 0.80)$ 이 된다. 따라서

평균 $\mu = np = 100 \times 0.80 = 80$

표준편차 $\sigma = \sqrt{np(1-p)} = \sqrt{100 \times 0.8 \times 0.2} = 4$

가 된다. 확률변수 X와 Y의 표준편차(또는 분산)는 같고 두 평균을 합하면 100($= n$)과 같아진다는 것을 알 수 있다.

마지막으로 이항분포의 모양에 대하여 알아보도록 하자. 이항분포는 모수인 n과 p의 값에 따라서 이항분포의 모양이 결정되는데 <그림 6.1>은 $n=6$ 일 때 p의 값에 따라 이항분포의 그래프가 어떻게 변하는가를 보여주고 있다.

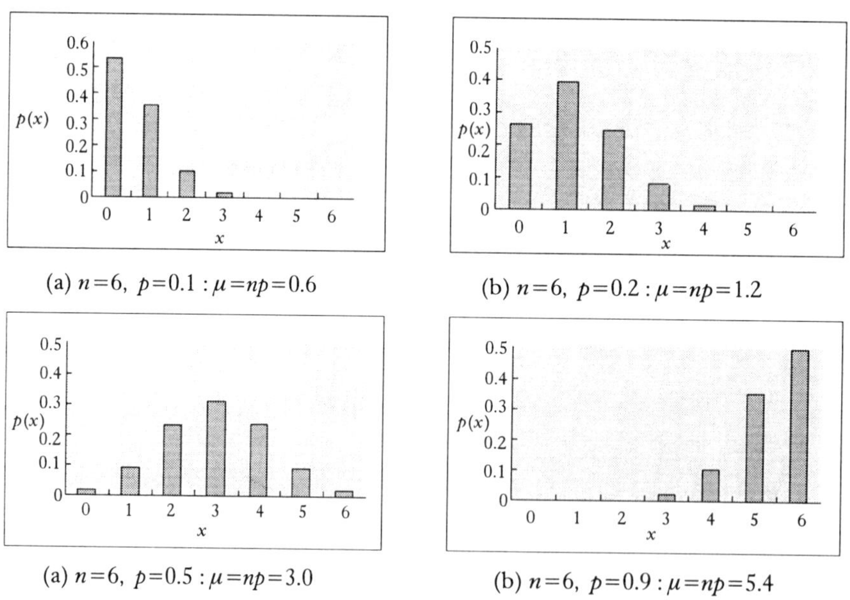

<그림 6.1>

<그림 6.2>는 $p = 0.1$ 일 때 n의 값에 따라 여러 이항분포의 그래프를 나타내고 있다. <그림 6.1>에서 보는바와 같이 $p=0.5$ 일 때 이항분포는 항상 대칭이다. $p < 0.5$ 일 때는 왼쪽으로 치우친 형태이고 $p > 0.5$ 일 때는 오른쪽으로 치우친 형태이다.

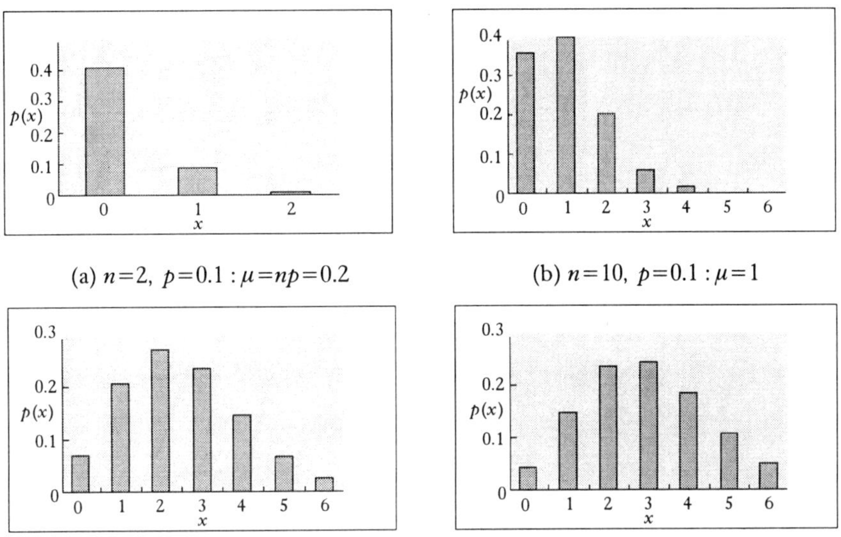

(a) $n=2,\ p=0.1 : \mu=np=0.2$

(b) $n=10,\ p=0.1 : \mu=1$

(c) $n=25,\ p=0.1 : \mu=2.5$

(d) $n=30,\ p=0.1 : \mu=3$

<그림 6.2>

6.2 초기하분포

앞 절의 이항분포의 여러 가지 특성 중 각 시행이 독립이라는 특성을 독립이 아닌 종속적인 시행으로 바꾸고 그 외에는 이항분포와 같은 특성을 갖는 분포를 고려해보자. 표본을 추출할 때 복원추출(sampling with replacement)은 각 시행이 독립적이라는 것이며, 비복원추출(sampling without replacement)은 각 시행이 앞의 시행에 영향을 받기 때문에 종속적이라고 할 수 있다.

예를 들면, 크기가 N인 어떤 상자에 D개의 불량제품과 $N-D$개의 정상제품이 있다고 하자. 이 상자에서 크기가 n ($n \leq \min(D, N-D)$)인 표본을 비복원으로 뽑는 경우에 X를 불량제품의 개수라고 하면 X의 확률분포는 초기하분포(hypergeometric distribution)를 따른다.

X의 값이 x일 경우의 수는 D개 중에서 x개를 뽑고 나머지 $N-D$개 중에서 $N-x$개를 뽑는 경우의 수, $\binom{D}{x}\binom{N-D}{n-x}$가지이다. 그리고 N개의 모집단에서 n개의 표본을 추출하는 경우의 수는 $\binom{N}{n}$이고 각각의 경우가 나타날 확률은 $1/\binom{N}{n}$ 이므로 다음과 같은 초기하분포의 확률함수를 얻게 된다.

$$P(x) = P(X=x) = \frac{\binom{D}{x}\binom{N-D}{n-x}}{\binom{N}{n}}, \quad x = 0, 1, 2, \ldots, n \tag{6.8}$$

x값 범위의 정확한 표현은 $\max(0, n-N+D) \leq x \leq \min(n, D)$이지만 일반적으로 위와 같이 $0 \leq x \leq n$이라 해도 기초통계학의 과정에서는 큰 무리는 없다.

참고로 모집단으로부터 n개의 표본을 추출한다는 것은 한번에 (또는 한 묶음으로) 추출하는 경우를 말한다. 이 경우 n개를 복원추출하지는 않을 것이다. 따라서 n개를 표본추출 한다는 것은 하나씩 비복원으로 추출하는 것과 같게 된다. 표본 추출에 관한 자세한 내용은 8장에서 다룰 것이다.

예제 5 빨간 공 3개와 흰 공 4개가 들어있는 항아리에서 3개를 비복원으로 추출하였을 때, 빨간 공 개수에 대한 확률분포를 구하시오.

풀이 비복원 추출이므로 X를 빨간 공의 개수로 정의하면, X는 $N=7$, $D=3$, $n=3$인 초기하분포를 따른다. X의 가능한 값은 0, 1, 2, 3이므로 각 값에 대한 확률분포는 <표 6.5>와 같다.

다음은 초기하분포의 평균과 분산에 대하여 알아보자.

N개중 D개의 빨간 공이 있는 항아리에서 n개의 공을 비복원추출할 때, 빨간 공의 개수에 대한 기대값은 $n \times \frac{D}{N}$이 될 것이다. 다시 말해서 식 (6.8)의 초기하분포에서 이항분포처럼 성공의 확률 p를 다음과 같이 정의하면

$$p = \frac{D}{N}$$

이다. 여기서

<표 6.5> <예제 5>의 초기하 확률분포

x	$P(X=x)$
0	$\dfrac{\binom{3}{0}\binom{4}{3}}{\binom{7}{3}}=\dfrac{4}{35}$
1	$\dfrac{\binom{3}{1}\binom{4}{2}}{\binom{7}{3}}=\dfrac{18}{35}$
2	$\dfrac{\binom{3}{2}\binom{4}{1}}{\binom{7}{3}}=\dfrac{12}{35}$
3	$\dfrac{\binom{3}{3}\binom{4}{0}}{\binom{7}{3}}=\dfrac{1}{35}$
합계	1

N : 모집단의 크기

D : 모집단내에서 관심 있는 속성의 개수

X : 추출된 표본 내에서 관심 있는 속성의 개수

일 때, 초기하분포의 평균과 분산은 다음과 같다.

$$E(X)=np=n\left(\frac{D}{N}\right)$$

$$Var(X)=np(1-p)\left(\frac{N-n}{N-1}\right)$$

여기에서 N이 상대적으로 n보다 훨씬 크면 즉, 모집단의 수가 표본의 수 보다 훨씬 많을 때 $\frac{N-n}{N-1}$은 1에 가까워지게 되며 $Var(x)\approx np(1-p)$가 된다. 다시 말해서 $E(X)$는 복원추출인 이항분포와 같이 np가 되며, 모집단 원소의 수 N이 표본의 수 n보다 훨씬 많을 때 $Var(X)$도 복원추출인 이항분포에 가까워진다는 것을 알 수 있다. $\frac{N-n}{N-1}$을 유한모집단수정계수(finite population correction coefficient)라 한다.

6.3 포아송분포

이항분포에서 시행횟수 n이 너무 많고, 매 시행마다 성공 확률 p가 상대적으로 아주 작을 경우에는 이항분포로 계산하기에는 지루하고 어려움이 있다. 일반적으로 이항분포 $Bin(n,p)$에서 시행횟수가 많고($n \geq 100$), p가 n에 비해서 상대적으로 적으면서, 평균 $\lambda = np$의 값이 작고($\lambda < 10$) 어느 정도 일정할 때, 이항분포는 포아송분포(Poisson distribution)로 근사 한다.

포아송분포는 단위 시간이나 단위 공간에서 희귀하게 일어나는 사건의 횟수, 즉 성공확률 p가 작은 경우에 유용하게 사용될 수 있다. 포아송분포는 여러 분야에서 다양하게 이용되고 있는데 몇 가지 예는 다음과 같다.

- 어떤 책의 한 페이지에서 발생하는 오자의 수
- 어떤 지역에서 100세 이상 사는 사람의 수
- 지정된 시간에 응급실에 오는 환자의 수
- 하루에 잘못 걸려오는 전화의 수
- 고속도로에서 지정된 거리에서 일어나는 교통사고 발생 건수

이러한 포아송분포의 확률함수는 다음과 같이 계산할 수 있다.

단위당 평균 λ개의 사건이 일어난다고 할 때 일정한 시간이나 단위 공간에서 드물게 일어나는 사건의 횟수인 포아송 확률변수 X의 분포는

$$P(x) = P(X=x) = \frac{e^{-\lambda}\lambda^{x}}{x!}, \quad x = 0, 1, 2, \cdots, \lambda > 0 \tag{6.9}$$

가 된다. 포아송분포의 평균은 $E(X) = \lambda$이고 분산은 $Var(X) = \lambda$로 평균과 분산이 같다. 여기서 단위당 발생하는 평균 사건의 횟수 λ를 포아송분포의 모수라 하며 $X \sim P(\lambda)$로 표기한다.

np를 포아송분포의 평균인 λ로 대치한다면 식 (6.9)는 다음과 같이 이항분포의 확률을 포아송분포의 확률함수를 이용하여 근사적으로 구할 수 있다.

$$P(x) = P(X=x) = \frac{e^{-np}(np)^{x}}{x!}, \quad x = 0, 1, 2, \cdots, np > 0 \tag{6.10}$$

예제 6 일반적으로 한 여객선이 항해 중 암초에 부딪쳐 좌초될 확률이 0.0001이라고 알려져 있다면, 항해 중인 20,000척의 여객선 중에서 8척이 암초에 부딪쳐 좌초될 확률을 구하시오.

풀이 여객선이 항해하는 것을 시행이라 하고 각 시행마다 암초에 부딪쳐 좌초될 확률을 성공확률 p 라고 했을 때, 좌초될 여객선의 수 X는 이항분포 $Bin(20000, 0.0001)$ 을 따른다. 따라서 구하고자 하는 확률은

$$P(8) = P(X=8) = \binom{20000}{8}(0.0001)^8(0.0000)^{19992}$$

이다. 이 확률은 컴퓨터를 사용하지 않으면 계산하기가 매우 어렵다. $n=20000$, $p=0.0001$ 에 대한 이항분포표가 없고 p 가 작으므로 포아송분포를 이용하여 근사확률을 구한다. $\lambda = np = 2$ 이므로

$$P(8) = P(x=8) = \frac{e^{-2}2^8}{8!} = 0.00009$$

위의 계산은 부록에 있는 <표 3>의 포아송분포표를 이용하여 구할 수 있다.

예제 7 어떤 전자 교환대는 시간당 평균 6회의 전화를 받는다고 할 때, 어느 특정한 시간에

1) 3회 이상의 전화를 받을 확률을 구하시오.
2) 4회 혹은 5회의 전화를 받을 확률을 구하시오.
3) 단지 1번만 전화를 받을 확률을 구하시오.

풀이 X를 시간당 전화를 받는 횟수라 할 때, X는 평균(λ)이 6인 포아송분포를 따른다. 부록에 있는 <표 3>의 포아송분포표를 이용하여 다음을 구할 수 있다.

1) $P(X \geq 3) = 1 - P(X \leq 2)$
$$= 1 - [P(X=0) + P(X=1) + P(X=2)]$$
$$= 1 - (0.0025 + 0.0149 + 0.0446) = 0.938$$

2) $P(X=4) + P(X=5) = 0.1339 + 0.1606 = 0.2945$

3) $P(X=1) = 0.0149$

풀이 (참고) 일부 교재에서는 포아송분포표가 누적확률분포표로 주어져 있다. 이 경우에는 위의 각 확률은 다음과 같이 누적확률을 이용하여 구할 수 있다.

1) $P(X \geq 3) = 1 - P(X \leq 2) = 1 - 0.062 = 0.938$

2) $P(X=4) + P(X=5) = P(X \leq 5) - P(X \leq 3)$

$= 0.446 - 0.151 = 0.295$

3) $P(X=1) = P(X \leq 1) - P(X \leq 0)$

$= P(X \leq 1) - P(X=0)$

$= 0.017 - 0.002 = 0.015$

EXCEL 실습

[실습 1] 이항분포확률

예제 2 의 이항분포 확률에서 $n=6$, $p=0.4$ 일때 $P(X=3)$을 엑셀을 이용하여 구해보자.

1단계: [삽입] 메뉴 ⇒ [함수] 선택 후, "확인"을 누르면 <그림 6.1>과 같은 [함수 마법사] 대화 상자가 나옴

2단계: [통계] ⇒[BINOMDIST] 선택 후 "확인"

3단계: <그림 6.2>처럼 [Numbers]에 3, [Trials]에 6, [Probability_s]에 0.4 그리고 [Cumulative]에 0을 입력한 후 "확인"을 누르면, $P(X=3)$을 구할 수 있다.

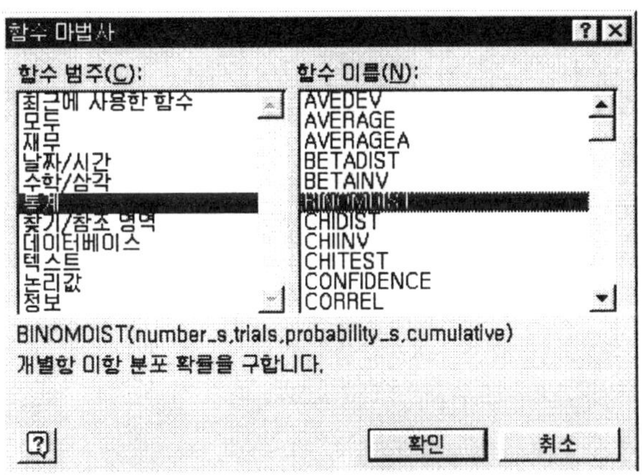

<그림 6.1> [함수 마법사] 대화 상자

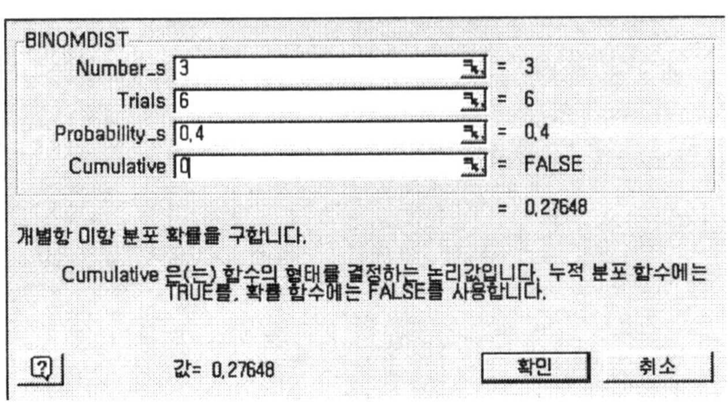

<그림 6.2> 예제 2의 $P(X=3)$ 계산

참고1 : 단계 3의 [cumulative]에 1을 입력하면 누적확률함수 $P(X \leq 3)$의 값을 구해준다.

참고2 : 간단히 수식 입력란에 BINOMDIST(3, 6, 0.4, 0) 이라고 입력해도 같은 확률 값을 얻는다.

참고3 : 엑셀에서 사용되는 이산형 확률분포의 확률 값을 구하는 함수 (외울 필요는 없고 도움말을 참조하면 된다.)

이항분포 : BINOMDIST

초기하분포 : HYPGEOMDIST

포아송분포 : POISSON

연 습 문 제

[1] 이항확률변수 X를 성공하는 횟수라고 했을 때 다음의 확률을 구하시오.

1) $X=3,\quad n=10,\quad p=0.6$
2) $X=11,\ n=20,\quad p=0.8$
3) $X=5,\quad n=9,\quad p=0.3$

[2] 다음의 모수를 가지는 이항분포의 평균과 분산을 구하시오.

1) $n=15,\quad p=0.9$
2) $n=500,\quad p=0.3$
3) $n=30,\quad p=0.7$

[3] 확률변수 X가 $Bin(15, 0.7)$을 따를 때 다음의 확률을 구하시오.

1) $P(X \leq 5)$
2) $P(X > 8)$
3) $P(6 \leq X \leq 10)$

[4] A전자회사에서 만드는 TV 중 30%가 불량인 제품이라고 알려져 있다. 무작위로 A전자회사의 TV 20대를 추출하였을 때 다음의 확률을 구하시오.

1) 정확히 5대가 불량인 제품일 확률은?
2) 기껏해야 10대가 불량인 제품일 확률은?
3) 적어도 3대가 불량인 제품일 확률은?

[5] 문제 [4]의 확률변수의 평균과 표준편차를 구하시오.

[6] D 대학교 신입생의 남녀비율을 조사한 결과 여학생 6명당 남학생이 4명인 것으로 조사되었다. 임의로 신입생 7명을 추출하였을 때, 다음을 구하시오.

1) 여학생의 수가 적어도 4명 이상일 확률은?
2) 여학생 수의 평균과 표준편차를 구하시오.

[7] 현재의 대학입시 제도에 관한 고등학교 3학년 학생들의 만족도가 60%라고 한 조사기관이 발표하였다. 15명의 고등학교 3학년 학생들을 임의로 추출하여 만족여부에 관하여 질문하였다고 했을 때 다음 물음에 답하시오.

1) 기껏해야 5명이 만족한다고 대답할 확률은?
2) 적어도 5명이 만족한다고 대답할 확률은?
3) 만족하는 학생 수의 평균과 표준편차를 구하시오.

[8] 사냥을 좋아하는 어떤 사람의 경험에 의하면 과녁에 명중할 확률이 72%였다. 만약 이 사람이 15발을 사격한다면 과녁에 명중할 수의 평균과 분산을 구하시오.

[9] 조사결과 총 인구 중 어떤 희귀한 혈액형의 비율이 0.05%라고 알려져 있다. 3000명의 사람을 임의로 추출하여 혈액형을 조사하였을 때, 적어도 2명이 이 희귀한 혈액형을 가질 확률을 구하시오.

[10] 한 방송국에서 어제 방송한 특집 방송의 시청률을 조사한 결과 20% 이었다. 오늘 지나가는 시민 20명을 무작위로 추출하여 특집방송 시청여부를 물어보았을 때, 다음의 확률을 구하시오.

1) 정확히 5명이 특집방송을 시청하였다.
2) 특집방송을 시청한 수가 6명에서 10명 사이이다.

[11] [10]번 문제에서 20명 중 특집방송을 시청한 시민의 수에 대한 평균과 분산을 구하시오.

[12] 어떤 대학원 수업에 8명의 학생이 수강을 한다. 이 중에서 정확히 3명의 학생 생일이 3월이나 11월일 확률을 구하시오.

[13] 6명이 있는 어떤 가족에 적어도 2명은 가을에 태어나지 않았을 확률은? 단, 모든 가족 구성원이 사계절 중 하나의 계절에 태어날 가능성은 같다고 가정한다.

[14] 어느 항아리에 4개의 빨간 공과 6개의 흰 공이 들어있다. 임의로 3개의 공을 비복원추출 한다고 했을 때, 뽑은 3개의 공들 중에서 흰 공의 수를 확률변수 X라고 정의하자.

1) X는 어떤 분포를 따르는가?
2) X의 확률분포표를 작성하시오.

[15] [14]번 문제의 실험에서 모든 조건은 같고 단지 복원추출을 하였을 경우를 고려해보자.

1) 이 경우 X는 어떤 분포를 따르며 모수가 무엇인지 결정하시오.

2) X의 확률분포표를 작성하시오.

[16] 어느 대학의 수리과학부는 통계학과와 수학과가 있고, 통계학과에는 4명의 교수님이, 수학과에는 7명의 교수님이 있다. 수리과학부의 발전을 위해서 임의로 4명의 교수님을 통계학과와 수학과에서 선출하여 발전위원회를 구성하려고 한다.

1) 선출된 위원 중 통계학과 교수님 수의 분포를 구하시오.

2) 위원회에 적어도 한 명 이상의 통계학과 교수님이 포함될 확률을 구하시오.

3) 위원회에 통계학과 교수님 몇 명이 포함되리라고 기대할 수 있는가?

[17] 20개의 계산기가 들어있는 상자에 5개의 불량품이 있다. 이 상자로부터 4개의 계산기를 한 번에 임의로 뽑았을 때, 다음의 확률을 구하시오.

1) 정확하게 2개가 불량품일 확률은?

2) 많아야 1개가 불량품일 확률은?

3) 4개 모두가 불량품일 확률은?

[18] [17]번 문제에서 뽑은 4개의 계산기 중 평균적으로 몇 개의 불량품이 있으리라고 기대할 수 있는가?

[19] 포아송분포를 따르는 확률변수 X에 대하여 다음 확률을 구하시오.

1) $X=0$, $\lambda=0.6$

2) $X=10$, $\lambda=10$

3) $X=6$, $\lambda=1.5$

[20] $n=1{,}000$이고 $p=0.002$ 인 이항확률변수 X가 있다고 하자. 다음의 확률을 포아송분포 근사를 이용하여 구하시오.

1) $P(X=3)$

2) $P(X<2)$

3) $P(X>1)$

[21] 대학교 2학년 학생이 사법고시에 합격할 확률은 0.02라고 하자. 올해 500명의 대학교 2학년 학생이 사법시험에 응시하였을 때 포아송분포를 이용하여

다음의 근사 확률을 구하시오.

1) 8명이 시험에 합격할 확률
2) 많아야 6명이 시험에 합격할 확률
3) 적어도 2명이 시험에 합격할 확률

[22] 어느 사무실에 시간당 3번의 전화가 걸려온다고 하자. 어느 날 사무실에 혼자 있던 직원이 20분 동안 사무실을 비웠을 때 그 사이에 전화가 올 확률은 얼마인가?

[23] 매주 복권을 60장 산다고 하자. 만약 복권이 당첨될 확률이 5%라면, 다음 주에 복권이 당첨될 확률은 얼마인가?

[24] 만약 확률변수 X가 모수가 λ인 포아송분포를 따르고, $P(X=0)=0.223$ 라고 할 때, $P(X>1)$를 구하시오.

제7장 연속확률분포

6장에서 확률변수의 값이 자연수 또는 유한개의 값과 일대일 대응이 되는 값을 갖는 이산확률분포에 대하여 다루었다. 이 장에서는 확률변수의 값이 연속적인 양의 측도로 나타나는 연속확률분포에 대하여 알아보고자 한다.

예를 들어 대학교 신입생들의 키의 분포를 조사한다고 하자. 만약 키의 값이 이산확률변수라면 174cm 다음으로 큰 값은 175cm일 것이다. 그러나 키의 값은 연속적인 값을 가질 수 있으므로 174cm 다음으로 큰 키의 값은 175cm가 아니라 그 사이의 값은 측정하는 도구 단위의 정확성이나 제약성에 따라 무수히 많은 값을 가질 수 있다. 이와 같이 관측치가 연속적인 값을 가지는 확률변수를 연속확률변수(continuous random variable)라 하고 연속확률변수가 가지는 값들을 그래프나 수식으로 표현한 것을 연속확률분포(continuous distribution)라 한다. 그러면 이러한 연속확률분포를 나타내는 방법에 대하여 알아보자.

7.1 확률밀도함수

연속확률변수 X는 주어진 구간에 가질 수 있는 값이 무한히 많으므로 이산확률분포처럼 X의 실현값 x를 모두 나열하여 각각의 확률에 대응시키기에는 적절치 못하다. 이 경우 어떤 주어진 실현치의 확률을 구하는 대신 주어진 구간에 대한 확률을 구하는 것이 더 의미가 있다.

다음의 대학 신입생들의 키의 분포를 가지고 연속확률분포에 대해서 좀 더 자세히 알아보도록 하자. 신입생 100명의 키를 조사하여 10cm의 계급간격으로 상대도수 히스토그램을 그린 결과가 <그림 7.1>과 같았다.

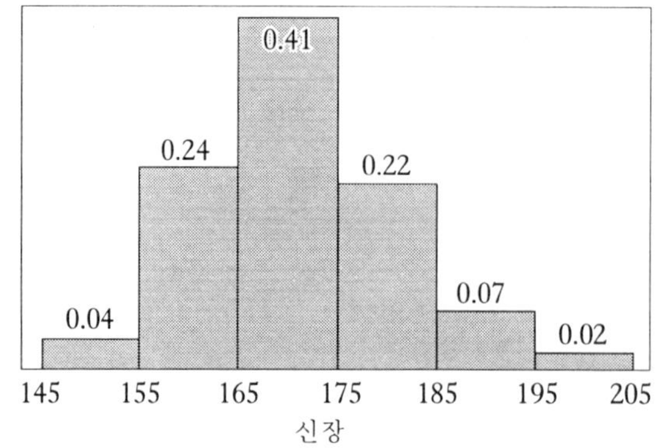

<그림 7.1> 계급간격이 10cm인 100명의 대학 신입생에 대한 상대도수 히스토그램

신입생 모집단에 대한 키의 분포를 자세히 알기 위해 표본수를 1,000명으로 늘려 조사하여 계급간격을 더 줄임으로써 상대도수 히스토그램을 그린 결과가 <그림 7.2>와 같았다.

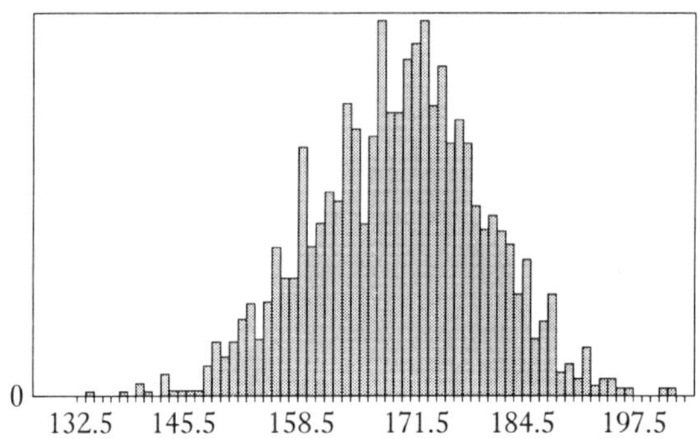

<그림 7.2> 계급간격이 1cm인 1,000명의 대학 신입생에 대한 상대도수 히스토그램

이와 같이 측정대상의 관찰치의 개수를 증가시키고 계급간격을 더 좁게 하면 더욱 더 정교하고 상세한 모집단의 분포상태를 나타내는 상대도수 히스토그램을 그릴 수 있다. 히스토그램을 정밀하게 하는 과정을 계속해 나감에 따라 직사각형의 히스토그램의 형태는 <그림 7.3>과 같이 부드러운 곡선 형태로 가까워지게 된다. 이 곡선을 대학교 신입생들의 키에 대한 모집단의 분포로 생각할 수 있다.

대학교 신입생의 키를 연속확률변수 X 라 했을 때 이 곡선을 X 의 확률밀도곡선이라 하고, 이 곡선의 수학적 함수 $f(x)$ 를 연속확률변수 X 의 확률밀도함수 (probability density function, p.d.f.)라 한다.

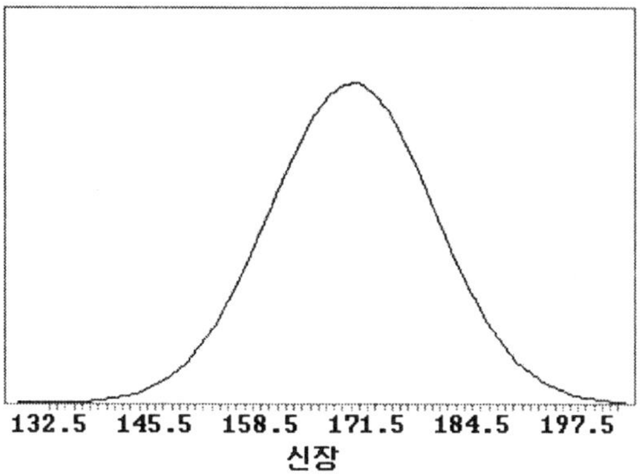

<그림 7.3> 연속확률변수 X (대학 신입생의 키)에 대한 확률밀도함수

다시 말해서 연속확률변수 X 가 다음 성질을 만족하는 함수 $f(x)$ 를 가질 때, 함수 $f(x)$ 를 X 의 확률밀도함수라 한다. 확률밀도함수 $f(x)$ 의 성질은 다음과 같다.

① 모든 x 에 대하여 $f(x) \geq 0$

② 확률밀도곡선 아래쪽의 총 면적은 1이다. 즉, $\int_{-\infty}^{\infty} f(x)\,dx = 1$

③ X 가 임의의 구간 $[a, b]$ 에 속할 확률은 a 와 b 사이의 확률밀도곡선 아래쪽의 면적과 같다. 즉,

$$P(a \leqq X \leqq b) = \int_a^b f(x)\,dx$$

앞서 언급한 바와 같이 각각의 점에서 확률을 갖는 이산확률분포와는 달리 연속확률변수의 경우 확률은 구간 내의 면적이 된다. 즉, 연속확률변수 X 가 $[a, b]$ 사이의 값을 취할 확률은

$$P(a \leqq X \leqq b) = \int_a^b f(x)\,dx$$

이며, 이를 그림으로 나타내면 <그림 7.4>에서 진하게 색칠된 a 와 b 사이의 확률밀도곡선 아래쪽 면적이 된다.

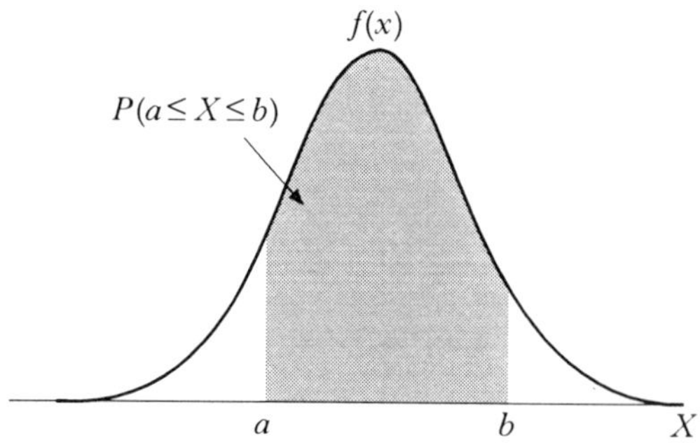

<그림 7.4> $P(a \leq X \leq b)$

이산확률변수와는 다르게 연속확률변수의 경우 $X=x$ 에서의 확률은 항상 0 이다. 즉, 임의의 한 점 x 에 대한 확률 $P(X=x)$ 는 한 점 x 에서의 면적이므로 0 이 됨을 알 수 있다.

연속확률변수의 경우 X 가 한 구간 내에 들어갈 확률만이 의미가 있다. 따라서 $P(X=a)=P(X=b)=0$ 이므로,

$$P(a \leqq X \leqq b) = P(a \leq X < b) = P(a < X \leqq b) = P(a \leq X \leq b)$$

이다. 이러한 관계는 이산확률변수에서는 성립하지 않을 수 있음을 유의하기 바란다.

이 장에서는 여러 연속확률분포 중에서 가장 많이 쓰이는 균등분포, 정규분포에 대하여 소개하고, 그 분포들의 여러 가지 성질 및 이항분포의 정규분포 근사 방법 등에 관하여 알아보고자 한다.

7.2 균등분포

균등분포(uniform distribution)는 연속확률분포의 가장 간단한 형태로서, 확률함수는 주어진 구간 내에 X축 위에 수평으로 그어진 직선 형태로 나타낸다. 물론 이 직선 아래의 총 면적은 1 이 되어야 한다.

실수 a 와 b 사이의 구간에서 정의되는 균등분포는 $U(a,b)$ 로 나타내며, 확률밀도함수는 다음과 같다.

$$f(x) = \begin{cases} \dfrac{1}{b-a}, & a < x < b \\ 0 \quad , & \text{기타} \end{cases}$$

구간 (a, b) 에서 균등분포를 따르는 확률밀도함수를 그래프로 그리면 <그림 7.5>와 같다.

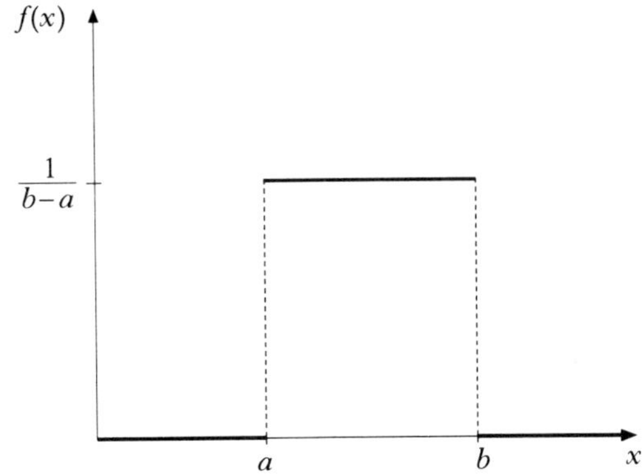

<그림 7.5> 균등분포 $U(a, b)$ 의 확률밀도함수

x 가 a 와 b 사이에 있지 않으면 $f(x) = 0$이 된다. <그림 7.5>에서 총면적은 위의 그래프에서 직사각형의 면적으로 (길이)×(높이) $= (b-a) \times \frac{1}{(b-a)} = 1$ 이 되므로 확률밀도함수가 되는 조건을 만족한다. 앞에서 언급한 바와 같이 연속확률변수의 한 점에서의 확률은 0 이므로, 균등확률분포의 구간이 경계점을 포함하든 안하든 확률 값은 같다.

마찬가지로 확률변수 X 가 구간 (a, b) 위에서 균등분포를 따른다면 평균과 분산은 다음과 같다.

$$E(X) = \frac{a+b}{2} \tag{7.1}$$

$$Var(X) = \frac{(b-a)^2}{12} \tag{7.2}$$

예제 1 연속확률변수 X 가 구간 $(0, 10)$ 에서 균등분포를 따를 때, 다음의 확률을 구하시오.

1) $P(X < 2)$

2) $P(X > 7)$

3) $P(4 < X < 8)$

풀이 먼저 확률밀도함수는

$$f(x) = \begin{cases} \frac{1}{10}, & 0 < x < 10 \\ 0, & 기타 \end{cases}$$

이다. 따라서

1) $P(X < 2) = \int_0^2 \frac{1}{10} dx = \frac{2}{10}$

2) $P(X > 7) = \int_7^{10} \frac{1}{10} dx = \frac{3}{10}$

3) $P(4 < X < 8) = \int_4^8 \frac{1}{10} dx = \frac{4}{10}$

위의 문제 3)을 그래프로 그려서 구해보면 <그림 7.6>에서 빗금 친 부분의 면적이 된다. 따라서 면적=(길이)×(높이) = (8-4) × 1/10 = 4× 1/10 = 4/10 가 된다.

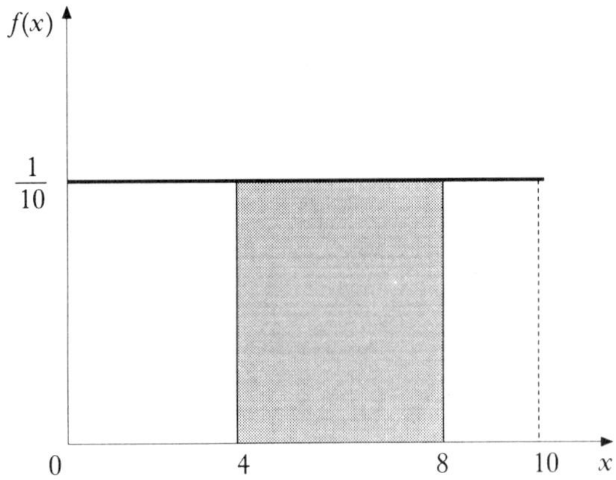

<그림 7.6> $X \sim U(0, 10)$ 에서 $P(4 < X < 8)$

예제 2 서울의 4호선 지하철이 아침 5시 30분부터 5분 간격으로 수유역에 도착한다고 하자. 즉, 5:30, 5:35, 5:40, …에 도착한다. 어떤 승객이 지하철을 타기 위해 수유역에 5:30 에서 5:45 사이에 나타날 가능성이 동일하다고 하자.

1) 지하철을 기다리는 시간이 2분 이하일 확률을 구하시오.

2) 3분 이상 기다릴 확률을 구하시오.

풀이 연속확률변수 X를 그 승객이 5:30 이후에 나타나는 시각(분)이라고 하면, 확률변수 $X \sim U(0, 15)$를 따른다. 따라서

$$f(x) = \frac{1}{15}, \quad 0 < X < 15$$

가 된다.

1) 그 승객이 2분 이내로 기다린다면, 5:33 ~ 5:35, 5:38 ~5:40, 5:43 ~5:45 사이에 지하철에 도착하여야 한다. 따라서 구하고자 하는 확률은 다음과 같다.

$$\begin{aligned} & P(3 < X < 5) + P(8 < X < 10) + P(13 < X < 15) \\ &= \int_3^5 \frac{1}{15} dx + \int_8^{10} \frac{1}{15} dx + \int_{13}^{15} \frac{1}{15} dx \\ &= \frac{2}{15} + \frac{2}{15} + \frac{2}{15} = \frac{6}{15} = \frac{2}{3} \end{aligned}$$

2) 1)과 마찬가지로 그 승객이 3분 이상 기다려야 한다면 5:30 ~5:32, 5:35 ~5:37, 5:40 ~5:42 시간에 도착하여야 한다. 구하고자 하는 확률은 다음과 같다.

$$\begin{aligned} & P(0 < X < 2) + P(5 < X < 7) + P(10 < X < 12) \\ &= \int_0^2 \frac{1}{15} dx + \int_5^7 \frac{1}{15} dx + \int_{10}^{12} \frac{1}{15} dx = \frac{2}{3} \end{aligned}$$

7.3 정규분포

7.3.1 정규분포

연속확률분포 중에서 가장 중요하고 널리 사용되는 분포는 정규분포(normal distribution)이다. 정규분포는 수학자인 C. Gauss(1777~1855)에 의해서 물리학이나 천문학 분야에서 많이 응용되었기 때문에 가우스 분포(Gauss distribution)라고도 부른다. 확률변수 X가 평균 μ, 표준편차가 σ인 정규분포를 따를 때, $X \sim N(\mu, \sigma^2)$으로 표시하고 확률밀도함수는 다음과 같다.

$$f(x) = \frac{1}{\sqrt{2\pi\sigma^2}} e^{-\frac{(x-\mu)^2}{2\sigma^2}}, \quad -\infty < x < \infty$$

이러한 정규분포의 특징은 다음과 같다.

① 정규분포의 확률밀도곡선은 종모양(bell shape)이다.
② 확률밀도곡선 아래쪽 영역의 총 면적은 항상 1 이다.
③ 평균은 확률밀도곡선의 중앙에 위치해 있고, 평균값 μ 에 대해 좌우 대칭이며 평균값 μ 에서 확률밀도곡선의 높이가 가장 크다.
④ 평균, 중위수, 최빈수는 모두 같은 값이다.
⑤ 정규분포의 모양과 위치는 평균 μ 와 표준편차 σ 에 따라 달라진다.

위에서 ⑤의 특징을 좀 더 자세히 알아보도록 하자. 평균을 같게 하고 표준편차를 달리하는 경우 <그림 7.7>과 같이 변화한다. 표준편차가 작아질수록 분포의 모양이 평균 μ 근처에 집중되고, 표준편차가 커질수록 분포의 모양은 넓게 퍼지며 평평해진다. 즉, 같은 평균에 대해 표준편차가 달라지면 곡선의 높이와 모양이 달라진다. 반면, 표준편차는 같고 평균을 달리하는 경우 <그림 7.8>과 같이 단지 중심위치만 바뀌게 할 뿐 곡선의 모양은 변하지 않는다.

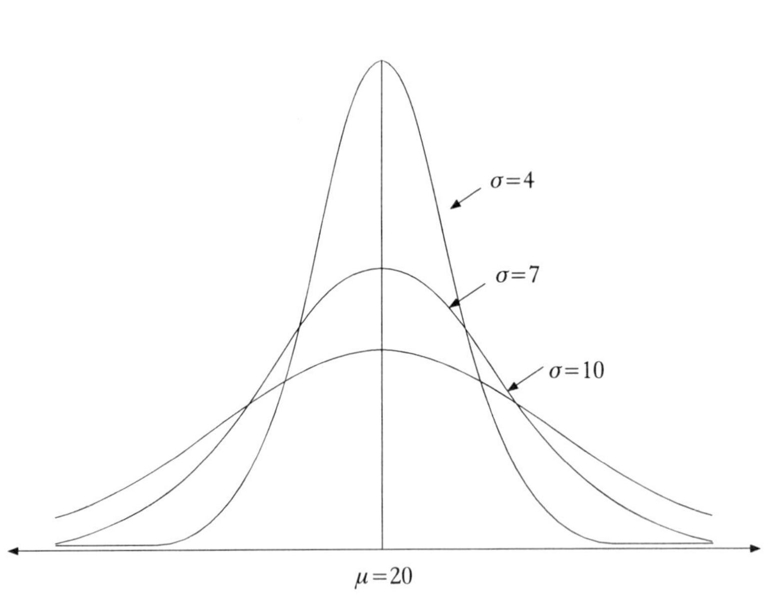

<그림 7.7> 평균은 같지만 표준편차가 다른 정규분포

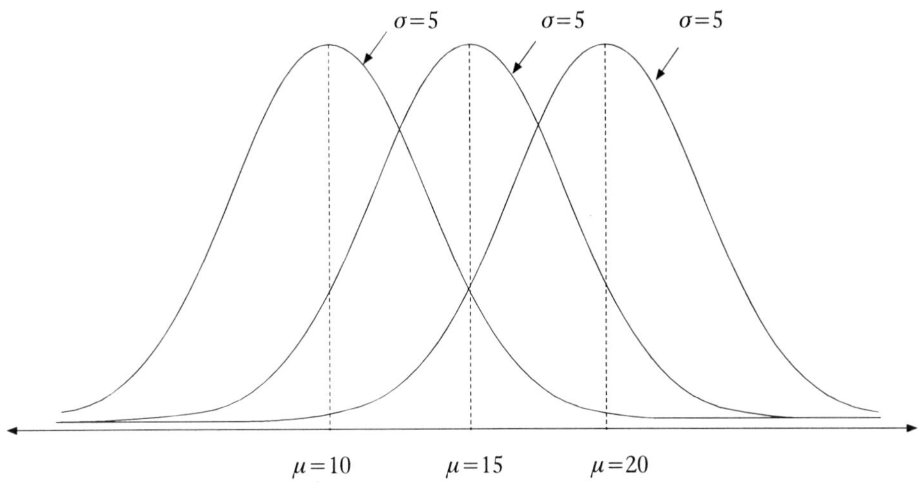

<그림 7.8> 표준편차는 같지만 평균이 다른 정규분포

확률변수 X가 평균이 μ이고 표준편차 σ인 정규분포를 따른다고 하자. 즉, $X \sim N(\mu, \sigma^2)$ 일 때 <그림 7.9>는 정규분포에서 가장 많이 쓰이는 범위의 면적들을 나타내고 있다.

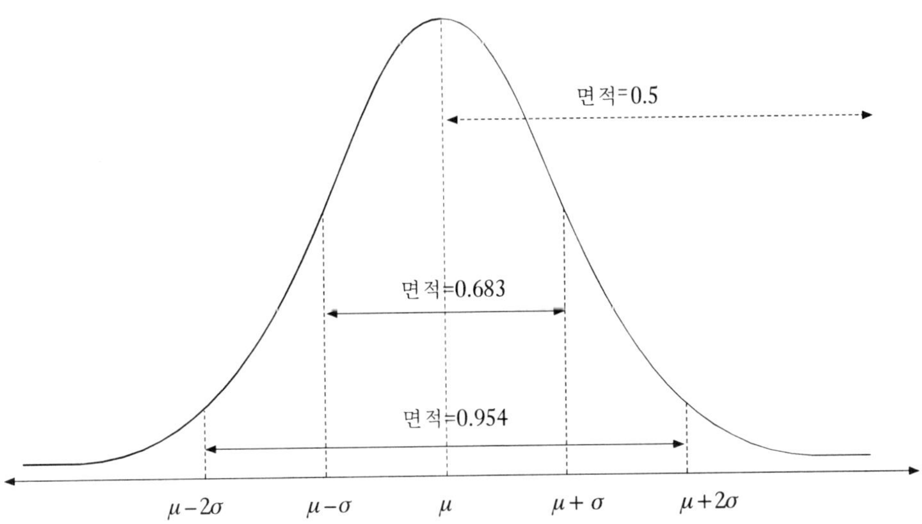

<그림 7.9> 정규분포의 확률밀도함수

<그림 7.9>에 나타난 대표적인 면적들을 확률로 표시하면 다음과 같다.

$X \sim N(\mu, \sigma^2)$일 때,

$$P(\mu - \sigma \leq X \leq \mu + \sigma) = 0.683$$

$$P(\mu - 2\sigma \leq X \leq \mu + 2\sigma) = 0.954$$

$$P(\mu - 3\sigma \leq X \leq \mu + 3\sigma) = 0.997 \tag{7.3}$$

$$P(X \geq \mu) = P(X \leq \mu) = 0.5$$

7.3.2 표준정규분포

여러 가지 정규분포 중에서 평균이 0, 표준편차가 1인 정규분포를 특히 표준정규분포(standard normal distribution)라고 한다. 표준정규분포를 따르는 확률변수를 관례상 Z로 표시한다. 어떠한 형태의 정규분포든지 다음과 같은 변환을 하면 표준정규분포로 나타낼 수 있다. $X \sim N(\mu, \sigma^2)$ 일 때,

$$Z = \frac{X - \mu}{\sigma} \sim N(0, 1)$$

즉, 평균이 μ이고 표준편차가 σ인 확률변수 X가 정규분포를 따를 때, X에서 평균 μ를 빼고 표준편차 σ로 나누어주면(이러한 과정을 표준화(normalization)라고 한다), 표준화된 확률변수 Z는 평균이 0이고, 표준편차가 1인 표준정규분포를 따른다.

부록의 <표 4>은 평균 0에서 오른쪽의 특정 z 값까지의 면적을 나타내는 표준정규분포표로서 이 표를 이용하여 여러 가지 정규분포와 관련된 확률을 구할 수 있다. 표준정규확률변수 Z는 0을 중심으로 대칭인 분포를 갖으며

$$P(Z \geq 0) = P(Z \leq 0) = 0.5$$

이므로, <그림 7.10>에서처럼

$$P(Z \geq z) = 0.5 - P(0 \leq Z \leq z) \tag{7.4}$$

$$P(Z \leq -z) = P(Z \geq z) \tag{7.5}$$

으로 나타낼 수 있으며 $P(0 \leq Z \leq z)$는 부록 <표 4>의 표준정규분포표에서 찾을 수 있다.

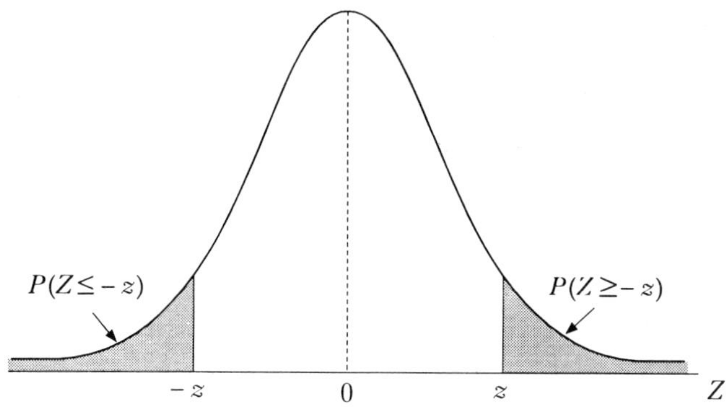

<그림 7.10> 표준정규분포

마찬가지로 임의의 실수 $a < b$에 대하여 Z가 구간 $[a, b]$에 있을 확률은

$$P(a \leq Z \leq b) = P(Z \leq b) - P(Z \leq a)$$

로 계산할 수 있으며 $P(Z \leq b)$와 $P(Z \leq a)$는 식 (7.4), (7.5)와 부록 <표 4>의 표준정규표를 이용하여 구할 수 있다. 식 (7.3)에 나타난 대표적인 면적들을 표준화시킨 다음 표준정규분포표를 이용하여 구해보면

$$P(\mu-\sigma \leq X \leq \mu+\sigma) = P(-1 \leq Z \leq 1) = 2P(0 \leq Z \leq 1) = 2(0.3413) = 0.683$$

$$P(\mu-2\sigma \leq X \leq \mu+2\sigma) = P(-2 \leq Z \leq 2) = 2P(0 \leq Z \leq 2) = 2(0.4772) = 0.954$$

$$P(\mu-3\sigma \leq X \leq \mu+3\sigma) = P(-3 \leq Z \leq 3) = 2P(0 \leq Z \leq 3) = 2(0.4987) = 0.997$$

로서 표준정규분포를 이용하여도 같은 값을 가짐을 알 수 있다. 즉, <그림 7.9>를 표준정규분포로 변환한 후의 확률밀도함수는 <그림 7.11>과 같다.

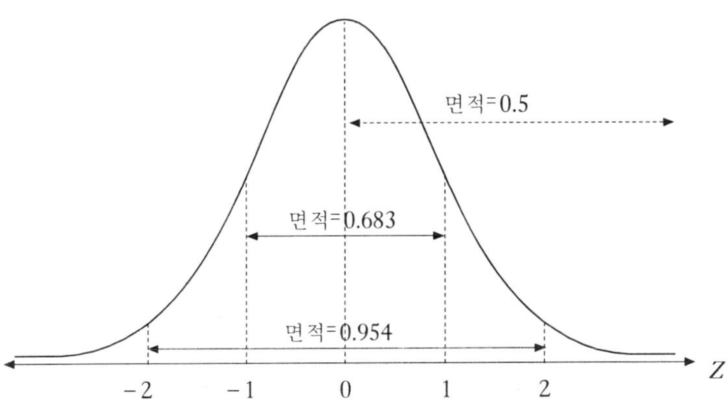

<그림 7.11> 표준정규분포의 확률밀도함수

예제 3 다음 표준정규분포의 확률을 구하시오.

1) $P(Z \leq -1.9)$

2) $P(1.34 \leq Z \leq 2.38)$

3) $P(Z \geq z) = 0.025$ 가 되는 z 값은?

풀이 표준정규분포의 확률밀도함수 그래프와 부록 <표 4>의 표준정규분포표를 이용하여 확률을 구해보면,

1) $P(Z \leq -1.9) = P(Z \geq 1.9) = 0.5 - P(0 \leq Z \leq 1.9)$

$= 0.5 - 0.4713 = 0.0287$

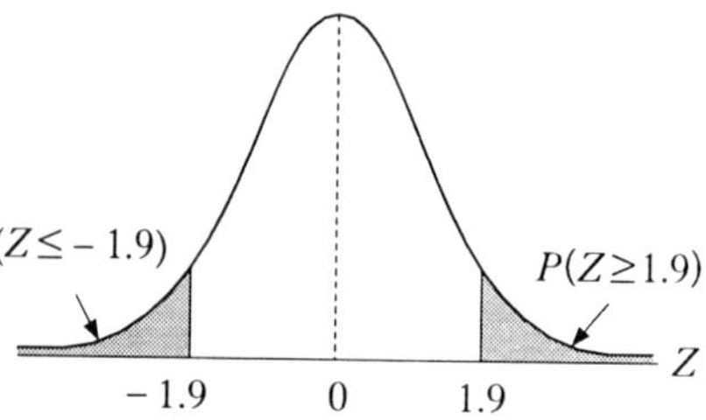

2) $P(1.34 \leq Z \leq 2.38) = P(0 \leq Z \leq 2.38) - P(0 \leq Z \leq 1.34)$

$= 0.4913 - 0.4099 = 0.0814$

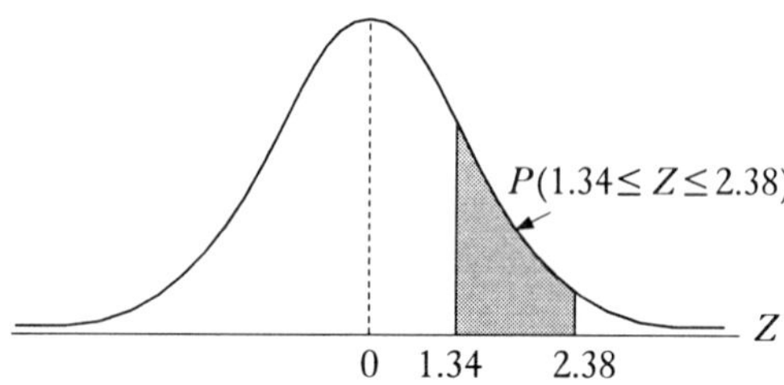

3) $0.025 = P(Z \geq z) = 0.5 - P(0 \leq Z \leq z)$

$\Rightarrow P(0 \leq Z \leq z) = 0.5 - 0.025 = 0.475$

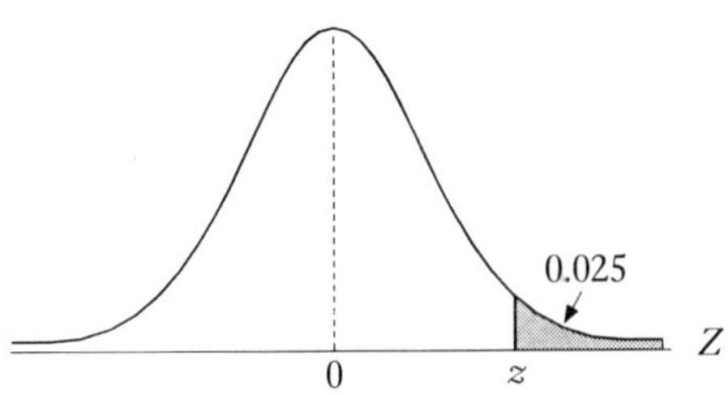

부록 <표 4> 표준정규분포로부터 위의 식을 만족하는 z 값은 1.96이다.

7.3.3 정규분포의 확률계산

일반적으로 우리가 관심 있는 정규확률변수는 표준정규분포를 따르지 않는 경우가 대부분이기 때문에 부록 <표 4>의 표준정규분포표를 이용하여 바로 확률을 구할 수 없다. 그러나 앞 절에서 정규분포를 표준화시키면 표준정규분포로 나타낼 수 있다는 것을 보였다. 따라서 여러 가지 정규분포의 확률을 계산할 때 표준정규분포로 변환하여 부록 <표 4>의 표준정규분포표를 이용하면 확률을 쉽게 구할 수 있다.

예를 들면, 확률변수 X의 분포가 $N(50, 25)$이면 표준화 확률변수 $Z = \dfrac{X-50}{\sqrt{25}}$의 분포는 $N(0, 1)$이므로,

$$\begin{aligned} P(40 \leq X \leq 65) &= P\left(\frac{40-50}{\sqrt{25}} \leq \frac{X-50}{\sqrt{25}} \leq \frac{65-50}{\sqrt{25}}\right) \\ &= P(-2 \leq Z \leq 3) = 0.4772 + 0.4987 = 0.9759 \end{aligned}$$

이다. 따라서 $P(40 \leq X \leq 65) = 0.9759$이다. 위의 확률을 확률밀도곡선으로 그려보면 <그림 7.12>와 같이 쉽게 이해할 수 있다.

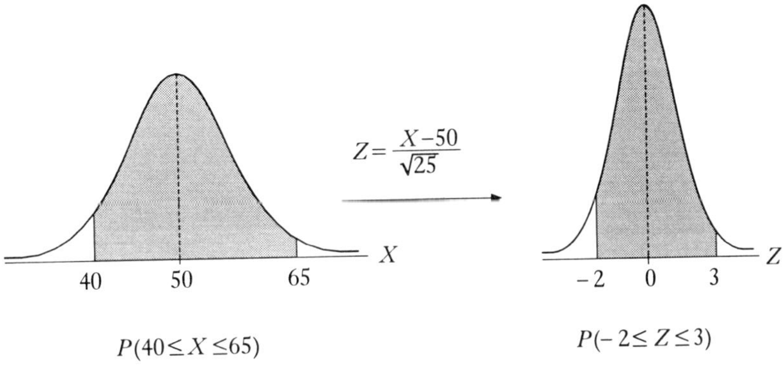

<그림 7.12> $P(40 \leq X \leq 65)$의 계산

예제 4 의사협회의 자료에 의하면 우리나라 성인의 수축혈압 평균은 120이고 표준편차는 20인 정규분포를 따른다고 한다. 임의로 추출한 성인의 수축혈압이 다음과 같을 확률을 구하시오.

1) 수축혈압이 135 이상이다.
2) 수축혈압이 146 이상이다.
3) 수축혈압이 105와 110 사이이다.

풀이 수축혈압을 확률변수 X라 할 때 $X \sim N(120, 20^2)$이다.

1) $$P(X \geq 135) = P\left(\frac{X-120}{20} \geq \frac{135-120}{20}\right) = P(Z \geq 0.75) = 0.5 - P(0 \leq Z \leq 0.75) = 0.5 - 0.2734 = 0.2266$$

2) $$P(X \leq 146) = P\left(\frac{X-120}{20} \leq \frac{146-120}{20}\right) = P(Z \leq 1.3) = 0.5 + P(0 \leq Z \leq 1.3) = 0.5 + 0.4032 = 0.9032$$

3) $$P(105 \leq X \leq 110) = P\left(\frac{105-120}{20} \leq \frac{X-120}{20} \leq \frac{110-120}{20}\right) = P(-0.75 \leq Z \leq -0.5) = P(0 \leq Z \leq 0.75) - P(0 \leq Z \leq 0.5) = 0.2734 - 0.1915 = 0.0819$$

위의 3)번 문제의 확률밀도함수를 그려보면 <그림 7.13>과 같다.

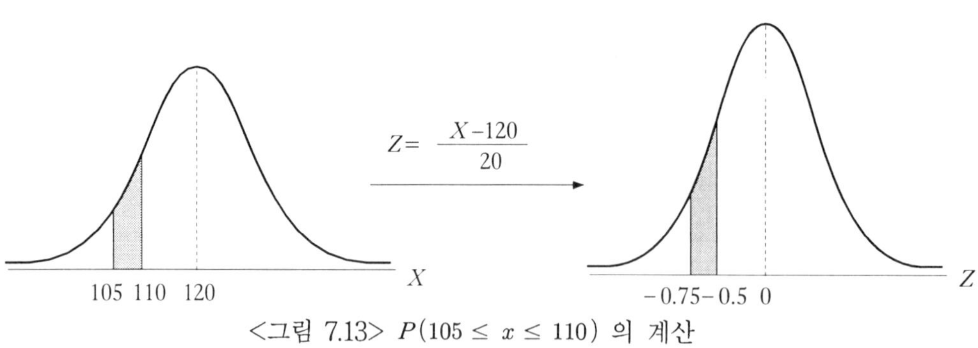

<그림 7.13> $P(105 \leq x \leq 110)$ 의 계산

예제 5 어느 해의 대입수능고사가 평균이 240, 표준편차가 64인 정규분포를 따른다고 한다. 어느 특정 대학에서 상위 5%인 학생들만이 지원할 수 있다고 입시요강을 발표하였다면 어떤 학생이 그 대학에 지원할 자격을 얻기 위해서는 최소한 몇 점이 되어야 하는가?

풀이 확률변수 X를 수능점수라고 한다면 $X \sim N(240, 64^2)$이다. 표준화를 시키면

$$Z = \frac{X-240}{64} \sim N(0,1)$$

이 된다. 상위 5%의 점수를 구하고자 한다면 $P(X \geq x) = 0.05$가 되는 x를 찾으면 된다. 우선 $P(Z \geq z) = 0.05$가 되는 z를 찾아보자. 표준정규분포표로부터 $P(Z \geq 1.645) = 0.05$가 된다.

이러한 과정을 확률밀도함수 곡선으로 표현하면 <그림 7.14>와 같다.

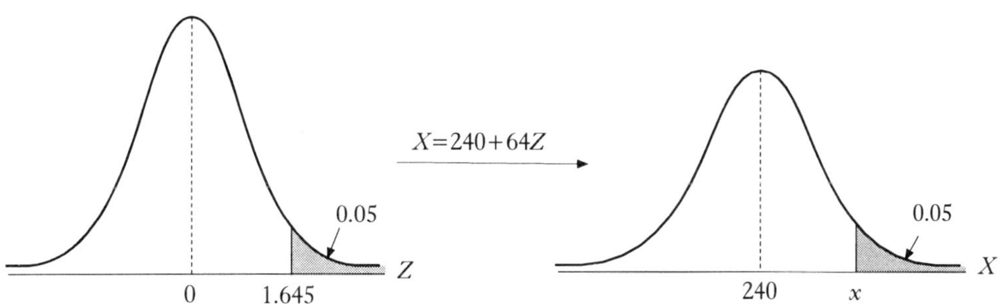

<그림 7.14>

식으로 나타내면

$$0.05 = P(X \geq x) = P\left(\frac{X-240}{64} \geq \frac{x-240}{64}\right) = P(Z \geq 1.645)$$

$$\Longrightarrow \frac{x-240}{64} = 1.645$$

$$\Longrightarrow x = 240 + (64)(1.645) = 345.28$$

따라서 적어도 346점은 되어야 지원할 수 있다.

7.3.4 이항분포의 정규근사

6.1절에서 실험결과가 성공이나 실패, 두 가지만 나오는 시행에서 각 시행마다 일정한 성공확률을 p라 하고 이러한 시행을 n번 독립적으로 반복했을 때 성공한 횟수인 이항확률변수에 대하여 알아보았다. 그러나 n이 커지면 이항분포의 확률을 계산하는 것이 매우 복잡하고 이항분포표를 이용할 수도 없다. 따라서 6.3절에서 n이 크고 p가 0에 가까울 때 이항분포가 포아송분포에 근사한다는 것을 알아보았다. 이 절에서는 n이 크고 p가 0이나 1에 가깝지 않을 경우 이항분포가 정규분포에 근사 한다는 것을 설명하고자 한다.

<그림 7.15>는 $p = 0.4$ 일 때 $n = 5, 15, 30$ 으로 변화시켜 가면서 이항분포의 모양을 나타내고 있다. n이 커짐에 따라 분포의 모양이 중심에 대하여 대칭인 종 모양으로 되어간다.

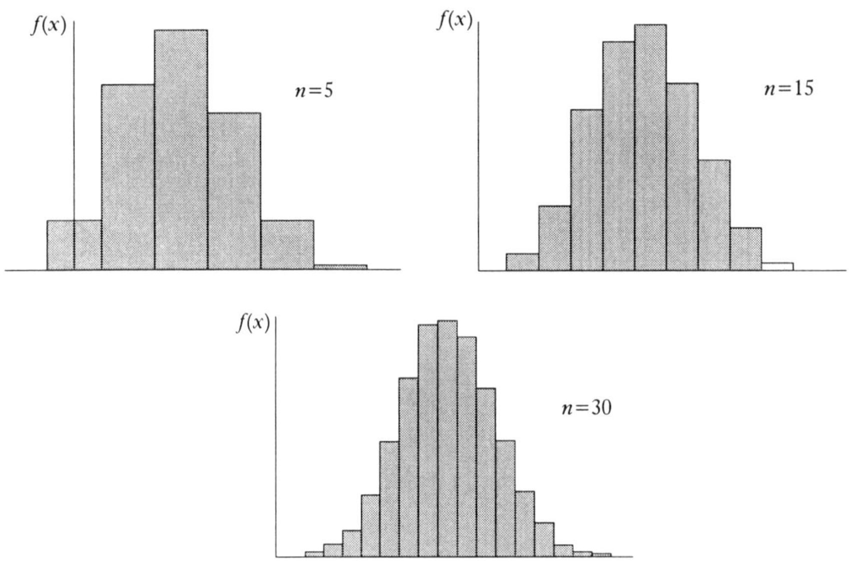

<그림 7.15> $p = 0.4$, $n = 5, 15, 30$ 일 때의 이항분포

이러한 현상은 n이 점점 더 커짐에 따라 더욱더 정규분포의 모양을 닮아간다. n이 커지고 p의 값이 0이나 1에 가깝지 않을 경우(일반적으로 $np > 5$ 이고 $n(1-p) > 5$일 경우) 이항확률변수 $X \sim Bin(n, p)$는 평균이 np이고 분산이 $np(1-p)$인 정규분포 $N(np, np(1-p))$에 가까워진다. 따라서 n이 충분히 크고, $X \sim Bin(n, p)$일 때,

$$Z = \frac{X - E(X)}{\sqrt{var(X)}} = \frac{X - np}{\sqrt{np(1-p)}}$$

의 분포는 근사적으로 표준정규분포 $N(0, 1)$을 따른다.

예제 6 X가 $n = 25$, $p = 0.4$인 이항분포를 따를 때, 다음의 확률을 구하시오.

1) X가 9와 12 사이의 값일 확률은?

2) X가 5 이하일 확률은?

풀이 먼저 X의 평균과 분산을 구하여 보자.

평균 $= np = (25)(0.4) = 10$

분산 $= np(1-p) = (25)(0.4)(0.6) = 6$

1) $$P(9 \leqq X \leqq 12) = P\left(\frac{9-10}{\sqrt{6}} \leqq \frac{X-10}{\sqrt{6}} \leqq \frac{12-10}{\sqrt{6}}\right)$$
$$\approx P(-0.41 \leqq Z \leqq 0.82)$$
$$= 0.1591 + 0.2939 = 0.453$$

2) $$P(X \leqq 5) = \left(\frac{X-10}{\sqrt{6}} \leqq \frac{5-10}{\sqrt{6}}\right)$$
$$\approx P(Z \leqq -2.04) = 0.5 - 0.4793$$
$$= 0.0207$$

<예제 6>의 근사적인 결과와 실제로 부록 <표 2>의 이항분포표를 이용한 결과를 비교하여 근사 성노를 알아보자. 2)번의 경우 $n = 25$, $p = 0.4$인 이항분포표로부터

$$P(X \leqq 5) = P(X = 0) + P(X = 1) + P(X = 2) + P(X = 3)$$
$$+ P(X = 4) + P(X = 5)$$
$$= 0.029$$

가 정확한 값이 된다.

실제 정확한 값과 근사적인 값이 약간의 차이가 있다. 따라서 근사적인 값이 좀 더 실제 값에 가깝게 하기 위한 방법을 생각해 보자.

예제 6에서 2)의 확률 $P(X \leqq 5)$은 <그림 7.16>의 빗금 친 부분의 면적으로서 실제로는 5.5까지의 직사각형들의 면적을 합한 것이다. 이 확률은 연속적인 정규분포의 확률밀도곡선에서 5.5까지의 면적을 구하면 좀 더 정밀한 근사 값을 얻을 수 있을 것이다. 따라서

$$P(X \leqq 5) = P(X \leqq 5.5) = P\left(\frac{X-10}{\sqrt{6}} \leqq \frac{5.5-10}{\sqrt{6}}\right) \approx P(Z \leqq -1.837)$$

$$= 0.5 - 0.4667 = 0.0333$$

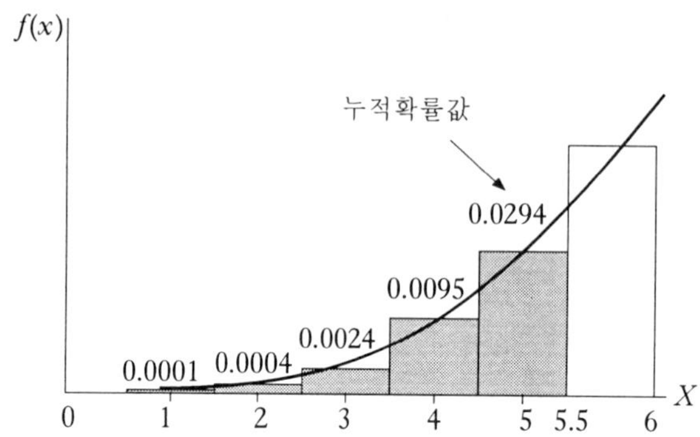

<그림 7.16> 연속성 수정의 개념

이와 같이 이산형 분포를 연속형 분포로 근사 시킬 때 약간의 수정(여기서는 +0.5)을 하는 것을 연속성 수정(continuity correction)이라 한다. 위의 예에서 연속성 수정 후의 값 0.0333은 예제 6에서 2)의 값 0.0207보다 실제 값 0.029에 더 가까운 것을 알 수 있다.

예제 7 최근의 설문조사에 의하면 대학교 남학생의 흡연율이 60%라고 조사되었다. 무작위로 15명의 남학생을 추출하였을 때 그 중 8명 또는 9명이 흡연할 확률을 다음을 이용하여 구하시오.

1) 이항분포의 공식(식 (6.1))을 이용하여 구하시오.
2) 부록 <표 2>의 이항분포표를 이용하여 구하시오.
3) 연속성 수정을 하지 않고 정규분포의 근사를 이용하여 근사확률을 구하시오.
4) 연속성 수정을 하여 3)과 같이 근사확률을 구하시오.

풀이 X를 흡연하는 학생의 수라고 했을 때 $n = 15, p = 0.6$ 이고, $X = 8$ 또는 $x = 9$ 이다. 따라서 구하고자 하는 확률은 $P(X = 8) + P(X = 9) = P(8 \leq X \leq 9)$ 이다.

1) 식 (6.1)의 이항분포 공식을 이용하면

$$P(X = 8) = \binom{15}{8}(0.6)^8(0.4)^7 = 0.177$$

$$P(X = 9) = \binom{15}{9}(0.6)^9(0.4)^6 = 0.207$$

이므로

$$P(X = 8) + P(X = 9) = 0.384$$

2) 부록 <표 2>의 이항분포표를 이용하면

$$P(X = 8) + P(X = 9) = 0.177 + 0.207 = 0.384$$

3) 평균 $= np = (15)(0.6) = 9$
분산 $= np(1-p) = (15)(0.6)(0.4) = 3.6$

$$P(8 \leq X \leq 9) = P\left(\frac{8-9}{\sqrt{3.6}} \leq \frac{X-9}{\sqrt{3.6}} \leq \frac{9-9}{\sqrt{3.6}}\right)$$

$$\approx P(-0.527 \leq Z \leq 0) = 0.20$$

4) $P(8 \leq X \leq 9) = P(7.5 \leq X \leq 9.5)$

$$= P\left(\frac{7.5-9}{\sqrt{3.6}} \leq \frac{X-9}{\sqrt{3.6}} \leq \frac{9.5-9}{\sqrt{3.6}}\right)$$

$$\approx P(-0.79 \leq Z \leq 0.26) = 0.3876$$

결론적으로 1)과 2)는 정확한 값으로서 같고, 연속성 수정을 한 4)의 값이 3)보다 1)의 값에 더 가깝다.

EXCEL 실습

[실습 1] 정규분포의 확률 계산

$X \sim N(120, 20^2)$ 인 [예제 4] 에서 문제 2)의 $P(X \leq 146)$의 확률을 엑셀을 이용하여 구해 보자.

1단계: [삽입] ⇒ [함수] 선택 후 "확인"을 누르면 <그림 7.1>과 같은 [함수마법사] 대화상자가 나온다.

2단계: [통계] ⇒ [NORMDIST] 선택 후 "확인"을 누른다.

3단계: <그림 7.2>처럼 [X]에 146, [Mean]에 120, [Standard_dev]에 20, 그리고 [Cumulative]에 1을 입력한 후 "확인"을 누르면 $P(X \leq 146)$ 인 누적 확률 값을 구할 수 있다.

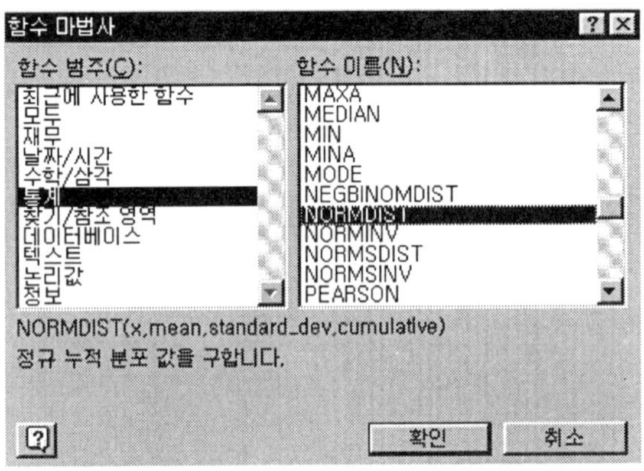

<그림 7.1> [함수 마법사] 대화상자

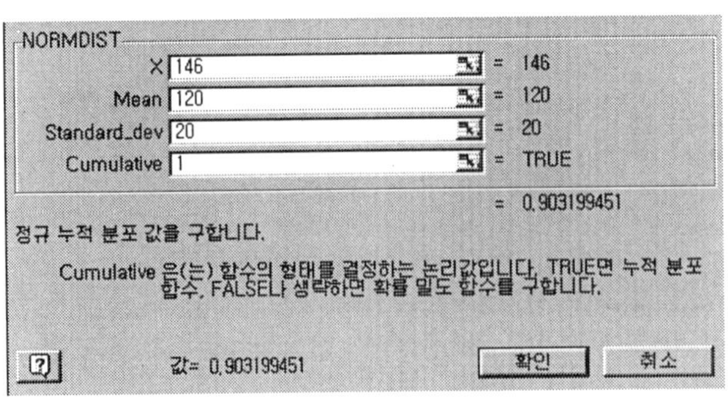

<그림 7.2> $P(X \leq 146)$ 계산

참고 : 간단히 수식 입력란에 NORMDIST(146, 120, 20, 1) 이라고 입력해도 같은 확률 값을 얻는다.

[실습 2] 정규분포의 확률을 만족하는 x 값 구하기

만약 [예제 4] 에서 $P(X \leq x) = 0.95$가 되는 x 값을 찾고자 할 때에는, 다음의 절차를 따른다.

1단계: 위의 단계 1과 동일하다

2단계: [통계] ⇒ [NORMINV]를 선택한다.

3단계: <그림 7.3> 에서처럼 [Probability]에 0.95, [Mean]에 120, 그리고 [Standard_dev]에 20을 입력한 후 "확인"을 누르면 우리가 원하는 x 값을 구할 수 있다.

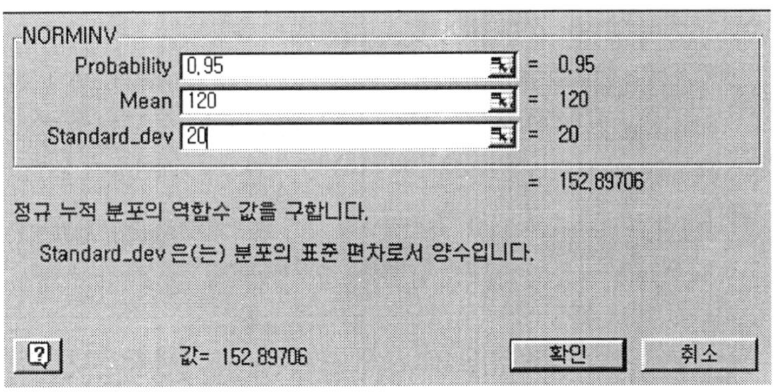

<그림 7.3> $P(X \leq x) = 0.95$가 되는 x 값

연 습 문 제

[1] 확률변수 X 가 구간 $(30, 80)$ 에서 균등분포를 따른다면 다음 확률을 구하시오.

1) $P(X = 37)$
2) $P(X > 53)$
3) $P(43 < X < 72)$

[2] 확률변수 $X \sim U(-10, 30)$ 이라면 다음의 물음에 답하시오.

1) $P(X < -5)$
2) $P(-3 < X < 15)$
3) $E(X)$
4) $Var(X)$

[3] 서울지방의 겨울 평균 기온이 섭씨 -15도 에서 10도 사이에 균등하게 분포되어 있다고 하자. 무작위로 선택한 어느 겨울의 평균 기온을 조사하였을 때 다음의 확률을 구하시오.

1) -3도 이하일 확률
2) -6도와 3도 사이일 확률
3) -12도 보다 작거나 7도 보다 높을 확률

[4] 어떤 학생이 보통 수업시작 전후 10분 사이에 반드시 강의실에 도착한다고 하자. 전후 10분 사이에 도착할 가능성이 같다고 가정하면 이 학생에 대해서 다음의 확률을 구하시오.

1) 적어도 4분 늦게 강의실에 도착할 확률
2) 정확히 제시간에 강의실에 올 확률
3) 기껏해야 3분 일찍 강의실에 도착할 확률
4) 수업시간 전후 2분 안에 도착할 확률

[5] 어떤 교수가 집에서 학교까지 걸리는 시간이 20분에서 27분 정도 소요된다고 하자. 어느 날 수업이 9시에 있고, 이 교수는 집에서 8시 37분에 출발하였다면 수업시간에 늦지 않게 도착할 확률은?

[6] 표준정규분포표를 이용하여 다음의 각 확률을 구하시오.

1) $P(-1.23 < Z < 0)$
2) $P(Z > -1.01)$
3) $P(-1.78 < Z < 2.38)$
4) $P(Z > 2.97)$
5) $P(|Z| < 1.64)$

[7] 표준정규분포표를 이용하여 다음의 확률을 만족하는 z 값을 구하시오.

1) $P(Z \geq z) = 0.025$
2) Z가 $-z$ 와 z 사이에 있을 확률이 0.90 이다.
3) Z가 $-z$ 와 2 사이에 있을 확률이 0.94 이다.
4) Z가 z 보다 작거나 1.1 보다 클 확률이 0.90이다.

[8] 확률변수 X가 평균이 20, 표준편차가 4인 정규분포를 따를 때 다음의 각 확률을 구하시오.

1) $P(X < 24)$
2) $P(X \geq 27.5)$
3) $P(15 \leq X \leq 22.5)$
4) $P(12 \leq X \leq 15)$

[9] 확률변수 X가 평균이 70이고 표준편차가 5인 정규분포를 따른다고 할 때, 다음 식을 만족하는 k 값을 구하시오.

1) $P(X < k) = 0.95$
2) $P(X > k) = 0.05$
3) $P(-k < X < k) = 0.75$
4) $P(X < k) = 0.409$

[10] 어떤 직장인이 집에서 회사까지 택시를 이용하고 있다. 택시요금은 교통량이나 출퇴근 시간대에 따라 다르지만 평균 7,500원, 표준편차가 1,700원인 정규분포를 따른다는 것을 알았다. 어느 날 택시를 타고 출근을 할 때 요금이 6,500원 이하가 나올 확률을 구하시오.

[11] B상표 전구의 수명은 평균 850시간, 표준편차가 80시간인 정규분포를 하는 것으로 알려져 있다. 하나의 전구를 무작위로 선택하였을 때 다음을 구하시오.

1) 전구의 수명이 900시간 이하일 확률은?
2) 전구의 수명이 800시간 이상일 확률은?
3) 전구의 수명이 850시간 이상 950시간 이하일 확률은?
4) 전구의 수명이 x 시간 이상일 확률이 0.98일 때 x 값은?

[12] 어떤 대학 남학생들의 키는 평균이 175cm, 표준편차가 10cm인 정규분포를 따른다. 이 대학 남학생 300명을 무작위로 추출하여 키를 측정할 때 다음 물음에 답하시오.

1) 키가 170cm에서 177cm 사이에 있는 학생은 몇 명인가?
2) 키가 190cm 이상인 학생은 몇 명인가?

[13] 일반통계학의 수강생 200명의 기말고사 성적이 평균 70점, 표준편차가 15점인 정규분포를 따른다고 한다. 상위 20등 이내에 들어야만 A학점을 받는다고 했을 때, A학점을 받기 위해서는 기말고사에서 몇 점 이상 받아야 하는가?

[14] (문제 [5]와 비교하여 보시오) 어떤 대학 교수가 집에서 학교까지 걸리는 시간이 평균 24분, 표준편차가 3분인 정규분포를 따른다고 한다. 어느 날 수업이 9시에 있다고 했을 때,

1) 집에서 8시 37분에 출발하였다면 수업시간에 늦지 않게 도착할 확률은?
2) 수업시간에 늦지 않게 도착할 가능성을 적어도 95%이상 되게 하려면 늦어도 몇 시에 집에서 출발해야 하는가?

[15] 이항확률변수 X가 $n = 100$, $p = 0.2$ 일 때 다음의 확률을 연속성 수정 없이 정규분포로 근사시켜 구하시오.

1) $P(X \geqq 18)$
2) $P(X < 25)$
3) $P(15 < X \leqq 30)$
4) $P(17 \leqq X < 32)$

[16] 확률변수 X가 $n = 15, p = 0.6$ 인 이항분포를 따를 때 $P(7 < X < 11)$ 을 다음을 이용하여 구하시오.

1) 이항확률분포 공식을 이용
2) 이항확률분포표를 이용
3) 연속성 수정을 하지 않고 정규분포로의 근사 이용
4) 연속성 수정을 하여 정규분포로의 근사 이용

[17] 공평한 동전을 1,000번 던졌을 때 다음의 확률을 연속성 수정하여 근사적으로 구하시오.

1) 적어도 730번 이상의 앞면이 나올 확률
2) 470번 이상 510번 이하의 앞면이 나올 확률
3) 정확하게 515번의 앞면이 나올 확률
4) 많아야 520번의 앞면이 나올 확률
5) 495번 미만의 앞면이 나올 확률

[18] 윷놀이에서 걸이 나올 가능성이 30%라고 하자. 500번을 던졌을 때 걸이 나온 횟수가 170번 미만이 될 확률을 연속성 수정을 이용하여 근사적으로 구하시오.

[19] 어느 대학 이과대학 학생 중 60%가 통계학 수업을 들었다고 하자. 임의로 이 학교 이과대학 학생 300명을 선택하였을 때 다음의 확률을 근사적으로 구하시오.(연속성 수정 이용)

1) 이 중 통계학을 수강한 학생이 150명 이상 175명 이하일 확률
2) 정확하게 180명이 통계학을 수강했을 확률

[20] 한 축구선수가 패널티 킥에서 실패할 확률이 10%이다. 이 선수가 80번의 패널티 킥을 시도하였을 때 다음의 확률을 연속성 수정을 이용하여 근사적으로 구하시오.

1) 10번 미만 실패할 확률
2) 정확하게 5번 실패할 확률
3) 기껏해야 7번 실패할 확률

제8장 표본분포이론

추론통계의 주관심사는 모집단으로부터 추출된 표본의 정보를 이용하여 미지의 모집단 특성인 모수(parameter)를 추정하는 것이다. 표본이 모집단의 연구에 사용된다면 표본이 모집단을 잘 대표할 수 있도록 표본을 추출하여야 한다.

8.1 임의표본과 오류의 종류

아주 큰 모집단에 대한 연구를 수행하려고 할 때 표본을 이용하는 것이 바람직하다. 모집단 전체를 조사하는 것을 전수조사(complete enumeration 또는 census)라 하는데 시간이나 경제적인 이유로 모집단 전체를 조사하는 것이 불가능할 수도 있다. 태평양 전체 어족에 대한 조사와 같은 전수조사는 불가능하다.

모집단으로부터 표본을 얻는 방법을 표본추출(sampling)이라 한다. 표본값 또는 통계량을 이용하여 모집단 모수를 추정할 때 표본오차와 비표본 오차의 두 종류의 오류가 발생할 수 있다. 표본오차(sampling error)는 모집단으로부터 표본을 추출할 때 생기는 자연발생적인 변동을 나타낸다. 즉 같은 크기의 두 개의 표본을 주의해서 추출한다고 해도 동일한 표본을 얻지 못할 것이다. 표본오차는 추론통계의 개념을 이해하는데 중요한 개념이다.

표본을 추출할 때 발생하는 오류 중에서 표본오차가 아닌 것을 비표본 오차

(nonsampling error)라고 한다. 표본편의(sampling bias)는 비표본 오차의 한 종류이다. 표본편의는 모수 값을 크게 또는 작게 추정하는 것과 같이 표본추출방법에서 기인하는 오차를 의미한다. 자료의 정확도나 처리과정에서 나타나는 오차도 비표본 오차에 속한다. 표본편의는 확률화(randomization)에 의해 최소화하거나 없앨 수 있다. 확률화란 모집단으로부터 편향되지 않는 표본을 추출하는 절차를 의미하며, 확률화 절차에 의해 추출된 표본을 확률표본(random sample)이라 한다.

표본추출은 표본이 추출될 가능성이 동등 한가 그렇지 않은가에 따라 확률추출과 비확률 추출로 나누어진다. 또한, 추출된 표본을 되돌려 넣고 추출하는가 그렇지 않은가에 따라 복원추출과 비복원추출로 구분된다.

8.1.1 확률추출법과 비확률 추출법

모집단으로부터 표본을 얻는 방법에는 확률추출(probability sampling)과 비확률 추출(nonprobability sampling)이 있다.

모집단의 개체가 표본으로 추출될 가능성이 모두 동등하고 확실하게 전제된 조건하에서 객관적으로 표본을 추출하는 방법을 확률추출 또는 임의추출(random sampling)이라고 한다. 이 때, 임의추출에 의하여 추출된 표본을 임의표본(random sample) 또는 확률표본(probability sample)이라 한다.

또한, 모집단으로부터 표본을 추출할 때 주관적으로 모집단을 대표한다고 생각되는 표본을 추출하는 것을 비확률 추출이라 하며, 비확률 추출은 모집단의 각 개체가 추출될 확률을 알 수 없으므로 표본으로부터 모집단에 대한 어떠한 결론을 내릴 때의 정확성이나 신뢰수준을 측정할 수 없게 된다.

〔확률추출법의 종류〕

확률추출법에는 단순임의추출법, 층화임의추출법, 계통임의추출법, 집락추출법 등이 있다.

① **단순임의추출법** - 크기가 N인 모집단으로부터 크기 n 인 표본을 추출하는 방법의 수는 $\binom{N}{n}$ 가지이다. 이들 $\binom{N}{n}$ 개의 표본이 추출되는 확률이 동등하도록 추출하는 방법을 단순임의추출법(simple random sampling)이라 한다.

② **층화임의추출법** - 모집단을 비슷한 성질을 갖는 것끼리 중복되지 않는 층(stratum)으로 분류하고, 각 층으로부터 임의로 표본을 추출하는 방법을 층화임의추출법(stratified random sampling)이라 한다. 이러한 층화추출법은 추정의 정도를 높일 수 있으며, 층별 추정을 할 수 있다는 장점을 가지고 있다. 또한, 각 층으로부터 표본을 어떻게 추출하는가에 따라서 추출법이 별도로 정의된다. 층내의 관측치들의 변동은 층간의 변동보다 작아야 한다.

③ **계통임의추출법** - 크기가 N인 모집단으로부터 크기 n인 표본을 추출한다고 하자. 이 때, N을 n으로 나눈 몫을 k, 나머지를 r이라 하면 $N = kn + r$ 이다. 먼저 1, 2, 3, ⋯ , k 중에서 임의로 1개의 숫자를 뽑아서 그것을 $i\,(1 \le i \le k)$ 라 하자. 이 i 를 임의출발점(random starting point)이라 하고, 다음과 같이 i 에 순차적으로 k 를 더한 수

$$i\ ,\ i+k\ ,\ i+2k\ ,\ \cdots\ ,\ i+jk\ ,\ \cdots ,i+(n-1)k$$

에 해당하는 모집단의 단위를 표본으로 추출하는 방법을 계통임의추출법(systematic random sampling)이라 한다. 다시 말해서 이 추출법은 임의출발점을 정하고, 이로부터 k 번째마다 표본을 뽑는 방법으로, 이 때 k 를 추출간격(sampling interval)이라 한다. 계통추출법은 대규모 조사에서 주로 사용되는 추출법이며, 단순임의추출보다 추출 작업이 쉽고 경우에 따라서는 표본의 정도가 높기 때문에 실제 조사에서 널리 사용되는 추출법이다.

④ **집락추출법** - 단순임의추출법, 층화임의추출법, 계통임의추출법은 조사단위 자체를 추출단위로 하는 추출법이지만, 집락추출법(cluster sampling)은 조사단위 또는 집계단위를 모은 집락(cluster)을 추출단위로 하는 추출법이다. 집락추출에서 집락은 가능한 한 전체모집단을 대표할 수 있도록 한다.

⑤ **확률비례추출법** - 확률비례추출법(probability proportionate sampling)은 집락을 추출단위로 하는 집락추출에 있어서 집락의 크기가 매우 다른 경우에 집락의 크기에 비례하는 확률(probability proportional to size)로서 집락을 추출단위로 추출하여 집락에 포함된 조사단위 전체로 표본으로 설정하는 방법이다. 이 방법은 추출된 집락의 조사단위를 모두 조사하는 것이다. 따라서 모집단이 클 때 추출단위의 리스트를 작성하기가 어려운 경우 집락을 추출단위로 하면 추출작업이 편리하고, 조사비용 면에서도 집락추출이 단순임의추출보다 비용이 크게 절약된다는 장점이 있다.

〔비확률 추출법의 종류〕

비확률 추출법에는 무계획적 추출법, 판단추출법, 지원자 추출법, 제한적 추출법, 눈덩이 추출법, 할당추출법, 우연적 추출법 등이 있다.

① **무계획적 추출법** - 대부분의 생물학적 연구에서 동물들을 기르는 커다란 우리나 물고기를 기르는 저수지에서 조사를 위해 견본을 선택하고자 할 때, 무계획적 추출법(haphazard sampling)이 이용된다. 이 추출법은 생물학적인 조사를 위해 우리 안으로 직접 손을 넣어 견본을 잡거나, 그물망을 이용하여 임의로 견본이 될 동물들을 잡는 것이다. 이 방법을 이용하면 민첩하지 않거나 허약한 동물들이 먼저 견본으로 포획되는 단점이 있다. 이런 상황에 의해 발생되는 편향은 자료의 최종분석에 문제가 된다.

② **판단추출법** - 전문가나 전문가들로 구성된 그룹이 모집단을 대표할 수 있다고 판단되는 단위들을 표본으로 추출하는 방법을 판단추출법(judgement sampling) 또는 의도적 추출법(purposive sampling)이라 한다. 예를 들어, 어떤 조사기관에서는 대통령 선거결과를 예측하기 위해 지금까지의 대통령 선거에서 의례적으로 P시에서 압도적인 득표를 얻은 후보자가 선거에서 당선된 적이 많았다는 것을 알고 P시에 거주하는 유권자들의 정치적 성향이 전국의 유권자들의 정치적 성향을 대표할 수 있을 것이라고 판단하여 P시에 거주하는 유권자들의 정치적 성향을 조사하기로 했다면 이는 판단추출법이 된다. 이 방법은 전문가들의 의견이 서로 일치하지 않을 경우, 조사에서 상당한 편향이 발생하게 된다.

③ **지원자 추출법** - 일반적으로 응답자들이 사람들로 구성된 무계획적 추출법의 특별한 경우로 특정한 모집단에서 자료를 얻기 위해 이용되는 지원자추출법(volunteer sampling)이 있다. 예를 들어, 많은 의학적 연구에서 연구자들은 윤리적인 의료규칙을 준수해야 하기 때문에, 자발적으로 지원하는 표본에 의해 연구가 실시된다.

④ **제한적 추출법** - 추출 대상이 제한적이어서 자료를 얻는 것이 다른 방법들보다 쉬운 방법을 제한적 추출법(restrictive sampling)이라 한다. 예를 들어, 일반 대중들을 대상으로 하는 TV 카메라 인터뷰는 제한적 표본이 된다. 이 경

우에 카메라맨은 카메라를 특정위치에 설치하고 인터뷰를 실시하거나 지나가는 보행인을 필름에 담게 된다. 이런 방법은 심각한 편향을 갖는 표본이 추출될 수 있다는 단점이 있으므로 주의해야 한다.

⑤ **눈덩이 추출법** - 표본을 선정하기 위한 추출틀(frame)이 없거나 불완전한 추출틀을 갖고 있는 경우에 처음에는 소수의 조사대상자를 찾아내어 조사를 실시한 후, 이들을 이용하여 이들이 알고 있는 다른 조사대상자를 소개받아 명부에 포함시켜 조사하고, 또 다른 조사대상자를 찾기 위해 이들을 이용하여 필요한 표본 크기가 채워질 때까지 이러한 방법을 계속해서 수행해 가는 방법을 마치 작은 눈덩이를 굴려서 점점 큰 눈덩이를 만들어 가는 것 같다고 하여 눈덩이 추출법(snowball sampling)이라 한다.
눈덩이 추출법은 특정지역에 거주하는 특수한 종교집단이나 맹인집단, 마약복용자 등을 연구할 경우에 주로 이용된다. 이 방법을 이용할 경우 조사 집단의 구성원들이 다른 구성원들의 이름을 밝힘으로서 자신에게 불이익이 초래되게 된다면 조사의 효율성이 떨어지게 된다. 예를 들어, 마약 복용자와 같은 경우는 만약 그가 다른 사람의 이름을 밝혀 경찰에 노출되거나, 자신에게 가해지는 보복 때문에 다른 복용자의 이름을 밝히려 하지 않을 것이다. 따라서 조사사는 소사의 수행단계에서 세심한 주의를 기울여야 한다.

⑥ **할당추출법** - 모집단의 구조와 같은 구조가 되도록 미리 표본을 할당해 놓은 상태에서 표본을 추출하는 방법을 할당추출법(quota sampling)이라고 한다. 예를 들어, 어떤 학교의 재학생 중에 60%가 남학생이고, 40%가 여학생이라고 가정하자. 이 경우에 단순임의표본은 거의 정확하게 60%의 남학생을 포함하지 못할 것이다. 그러나 할당추출법을 이용하면 얻을 수 있다. 표본에 정확하게 60%의 남학생이 포함될 때까지 표본을 얻게 된다면 이 표본은 할당표본(quota sample)이 된다. 이러한 할당추출법은 접근하기 쉬운 조사 대상자들을 골라 표본으로 선정한다면 표본의 대표성에 문제가 발생하게 된다.

⑦ **우연적 추출법** - 우연적 표본(accidental sample)은 사람들을 조사자의 임의대로 활용할 수 있는 비확률 표본 중 하나로, 조사자가 조사비용을 줄이고 조사 대상자를 쉽게 선정하려고 할 때 이용되며, 이와 같은 방법을 우연적 추출법(accidental sampling) 또는 편의추출법(convenience sampling)이라고 한다. 예를 들어, 어떤 조사기관에서 젊은 남녀들의 소비성향에 대한 조사를 실시하

려고 한다고 하자. 조사자는 조사비용을 줄이고, 조사대상자를 손쉽게 구하기 위해서 자신이 졸업한 대학의 학과교수에게 부탁하여 그 교수의 강의를 수강하는 학생들을 대상으로 추출하여 성향조사를 실시하기로 했다. 이런 경우 추출은 편향된 추출이 된다. 편향된 추출의 한 형태로 쇼핑센터 앞을 지나가는 쇼핑객을 대상으로 면접조사를 실시하는 보행자 조사(sidewalk survey)가 있다.

8.1.2 복원추출법과 비복원추출법

모집단에서 표본으로 추출된 것을 되돌려 넣고 추출하는 방법을 복원추출법(sampling with replacement: SWR)이라 하며, 복원추출법은 같은 표본이 중복해서 나올 수 있다. 또한, 추출된 것을 되돌려 넣지 않고 추출하는 방법을 비복원추출법(sampling without replacement: SWOR)이라 하며, 비복원추출법은 한번 추출된 것은 다시 중복되어 추출되지 않는다.

예를 들어 {1, 2, 3}으로 구성된 모집단으로부터 2개의 표본을 임의로 추출하는 문제를 생각해 보기로 하자. 비복원으로 표본을 추출할 경우와 복원으로 추출할 경우 가능한 표본의 종류와 그 표본이 실제표본으로 추출될 확률은 다음과 같다.

비복원추출법

가능한 표본	확률
{1,2}	1/3
{1,3}	1/3
{2,3}	1/3

복원추출법

가능한 표본	확률
{1,1}	1/9
{1,2}	1/9
{1,3}	1/9
{2,1}	1/9
{2,2}	1/9
{2,3}	1/9
{3,1}	1/9
{3,2}	1/9
{3,3}	1/9

비복원추출의 경우 1이 실제 표본으로 추출되는 경우는 {1,2}와 {1,3}임으로 그 확률은 2/3이며, 2나 3이 실제 표본으로 추출될 확률도 마찬가지로 2/3가 된다. 복원추출의 경우 1이 실제 표본으로 두 번 추출되는 경우는 {1,1} 이므로 그 확률은 1/9이며, 2나 3이 실제 표본으로 두 번 추출될 확률도 마찬가지로 1/9가 된다. 또한, 1이 실제 표본으로 한 번 추출되는 경우는 {1,2}, {1,3}, {2,1}, {3,1} 이므로 그 확률은 4/9이며, 2나 3이 실제 표본으로 한 번 추출될 확률도 마찬가지로 4/9가 된다.

이와 같이 비복원추출이나 복원추출은 모두 모집단의 모든 원소가 표본으로 추출될 확률이 동일한 확률추출법이다.

8.1.3 난수표에 의한 임의표본

임의표본을 추출하는 방법으로는 주머니 속에 숫자가 적힌 카드를 넣고 잘 섞어서 추출하는 방법이나 돌아가는 화살판과 같은 숫자판에 화살을 쏘아서 얻는 방법 등이 있을 수 있다. 표본을 추출하는 방법에는 이와 같이 여러 가지가 있을 수 있으나 모집단의 크기가 큰 경우에 있어서는 이러한 방법을 사용하는 것이 불편하기도 하지만 불가능한 경우도 생기게 된다. 따라서 임의표본을 추출하는 데에는 난수표를 주로 사용하게 되며, 요즈음에는 컴퓨터에서 직접 난수를 발생하여 사용하기도 한다.

0, 1, 2, 3, 4, 5, 6, 7, 8, 9의 10개의 숫자카드를 넣은 주머니로부터 하나의 숫자를 복원추출을 하여 기록하고 그 과정을 되풀이하여 배열한 숫자를 난수표(random numbers table)라 한다. 이 때, 각 숫자가 추출될 확률은 0.1로 같다. 이러한 난수표는 여러 가지 종류가 있으며 누구나 만들 수 있는 것으로 이러한 난수표의 일부가 <표 8.1>에 제시되어 있다.

예를 들어 200명의 학생들로부터 5명을 임의로 추출하여 학생들의 평균 체중을 추정하고자 한다. 이 때 크기가 200인 모집단에서 크기가 5인 표본을 단순임의 추출하는 과정을 난수표를 사용하여 실행해 보기로 하자. 먼저 200명 학생 각각에 001로부터 200까지 일련번호를 부여하여 명단을 만든다. 그리고 난수표를 사용하여 5명을 추출하기 위하여 난수표로부터 임의로 선정된 난수표의 일부를 열거해 보면 다음과 같다.

<표 8.1> 난수표의 예(일부)

10480	15011	01536	02011	81647
22368	46573	25595	85393	30995
24130	48360	22527	97265	76393
42167	93093	06243	61680	07856
37570	39975	81837	16656	06121
77921	06907	11008	42751	27756
99562	72905	56420	69994	98872
96301	91977	05463	07972	18876
89579	14342	63661	10281	17453
85475	36857	53342	53988	53060

학생 200명은 최대 번호가 200인 3자리 수가 부여됨으로 위의 난수표에서 처음 세 개의 열로부터 차례로 다음 수를 얻어 낼 수 있다.

104	223	241	421	375
779	995	963	895	854

그리고 처음 3열을 제외한 다음 세 개의 열(4, 5, 6열)로부터는 다음 수를 얻을 수 있다.

801	684	304	679	703
210	627	019	791	753

또한, 다음 세 개의 열(7, 8, 9열)로부터는

501	657	836	309	997
690	290	197	434	685

을 얻는다. 동일하게 다음 세 개씩의 열로부터

501	325	022	306	581
711	556	705	263	753
536	595	527	243	837
008	420	463	661	342
020	853	972	616	166
427	699	079	102	539

등등을 얻을 수 있다. 이상의 나열된 3자리 숫자 중에서 처음부터 차례로 200이내의 숫자를 찾아 기록하면 다음과 같다.

104 019 197 022 008
020 166 079 102

이 중에서 처음 5개의 숫자

104 19 197 22 8

에 해당하는 일련번호의 학생을 추출하여 표본을 구성하면 200명의 모집단으로부터 크기가 5인 표본을 난수표를 사용해서 단순임의추출하는 것이 된다. 이 때 추출에서 복원추출과 비복원추출이 다르다는 것을 이해할 필요가 있다.

많은 학생을 표본으로 추출해야 하는 경우 즉 표본의 크기가 큰 경우에는 제한된 난수표를 절약해서 이용해야 하므로 다음과 같이 하는 방법을 생각할 수 있다. 난수표로부터 얻어진 일련 번호 중 200을 초과하는 수가 있으면 그 수에서 200을 빼고, 만약 400을 초과하는 수가 있다면 400을 빼는 식으로 하여 표본을 선정한다. 예를 들어 처음 세 개의 열에서 얻어낸 숫자

104 223 241 21 375

로부터 200에 배수를 뺀

104 23 41 21 175

에 해당하는 일련번호의 학생을 표본으로 선정하면 난수표를 절약하면서 표본을 추출할 수 있다.

예제 1 <표 8.1>의 난수표를 이용하여 크기가 800인 모집단으로부터 크기가 10인 표본을 추출하여라.

풀이 104 223 241 421 375 779 895 854 801 684

8.1.4 표본오차

측정값(measurement)은 오차를 내포한다. 만일 표본평균이 모평균 μ 를 추정하기 위해 사용된다면 측정값인 표본평균은 오차를 내포한다. 예를 들면, 모평균 $\mu = 15$ 인

모집단으로부터 표본크기 $n=25$ 인 표본을 추출하여 표본평균을 구하니 $\bar{x}=12$ 이었다. 이 경우 $\bar{x}-\mu=-3$ 을 표본오차(sampling error)라고 한다. 표본평균은 모평균 μ 와 표본오차의 합으로 생각할 수 있다. 즉 e 을 표본오차라고 하면 $\bar{x}=\mu+e$ 가 된다.

예제 2 {2, 4, 6} 세 개의 값으로 구성되어 있는 모집단에서 크기 2인 임의표본을 복원추출 한다고 하자. 모든 가능한 크기 2인 순서표본(ordered sample)은 3 × 3 = 9가지가 된다. 여기서 순서표본이란 {2,4}와 {4,2}를 다른 표본으로 생각한다. 모평균은 $\mu=4$ 이다.

순서표본	표본평균	표본오차
{2,2}	2	2-4 = -2
{2,4}	3	3-4 = -1
{2,6}	4	4-4 = 0
{4,2}	3	3-4 = -1
{4,4}	4	4-4 = 0
{4,6}	5	5-4 = 1
{6,2}	4	4-4 = 0
{6,4}	5	5-4 = 1
{6,6}	6	6-4 = 2

다음은 표본평균에 대한 도수그래프이다.

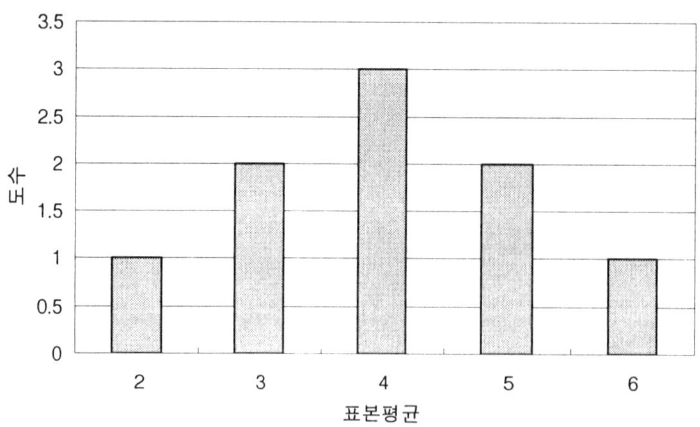

1) 모든 표본평균의 평균은 모집단 평균과 같다. 즉 $\mu_{\bar{x}}$ 를 모든 표본평균의 평균이라고 하면

$$\mu_{\bar{x}} = \frac{3+4+3+4+5+5+2+4+6}{6} = \frac{36}{9} = 4$$

가 된다. 모평균은 $\mu = 4$ 이다.

2) 표본오차의 합은 0 이다. 즉

$$e_1 + e_2 + e_3 + \cdots + e_9$$

$$= (-2) + (-1) + 0 + (-1) + 0 + 1 + 0 + 1 + 2 = 0$$

따라서 만일 표본평균이 모평균을 추정하기 위해 사용되었다면 모든 표본오차의 평균은 0 이다.

표본평균과 같은 통계량이 모수를 추정하기 위해 사용되고 그 표본오차의 평균이 0 이면 그 통계량을 불편통계량(unbiased estimator)이라 한다. 표본오차의 평균이 0 인 통계량을 영편향(zero biased)라 한다. 따라서 표본평균은 모평균의 영편향이고 불편추정량이다. 추정의 목적으로 표본으로부터 계산된 추정량의 값을 추정치(estimate)라 한다. 표본평균은 그 값이 표본에 따라 변하므로 확률변수가 된다. 모든 추정량은 확률변수이다.

8.2 표본분포

임의표본은 어떤 것이 추출될지 예측하기 어렵다. 즉, 동일한 모집단으로부터 같은 크기의 두 개의 표본을 추출할 때 비슷하거나 같은 표본평균을 갖는다고 예상할 수 없다. 확률표본으로부터 계산되는 표본평균과 같은 임의의 통계량은 표본에 따라 그 값이 변한다. 따라서 모든 가능한 통계량 값에 대한 분포의 연구가 필요하다. 이러한 분포에 대한 정보는 표본을 이용하여 모집단을 추론하는 추론통계에서 아주 중요하다. 이러한 분포를 연구함으로써 미지의 모집단 모수를 추정하는데 사용되는 표본통계량의 신뢰도를 판단할 수 있다.

표본평균과 같은 통계량의 값은 표본에 따라 값이 변하므로 통계량은 확률변수(random variable)가 되며, 표본통계량의 분포를 표본분포(sampling distributions)라 한다. 편의상 모집단을 X, 평균의 표본분포를 $\overline{X}$ 로 표시한다. 일반적으로 통계량의 표본분포는 동일한 크기의 표본으로부터 계산된 모든 가능한 통계량 값의 분포를 나타낸다.

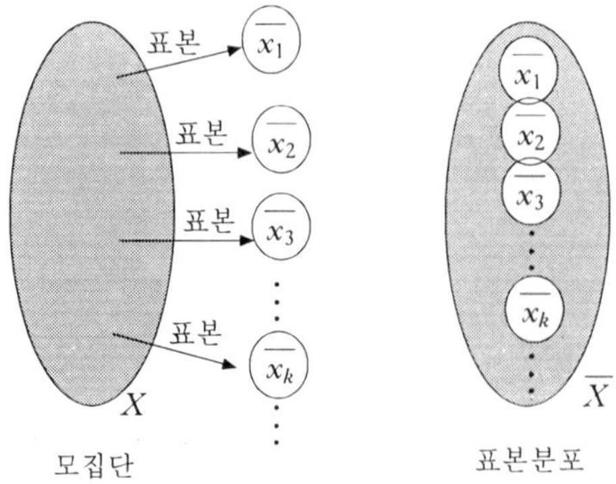

표본평균의 분포는 모집단 분포가 유한모집단 또는 무한모집단이냐에 따라 그 분포가 달라지며, 모집단이 정규모집단이냐 아니냐에 따라서도 그 분포가 다르게 나타난다. 또한, 모집단으로부터 표본을 복원 또는 비복원으로 추출하느냐에 따라 표본평균의 분포에 대한 분산의 형태가 달라진다.

〔표본평균의 분포〕

예제 3 표본평균의 표본분포를 설명하기 위하여 {0, 2, 4, 6}으로 구성된 모집단으로부터 2개의 표본을 임의로 추출하는 문제를 생각해 보기로 하자. 모집단에 대한 정보를 얻기 위하여 모집단의 도수분포를 표로 나타내면 다음과 같다.

<표 8.2> 모집단의 도수분포표

x	도수
0	1
2	1
4	1
6	1
합계	4

위의 <표 8.2>로부터 모평균과 모분산을 각각 구해 보면 다음과 같다.

$$\mu = \frac{0+2+4+6}{4} = 3$$

$$\sigma^2 = \frac{\sum (x-\mu)^2}{N}$$

$$= \frac{(0-3)^2 + (2-3)^2 + (4-3)^2 + (6-3)^2}{4}$$

$$= 5$$

따라서 모표준편차는 $\sigma = \sqrt{\sigma^2} = \sqrt{5}$ 이다.

모집단 {0, 2, 4, 6}에서 크기가 2인 임의표본을 복원추출할 경우에 가능한 표본과 그 평균을 구해 보면 다음과 같다.

가능한 표본	표본평균	가능한 표본	표본평균
{0,0}	0	{4,0}	2
{0,2}	1	{4,2}	3
{0,4}	2	{4.4}	4
{0,6}	3	{4,6}	5
{2,0}	1	{6,0}	3
{2,4}	3	{6,2}	4
{2,6}	4	{6,4}	5
{2,8}	5	{6,6}	6

위의 표를 이용하여 표본평균의 도수분포를 나타내면 다음과 같다.

$\bar{x}$	도수
0	1
1	2
2	3
3	4
4	3
5	2
6	1
합계	16

표본평균의 표본분포에 대한 평균은

$$\mu_{\bar{x}} = \frac{\sum (f\,\bar{x})}{\sum f}$$

$$= \frac{(0)(1) + (1)(2) + (2)(3) + (3)(4) + (4)(3) + (5)(2) + (6)(1)}{16} = \frac{48}{3} = 3$$

표본평균의 분산을 다음 표를 이용하여 계산한다.

$\bar{x}$	f	$\bar{x}-\mu_{\bar{x}}$	$(\bar{x}-\mu_{\bar{x}})^2$	$(\bar{x}-\mu_{\bar{x}})^2 f$
0	1	0-3 = -3	9	9
1	2	1-3 = -2	4	8
2	3	2-3 = -1	1	3
3	4	3-3 = 0	0	0
4	3	4-3 = 1	1	3
5	2	5-3 = 2	4	8
6	1	6-3 = 3	9	9
합계	16	0		40

표본평균의 분산은

$$\sigma_{\bar{x}}^2 = \frac{\sigma^2}{n} = \frac{40}{16} = 2.5$$

이고 표준편차는 $\sigma_{\bar{x}} = \sqrt{\sigma_{\bar{x}}^2} \approx 1.58$ 이다.

다른 확률변수와 마찬가지로 표본평균의 분포도 평균(기대값), 분산, 표준편차를 계산할 수 있다. 표본평균 $\bar{x}$ 는 모평균 μ 와 그 값이 같지는 않지만 평균적으로 같음을 알 수 있다. 그러므로 모평균이 μ 인 모집단으로부터 임의표본을 복원 또는 비복원으로 추출했을 때, 모평균 μ 와 표본평균 $\bar{x}$ 사이에는 다음과 같은 관계가 성립된다.

$$\mu_{\bar{x}} = E(\bar{x}) = \mu$$

예제 4 <예제 3>의 표본평균에 대한 표본분포의 예에서 다음을 구하시오.

1) 각 표본평균에 대한 표본오차
2) 표본오차의 평균
3) 표본오차의 표준편차

풀이 1) 표본, 표본평균, 표본오차는 다음과 같다.

가능한 표본	표본평균	표본오차	가능한 표본	표본평균	표본오차
{0,0}	0	0-3 = -3	{4,0}	2	2-3 = -1
{0,2}	1	1-3 = -2	{4,2}	3	3-3 = 0
{0,4}	2	2-3 = -1	{4.4}	4	4-3 = 1
{0,6}	3	3-3 = 0	{4,6}	5	5-3 = 2
{2,0}	1	1-3 = -2	{6,0}	3	3-3 = 0
{2,2}	2	2-3 = -1	{6,2}	4	4-3 = 1
{2,4}	3	3-3 = 0	{6,4}	5	5-3 = 2
{2,6}	4	4-3 = 1	{6,6}	6	6-3 = 3

2) 표본오차의 평균

$$\mu_e = \frac{(-3)+(-2)+(-1)+\cdots+2+3}{16} = 0$$

3) 표본오차의 분산을 다음 표를 이용하여 계산한다.

e	f	$e-\mu_e$	$(e-\mu_e)^2 f$
-3	1	-3-0 = -3	9
-2	2	-2-0 = -2	8
-1	3	-1-0 = -1	3
0	4	0-0 = 0	0
1	3	1-0 = 1	3
2	2	2-0 = 2	8
3	1	3-0 = 3	9
합계	16		40

표본오차 분포의 분산은

$$\sigma_e{}^2 = \frac{\sum (e-\mu_e)^2 f}{N} = \frac{40}{16} = 2.5$$

이고 표준편차는 $\sigma_e = \sqrt{2.5} \approx 1.58$ 이다.

앞의 예제에서 표본평균의 표준편차와 표본오차의 표본편차가 1.58로 서로 같다. 이러한 이유로 표본평균의 표준편차라는 용어 대신에 표본오차의 표준편차라고 말한다. 통계량의 표본분포의 표준편차를 통계량의 표준오차(standard error)라 한다.

〔표본범위의 분포〕

예제 5 {0, 2, 4, 6, 8}로 구성된 모집단으로부터 2개의 순서표본을 임의로 복원추출하여 표본범위(R)를 구하는 문제를 생각해 보자. R의 표본분포에 대하여 다음을 구하시오.

1) R의 도수분포표와 그래프를 작성하시오.

2) R의 표본분포의 평균과 표준오차를 구하시오.

풀이 1) 가능한 표본은 $5 \times 5 = 25$ 개 이며 그 표본범위를 구해 보면 다음과 같다.

표본	표본범위	표본	표본범위
{0,0}	0	{4,6}	2
{0,2}	2	{4,8}	4
{0,4}	4	{6,0}	6
{0,6}	6	{6,2}	4
{0.8}	8	{6,4}	2
{2,0}	2	{6,6}	0
{2,2}	0	{6,8}	2
{2,4}	2	{8,0}	8
{2,6}	4	{8,2}	6
{2,8}	6	{8,4}	4
{4,0}	4	{8,6}	2
{4,2}	2	{8,8}	0
{4,4}	0		

위의 표를 이용하여 표본범위의 도수분포를 나타내면 다음과 같다.

R	f
0	5
2	8
4	6
6	4
8	2

2) 표본범위 분포의 평균은 다음과 같다.

$$\mu_R = \frac{\sum(fR)}{\sum f}$$
$$= \frac{(5)(0)+(8)(2)+(6)(4)+(4)(6)+(2)(8)}{25} = \frac{80}{25} = 3.2$$

다음으로 표본범위의 표준편차를 구해 보면 다음과 같다.

$$\sigma_R = \sqrt{\sigma_R^2} = \sqrt{\frac{\sum(R-\mu_R)^2 f}{\sum f}} = 2.4$$

통계량의 표본분포를 구할 때 표본크기가 같아야 한다. 만일 표본크기가 다르다면 표본분포에 대해 말하는 것이 의미가 없을 것이다.

모평균이 μ 이고, 모분산이 σ^2 인 크기가 N 인 유한모집단에서 크기 n 인 표본을 복원 추출할 때(또는 모집단의 크기가 아주 클 때), 모분산 σ^2 과 표본평균 $\bar{x}$ 의 분산 사이에는 다음과 같은 관계가 성립된다.

$$Var(\bar{x}) = \frac{\sigma^2}{n}$$

따라서 표본평균의 표준오차는

$$s.e.(\bar{x}) = \frac{\sigma}{\sqrt{n}}$$

이 된다.

모평균이 μ 이고, 모분산이 σ^2 인 크기가 N 인 유한모집단에서 크기 n 인 표본을 비복원 추출할 때, 모분산 σ^2 과 표본평균 $\bar{x}$ 의 분산 $Var(\bar{x})$ 사이에는 다음과 같은 관계가 성립된다.

$$Var(\bar{x}) = \sigma_{\bar{x}}^2 = (\frac{N-n}{N-1})\frac{\sigma^2}{n}$$

여기서, $\frac{N-n}{N-1}$ 을 유한모집단수정계수(correction factor for the finite population)라 한다. 유한모집단수정계수는 모집단 크기가 클 때($N \to \infty$) 1이 된다. 일반적으로 비복원 추출일 경우 모집단의 크기가 표본의 크기보다 20배 이상이면($N \geq 20n$) 이면 위의 식 대신 무한모집단인 경우의 분산 공식을 사용해도 된다.

유한모집단에서는 표본이 복원 또는 비복원 추출에 따라 표본평균 $\bar{x}$ 의 분산 형태가 달라짐을 알 수 있었다. 그러나 무한모집단에서 표본을 비복원으로 추출할 경우 $\sigma_{\bar{x}}^2 \to \sigma^2/n$ 이 되어 표본을 복원으로 추출하여 얻은 분산과 같아지게 된다. 한편, n/N을 추출률(sampling fraction)이라 하는데, 이 추출률이 충분히 작으면 유한모집단에서 표본을 비복원으로 추출할 때에도 ${\sigma_{\bar{x}}}^2 \approx \sigma^2/n$이 되므로 복원추출이나 비복원추출이나 동일한 결과를 얻게 된다.

이러한 결과들로부터 표본평균 $\bar{x}$의 평균은 모평균과 같으며, 표본의 크기 n이 클수록 $\bar{x}$의 분산은 0에 가깝게 되어 $\bar{x}$는 모평균 근처에 밀집되어 분포함을 알 수 있다.

예제 6 어느 퓨즈 제조공장에서 생산된 4,000개 전체 퓨즈제품의 절단점이 평균 5암페어, 표준편차가 1.5암페어로 알려져 있다. 150개의 퓨즈를 표본으로 추출하였을 때 표본평균의 평균과 표준편차를 구하시오.

풀이 표본평균의 평균은 모평균과 같으므로 $\mu_{\bar{x}} = \mu = 5$ 암페어이다. 표본평균의 분산은 $4000 > 20(150)$ 이므로 두 가지 공식 모두 사용할 수 있다. 먼저

1) 복원추출의 경우: $\sigma_{\bar{x}} = \dfrac{\sigma}{\sqrt{n}} = \dfrac{1.5}{\sqrt{150}} = 0.122$

2) 비복원추출인 경우: $\sigma_{\bar{x}} = \dfrac{\sigma}{\sqrt{n}}\sqrt{\dfrac{N-n}{N-1}} = \dfrac{1.5}{\sqrt{150}}\sqrt{\dfrac{4000-150}{4000-1}} = 0.120$

위의 두 가지 계산 결과를 보면 소수점 아래 두 자리까지 일치한다. $N > 20n$이 만족되면 비복원 추출인 경우의 공식을 이용하여 힘들게 계산하는 것이 의미가 없어진다.

8.3 정규모집단에서의 표본추출

앞의 8.2절에서 보는 바와 같이 모집단과 표본의 크기가 아주 작은 경우에는 가능한 모든 표본들을 나열하여 표본분포를 구하는 것이 어렵지 않지만, 모집단과 표본의 크기가 조금만 커도 이러한 방법으로 표본분포를 구한다는 것은 거의 불가능한 일이다. 따라서 이를 위해 모집단의 분포에 따라 표본평균의 분포에 대한 다음과 같은 이론들이 개발되어 있다.

많은 통계량의 표본분포는 모집단이 정규분포를 따른다는 가정을 한다. 만일 모집단 분포가 정규분포일 때 표본평균의 분포는 어떤 분포를 따르는가?

> **정규모집단으로부터의 표본추출**
> 만일 정규모집단으로부터 표본크기 n 인 임의표본이 추출된다면 표본평균의 표본분포는 정규분포를 따른다.

8.2절에서 평균이 μ 이고 분산이 σ^2 인 아주 큰 모집단(무한모집단)에서 크기 n 인 표본을 추출하면 표본평균의 평균은 $\mu_{\bar{x}} = \mu$ 이고 표본평균의 분산은 $\sigma_{\bar{x}}^2 = \dfrac{\sigma^2}{n}$ 이 됨을 배웠다. 또한 표본평균의 표준화점수(z-score)는

$$z = \frac{\bar{x} - \mu_{\bar{x}}}{\sigma_{\bar{x}}} = \frac{\bar{x} - \mu}{\sigma / \sqrt{n}}$$

은 $N(0,1)$인 표준정규분포를 따른다. 위의 내용을 정리하면 다음과 같다.

> 모집단 분포가 정규분포를 따를 때, 표본평균의 분포도 정규분포를 따른다는 사실로부터 정규모집단 $N(\mu, \sigma^2)$에서 크기 n 인 표본의 표본평균 $\bar{x}$ 는 정규분포 $N\left(\mu, \dfrac{\sigma^2}{n}\right)$을 따른다. 이 때, 표본평균 $\bar{x}$ 를 표준화시킨 표준화 확률변수 $Z = \dfrac{\bar{x} - \mu}{\sigma / \sqrt{n}}$ 는 표준정규분포 $N(0, 1)$를 따른다.

예제 7 평균이 $\mu = 25$, 분산이 $\sigma^2 = 36$인 정규모집단으로부터 크기 9인 임의표본을 추출하였다. 표본평균 $\bar{x}$ 가 28보다 클 확률은 얼마인가?

풀이 표본평균 $\bar{x}$ 는 평균 $\mu_{\bar{x}} = \mu = 25$, 표준오차 $\sigma_{\bar{x}} = \sigma / \sqrt{n} = 6 / \sqrt{9} = 2$ 인 정규분포를 따른다. $\bar{x} = 28$ 의 z 값은

$$z = \frac{\bar{x} - \mu}{\sigma / \sqrt{n}} = \frac{28 - 25}{2} = 1.5$$

따라서

$$P(\bar{X} > 28) = P(Z > 1.5) = 0.5 - 0.4332 = 0.0668$$

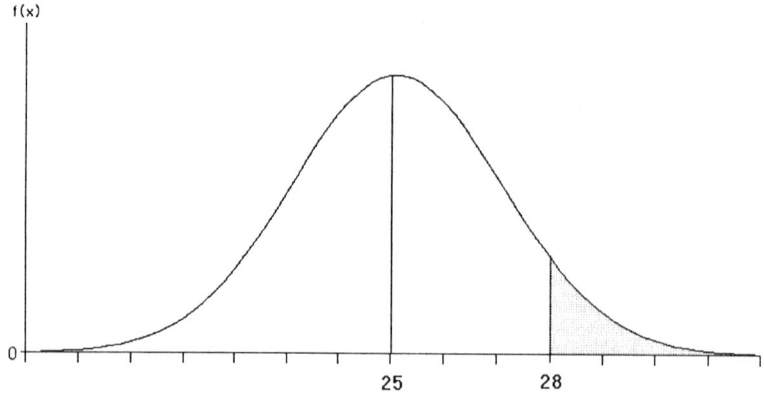

예제 8 어떤 작업을 완료하는데 걸리는 시간은 평균이 30분 표준편차가 9분인 정규분포를 따른다. 25명의 작업자를 임의로 추출했을 때 평균작업 시간이 28분에서 33분 사이일 확률을 구하시오.

풀이 작업완료 시간에 대한 모집단 정규분포의 평균이 $\mu = 30$, 표준편차가 $\sigma = 9$ 이므로 표본평균은 $\mu_{\bar{x}} = 30$ 과 표준오차가 $\sigma_{\bar{x}} = \sigma / \sqrt{n} = 9 / \sqrt{25}$ $= 1.8$ 인 정규분포를 따른다. $\bar{x} = 28$의 z 값은

$$z = \frac{\bar{x} - \mu}{\sigma / \sqrt{n}} = \frac{28 - 30}{1.8} = -1.11$$

이고, $\bar{x} = 33$의 z 값은

$$z = \frac{\bar{x} - \mu}{\sigma / \sqrt{n}} = \frac{33 - 30}{1.8} = 1.67$$

이다. 따라서

$$P(28 < \bar{X} < 33) = P(-1.11 < Z < 1.67) = 0.3665 + 0.4525 = 0.819$$

〔t-분포〕

정규모집단에서 표본을 추출하면 표본평균의 분포는 정규분포를 따른다. 그러나 모집단 표준편차 σ가 미지이면 표본평균의 표준화를 할 수 없다. 실제 응용문제에서는 모집단 표준편차를 모르고 있는 경우가 대부분이고 대신 표본표준편차 s를 미지의 모수인 σ의 추정값으로 사용한다. 따라서 표본평균의 표준화변량 $\frac{\bar{x} - \mu}{s / \sqrt{n}}$ 는 표준정규분포를 따르지 않는다. 따라서 σ를 s로 대입하여 얻게 되는

새로운 확률변수

$$t = \frac{\bar{x} - \mu}{s / \sqrt{n}}$$

가 어떤 분포를 따르는지 알아야 한다. 이 통계량을 t-통계량이라 한다.

> 1908년 아일랜드 양조회사 기사였던 W.S. Gosset(1876-1937)이 재료의 품질과 온도의 변화에 따른 맥주의 품질이 어떻게 변하는가를 실험을 통해 과학적으로 분석하고자 하였다. 그러나 실험으로부터 얻을 수 있는 자료의 수가 적었기 때문에 이 문제를 해결하기 위하여 정규분포를 따르는 모집단으로부터 추출한 표본의 크기가 작은 경우에 유용하게 사용될 수 있는 t-분포를 처음으로 고안하여 제시하였다. 그 당시 양조회사 직원들은 연구결과를 출판하는 것이 금지되었기 때문에 스튜던트(Student)라는 필명으로 발표되어 일명 스튜던트 t-분포라고도 한다.

t-분포의 식은 상당히 복잡하기 때문에 여기서는 생략하며, 대신 부록의 <표 5>에 여러 가지 t 값에 대한 확률을 계산한 확률분포표를 제시하였다.

t-통계량에 대한 표본분포는 표준정규분포와 유사하다. 두 분포 모두 종모양의 분포이며 평균이 0이고 이 평균에 대칭인 분포이다. t-분포는 표준정규분포보다 변동이 크다. z-통계량에서는 표본평균 $\bar{x}$ 만이 표본에 따라 변하는 변수이지만, t-통계량의 경우에는 $\bar{x}$ 와 s 두 개의 변수가 표본에 따라 값이 변하는 변수이다. 정확한 t-분포는 자유도(degrees of freedom(df))이라는 단일 모수에 의해 완전히 설명된다. 표본크기 n 인 표본은 자유도가 $df = n - 1$이 된다. 사실 표본분산에서 df 는 s^2 을 계산할 때 나누어주는 수이다. 즉

$$s^2 = \frac{\sum_{i=1}^{n} (x_i - \bar{x})^2}{n-1} = \frac{SS}{df}$$

t-분포의 분산은 표본크기에 따라 변하며, 항상 1 보다는 크다. $df > 2$ 일 때 t-분포의 분산은

$$\sigma_t^{\,2} = \frac{df}{df - 2}$$

이다.

t-분포는 일반적으로 다음과 같은 성질을 갖고 있다.

① 평균은 $\mu = 0$이다
② 평균에 대해 대칭이다.
③ 표준정규분포보다 변동이 더 크다.
④ 종 모양의 분포이다.
⑤ t-분포는 자유도 $df = n - 1$에 의해 분포의 모양이 결정된다.
⑥ t-분포의 분산은 자유도에 따라 변하며, $\sigma^2 = df/(df-2)$이다.
⑦ t-분포는 표본크기가 증가할수록 표준정규분포에 가까워지며, n이 30 이상이면 표준정규분포와 거의 일치한다.

t-분포는 표준정규분포보다 분산이 크므로 표준정규분포와 비슷하나 표준정규분포보다 양쪽 꼬리부분이 두텁고 가운데 부분의 높이가 낮다. <그림 8.1>은 여러 가지 자유도에 따른 t-분포의 모양이다.

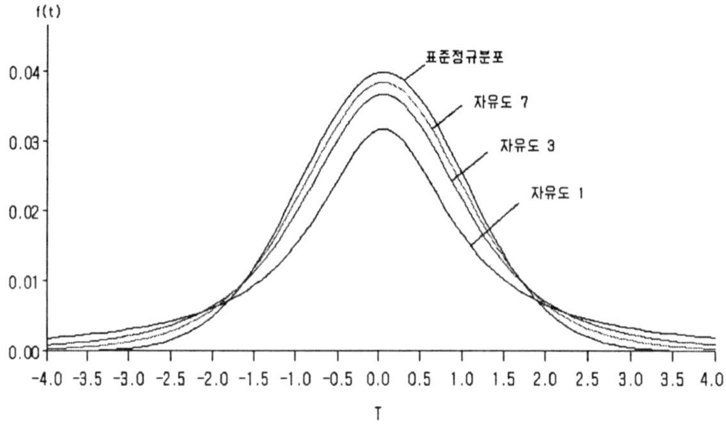

<그림 8.1> t-분포

자유도가 n인 t-분포에서 $P(t > t_0) = \alpha$를 만족하는 상수 t_0을 자유도가 n인 t-분포의 α 점이라 하며, $t_\alpha(n)$로 표기한다. 자유도 n과 α의 변화에 따른 $t_\alpha(n)$의 값은 부록의 <표 5>에 수록되어 있다. 예를 들어 $n = 15$이고 $\alpha = 0.05$일 때, $t_{0.05}(15) = 1.753$이다.

	α				
df	0.10	0.05	0.025	0.01	0.005
.	.	.	.	.	.
.	.	.	.	.	.
.	.	.	.	.	.
12	1.356	1.782	2.179	2.681	3.055
13	1.350	1.771	2.160	2.650	3.012
14	1.345	1.761	2.145	2.624	2.977
--> 15	1.341	1.753	2.131	2.602	2.947
16	1.337	1.746	2.120	2.583	2.921

예제 9 평균이 $\mu = 20$ 인 정규모집단으로부터 크기 $n = 16$인 임의표본을 추출하였다. 만일 표본표준편차가 $s = 4$ 라고 하면 $P(\overline{X} > 21.754)$ 를 구하시오.

풀이 t-통계량 값은

$$t = \frac{\overline{x} - \mu}{s/\sqrt{n}} = \frac{21.753 - 20}{4/\sqrt{16}} = 1.753$$

따라서

$$P(\overline{X} > 21.754) = P(t > 1.753)$$

자유도가 $df = n - 1 = 16 - 1 = 15$ 이므로 t-확률분포표에서 자유도를 나타내는 행에서 15를 찾고, 1.753이 위치한 열의 머리 부분을 읽으면 $\alpha = 0.05$ 가 된다. 따라서 $P(\overline{X} > 21.754) = 0.05$이다.

표준정규확률분포표와는 다르게 t-확률분포표에는 단지 여섯 개의 꼬리 면적에 대한 확률만 주어져 있다. 이것이 단점이기는 하나 후에 가설검정의 응용에서 보면 이들 값만으로도 충분할 것이다.

8.4 비정규 모집단으로부터의 표본추출

만일 모집단의 분포가 정규분포이면 표본의 크기에 관계없이 표본평균의 분포는 정규분포를 따른다. 만일 모집단의 분포가 정규분포를 따르지 않는다면 표본평균의 분포는 무엇일까?

실제 응용에서 모집단의 분포나 모수들을 모르는 경우가 많이 있다. 이 경우 표본평균의 분포가 어떤 특정한 분포를 따르는지 알 수 없다. 그러나 표본 크기가 충분히 크면 표본평균의 분포는 종 모양의 분포가 된다. 이러한 사실은 다음의 중심극한정리(central limit theorem : CLT)에 근거를 두고 있다.

중심극한정리

모평균이 μ 이고, 모분산이 σ^2 인 모집단(임의의 분포)으로부터 크기 n 인 표본의 표본평균 $\bar{x}$ 의 확률분포는 $n \to \infty$ 일 때 $N\left(\mu, \frac{\sigma^2}{n}\right)$ 에 수렴한다. 따라서 표준화 확률변수 $Z = \frac{\bar{x} - \mu}{\sigma / \sqrt{n}}$ 의 확률분포는 $n \to \infty$ 일 때 표준정규분포 $N(0, 1)$ 에 수렴한다.

예제10 중심극한정리의 예로써 {0,2,4,6,8}로 구성된 모집단으로부터 2개의 순서표본을 임의로 복원추출 한다고 하자. 가능한 표본과 그 표본평균을 구해 보면 다음과 같다.

표본	표본평균	표본	표본평균
{0,0}	0	{4,6}	5
{0,2}	1	{4,8}	6
{0,4}	2	{6,0}	3
{0,6}	3	{6,2}	4
{0.8}	4	{6,4}	5
{2,0}	1	{6,6}	6
{2,2}	2	{6,8}	7
{2,4}	3	{8,0}	4
{2,6}	4	{8,2}	5
{2,8}	5	{8,4}	6
{4,0}	2	{8,6}	7
{4,2}	3	{8,8}	8
{4,4}	4		

모집단 평균은

$$\mu = \frac{0+2+4+6+8}{5} = 4$$

이고 모집단 분산은

$$\sigma^2 = \frac{(0-4)^2+(2-4)^2+(4-4)^2+(6-4)^2+(8-4)^2}{5} = \frac{40}{5} = 8$$

이며 모집단 표준편차는

$$\sigma = \sqrt{8} = 2.83$$

이다.

다음은 모집단의 도수분포 그래프이며, 이는 종 모양이나 정규분포가 아니다.

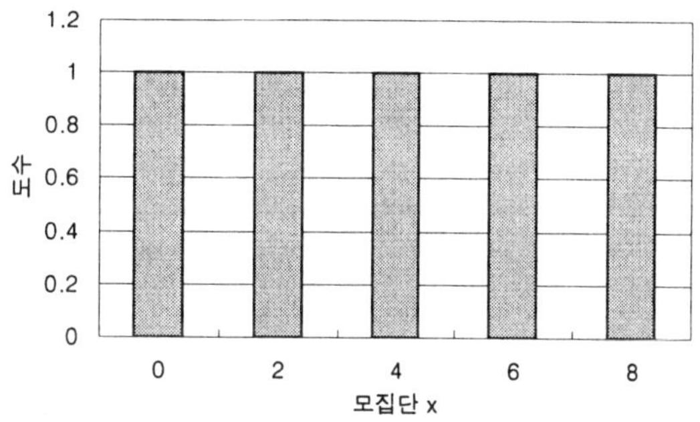

25개 표본의 표본평균에 대한 도수분포표와 이에 대한 도수분포 그래프는 다음과 같다. 표본평균에 대한 분포의 모양이 종 모양의 분포이므로 표본평균의 분포가 근사적으로 정규분포를 따른다고 볼 수 있다.

표본평균	도수	표본평균	도수
0	1	5	4
1	2	6	3
2	3	7	2
3	4	8	1
4	5		

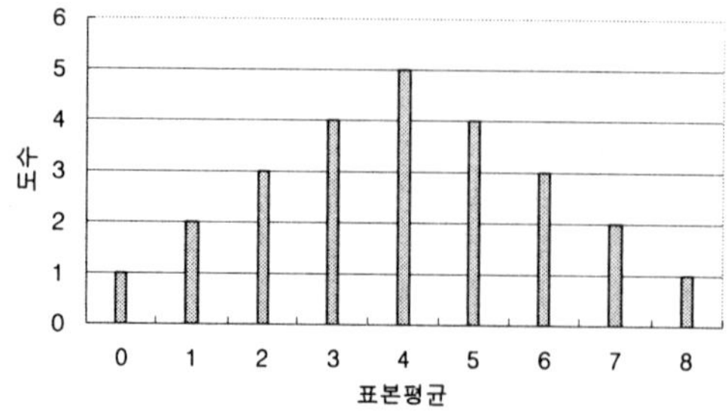

표본평균 분포에 대한 평균과 표준오차는 다음 공식에 의해 구할 수 있다.

$$\mu_{\bar{x}} = \frac{\sum(\bar{x}\,f)}{N}, \qquad \sigma_{\bar{x}} = \sqrt{\frac{\sum(\bar{x}-\mu)^2 f}{N}}$$

$\bar{x}$	f	$\bar{x}\,f$	$\bar{x}-\mu_{\bar{x}}$	$(\bar{x}-\mu_{\bar{x}})^2$	$(\bar{x}-\mu_{\bar{x}})^2 f$
0	1	0	0-4 = -4	16	16
1	2	2	1-4 = -3	9	18
2	3	6	2-4 = -2	4	12
3	4	12	3-4 = -1	1	4
4	5	20	4-4 = 0	0	0
5	4	20	5-4 = 1	1	4
6	3	18	6-4 = 2	4	12
7	2	14	7-4 = 3	9	18
8	1	8	8-4 = 4	16	16
합계	N=25	100			100

표본평균 분포의 평균은

$$\mu_{\bar{x}} = \frac{100}{25} = 4$$

이고 분산은

$$\sigma_{\bar{x}}{}^2 = \frac{100}{25} = 4$$

이다. 따라서 표로부터 계산된 표본평균의 표준오차는 $\sigma_{\bar{x}} = \sqrt{4} = 2$이다. 이는 표본평균의 표준오차 공식 $\sigma_{\bar{x}} = \sigma/\sqrt{n} = \sqrt{8}/\sqrt{2} = 2$와 일치한다.

예제11 <예제 10>에서 모집단으로부터 크기 60인 임의표본을 복원추출 하는 경우 그 표본평균이 3.5와 4.3 사이의 값을 가질 확률을 구하시오. 즉, $P(3.5 < \overline{X} < 4.3)$을 구하시오.

풀이 위의 경우 $\sigma_{\bar{x}} = \sigma/\sqrt{n} = \sqrt{8}/\sqrt{60} \approx 0.37$ 이다. $n \geq 30$ 이므로 중심극한정리에 따라 표본평균의 표본분포는 근사적으로 정규분포를 따른다. 3.5와 4.3에 대한 z -점수를 구하면

$$z = \frac{3.5 - 4}{0.37} = -1.35 \qquad z = \frac{4.3 - 4}{0.37} = 0.81$$

이 된다. 따라서

$$P(3.5 < \overline{X} < 4.3) = P(-1.35 < Z < 0.81) = 0.2910 + 0.4115 = 0.7025$$

이다.

만일 표본크기 n 이 증가하면 표본평균의 변동은 감소한다. 즉 표본평균의 표준오차 공식은 $\sigma_{\bar{x}} = \sigma/\sqrt{n}$ 이므로 n 이 증가하면 표준오차는 감소하게 된다. 정규곡선 아래의 면적은 1 이므로 표본분포의 분산이 감소하면 표본평균분포는 전체 면적을 1 로 유지하기 위하여 가늘고 키가 큰 분포를 갖게 된다. <그림 8.2>는 표본크기 n 이 증가함에 따른 표본분포의 변화를 나타낸 것이다.

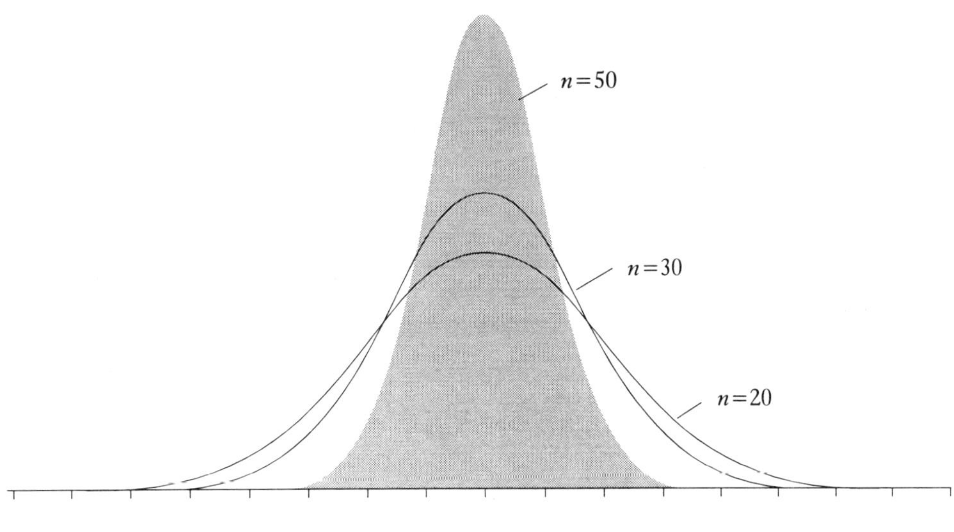

<그림 8.2>

〔중심극한정리의 응용〕

예제12 한 교통에 관한 연구에서 승용차 한 대당 탑승객의 수는 평균 1.75명이고 표준편차는 0.65명이었다. 승용차 50대를 표본으로 추출하여 조사하였을 때 평균 탑승객의 수가 2명 이상일 확률을 구하시오.

풀이 모집단 평균은 $\mu = 1.75$ 명이고 표준편차는 $\sigma = 0.65$ 명이다. 표본크기가 $n = 50$ 이므로 중심극한정리에 의해 표본평균의 분포는 근사적으로 정규분포를 따른다.

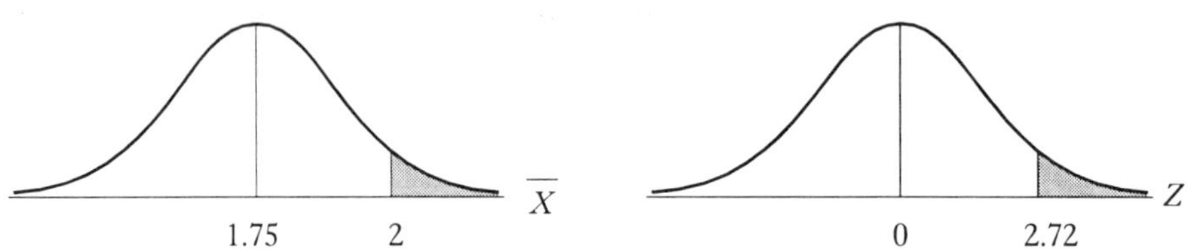

표본평균 분포의 평균과 표준오차는 각각

$$\mu_{\bar{x}} = \mu = 1.75$$

$$\sigma_{\bar{x}} = \sigma / \sqrt{n} = 0.65 / \sqrt{50} = 0.092$$

이다. 2에 대한 z 값은

$$z = \frac{2 - 1.75}{0.092} = 2.72$$

이다. 따라서

$$P(\overline{X} > 2) = P(Z > 2.72) = 0.5 - 0.4967 = 0.0033$$

가 된다.

예제13 신용평가기관의 조사에 의하면 차를 새로 구입할 때 평균 은행대출금이 4,685,540원이고 표준편차가 748,720원 이었다. 다음 한달 동안 40명의 신차 구매자들이 은행에서 대출을 한다면, 그 평균 대출액이 4,500,000원에서 4,800,000원 사이일 확률을 구하시오.

풀이 모집단 평균은 $\mu = 4{,}685{,}540$ 원이고 표준편차는 $\sigma = 748{,}720$원이다. 표본 크기가 $n = 40$ 명이므로 중심극한정리에 의해 표본평균의 분포는 근사적으로 정규분포를 따른다.

표본평균 분포의 평균과 표준오차는 각각 다음과 같다.

$$\mu_{\bar{x}} = \mu = 4,685,540\text{원}$$

$$\sigma_{\bar{x}} = \sigma / \sqrt{n} = 748,720 / \sqrt{40} = 118,380$$

4,500,000원과 4,800,000원에 대한 z 값은

$$z = \frac{4500000 - 4685540}{118380} = -1.57 \qquad z = \frac{4800000 - 4685540}{118380} = 0.97$$

이다. 따라서

$$\begin{aligned} & P(4500000 < \bar{X} < 4800000) \\ &= P(-1.57 < Z < 0.97) \\ &= 0.4418 + 0.3340 \\ &= 0.7758 \end{aligned}$$

이다.

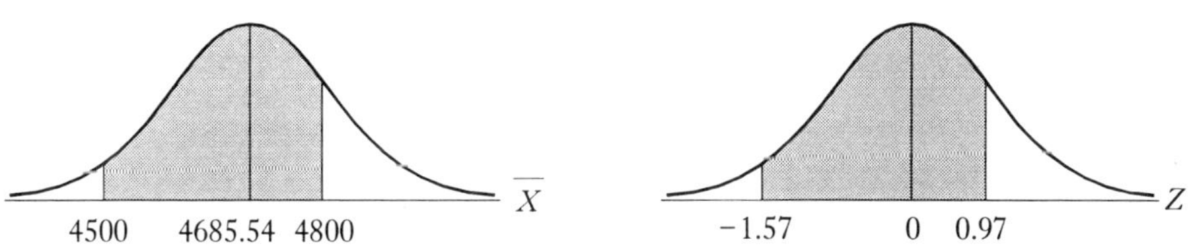

8.5 표본비율에 대한 표본분포

이항모집단(binomial population)은 모집단이 두 개의 범주인 성공과 실패로 분류되는 질적자료로 구성된다. 다음 그림은 모집단이 성공을 a로 실패를 b로 나타낸 것이다.

```
a
    a           b   b   b           b
b                                   a       a
b   a                           b
            b   b                       b
b   a   a           a   b       a   a
                            b
                            b   b           a
```

다음은 이항모집단의 예들이다.

모집단	범주
100명의 성별	남성, 여성
성인 40명의 결혼상태	미혼, 기혼
100개의 숫자	홀수, 짝수
동전을 백번 던지는 실험	앞면, 뒷면
입학시험 점수	성공, 실패
800명의 성인남성	고용, 실업

임의의 이항모집단은 0과 1로 구성되는 이항모집단으로 만들 수 있다. 예를 들면 모집단이 a개의 A와 b개의 B로 구성되어 있다면, a개의 0과 b개의 1로 변환할 수 있다. 0과 1로 분류되는 이항모집단을 가정하자. 만일 X가 단지 0과 1만을 갖는 확률변수(베루누이 확률변수)라고 하면 $\sum X$는 이항모집단에서 X의 값이 1인 관측치의 개수와 같다.

예를 들면, 이항모집단에 4개의 A와 6개의 B가 있고 A에 1을 B에 0을 대응시켜 보자.

이항 모집단		0과 1의 모집단	
A	A	1	1
A	A	1	1
B	B	0	0
B	B	0	0
B	B	0	0

이항모집단에서 A의 비율 p는 $p=4/10$이다. 0과 1의 모집단에 대한 평균은

$$\mu = \frac{\sum x}{n} = \frac{1+1+1+1+0+0+0+0+0+0}{10} = \frac{2}{5}$$

이다. 따라서 이항모집단에서 A를 1로 B를 0으로 대응시키면 모집단에서 A의 비율은 0과 1의 모집단에서의 평균과 같다. 즉, $\mu = p$이다. 0과 1의 모집단의 분산은 $\sigma^2 = p(1-p)$와 같다.

위의 이항모집단 예에서의 도수분포표는 다음과 같다.

관측치	x	f
B	0	6
A	1	4
		10

0과 1로 구성된 이항모집단의 분산은 다음과 같다.

x	f	xf	$x-\mu$	$(x-\mu)^2$	$(x-\mu)^2 f$
0	6	0	-0.4	0.16	0.96
1	4	4	0.6	0.36	1.44
	10	4			2.40

$$\sigma^2 = \frac{\sum f(x-\mu)^2}{N} = \frac{240}{10} = 0.24$$

이 결과는 $\sigma^2 = p(1-p) = (0.6)(0.4) = 0.24$ 와 같다.

〔표본비율의 표본분포〕

만일 아주 큰 이항모집단으로부터 크기 n 인 임의표본을 추출하여 각 표본으로부터 표본비율 $\hat{p}$ 을 계산했을 때 표본비율의 모임을 표본비율의 표본분포(sampling distribution of sample proportion)라 한다.

예제14 두 개의 불량품(D)과 세 개의 양품(G)으로 구성되어 있는 트랜지스터의 모집단에서 크기 3인 순서표본을 비복원으로 추출한다고 하자. 만일 불량품에 1의 값을 양품에 0의 값을 대응시키면, 모집단은 다음과 같다.

트랜지스터	품질	모집단
1	D	1
2	G	0
3	G	0
4	D	1
5	G	0

풀이 크기 3인 표본을 비복원으로 추출하면, 모든 가능한 표본은 $\binom{5}{3} = 10$개이다. 다음 표는 모든 가능한 표본과 불량품에 대한 표본비율을 나타낸 것이다.

표본번호	트랜지스터 표본	불량률	표본번호	트랜지스터 표본	불량률
1	{1,2,3}	1/3	6	{3,4,5}	1/3
2	{1,2,4}	2/3	7	{1,4,5}	2/3
3	{1,2,5}	1/3	8	{2,4,5}	1/3
4	{2,3,4}	1/3	9	{1,3,5}	1/3
5	{2,3,5}	0	10	{1,3,4}	2/3

10개의 표본비율에 대한 평균은

$$\mu_{\hat{p}} = \frac{(6)(1/3) + (1)(0) + (3)(2/3)}{10} = \frac{2}{5}$$

이며 이는 모집단에서 불량품의 비율 2/5와 같다. 다음은 표본비율 $\hat{p}$ 의 표본분포에 대한 도수그래프이다.

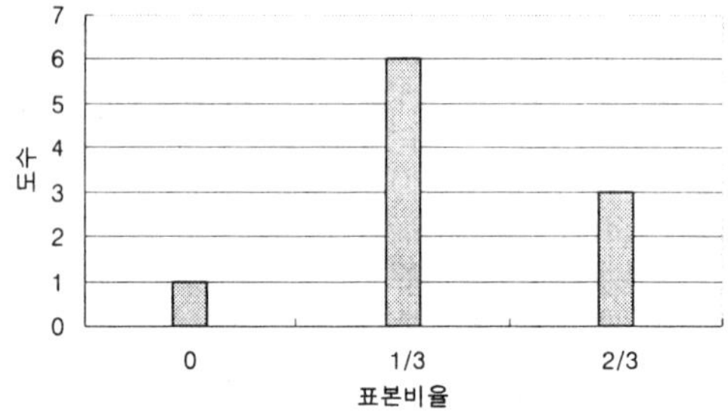

이항모집단으로부터 추출된 표본에서 성공의 비율(표본비율)은 0과 1로 구성된 모집단에서 추출된 표본의 표본평균과 같기 때문에 표본평균에 대한 성질을 이용하여 표본비율의 분포를 구할 수 있다.

표본비율의 표본분포

① 표본비율의 표본분포는 $n \geq 30$ 이면 근사적으로 정규분포를 따른다.

② $\mu_{\hat{p}} = \mu_{\bar{x}} = \mu = p$ (μ는 0과 1로 구성된 모집단 평균이고 p는 모집단에서 1의 비율이다)

③ $\sigma_{\hat{p}} = \sigma_{\bar{x}} = \sigma / \sqrt{n}$ (σ는 0과 1로 구성된 모집단 표준편차)

0과 1로 구성된 모집단의 표준편차는 $\sigma = \sqrt{p(1-p)}$ 이므로, 표본비율 $\hat{p}$의 표준오차는

$$\sigma_{\hat{p}} = \frac{\sigma}{\sqrt{n}} = \sqrt{\frac{p(1-p)}{n}}$$

가 된다. 만일 $20n > N$인 유한이항모집단에서 표본이 추출되면 표본비율 $\hat{p}$의 표준오차는

$$\sigma_{\hat{p}} = \sqrt{\frac{p(1-p)}{n}}\sqrt{\frac{N-n}{N-1}}$$

이 된다.

요약하면, 표본비율의 평균은 0과 1로 구성되어 있는 이항모집단의 평균과 같다. 따라서 평균에 대한 중심극한정리의 결과를 이용하여 다음과 같은 표본비율의 표본분포에 대한 성질을 구할 수 있다.

① 만일 $n \geq 30$ 이면 표본비율 $\hat{p}$의 표본분포는 근사적으로 정규분포를 따른다.

② 표본비율 $\hat{p}$ 분포의 평균은 모비율 p와 같다.

③ 표본비율 $\hat{p}$ 분포의 표준오차는 $\sqrt{p(1-p)/n}$ 와 같다.

따라서 표본비율 $\hat{p}$의 z-값(표준화변수)

$$z = \frac{\hat{p} - p}{\sqrt{p(1-p)/n}}$$

은 근사적으로 표준정규분포 $N(0,1)$을 따른다.

예제15 대학생의 60%가 흡연을 한다고 한다. 표본으로 조사된 800명의 학생 중 440명이 흡연을 한다고 대답하였다. 표본비율의 분포에서 관측된 표본비율보다 작을 확률은 얼마인가?

풀이 표본크기가 $n = 800$ 이므로 표본비율 $\hat{p}$ 의 표본분포는 근사적으로 정규분포를 한다. 표본비율 $\hat{p}$ 의 평균과 표준오차는 다음과 같다.

$$\mu_{\hat{p}} = p = 0.60$$

$$\sigma_{\hat{p}} = \sqrt{\frac{p(1-p)}{n}} = \sqrt{\frac{(0.6)(0.4)}{800}} = 0.0173$$

표본으로부터 관측된 표본비율 값은

$$\hat{p} = \frac{440}{n} = 0.55$$

이며, z 값은

$$z = \frac{\hat{p} - p}{\sqrt{p(1-p)/n}} = \frac{0.55 - 0.60}{0.0173} = -2.89$$

이다. 따라서

$$P(\hat{p} < 0.55) = P(Z < -2.89) = 0.5 - 0.4981 = 0.0019 = 1.9\%$$

이다.

EXCEL 실습

[실습 1] 정육면체 주사위를 던지는 실험

표본분포의 개념을 이해하기 위해 EXCEL을 이용하여 주사위를 던지는 실험을 해보자. 우선 데이터 시트에 주사위 눈의 수를 1-6까지 적고 이들을 표본추출 해보자. [도구]-[데이터분석]-[통계데이터분석]을 클릭하면 다음의 통계데이터분석 대화상자가 나타난다. 이곳에서 [표본추출]을 선택한다.

표본추출 대화상자가 나오면, 입력범위는 A1:A7(A1은 이름표이므로 대화상자에서 이름표에 체크)으로 데이터가 있는 셀을 지정하고, 무작위로 이 값들 중에서 100개를 추출하여 C2 셀부터 아래로 100칸에 출력되도록 출력범위를 정한다.

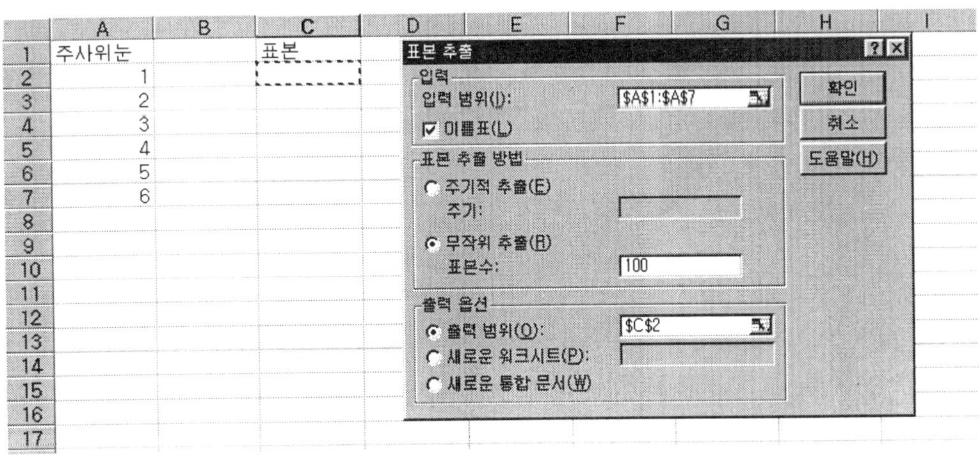

확인을 누르면 C2-C101 까지 데이터 셀에 100개의 주사위 눈의 확률표본이 출력된다. 이는 주사위를 100번 던지는 실험과 동일하다. [도구]-[데이터 분석]-

[히스토그램]을 선택한 후 [히스토그램] 대화상자에서 "입력범위"에 표본으로 추출된 주사위 눈의 열(여기서는 $C$1:$C$101)을 지정하고, "계급구간"(여기서는 $F$2:$F$8), "이름표"에 체크하고 "출력 옵션"에서 출력범위를 표시한 후에 "확인"을 누르면 100개의 주사위 눈금에 대한 히스토그램이 나타난다. 이 경우 각 눈이 1/6 정도 나와 막대그래프의 높이가 비슷하리라 기대하였으나 이 정도의 표본수로는 결과가 예상과는 달리 균일하지 않게 나오는 것을 볼 수 있다. 시행횟수를 더 크게 하면 막대의 높이가 비슷하게 나타난다. 각자 시도해보기 바란다.

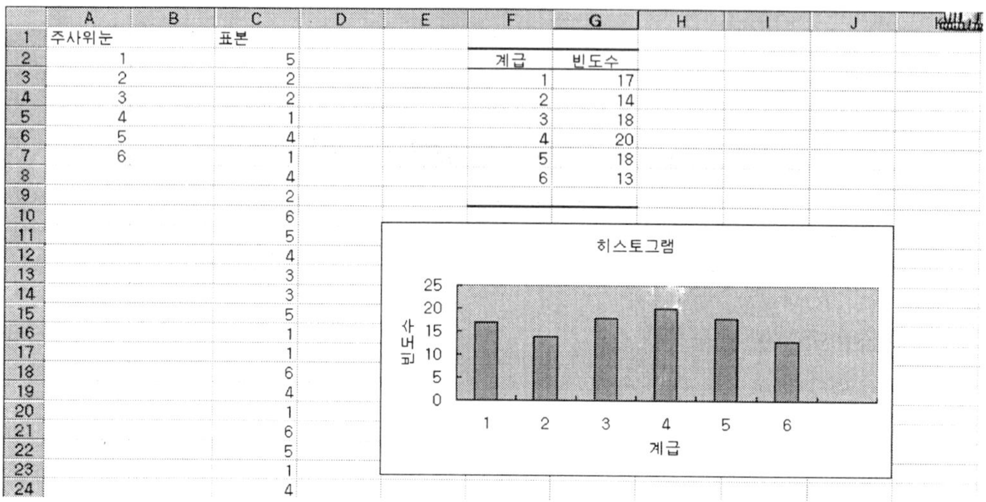

[실습 2] t-분포의 확률 계산

t-분포에서의 확률 계산은 부록의 <표 5>에 주어진 t-확률분포표를 이용할 수 있으나, 특정한 값에 대한 확률만 주어져 있어 제한적이다. EXCEL에서는 t-분포에 대한 확률을 두 가지 방법 즉, [함수 마법사] 또는 [수식 입력줄]을 사용하여 계산할 수 있다.

(1) 함수 마법사의 사용

① [삽입] 메뉴에서 [함수]-[함수 마법사]-[통계]를 선택한다.

② [통계] 대화상자에서 t-분포 함수를 나타내는 [TDIST]를 선택하여 X(값), Deg_freedom(자유도), Tails(우측 꼬리확률을 계산할 경우는 1, 양측 꼬리확률을 계산할 경우는 2를 입력한 후 "확인"을 누르면 된다.

[예제] [TDIST] 대화상자에서 X=2.0, Deg_freedom=5, Tails=1을 입력하고 "확인"을 누르면, 다음과 같이 구하고자 하는 확률 0.05097을 얻게 된다.

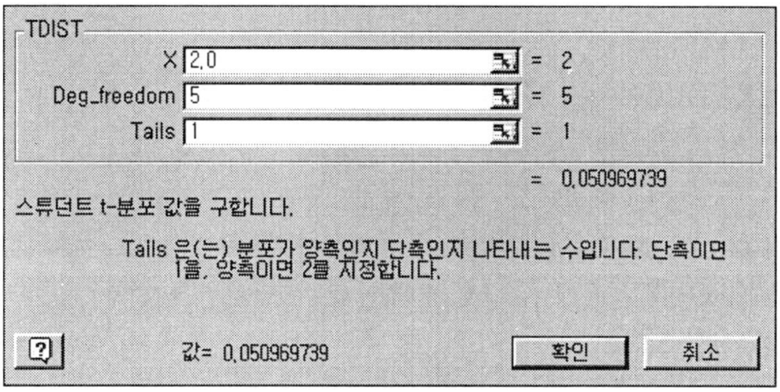

(2) 수식 입력줄 사용

- t 의 우측꼬리확률 $P(T > t)$ 는 "= TDIST(t, 자유도, 1)"을 사용
- t 의 양측꼬리확률 $P(|T| > t)$ 는 "= TDIST(t, 자유도, 2)"를 사용

[실습 3] t-분포의 상위 $100\alpha\%$ 백분위수

확률변수 T 가 자유도 n 인 t-분포를 할 때 $P(T > t_\alpha(n)) = \alpha$ 를 만족하는 백분위수 $t_\alpha(n)$ 는 통계함수 [TINV]를 이용하여 구할 수 있다. 그러나 주의해야 할 점은 EXCEL에서 통계함수 [TINV]는 양측 꼬리확률에 대한 값을 계산해 준다는 것이다. 예를 들어, [TINV] 대화상자에 다음 그림과 같이 입력하여 계산된 값 2.0150 은

$$P(T > 2.0150) + P(T < -2.0150) = 0.10$$

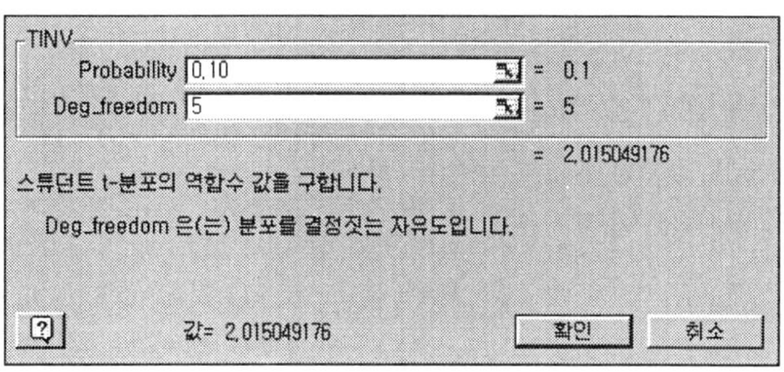

을 나타낸다. 즉, 이것은 $t_{0.05}(5) = 2.0150$ 이 된다는 것을 의미한다.

[수식 입력줄]을 이용할 경우, 상위 $100\alpha\%$ 백분위수 $t_\alpha(n)$는 다음과 같이 입

력하여 계산될 수 있다.

=TINV(2α, 자유도)

[실습 4] EXCEL을 이용한 중심극한정리의 실험

모집단의 분포가 이산형이든 연속형이든 또는 좌우대칭이든 비대칭이든 관계없이 표본의 크기 n 이 크면($n \geq 30$), 표본평균 $\overline{X}$의 분포는 근사적으로 정규분포를 따른다는 중심극한정리에 대하여 배웠다. 여기서는 EXCEL을 이용하여 이러한 사실을 확인하여 본다.

EXCEL에서는 메뉴 표시줄의 [데이터 분석]-[난수 생성]을 사용하여 일양(균등)분포, 정규분포, 베르누이분포, 포아송분포, 감마분포, 베타분포 등 여러 형태의 분포를 따르는 난수를 생성할 수 있다. 여기서는 [0,1] 구간에서 균등분포를 하는 모집단으로부터 30개의 표본을 뽑아 표본평균을 구하는 작업을 200번 반복 시행한 후, 이들의 히스토그램을 그려 표본평균의 분포가 정규분포로 근사해 간다는 사실을 확인해 보도록 하겠다. 난수생성을 이용한 이러한 모의실험(simulation)은 다음과 같은 절차를 통하여 이루어진다.

[절차]

① [도구]-[데이터 분석]-[난수 생성]을 선택한 후 "확인"을 누른다.

② [난수 생성] 대화상자에서

- 변수의 개수(필요한 수를 입력. 여기서는 200),
- 난수의 개수(필요한 수를 입력. 여기서는 30),
- 분포의 종류(원하는 분포를 지정. 여기서는 일양분포),
- 난수시드(seed number)(난수생성함수의 초기값, 같은 시드를 지정하면 같은 난수를 추출할 수 있다. 시드를 생략하면 현재 시각이 초기값으로 사용된다.)
- 출력 옵션(여기서는 "새로운 워크시트(P)"를 지정)

을 각각 입력한 후 "확인"을 누른다.

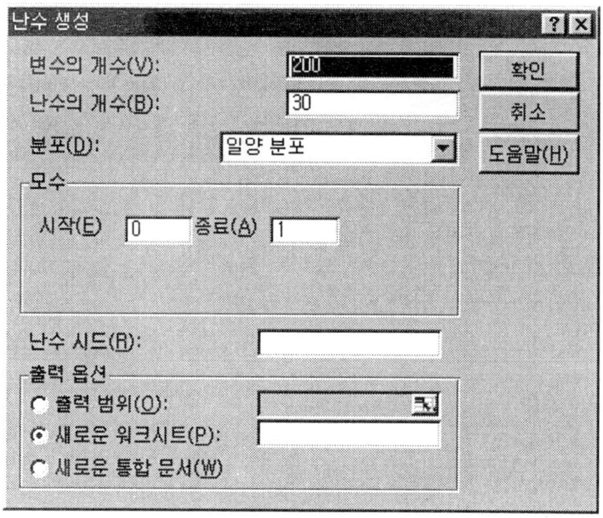

[데이터 분석]-[난수 생성]을 사용한 일양분포에서의 난수 생성

이때 다음 그림과 같은 난수들이 워크시트 A1부터 GR30까지 각 열에 30개씩 200개가 생성된다.

	A	B	C	D	E	F	G
16	0.191046	0.583087	0.469863	0.669332	0.846644	0.422681	0.565508
17	0.633381	0.977599	0.688528	0.107852	0.345103	0.191961	0.342357
18	0.136876	0.69689	0.03238	0.996612	0.640614	0.252388	0.824152
19	0.434553	0.389874	0.011994	0.432722	0.554827	0.799158	0.444624
20	0.233528	0.407605	0.156163	0.083865	0.323008	0.411481	0.610767
21	0.594165	0.666738	0.421949	0.957732	0.285653	0.97824	0.925474
22	0.933897	0.637776	0.229957	0.296304	0.204657	0.748741	0.035188
23	0.655995	0.458266	0.124424	0.595843	0.204871	0.508652	0.102725
24	0.403729	0.171209	0.058443	0.75103	0.340495	0.880551	0.904691
25	0.939116	0.08826	0.304025	0.324595	0.786401	0.749931	0.554186
26	0.646779	0.278115	0.987365	0.942015	0.654653	0.815821	0.848598
27	0.663045	0.17954	0.248848	0.810846	0.435774	0.266671	0.242134
28	0.629627	0.339946	0.028443	0.365307	0.06531	0.581103	0.443617
29	0.072695	0.278573	0.47557	0.03589	0.615162	0.453597	0.638905
30	0.40672	0.474593	0.984497	0.143834	0.609943	0.845454	0.338755
31							
32	0.508588	0.458378	0.423026	0.551496	0.472059	0.53952	0.508573
33							

③ 각 열에 생성된 30개의 표본에 대한 평균을 다음과 같은 요령으로 계산한다. 계산된 표본평균이 출력될 셀(여기서는 A32)을 지정한 후 [수식 입력줄]에서 [=AVERAGE(A1:A30)]을 입력 또는 [함수 마법사]의 [AVERAGE]

함수를 이용하여 A열의 표본 30개에 대한 표본평균을 계산한다. 그런 후에 셀 A32에 블록을 설정하여 오른쪽 하단에 + 표시가 나타나면 마우스로 셀 GR까지 끌어 블록을 설정하면 200개의 표본평균이 자동적으로 계산된다.

④ 히스토그램을 그리기 위해서는 먼저 도수분포표를 만들어야 하므로, 다음과 같이 계급구간을 설정하여 입력한다(여기서는 0.36에서 0.03씩 증가시키면서 0.66까지를 B35부터 B64까지 입력).

34				
35		계급구간		
36		0.33		
37		0.36		
38		0.39		
39		0.42		
40		0.45		
41		0.48		
42		0.51		
43		0.54		
44		0.57		
45		0.6		
46		0.63		
47		0.66		
48				

⑤ [도구]-[데이터 분석]-[히스토그램]을 선택한 후 [히스토그램] 대화상자에서 “입력범위”란에 표본평균들이 계산된 행(여기서는 $A$32:$GR$32)을 지정하고, “계급구간”(여기서는$B$35:$B$47), “이름표”에 체크하고 “출력 옵션”에서 필요한 사항(여기서는 출력범위에 새로운 워크시트와 차트 출력을 지정)을 표시한 후에 ”확인“을 누르면 200개의 표본평균에 대한 히스토그램이 나타나며, 여기에서 아래와 같이 수정을 하면 다음과 같은 히스토그램을 얻을 수 있다.

수정 요령

· 범례 삭제 ==> “범례”를 클릭 하여 Delete 키를 누름.

· 막대와 막대 사이 간격을 없앰 ==> 히스토그램의 막대 부분을 더블 클릭 하여 [데이터 계열 서식]-[옵션]에서 간격 너비를 0으로 지정.

계급구간	빈도수
0.33	0
0.36	1
0.39	5
0.42	7
0.45	15
0.48	37
0.51	49
0.54	44
0.57	29
0.6	7
0.63	3
0.66	2
기타	0

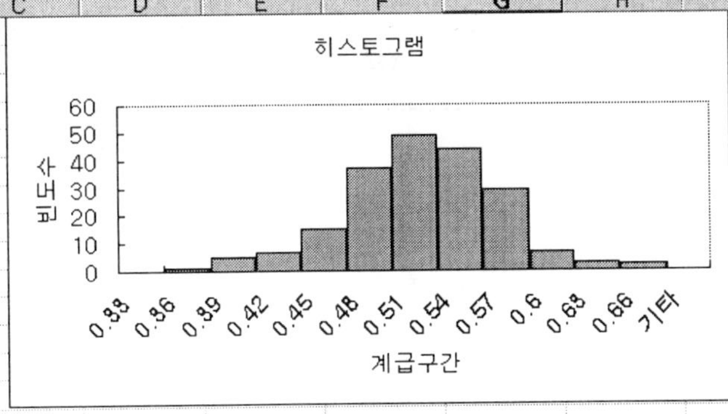

표본평균들에 대한 히스토그램

위의 히스토그램에서 보는 바와 같이 모의실험 결과, 균등분포 $U(0,1)$을 따르는 모집단으로부터 표본평균의 분포는 0.5 (균등분포의 평균)을 중심으로 정규분포로 근사해 간다는 사실을 확인할 수 있다.

연 습 문 제

[1] 사전에 알고 있는 정보를 이용하여 비슷한 성질을 가지고 있는 것끼리 층으로 분류한 후, 분류된 층으로부터 임의로 표본을 얻는 추출방법은 무엇인가?

[2] 품질관리를 목적으로 석탄 더미나 철광석 더미에서 표본을 선택한다고 하자. 석탄 더미에 있는 커다란 조각들은 더미의 아래쪽에 굴러 떨어져 가장자리에 쌓이게 된다. 이러한 상태에서 석탄을 한 삽 가득 채운다면, 조사자는 자신의 편리함 때문에 더미의 가장자리인 한 장소에서 표본을 취하게 되어 심각한 편향이 발생할 수 있는 데 이러한 추출방법을 무엇이라 하는가?

[3] 5명으로 구성된 학생회로부터 3명의 학생을 복원으로 추출하는 방법의 수와 비복원으로 추출하는 방법의 수를 구하시오.

[4] {1, 2, 3, 4}로 구성된 모집단으로부터 3개의 표본을 임의로 비복원추출할 때,

1) 가능한 표본과 그 표본평균 $\bar{x}$ 를 구하시오.
2) 표본평균 $\bar{x}$ 의 분포를 구하시오.
3) $E(\bar{x})$ 를 구하시오.
4) $Var(\bar{x})$ 를 구하시오.
5) 유한모집단수정계수를 구하시오.

[5] 크기 $N = 100$ 인 유한모집단에서 표본의 크기가 $n = 10$ 일 때 유한모집단수정계수는?

[6] 모집단에서 추출된 표본의 크기가 커지면 평균의 표준오차는 어떻게 되는가?

[7] 정규모집단 $N(\mu, \sigma^2)$ 에서 추출한 크기 n 인 표본의 표본평균 $\bar{x}$ 는 $N(\mu, \frac{\sigma^2}{n})$ 인 분포를 따른다. 이 때, $Z = \frac{\bar{x} - \mu}{\sigma / \sqrt{n}}$ 는 어떤 분포를 따르는가?

[8] D대학 학생의 몸무게 분포가 $N(45,\ 4^2)$을 따른다고 할 때 49명의 표본을 추출하여 몸무게를 측정할 경우 표본의 평균 몸무게가 46kg 이상일 확률을 구하시오.

[9] 어떤 공장에서 생산하는 전구의 수명은 평균이 800시간이고, 분산이 40^2 시간인 정규분포를 한다. 이 공장에서 만든 전구 중에서 임의로 표본 $n = 16$ 개를 추출할 때 뽑혀진 표본전구의 평균수명이 780시간 이하가 될 확률을 구하시오.

[10] 어떤 나라의 성인의 학력 년 수는 평균이 11.1년, 분산이 9년인 분포를 따른다고 한다. 임의로 추출한 10명의 성인을 조사했을 때, 교육의 평균 년 수가 10년에서 12년 사이가 될 확률을 구하시오.

[11] 어떤 집단의 평균 신장이 170cm이고, 표준편차는 6cm라고 한다. 이들 중 임의로 추출한 36명의 신장이 168cm와 172cm 사이에 있을 확률을 구하시오.

[12] 500개의 나사가 평균은 5.02온스, 표준편차 0.3온스의 무게를 가지고 있다. 이들로부터 100개의 나사를 임의로 추출했을 때 평균의 표본분포의 표준편차는?

[13] 어느 제조공장에서 생산된 전체 제품 1,000개의 평균 무게가 100g이고, 분산은 5g으로 알려져 있다. 50개의 제품을 표본으로 추출하였을 때, 표본평균의 분산을 구하시오.

[14] A 대학에서 사회학을 전공하고 있는 학생들의 지능점수는 평균이 120이고 표준편차가 8인 정규분포를 따른다. 이 학생들로부터 임의로 16명의 학생들을 추출하여 얻은 지능점수의 평균이 125 이상 될 확률을 구하시오.

[15] $\overline{X}$를 정규분포 $N(\mu, 4)$를 따르는 모집단으로부터의 크기 n인 확률표본의 표본평균이라 하자. 이때

$$P(\,|\overline{X}-\mu| \leq 0.1\,) \geq 0.95$$

를 만족하는 n을 구하시오.

[16] 어떤 도시에서 가구의 60%가 저녁 뉴스시간에 M방송을 시청한다고 하자. 만약 그 도시에서 150가구를 랜덤하게 추출한다면, 그때 그 시간에 M방송을 시청하는 표본비율이 0.52보다 클 확률은 얼마인가?

[17] 5개 중 하나의 정답을 가진 객관식 문제가 64문항인 어떤 시험이 있다. 각 문항에 대해 정답을 랜덤으로 선택한다고 할 때, 정답의 수가 16개보다 많을 확률을 구하시오.

[18] 표본의 크기 n 이 30보다 작을 때, 표본평균 $\bar{x}$ 는 어떤 분포를 따르겠는가?

[19] 자유도가 아주 클 때 t-분포는 어떤 분포에 근사하는가?

[20] X가 자유도 $n=5$ 인 t-분포를 따른다고 할 때,

1) $P(X > t_0) = 0.05$를 만족하는 t_0 를 구하시오.
2) $P(|X| > t_0) = 0.05$를 만족하는 t_0 를 구하시오.
3) $E(X)$ 를 구하시오.
4) $Var(X)$ 를 구하시오.

[21] X가 t-분포를 따른다고 할 때, 다음을 구하시오.

1) $n=\infty$일 때, $P(X > t_0) = 0.05$를 만족하는 t_0
2) $n=\infty$일 때, $P(X > t_0) = 0.025$를 만족하는 t_0
3) $n=\infty$일 때, $P(|X| > t_0) = 0.01$를 만족하는 t_0

[22] 어느 전자제품 생산 공정에서는 그 제품의 평균사용시간이 $\mu = 1{,}200$ (시간) 이상이 되도록 생산관리를 하고 있다. 실제로 이 조건을 만족하는지를 알아보기 위하여 $n=9$인 표본을 추출하여 조사한 결과 $\bar{x} = 1{,}100$ (시간)과 $s = 104$ (시간)을 얻었다. 실제로 이 제품의 평균사용시간을 1,200(시간) 이라고 가정했을 때, $\bar{x}$가 1,100(시간) 이하로 나올 확률을 구하시오.

[23] EXCEL을 이용하여 자유도 5와 30인 t-분포로부터 표본 200개씩을 생성한 후 히스토그램을 각각 그리고, 두 그림을 비교하여 보아라.

제9장 추 정

모집단에는 모평균, 모분산, 모비율, 모상관계수 등과 같이 모집단의 특징을 나타내거나 모집단을 결정짓는 모수가 존재한다. 모집단의 성질을 알기 위해서는 모수의 값을 알아야 하나, 대부분의 경우 이 값을 모르기 때문에 표본의 정보를 이용하여 이 값들을 추론하여 사용한다.

자료를 이용하여 추론, 특히 의사결정을 하거나 예측을 실시하는 일은 일상생활에서 매우 중요한 역할을 한다. 실제로 우리 모두는 미래에 대한 예측을 필요로 하는 결정이나 상황에 직면할 때가 있다. 정부에서도 실물 경제에 직접적인 영향을 미치는 장단기 금리 예측에 관심이 있으며, 투자가들은 주가의 변동에 관한 추세를 예측하는데 골몰해 있다. 소비자들은 세제 A와 B를 놓고 어느 것을 선택해야 힐 것인가 결정해야 한다. 위와 같은 예측과 의사결정들은 실제 생활에서 얻을 수 있는 관측치나 관련 자료를 통해 행해 질 수 있다. 이러한 여러 가지 예에서 보듯이 다양한 분야에서 유용한 정보를 취득하여 추론을 행하는 것이 주

먹구구식으로 결정하는 것보다 좋은 결과를 얻을 수 있다.

실제로 과학자나 기술자들이 관련 자료를 시각적으로만 분석하여 얻은 결과가 실험을 통해 얻어지는 결론과 상치되는 경우를 종종 보게 된다. 그러므로 어떤 문제가 발생하였을 때, 정확한 추론이 되도록 논리적인 토대를 세우고 실질적인 분석을 행하여 바라는 결론을 도출해내는 것이 통계학자들의 직무인 것이다. 아울러 통계학의 궁극적인 목표는 표본에 포함된 정보를 이용하여 모집단에 관한 추론을 행하는 것이다. 신문에 다음과 같은 기사가 실렸다고 하자.

우리나라 성인 여성들의 평균 신장을 알아보기 위해 A 조사기관에서 전국의 18세 이상 성인 여성들 가운데 1,000명을 무작위로 추출하여 조사해 본 결과 평균이 160cm 이고, 표준편차가 5cm 이었다.

위 기사로부터 우리나라 성인 여성들의 평균 신장에 관한 정보를 얻기 위해 몇 가지 의문점을 제시하여 보자.

첫째, 평균 160cm의 의미와 이 값이 우리나라 전체 여성들의 평균 신장이라고 단정할 수 있는가?

둘째, 표준편차 5cm의 의미와 우리나라 전체 여성들의 평균 신장을 추론할 때 이 값의 용도는 무엇인가?

셋째, 그러면 우리나라 성인 여성들의 평균 신장이 161cm 보다 크다고 할 수 있는가를 위의 자료를 토대로 판단하여 보자.

아무리 적게 잡아도 우리나라 성인 여성들의 수는 약 1천 500만 명에 달할 것이다. 이들 1천 500만 명의 평균 신장 즉, 모평균을 조사하기란 사실상 불가능한 일이다. 따라서 1,000명의 표본으로부터 얻은 평균 160cm는 표본평균이고 이 값으로 1천 500만 명에 달하는 전체 성인여성들의 평균 신장을 추론하게 된다. 그러나 아무리 과학적으로 표본을 추출하고 표본평균을 산출하였다 하더라도 100% 정확한 결과라고는 말할 수 없을 것이다. 그러므로 통계적 추론을 할 때는 반드시 부정확도에 대해서 언급하게 되는데 이 때 확률의 개념이 도입되며 추정오차의 한계를 계산할 때는 표준편차를 이용하게 된다.

앞에서 언급한 것과 같이 하나의 값으로 모평균을 추정하는 방법이 있고, 그 밖에 모평균이 속해 있다고 생각되는 구간을 계산하는 방법이 있다. 이와 같은 구간을 신뢰구간이라고 하며, 이 구간을 구할 때도 추정오차를 감안하여야 한다.

이와 같이 표본을 이용하여 모집단에 관한 정보를 얻는 것을 통계적 추론(statistical inference)이라 한다. 통계적 추론은 추정(estimation)의 문제와 가설검정(testing of hypothesis)의 문제로 나누어 생각할 수 있다. 추정의 방법에는 점추정(point estimation)과 구간추정(interval estimation)이 있는데, 추출된 표본으로부터 계산된 하나의 값으로 모수를 추정하는 것을 점추정이라 하고 어느 구간에 모수가 포함될 것이라 추측하는 것을 구간추정이라 한다.

추정과는 달리 모집단 모수나 분포에 대하여 가설을 설정하고 이 가설의 옳고 그름을 표본의 정보를 이용하여 검정하는 방법을 가설검정이라 한다. 위의 예에서 제기한 세 번째 문제는 가설검정에 대한 문제로서 모평균에 대한 가설을 설정한 후 표본평균, 표본표준편차, 표본의 크기 등과 같은 것들을 이용하여 가설에 대한 결론을 내리게 된다.

표본의 정보를 이용하여 모집단 모수를 추론할 경우 표본의 크기에 따라 적용되는 이론적 근거가 다르므로 추론하는 방법이 달라진다. 본 장에서는 표본이론에 근거하여 통계적 추정을 실시하는 방법을 살펴보고 통계적 가설검정은 10장에서 학습하도록 한다.

9.1 추정량의 성질

우리나라 성인여성들의 평균 신장 즉, 모평균 μ를 추정한다고 할 때, "모평균은 160cm이다"라고 할 수도 있고, "모평균은 155cm와 165cm 사이에 있다"라고 할 수도 있다. 전자는 추정값이 수직선 위 하나의 점으로 정의되므로 점추정값이라 하고, 후자는 직선 위의 한 구간으로 정의되므로 구간 추정값이라 한다. 추정량(estimator)들은 표본 관측치의 함수이며 통계량이므로 점추정이나 구간추정을 실시하기 위해서는 표본의 정보를 이용하여야 한다.

> 통계량의 값이 모수 θ의 점추정값으로 사용될 경우 그 통계량을 그 모수의 추정량(estimator)이라 하고 $\hat{\theta}$로 표기하며, 추정량의 실현치를 추정값(estimate) 또는 추정치라 한다.

예제 1 서울 시민들이 휴일에 TV를 시청하는 시간을 알아보기 위하여 500 가구를 임의 추출하여 조사를 하여본 결과 아래의 결과를 얻었다.

표본평균($\bar{x}$) = 7.5 (시간)

표본표준편차(s) = 6.3 (시간)

이 때, 전체 서울 시민들의 평균 시청시간 μ의 추정치로서 표본평균 $\bar{x}$를 사용한다면,

$$\hat{\mu} = \bar{x} = 7.5\ (\text{시간})$$

이라 할 수 있다.

점추정량의 적합도는 표본추출을 반복 실시하여 얻은 자료에 의해 계산할 수 있다. 점추정은 권총을 과녁에 쏘는 것에 비유할 수 있는데, 추정치를 계산하는 추정량은 권총이라 할 수 있고 추정치은 소총탄이라 할 수 있다. 그리고 관심이 되는 모수는 과녁의 중심점에 비유된다. 모집단에서 표본을 추출하여 모수를 추정하는 것은 한 발의 총을 쏘는 것과 같은데, 최초로 쏜 한 발이 과녁의 중심을 관통했다고 해서 그 사람을 훌륭한 사수라 할 수는 없다. 그것이 일과성일 수도 있기 때문이다. 그러나 100번을 쏘아 모두 중심을 관통했다면 그 사수를 신뢰할 수 있을 것이다. 즉, 하나의 추정치로 그 추정절차의 적합성을 평가할 수는 없으며, 추정절차가 여러 번 반복될 때 그 결과를 관찰해야 한다. 앞의 예에서, 과녁의 중심점에 대하여 소총탄이 어떻게 분포되었는가를 관찰하여야 한다. 실제로 추정치들은 수치들이므로 반복추출을 통해 얻어진 추정치의 도수분포를 작성하여 추정량의 적합성을 평가할 수 있다. 모수를 θ, 모수의 추정량을 $\hat{\theta}$이라 할 때, 좋은 추정량이 되기 위한 바람직한 성질에 대해 살펴보자.

[불편성]

추정치들의 분포가 추정할 모수를 중심으로 집중되어 이들의 기대값이 추정할 모수와 같아야 좋은 추정량이라 할 수 있다. 이는 추정량의 불편성에 관한 내용인데 다음과 같이 정의할 수 있다.

> 어떤 추정량 $\hat{\theta}$의 모든 값에 대하여 $E(\hat{\theta}) = \theta$이면, 추정량 $\hat{\theta}$는 불편성(unbiasedness)을 갖는다고 하고, $\hat{\theta}$을 θ의 불편추정량(unbiased estimator)이라 한다.

다음은 모수와 대응하는 추정량들의 목록이다.

모수	추정량	불편성
μ	$\bar{x}$	만족
σ^2	s^2	만족
p	$\hat{p} = x / n$	만족
σ	s	불만족

$\bar{x}$, s^2 및 $\hat{p}$ 가 각각 μ, σ^2 및 p 의 불편추정량이나, s 는 σ 의 편의추정량(biased estimator)이다.

예제 2 임의의 모집단으로부터 추출한 표본의 표본평균 $\bar{x}$ 는 모평균 μ 의 불편추정량이다.

풀이 $\bar{x} = \dfrac{1}{n}\sum_{i=1}^{n} x_i$ 이므로

$$E(\bar{x}) = E\left(\frac{1}{n}\sum_{i=1}^{n} x_i\right)$$

$$= \frac{1}{n}E(x_1 + x_2 + \cdots + x_n)$$

$$= \frac{1}{n} \times n\mu$$

$$= \mu$$

이다. 그러므로 표본평균 $\bar{x}$ 는 모평균 μ 의 불편추정량이다.

〔유효성〕

추정량의 불편성은 바람직한 성질이나 이는 추정치들이 모수에 가까운 정도를 나타내지는 못한다. <그림 9.1>은 θ 에 대한 두 불편추정량 $\hat{\theta}_1$ 과 $\hat{\theta}_2$ 의 분포 상태를 나타내고 있다. 이 그림에서 추정량 $\hat{\theta}_1$ 의 분포는 $\hat{\theta}_2$ 의 분포보다 모수 θ 에 더 밀집해 있음을 알 수 있다. 즉, $\hat{\theta}_1$ 은 $\hat{\theta}_2$ 보다 참값인 모수 θ 에 가까운 값을 가질 가능성이 높다고 할 수 있다.

추정량 θ 의 표준오차(standard error)를 SE(θ)라 하면, 모수 θ 의 불편추정량 $\hat{\theta}_1$ 과 $\hat{\theta}_2$ 에 대하여

$$SE(\hat{\theta}_1) < SE(\hat{\theta}_2)$$

가 성립할 때, $\hat{\theta}_1$ 은 $\hat{\theta}_2$ 보다 더 유효(more efficient)하다고 한다. 따라서 표준오차가 작은 추정량일수록 더욱 유효성(efficiency)이 있다고 할 수 있다.

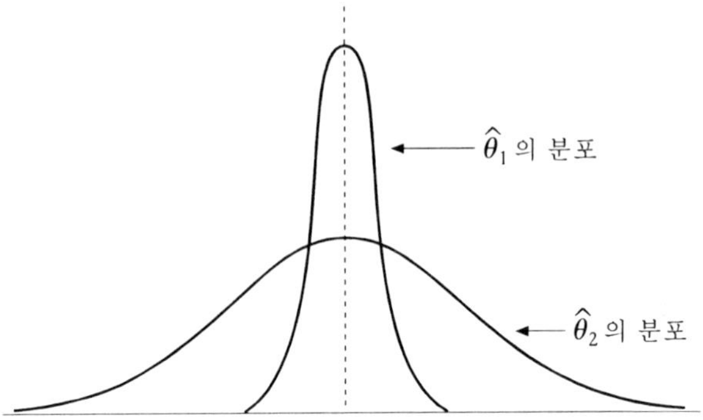

<그림 9.1> $\hat{\theta}_1$ 과 $\hat{\theta}_2$ 의 분포

이상과 같은 불편성과 유효성을 동시에 고려한 추정량을 생각할 수 있다.

모수 θ 의 추정량 $\hat{\theta}$ 가 다음 조건

1) $E(\hat{\theta}) = \theta$

2) θ 의 모든 불편추정량 $\hat{\theta^*}$ 에 대하여

$$SE(\hat{\theta}) = \text{Min } SE(\hat{\theta^*})$$

을 만족하면 $\hat{\theta}$ 를 θ 의 최소분산불편추정량(minimum variance unbiased estimator) 또는 최량유효추정량(the most efficient estimator)이라 한다.

불편성과 유효성 외에도 추정량의 바람직한 성질로는 일치성(consistency)과 충분성(sufficiency)이 있다. 일치성은 표본의 크기와 관계되는 성질로서 크기 n 인 표본으로부터의 추정량 $\hat{\theta}_n$ 이 모수 θ 근방에 있을 확률은 n 이 클수록 1에 가까워진다는 성질이다. 충분성은 모수 θ 를 추정할 때 표본으로부터 얻은 모든 정

보를 갖고 있어서 다른 어떠한 통계량을 취해도 그 이상의 정보가 보완되지 않는 통계량을 구할 수 있을 때 이러한 통계량을 θ의 충분추정량(sufficient estimator)이라 하고, 이러한 성질을 충분성이라 한다.

9.2 모평균 μ에 대한 점추정

<예제 1>을 좀 더 자세히 관찰하여 보자. 서울시 소재 전체 가구의 휴일 TV 시청시간은 평균 μ, 분산 σ^2인 정규분포를 따른다고 하고, 여기서 추출된 n개의 표본을 각각 $x_1, x_2, \cdots, x_n$이라고 하면, 표본평균 $\bar{x}$와 표본표준편차 s는 각각 다음 식으로부터 얻는다.

$$\bar{x} = \frac{1}{n}\sum_{i=1}^{n} x_i$$

$$s = \sqrt{\frac{1}{n-1}\sum_{i=1}^{n}(x_i - \bar{x})^2}$$

모평균 μ를 추정하려면 표본평균의 성질을 알아야 하는데, 모집단의 확률분포에 관계없이 다음이 성립한다.

표본평균의 성질

① $\bar{x}$의 기대값은 모평균 μ와 같다.

② $\bar{x}$의 표준오차는 다음과 같다.

$$\sigma_{\bar{x}} = \frac{\sigma}{\sqrt{n}}\sqrt{\frac{N-n}{N-1}}$$

여기서, N은 모집단 측정값의 수이며 표본의 크기 n에 비하여 크다고 가정하게 되므로 $\sqrt{\frac{N-n}{N-1}}$은 근사적으로 1이 된다. 그러면,

$$\sigma_{\bar{x}} = \frac{\sigma}{\sqrt{n}}$$

이다.

③ n이 클 때 $\bar{x}$는 중심극한정리에 의해 평균 μ, 분산 $\frac{\sigma^2}{n}$인 근사정규분포를 따른다.

위의 성질에서 보듯이 표본평균 $\bar{x}$는 n이 클 때 정규분포를 따르는데, $\bar{x}$가 μ

위의 성질에서 보듯이 표본평균 $\bar{x}$는 n이 클 때 정규분포를 따르는데, $\bar{x}$가 μ를 중심으로 어느 정도의 오차를 가지고 산포되어 있는가의 기준이 $\sigma_{\bar{x}}$이다. 따라서 $\sigma_{\bar{x}}$를 표준오차(standard error : S.E.)라고 한다. 모평균을 추정할 때, 모표준편차 σ의 값이 알려져 있지 않은 경우 표본의 크기 n이 크다면 σ 대신 표본표준편차 s를 사용하여도 오차는 적다.

예제 3 앞의 <예제 1>에서 서울 시민들의 휴일 TV 평균 시청시간에 대한 점 추정값과 그의 표준오차의 추정값을 구하여라.

풀이 1) 점추정값

$$\hat{\mu} = \bar{x} = 7.5 \text{ (시간)}$$

2) 표준오차의 추정값

$$\sigma_{\bar{x}} = \frac{\sigma}{\sqrt{n}}$$

$$\simeq \frac{s}{\sqrt{n}} = \frac{6.3}{\sqrt{500}} = 0.2817$$

모수와 추정치 사이의 차를 추정의 오차(error of estimation)라 하며, 이 오차에 관한 한계는 근사적으로 $1.96\,\sigma_{\bar{x}}$를 취한다. 이는 약 95%가 평균으로부터 2표준편차 구간 내에 있음을 의미한다. 점추정에서 추정오차의 한계로 $1.96\,\sigma_{\bar{x}}$를 사용하는 것은 대부분의 실제 문제에서 추정치에 대한 신뢰도를 마련하기 위해서이다.

모평균 μ의 점추정

① 점추정량 : $\bar{x}$

② 추정오차의 한계 : $1.96\,\sigma_{\bar{x}} = 1.96\,\frac{\sigma}{\sqrt{n}}$

③ 만약, σ를 모르고 표본크기 n이 30 이상이면, 표본표준편차 s를 σ 대신 사용할 수 있다.

예제 4 어떤 화학공장에서 생산하는 제품의 하루 평균 생산량을 추정하려고 한다. 하루 생산량을 50일 동안 기록하여, 그 평균과 표준편차를 계산하였더니 다음과 같았다.

$$\bar{x} = 871(\text{톤}), \quad s = 21 \ (\text{톤})$$

하루 평균 생산량 μ를 추정하고 추정오차의 한계를 구하시오.

풀이 1) 하루 생산량의 점추정값은

$$\hat{\mu} = \bar{x} = 871 \ (\text{톤})$$

이다.

2) 추정오차의 한계는

$$1.96\,\sigma_{\bar{x}} = 1.96\,\frac{\sigma}{\sqrt{n}} \simeq 1.96\,\frac{s}{\sqrt{n}}$$

$$= 1.96\frac{21}{\sqrt{50}} = 5.8209$$

이다. 즉, 추정치 871(톤)은 참값의 5.8209(톤) 내에 있다고 신뢰할 수 있다.

예제 5 자동판매기에서 콜라를 뽑았을 때, 컵에 담기는 콜라의 평균 양에 대해 관심이 있다. 이전의 연구 결과로 볼 때, 컵에 담기는 양에 대한 표준편차는 $s = 0.40$ 온스였다. μ를 추정하기 위해 40개의 표본을 사용하였다면, 추정오차가 0.01온스 이하가 되도록 하는 신뢰구간을 구하시오.

풀이 확률 $P(|\bar{X} - \mu|) < 0.01)$ 을 구하는 문제이다. $n = 40$ 이므로 중심극한정리에 의해 $\bar{X}$의 표본분포는 근사적으로 정규분포를 따른다. 평균의 표본오차는 다음과 같다.

$$\sigma_{\bar{x}} = \frac{\sigma}{\sqrt{n}}$$

$$\simeq \frac{0.40}{\sqrt{40}} = 0.063$$

따라서

$$P(|\overline{X}-\mu|) < 0.01) = P\left(|Z| < \frac{0.01}{0.063}\right)$$
$$= P(|Z| < 0.16)$$
$$= 2P(0 < Z < 0.16)$$
$$= 2(0.0636) = 0.1272$$

위 계산 결과로 보아, 추정오차가 0.01보다 작다고 12.72% 확신할 수 있다.

추정오차에 대해 확률적 의미를 부여하기 위해서는 우선 임계값에 대한 개념을 이해해야 한다. <그림 9.2>에서 z_α 값을 임계값(critical value)이라 한다. 임계값 z_α는 표준정규곡선에서 오른쪽 꼬리부분의 면적이 α 에 해당하는 값이다.

예를 들어, $z_{0.025}$는 표준정규곡선에서 오른쪽 영역의 크기가 0.025가 되는 지점이다.(<그림 9.3> 참조)

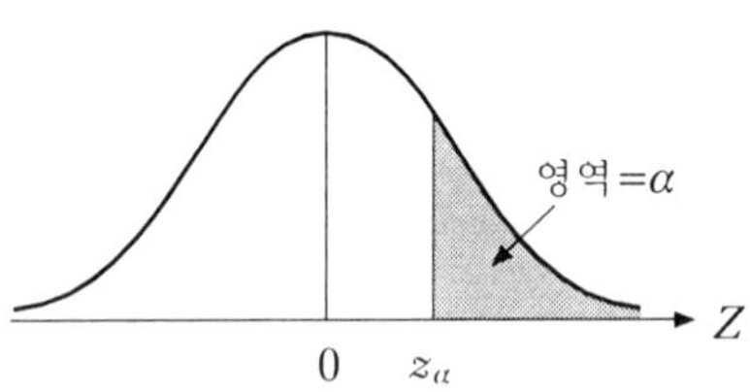

<그림 9.2> 임계값 z_α

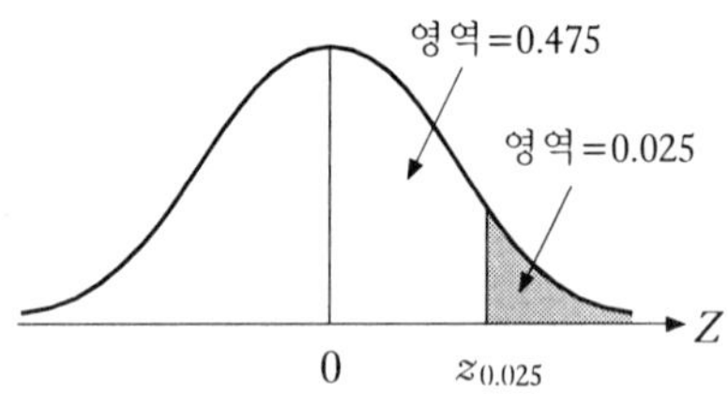

<그림 9.3> $z_{0.025}$의 결정

부록의 <표 4>에 있는 표준정규분포표에서는 0 에서 z 까지의 면적을 이용할 수 있는데, 0 에서 $z_{0.025}$ 까지의 값을 구하기 위해서는 $0.5 - 0.025 = 0.475$ 를 이용한다. 표준정규분포표에서 0.475 를 찾아보면, z 값이 1.96 임을 알 수 있다.

두 개의 임계값을 가진 분포를 생각해보자. <그림 9.4>의 분포는 $-z_{\alpha/2}$와 $z_{\alpha/2}$이라는 두 개의 임계값을 가지고 있는데, 하나는 음수이고 나머지는 양수이다. 표준정규곡선에서 두 개의 임계값 사이를 신뢰수준 $1-\alpha$인 신뢰구간이라 한다.

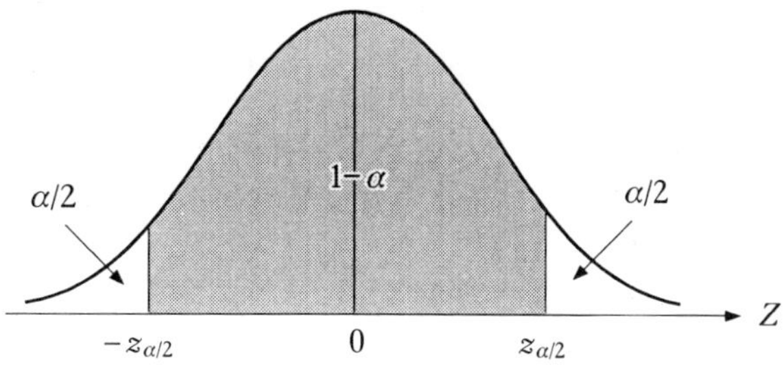

<그림 9.4> 신뢰수준 $(1-\alpha)$의 임계값

μ에 대해 추정한 값이 $100(1-\alpha)\%$ 신뢰도를 가지기를 원한다고 하자. 추정치와 관련된 정도(precision)나 오차의 수준에 대해서는 신뢰수준 $1-\alpha$에 대응하여 아래와 같은 최대오차 E를 정의할 수 있다.

$$P(-z_{\alpha/2} < z < z_{\alpha/2}) = 1-\alpha \tag{9.1}$$

이고

$$z = \frac{\bar{x}-\mu}{\sigma/\sqrt{n}} \tag{9.2}$$

이므로, 식 (9.1)의 z에 식 (9.2)를 대입하면 아래의 식을 얻는다.

$$P\left(-z_{\alpha/2} < \frac{\bar{x}-\mu}{\sigma/\sqrt{n}} < z_{\alpha/2}\right) = 1-\alpha$$

위 식을 정리하면 아래와 같은 식을 얻는다.

$$P\left(|\bar{X}-\mu| < z_{\alpha/2}\frac{\sigma}{\sqrt{n}}\right) = 1-\alpha \tag{9.3}$$

위 식으로부터, 추정치의 최대오차 E에 대한 식을 다음과 같이 정의한다.

대표본에 대한 추정치의 최대오차

$$E = z_{\alpha/2}\frac{\sigma}{\sqrt{n}} \tag{9.4}$$

예제 6 모든 남자 신생아들의 평균 몸무게를 추정하기 위해 40명의 신생아 남자 아이들을 임의표본으로 사용하였다고 하자. 40명에 대한 자료가 $\bar{x}$ = 7.5 파운드, s = 1.2 파운드라고 할 때, 추정치의 오차가 E 보다 작은 상태를 92% 신뢰할 수 있도록 최대오차 E 를 구하여라.

풀이 $\alpha = 0.08$ 이므로 $\alpha/2 = 0.04$ 이다. $n > 30$ 이고 σ 를 알 수 없으므로 σ 대신에 s 를 사용하자. 식 (9.4)를 사용하면 다음의 결과를 얻을 수 있다.

$$
\begin{aligned}
z &= z_{\alpha/2} \frac{\sigma}{\sqrt{n}} \\
&\simeq z_{\alpha/2} \frac{s}{\sqrt{n}} \\
&= 1.75 \frac{1.2}{\sqrt{40}} = 0.33
\end{aligned}
$$

따라서 μ 가 $\bar{x}$ = 7.5 파운드의 0.33파운드 이내에 있다고 92% 확신할 수 있다.

〔소표본인 경우에 μ 에 대한 점추정〕

모평균 μ 를 추정하기 위해 사용된 $\bar{x}$ 가 σ 를 알 수 없는 정규모집단으로부터 크기가 $n < 30$ 인 임의표본에서 얻어졌다고 하면, 표본평균의 표본분포는 정규분포이나 z 값을 사용할 수 없다. 이미 8장에서 통계량 $(\bar{x} - \mu)/(s/\sqrt{n})$ 은 자유도가 $n-1$ 인 t-분포를 따른다는 것을 학습하였다.

t 에 대한 임계값은 표준정규분포에서와 유사한 방법으로 t-분포를 사용하여 구할 수 있다. <그림 9.5>에서 $-t_{\alpha/2}$ 와 $t_{\alpha/2}$ 는 임계값이다.

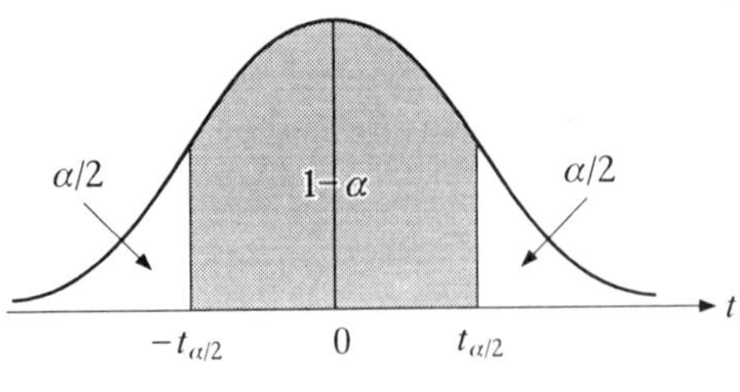

<그림 9.5> t-분포에 대한 임계값

다음 확률은 자유도 $n-1$ 인 t 분포에서 정의된다.

$$P(-t_{\alpha/2} < t < t_{\alpha/2}) = 1-\alpha$$

$\bar{x}$ 에 대해 t 값이 다음과 같이 주어지므로

$$t = \frac{\bar{x}-\mu}{s/\sqrt{n}}$$

소표본에 대한 추정치의 최대오차 E를 계산할 수 있다.

소표본에 대한 추정치의 최대오차

$$E = t_{\alpha/2}\frac{s}{\sqrt{n}} \qquad (9.5)$$

예제 7 대형 트럭의 평균 소음 수준을 알기 위해 환경보호협회에서는 8대의 대형 트럭으로부터 소음도 측정치(단위:decibels)를 얻었다. 표본평균과 표본표준편차는 각각 85.6 데시벨과 0.65 데시벨이었다. 만약 μ를 추정하기 위해 표본평균을 사용하였다면, 환경보호협회에서 μ가 $\bar{x}$ 의 E 범위 내에 존재하는 것을 95% 신뢰할 수 있도록 최대오차 E를 결정하시오. 트럭의 소음 수준은 정규분포를 따른다고 가정한다.

풀이 부록의 <표 5> t-분포표에서 열의 값이 0.025이고 자유도가 7인 지점에서 $t_{0.025} = 2.365$ 를 구한다. 식 (9.5)를 이용하면

$$E = t_{\alpha/2}\frac{s}{\sqrt{n}} = 2.365\,\frac{0.65}{\sqrt{8}} = 0.54$$

이다.

따라서 $\bar{x} = 85.6$ 이 μ를 추정하기 위해 사용되었다면, $\bar{x} = 85.6$ 데시벨의 0.54 데시벨 범위 내에 μ가 존재한다고 95% 신뢰할 수 있다. 부언하면, "$\bar{x} = 85.6$ 이 μ를 추정하기 위해 사용되었을 때, 추정치의 최대오차는 0.54 미만이라고 95% 확신한다"는 의미이다.

9.3 모평균의 구간추정

모수에 대해 구간추정을 하는 것은 올가미를 던져 기둥에 걸려는 것에 비유할 수 있다. 이 경우 추정하려는 모수는 기둥에 해당하고 신뢰구간은 올가미의 고리

에 해당한다. 모집단으로부터 추출된 표본을 근거로 신뢰구간을 설정했다 하더라도 모수가 이 구간에 항상 포함된다고 볼 수는 없다. 신뢰구간이 모수를 포함하는 확률을 신뢰계수라 한다.

신뢰구간이 추정하고자 하는 모수를 포함할 확률을 신뢰계수(confidence coefficient)라 한다.

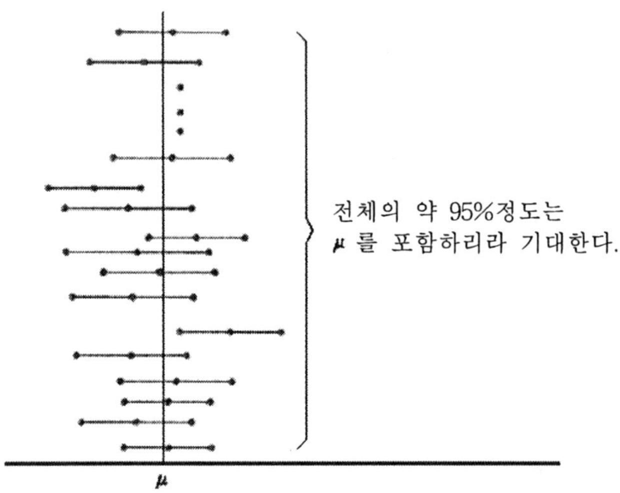

<그림 9.6> μ에 대한 95% 신뢰구간의 의미

위의 그림에서 수평선분은 신뢰구간을 표시하고 수직선은 모수인 모평균 μ의 위치를 나타낸다. 모수는 고정되어 있고 구간의 위치는 표본마다 다르다. μ가 고정되어 있으므로 구간이 μ를 포함하는 확률이 곧 신뢰계수가 된다. 예를 들어, μ의 95% 신뢰구간을 반복하여 구할 때, 전체 구간의 약 95% 정도는 μ를 포함하리라 기대할 수 있다.

모평균 μ에 대한 대표본 구간추정량 또는 대표본 신뢰구간도 역시 $\bar{x}$가 근사정규분포를 따른다는 이론에 의해 구할 수 있다. 9.2절에서 모평균 μ에 대한 점추정값들의 95%가 $1.96\sigma_{\bar{x}}$ 내에 있다고 설명한 바 있다. <그림 9.6>에서 보듯이 95% 신뢰구간에서 구간 추정값은 $\bar{x}$의 양쪽 방향으로 $1.96\sigma_{\bar{x}}$의 거리만큼 떨어진 곳에 설정한다. 이렇게 설정된 구간이 모집단 모수를 포함할 확률은 95%가 된다.

모수 θ에 대하여 신뢰계수 $(1-\alpha)$인 신뢰구간, 즉 $100(1-\alpha)\%$ 신뢰구간은 다음 수식 가운데 하나로 나타낼 수 있다.

$$
\begin{aligned}
&1)\quad \bar{x} \pm E \\
&2)\quad \bar{x} \pm z_{\alpha/2} \frac{\sigma}{\sqrt{n}} \qquad (9.6) \\
&3)\quad \bar{x} \pm z_{\alpha/2}\, \sigma_{\bar{x}}
\end{aligned}
$$

여기서 $z_{\alpha/2}$는 표준정규분포에서 상위 $\alpha/2$ 영역에 대한 z값을 나타내며, 최대오차 E는 μ를 추정하기 위해 $\bar{x}$를 사용할 때의 정도를 나타낸다. 즉, 신뢰구간에서 μ의 값은 $\bar{x}-E$와 $\bar{x}+E$사이에 있다고 $100(1-\alpha)\%$ 확신할 수 있다. 또한, $\bar{x} + z_{\alpha/2}\sigma_{\bar{x}}$를 신뢰상한(upper confidence limit : UCL)이라 하고, $\bar{x} - z_{\alpha/2}\sigma_{\bar{x}}$를 신뢰하한(lower confidence limit : LCL)이라 한다.

모평균에 대한 95% 신뢰구간을 구하는 절차는 아래와 같다.

1) 표준화 확률변수 z를 정의한다. $\bar{x}$의 분포는 n이 클 때 중심극한정리에 의하여 $N(\mu, \sigma^2/n)$을 따르므로 표준화 확률변수는

$$z = \frac{\bar{x}-\mu}{\sigma/\sqrt{n}}$$

이다.

2) 표준정규분포표에 의해 $-1.96 < z < 1.96$ 이 성립할 확률이 95%이다. 그러므로

$$-1.96 < \frac{\bar{x}-\mu}{\sigma/\sqrt{n}} < 1.96$$

이다. 위의 식을 미지 모수인 μ에 대하여 정리하면 μ에 대한 95% 신뢰구간은

$$\bar{x} \pm 1.96 \frac{\sigma}{\sqrt{n}}$$

이다. 이때, $\bar{x} + 1.96 \frac{\sigma}{\sqrt{n}}$은 신뢰상한이고, $\bar{x} - 1.96 \frac{\sigma}{\sqrt{n}}$은 신뢰하한이다.

예제 8 <예제 4>에서 모평균에 대한 90% 신뢰구간을 구하시오.

풀이 $\bar{x} = 871$ (톤), $s = 21$ (톤)이므로 90% 신뢰구간은 다음과 같다.

$$\bar{x} \pm 1.645 \frac{\sigma}{\sqrt{n}}$$

표본의 수가 많으므로 σ 대신 s를 사용하면

$$871 \pm 1.645 \frac{21}{\sqrt{50}} = 871 \pm 4.89$$

이다. 그러므로 일일 평균생산량 μ는 구간 $[866.11, 875.89]$(톤) 사이에 있다고 90% 신뢰할 수 있다.

신뢰구간의 폭은 신뢰계수가 높아질수록 비례하여 넓어진다는데 유의하여야 한다. 이는 어떤 구간이 μ를 포함시킬 확률이 높아지려면 구간의 폭을 넓어야 한다는 것과 일치한다. 많이 사용하는 신뢰계수에 대한 신뢰한계는 <표 9.1>과 같다.

<표 9.1> μ에 대한 신뢰한계

신뢰계수	α	$z_{\alpha/2}$	신뢰하한	신뢰상한
0.90	0.10	1.645	$\bar{x}-1.645\,\sigma/\sqrt{n}$	$\bar{x}+1.645\,\sigma/\sqrt{n}$
0.95	0.05	1.960	$\bar{x}-1.96\,\sigma/\sqrt{n}$	$\bar{x}+1.96\,\sigma/\sqrt{n}$
0.99	0.01	2.58	$\bar{x}-2.58\,\sigma/\sqrt{n}$	$\bar{x}+2.58\,\sigma/\sqrt{n}$

상황에 따라 신뢰계수의 선택이 달라질 수 있는데, 신뢰계수의 선택은 추정치에 대한 원하는 신뢰도에 따라 결정한다.

〔소표본일 때의 신뢰구간〕

미지의 표준편차 σ를 가진 정규모집단으로부터 표본의 크기 $n < 30$인 표본을 사용하여 μ에 대한 $100(1-\alpha)\%$ 신뢰구간을 구할 때, 최대오차 E는 t-분포에 의해 결정된다. 9.2절에서 언급했듯이 추정치의 최대오차 E는 자유도 $n-1$에 대해 $E = t_{\alpha/2}(s/\sqrt{n})$으로 계산된다. 이 결과를 사용하여 μ에 대한 $100(1-\alpha)\%$ 신뢰구간은 $\bar{x} \pm E$이며, 아래와 같이 쓸 수 있다.

$$E = t_{\alpha/2} \frac{s}{\sqrt{n}} \tag{9.7}$$

예제 9 감자를 넣은 5개의 비슷한 크기의 자루 무게가 각각 14.8, 16.1, 15.3, 15.2 및 15.4 파운드이다. 감자가 들어 있는 모든 자루들에 대한 95% 신뢰구간을 구하시오. 모집단의 감자 자루 무게는 정규분포를 따른다고 가정한다.

풀이 표본평균과 표본표준편차는 각각 $\overline{x} = 15.36$ 과 $s = 0.472$ 로 계산된다. 자유도가 $5-1=4$ 이므로, t-분포표로부터 $t_{0.025} = 2.776$ 임을 알 수 있다. 따라서 최대오차 E는 다음과 같다.

$$E = t_{0.025}\frac{s}{\sqrt{n}}$$

$$= (2.776)\left(\frac{0.472}{\sqrt{5}}\right) = 0.59$$

E값을 이용하여 95% 신뢰구간을 구하면 $\overline{x} \pm E = 15.36 \pm 0.59$ 가 된다. 따라서 구하고자 하는 신뢰구간은

$$(15.36 - 0.59\,,\ 15.36 + 0.59)$$

또는 $(14.77\,,\ 15.95)$ 이다.

9.4 모평균의 차이에 대한 추정

두 개의 모평균을 비교하는 문제는 단일 모평균의 추정만큼이나 중요하다. 예를 들어 두 가지 교수법을 비교하는 문제를 생각하여 보자. 학생들을 A와 B의 두 개 그룹으로 임의로 나눈 후 A 그룹에는 방법 1, B 그룹에는 방법 2에 따라 가르친다. 그 후 동일한 시험 절차에 의해 그 결과를 측정함으로서 학생 성취도에 관한 두 그룹의 평균 차를 주론하는 것이다. 또한 화학공장에서 두 공급업체 A, B가 납품한 원료를 사용하여 만든 제품의 평균 생산량에 대한 차를 추론할 수도 있다.

모평균이 μ_1, 모분산이 σ_1^2 인 모집단 1과 모평균이 μ_2, 모분산이 σ_2^2 인 모집단 2의 두 개 모집단으로부터 각각 n_1 과 n_2 개의 임의표본을 뽑는다. 이 때, 임의표본들은 서로 독립이라고 가정한다. 두 개의 임의표본으로부터 계산한 모집단 모수의 추정치들을 $\overline{x_1}$, s_1^2, $\overline{x_2}$, s_2^2 이라 하자.

두 모평균의 차이 $(\mu_1 - \mu_2)$의 점추정 값은 두 표본평균의 차이 $(\overline{x_1} - \overline{x_2})$ 이다. 이 때, 추정값 $(\overline{x_1} - \overline{x_2})$ 의 확률분포는 대표본하에서 평균과 표준편차가 각각

$$E(\overline{x_1} - \overline{x_2}) = \mu_1 - \mu_2$$

$$\sigma_{(\overline{x_1} - \overline{x_2})} = \sqrt{\frac{\sigma_1^2}{n_1} + \frac{\sigma_2^2}{n_2}}$$

인 근사정규분포를 따른다.

σ_1^2과 σ_2^2이 미지일 경우 n_1과 n_2가 각각 30이상일 때, s_1^2과 s_2^2을 대신 사용하여도 오차가 적음을 앞장에서 설명하였다.

예제10 두 종류의 자동차 타이어에 대해 마모 정도를 비교하였다. 마모 정도의 비교를 위하여 각 종류별로 100개씩을 표본으로 추출하여 주행검사를 실시하였다. 타이어가 마모되어 사용하지 못할 때까지의 마일(mile)을 기록하였더니 두 종류의 타이어에 대해 다음과 같은 검사결과가 나왔다.

타이어 1	타이어 2
$\overline{x_1} = 26{,}400$ (마일)	$\overline{x_2} = 25{,}100$ (마일)
$s_1^2 = 1{,}440{,}000$	$s_2^2 = 1{,}960{,}000$

두 종류의 타이어에 대해 평균 사용거리의 차이를 추정하고 추정오차의 한계를 구하시오.

풀이 1) $(\mu_1 - \mu_2)$의 점추정 값은 다음과 같다.

$$\overline{x_1} - \overline{x_2} = 26{,}400 - 25{,}100 = 1{,}300 \text{ (마일)}$$

2) 95% 추정오차의 한계는 다음과 같다.

$$1.96\sqrt{\frac{\sigma_1^2}{n_1} + \frac{\sigma_2^2}{n_2}} \simeq 1.96\sqrt{\frac{s_1^2}{n_1} + \frac{s_2^2}{n_2}}$$

$$= 1.96\sqrt{\frac{1{,}440{,}000}{100} + \frac{1{,}960{,}000}{100}}$$

$$= 1.96\sqrt{34{,}000} = 361.4061$$

대표본 하에서 신뢰계수를 $(1-\alpha)$라 할 때, $(\mu_1 - \mu_2)$에 대한 신뢰구간은 다음의 절차에 의해 구할 수 있다.

1) 표준화 확률변수 z를 정의한다.

$$z = \frac{(\overline{x_1} - \overline{x_2}) - (\mu_1 - \mu_2)}{\sqrt{\frac{\sigma_1^2}{n_1} + \frac{\sigma_2^2}{n_2}}}$$

2) $(\overline{x_1} - \overline{x_2})$는 n이 클 때 중심극한정리에 의해 근사정규분포에 따르므로 다음이 성립한다.

$$P\left(-z_{\alpha/2} < \frac{(\overline{x_1} - \overline{x_2}) - (\mu_1 - \mu_2)}{\sqrt{\frac{\sigma_1^2}{n_1} + \frac{\sigma_2^2}{n_2}}} < z_{\alpha/2}\right) = 1 - \alpha$$

위 식을 미지의 모수 $(\mu_1 - \mu_2)$에 대해 정리하면 아래의 구간을 얻을 수 있다.

$$(\overline{x_1} - \overline{x_2}) \pm z_{\alpha/2} \sqrt{\frac{\sigma_1^2}{n_1} + \frac{\sigma_2^2}{n_2}}$$

$(\mu_1 - \mu_2)$의 추정

① 점추정값 : $\overline{x_1} - \overline{x_2}$

② 추정량의 오차의 한계 : $1.96 \sqrt{\frac{\sigma_1^2}{n_1} + \frac{\sigma_2^2}{n_2}}$

③ $(\mu_1 - \mu_2)$에 대한 $100(1-\alpha)\%$ 신뢰구간

$$(\overline{x_1} - \overline{x_2}) \pm z_{\alpha/2} \sqrt{\frac{\sigma_1^2}{n_1} + \frac{\sigma_2^2}{n_2}}$$

σ_1^2과 σ_2^2이 미지일 경우 n_1과 n_2가 각각 30이상일 때, s_1^2과 s_2^2을 대신 사용한다.

예제11 <예제 10>의 문제에 대해 두 타이어 마모 정도의 평균거리 차이에 대한 99% 신뢰구간을 설정하시오.

풀이 신뢰구간은

$$(\overline{x_1} - \overline{x_2}) \pm 2.58 \sqrt{\frac{\sigma_1^2}{n_1} + \frac{\sigma_2^2}{n_2}}$$

이며, <예제 10>의 결과를 사용하면

$$1300 \pm (2.58)(184.39)$$

이다. 그러므로 신뢰하한은 824.2, 신뢰상한은 1,775.8이며, 추정할 평균거리의 차이가 이 두 점 사이에 포함되어 있을 확률은 99%이다.

9.5 이항모집단의 모수 추정

이항모집단의 모비율 p의 점추정량은 통계량 $\hat{p}=x/n$이다. 즉, 성공의 총 수를 시행 횟수로 나눈 것이다. 따라서 표본비율 $\hat{p}=x/n$는 모비율 p의 점추정 값이 된다. 그러므로 표본비율 $\hat{p}$의 표본분포를 정의함으로서 p의 신뢰구간을 추정할 수 있다.

표본비율 $\hat{p}$는 평균이

$$E(\hat{p}) = E\left(\frac{x}{n}\right) = \frac{1}{n}(np) = p$$

이고, 분산이

$$\sigma^2_{\hat{p}} = Var\left(\frac{x}{n}\right) = \frac{np(1-p)}{n^2} = \frac{p(1-p)}{n}$$

인 근사정규분포를 따른다.

따라서, 표준화 확률변수

$$z = \frac{\hat{p}-p}{\sqrt{p(1-p)/n}}$$

는 표준정규분포를 따르므로 다음이 성립한다.

$$P\left(-z_{\alpha/2} < \frac{\hat{p}-p}{\sqrt{p(1-p)/n}} < z_{\alpha/2}\right) = 1-\alpha$$

모비율 p의 구간 추정치를 구할 때 $\hat{p}$의 표준오차 $\sqrt{p(1-p)/n}$에서 모수 p를 모르므로 대신 표본비율 $\hat{p}$를 사용해야 한다. 즉,

$$-z_{\alpha/2} < \frac{\hat{p}-p}{\sqrt{\hat{p}(1-\hat{p})/n}} < z_{\alpha/2}$$

위의 식을 미지의 모수 p에 대해 정리하면 아래의 구간을 얻을 수 있다.

$$\hat{p} \pm z_{\alpha/2}\sqrt{\hat{p}(1-\hat{p})/n}$$

모비율 p 의 추정

① 점추정값 : $\hat{p}$

② 추정량의 오차의 한계 : $1.96\sqrt{\dfrac{\hat{p}(1-\hat{p})}{n}}$

③ p 에 대한 $100(1-\alpha)\%$ 신뢰구간

$$\hat{p} \pm z_{\alpha/2}\sqrt{\frac{\hat{p}(1-\hat{p})}{n}}$$

예제12 어느 지역의 유권자들 가운데 100명을 임의로 추출하여 후보의 지지도를 조사하였더니 A후보를 지지하는 유권자가 59명으로 나타났다. 이 지역 전체 유권자들 중 A후보를 지지하는 비율을 추정하고 추정오차의 한계를 구하시오. 그리고 95% 신뢰구간을 구하시오.

풀이 1) 점추정값은

$$\hat{p} = \frac{59}{100} = 0.59$$

이고, 95% 추정오차의 한계는

$$\begin{aligned} 1.96\,\sigma_{\hat{p}} &= 1.96\sqrt{\frac{\hat{p}(1-\hat{p})}{n}} \\ &\simeq 1.96\sqrt{\frac{(0.59)(0.41)}{100}} \\ &= 0.096 \end{aligned}$$

이다.

2) p 에 대한 95% 신뢰구간 추정치는

$$\begin{aligned} &\hat{p} \pm 1.96\sqrt{\frac{\hat{p}(1-\hat{p})}{n}} \\ &= 0.59 \pm 1.96\,(0.048) \end{aligned}$$

이다. 그러므로 p 에 대한 95% 신뢰구간은 $[0.494, 0.686]$ 이다.

9.6 두 개의 이항모집단 차이의 추정

두 개의 이항모집단이 각각 모수 p_1과 p_2를 갖는다고 하자. 각각의 모집단으로부터 n_1과 n_2번의 독립시행으로 임의표본이 뽑혀지고, 각 모수의 추정치인 표본비율을 $\hat{p_1}$과 $\hat{p_2}$라 하자. 이 때, $(p_1 - p_2)$의 점추정량 $(\hat{p_1} - \hat{p_2})$는 불편추정량이다.

두 모비율의 차이 $(\hat{p_1} - \hat{p_2})$는 평균이

$$E(\hat{p_1} - \hat{p_2}) = p_1 - p_2$$

이고, 표준오차가

$$\sigma_{(\hat{p}_1 - \hat{p}_2)} = \sqrt{\frac{p_1(1-p_1)}{n_1} + \frac{p_2(1-p_2)}{n_2}}$$

이다. 그러므로 95% 추정오차의 한계는

$$1.96\sqrt{\frac{p_1(1-p_1)}{n_1} + \frac{p_2(1-p_2)}{n_2}}$$

이고, n_1과 n_2가 크면 p_1과 p_2 대신 그 추정치 $\hat{p_1}$과 $\hat{p_2}$를 사용하여도 된다. 이 때, $100(1-\alpha)\%$ 신뢰구간은 아래와 같다.

$$(\hat{p_1} - \hat{p_2}) \pm z_{\alpha/2}\sqrt{\frac{\hat{p_1}(1-\hat{p_1})}{n_1} + \frac{\hat{p_2}(1-\hat{p_2})}{n_2}}$$

두 모비율의 차이 $(p_1 - p_2)$의 추정

① 점추정값 : $\hat{p_1} - \hat{p_2}$

② 추정량의 오차의 한계 : $1.96\sqrt{\frac{p_1(1-p_1)}{n_1} + \frac{p_2(1-p_2)}{n_2}}$

③ $(p_1 - p_2)$에 대한 $100(1-\alpha)\%$ 신뢰구간

$$(\hat{p_1} - \hat{p_2}) \pm z_{\alpha/2}\sqrt{\frac{\hat{p_1}(1-\hat{p_1})}{n_1} + \frac{\hat{p_2}(1-\hat{p_2})}{n_2}}$$

예제13 살충제를 생산하는 제조업자가 자체 개발한 두 종류의 살충제 A, B의 효능을 비교하고자 한다. 동일한 조건의 2개 방에 1,000마리의 같은 해충을 넣은 후, 첫 번째 방은 살충제 A를, 두 번째 방은 살충제 B를 같은 양만큼 사용하였다. 그 결과 두 곳의 방에서 각각 825와 760마리의 해충이 죽었다. 이 두 종류의 살충제에 대한 살충율의 차이를 추정하고, 이에 대한 95% 신뢰구간을 구하시오.

풀이 1) $(p_1 - p_2)$의 점추정값은

$$\hat{p_1} - \hat{p_2} = 0.825 - 0.760 = 0.065$$

이며, 95% 추정오차의 한계는 다음과 같다.

$$
\begin{aligned}
& 1.96\sqrt{\frac{p_1(1-p_1)}{n_1} + \frac{p_2(1-p_2)}{n_2}} \\
\simeq\ & 1.96\sqrt{\frac{\hat{p_1}(1-\hat{p_1})}{n_1} + \frac{\hat{p_2}(1-\hat{p_2})}{n_2}} \\
=\ & 1.96\sqrt{\frac{(0.825)(0.175)}{1000} + \frac{(0.760)(0.240)}{1000}} \\
=\ & 0.035
\end{aligned}
$$

2) 95% 신뢰구간은

$$(\hat{p_1} - \hat{p_2}) \pm z_{\alpha/2}\sqrt{\frac{\hat{p_1}(1-\hat{p_1})}{n_1} + \frac{\hat{p_2}(1-\hat{p_2})}{n_2}}$$

에 의해 $[0.033, 0.103]$이다.

9.7 표본의 크기 결정

모집단의 성질과 특성을 알기 위한 수단으로 표본의 정보를 이용하였다. 모집단에서 표본을 추출하는 일은 통계의 시작이라 할 수 있는데, 표본의 크기는 결과의 정밀도와 경제적 사항을 고려하여 결정하여야 한다. 예를 들어 표본이 모집단에 가깝게 크면 정밀도를 높일 수 있어 유리하지만, 시간적 경제적 손실에 대한 불이익을 감수하여야 한다. 본 절에서는 비용의 문제는 고려하지 않고, 추정오차의 한계를 제시하여 이에 알맞은 표본 크기를 결정하는 방법만 소개하도록 한다.

θ를 추정할 모수, $\sigma_{\hat{\theta}}$를 점추정량의 표준오차, E를 추정오차의 한계라 하면 다음과 같은 식으로부터 표본의 크기 n을 구할 수 있다.

$$z_{\alpha/2}\,\sigma_{\hat{\theta}} = E$$

여기서, $z_{\alpha/2}$는 앞 절에서 정의한 z 값이다.

예제14 실험에서 자극에 대한 반응은 개인에 따라 다르나 A, B 가운데 하나로 나타난다고 하자. 실험자는 사람이 A 반응을 보일 확률 p를 추정하려고 한다. 신뢰계수를 0.9라 하고 추정오차는 0.004 이하를 원한다. 여기서, p의 추정값을 0.6이라 가정하였을 때 표본의 크기를 결정하여라.

풀이 신뢰계수가 0.9이므로 $z_{0.05} = 1.645$ 이고 $1.645\ \sigma_{\hat{p}} = 0.04$ 이다. 따라서

$$1.645\sqrt{\frac{\hat{p}(1-\hat{p})}{n}} = 0.04$$

$$1.645\sqrt{\frac{(0.6)(0.4)}{n}} = 0.04$$

이므로 $n = 406$ 이다.

예제15 A산업 근로자들을 대상으로 두 가지 훈련법의 효과를 비교하고자 한다. 이 회사 근로자들을 같은 크기의 두 개 그룹으로 나눈 후 같은 조건 하에서, 첫 번째 그룹에는 방법 1로, 두 번째 그룹에는 방법 2로 훈련을 시켰다. 훈련방법은 각 개인별로 회의를 운영하게 하고 운영한 회의 시간을 기록하였으며, 두 그룹의 회의 시간에 관한 범위는 약 8분으로 기대된다. 만약 회의 평균시간 차이의 추정치가 1분 이내에 있을 확률이 0.95가 되게 하려면, 얼마나 많은 직원들이 훈련 그룹에 포함되어야 하는가?

풀이 차이가 1분 이내일 확률이 95% 이므로

$$1.96\,\sigma_{(\overline{x_1} - \overline{x_2})} = 1\ (\text{분})$$

이며

$$1.96\sqrt{\frac{\sigma_1^2}{n_1} + \frac{\sigma_2^2}{n_2}} = 1$$

의 식을 세울 수 있다. 조건에서 $n_1 = n_2 = n$ 이므로

$$1.96\sqrt{\frac{\sigma_1^2}{n} + \frac{\sigma_2^2}{n}} = 1$$

이다. 같은 조건 하에서 회의가 이루어 졌으므로 각 방법의 변동은 같다고 할 수 있다. 따라서 $\sigma_1^2 = \sigma_2^2 = \sigma$ 라 두자. 범위가 동일하게 8분이므로 $2 \times 2\sigma \approx 8$ 이다. 즉, $\sigma = 2$ 이므로

$$1.96\sqrt{\frac{2^2}{n} + \frac{2^2}{n}} = 1$$

를 만족하는 n 을 구한다.

$$1.96\sqrt{\frac{8}{n}} = 1$$

이므로, $n \approx 31$ (명) 이다.

9.8 카이제곱분포

모분산과 모표준편차를 추정하기 위해, χ^2-분포와 친해질 필요가 있다. 모분산이 σ^2 인 정규모집단으로부터 크기 n 인 표본을 추출하였다면, 통계량

$$\frac{(n-1)\,s^2}{\sigma^2}$$

의 표본분포는 자유도 $n-1$ 인 χ^2-분포를 따른다. χ^2-통계량은

$$\chi^2 = \frac{(n-1)\,s^2}{\sigma^2}$$

으로 주어지는데, 여기서 n 은 표본의 크기, s^2 은 표본분산, σ^2 은 모집단의 분산이

다. $s^2 = \sum(x-\bar{x})^2/(n-1)$ 이므로, χ^2-통계량을 다음과 같이 쓸 수도 있다.

$$\chi^2 = \frac{\sum(x-\bar{x})^2}{\sigma^2}$$

χ^2-분포는 다음과 같은 특징이 있다.

① χ^2 값은 0보다 크거나 같다.
② χ^2-분포의 모양은 자유도 $n-1$의 값에 따라 변한다.
③ χ^2-곡선 아래와 수평선 위의 면적은 1이다.
④ χ^2-분포는 대칭이 아니다. 오른쪽으로 꼬리가 길게 늘어진 모습이다.
⑤ $n>2$일 때, 자유도가 $n-1$인 χ^2-분포의 평균은 $n-1$이고, 분산은 $2(n-1)$이다.
⑥ χ^2-분포의 정점은 $n-3$ 부근에서 찾을 수 있다.

<그림 9.7>은 χ^2-분포를 나타낸 것이다. χ^2-분포의 정점은 $(n-3)=$ (자유도 -2) 부근에 있다.

부록의 <표 6>는 10개의 α 값에 대한 임계값 $\chi^2_\alpha(df)$을 나타내고 있다. $\chi^2_\alpha(df)$은 자유도 df를 가진 χ^2-분포에 대한 임계값을 의미한다.

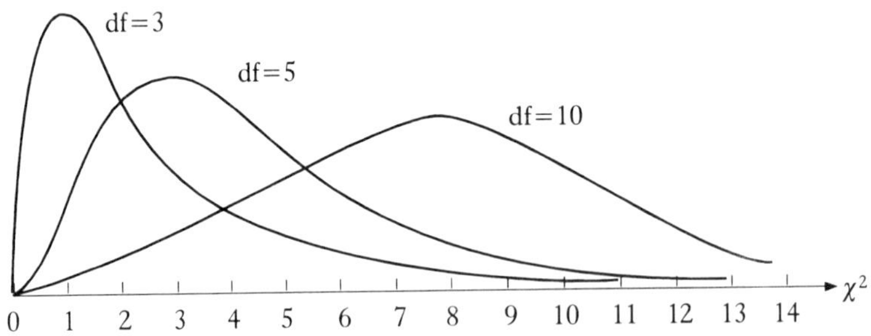

<그림 9.7> χ^2-분포의 그래프

예제16 부록의 <표 6>로부터 임계값 $\chi^2_{0.10}(13)$ 을 찾아라.

풀이 자유도 행에서 $df=13$ 을 찾고 오른쪽 꼬리 부분을 나타내는 열에서 $\alpha = 0.10$ 인 열과 만나는 지점을 찾으면 $\chi^2_{0.10}(13) = 19.812$ 이다.

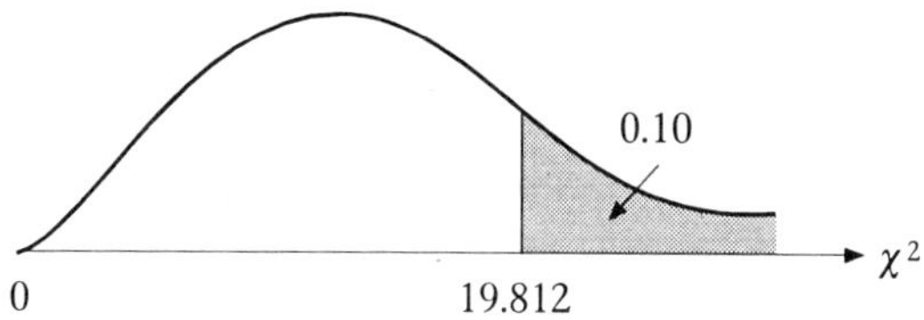

<그림 9.8> $\chi^2_{0.10}(13)$ 의 값

예제17 버스가 종점까지 도착하는데 필요한 시간은 표준편차가 $\sigma = 1$ 분인 정규분포를 따른다고 하자. 만약 17대의 버스를 임의표본으로 하여 도착시간을 조사하여 표본분산이 2보다 클 확률, 즉, $P(s^2 > 2)$ 을 구하시오.

풀이 먼저 $s^2 = 2$ 에 대응하는 χ^2-값을 아래와 같이 구한다.

$$\chi^2 = \frac{(n-1)s^2}{\sigma^2} = \frac{(17-1)2^2}{1^2} = 32$$

즉, $P(s^2 > 2) = P(\chi^2 > 32)$ 이다. 부록의 <표 6>에서 자유도가 $df = 17-1 = 16$ 인 행에서, 32 가 되는 지점을 찾아 대응하는 α 값을 보면 0.01 이다. 따라서 구하고자 하는 확률은 $P(s^2 > 2) = 0.01$ 이다.

〔σ^2 과 σ 의 신뢰구간〕

때로는 모집단의 분산을 구할 필요가 있다. 볼트와 너트를 생산하는 회사에서는 모든 생산품들을 오차 허용 한도에 맞게 만들어 내야 한다. 지름의 길이가 8.4mm인 볼트는 구멍의 크기가 8mm인 너트에는 사용할 수 없다.

예제18 볼트 제작자는 직경이 8mm인 볼트를 생산해 내고 있는데, 볼트의 직경은 정규분포를 따른다고 한다. 품질관리 부서에서는 8mm 볼트의 직경에 대한 분산을 추정하기 위해 생산라인에서 25개의 볼트를 표본으로 추출하였다. 표본으로 추출된 볼트의 직경에 대한 분산은 $s^2 = 0.009$ 이었다. 표본분산 $s^2 = 0.009$ 는 모든 8mm 볼트 생산품에 대한 모분산 σ^2의 점추정 값이다.

이제, 모분산 σ^2에 대한 95% 신뢰구간을 구하기 위해 <그림 9.9>을 보자.

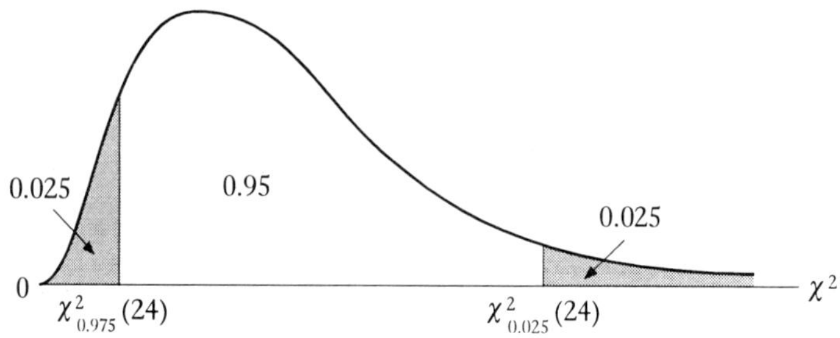

<그림 9.9> σ^2 의 95% 신뢰구간에 대한 임계값

두 개의 임계값들 사이의 면적이 0.95가 되도록 하고, "꼬리" 부분의 면적이 각각 0.025가 되는 두 지점을 결정하면 된다. 즉, $\chi^2_{0.975}(24)$ 는 그 곳의 오른쪽 부분의 면적이 0.975이고, 왼쪽 부분의 면적이 0.025가 되는 지점이다. 일반적으로, $\chi^2_{\alpha/2}(df)$ 는 오른쪽 꼬리 부분의 임계값을 나타내고, $\chi^2_{1-\alpha/2}(df)$ 는 왼쪽 꼬리부분의 임계값을 나타낸다. 부록의 <표 6>를 사용하여, 아래와 같은 임계값들을 찾을 수 있다.

$$\chi^2_{0.975}(24) = 12.401\ , \quad \chi^2_{0.025}(24) = 39.364$$

위의 값들을 σ^2에 대한 95% 신뢰구간을 구하는데 사용할 수 있다. 신뢰구간 (L_1, L_2) 를 다음과 같이 표시하자.

$$P(L_1 < \sigma^2 < L_2) = 0.95$$

여기서, L_1 과 L_2 는 각각 σ^2 의 신뢰하한과 신뢰상한이다. χ^2-통계량은 다음과 같이 정의되므로

$$\chi^2 = \frac{(n-1)\,s^2}{\sigma^2}$$

신뢰 한계값 L_1과 L_2를 구하기 위해 σ^2에 대해 이 방정식을 정리할 수 있다.

$$\sigma^2 = \frac{(n-1)\,s^2}{\chi^2} \tag{9.17}$$

신뢰한계 L_1과 L_2를 구하기 위해, 식 (9.17)에서 χ^2 대신에 임계값을 대입해 보면, 한계값들은 각각

$$\sigma^2 = \frac{(n-1)\,s^2}{\chi^2} = \frac{(25-1)\,(0.009)}{39.364} = 0.0055$$

이고,

$$\sigma^2 = \frac{(n-1)\,s^2}{\chi^2} = \frac{(25-1)\,(0.009)}{12.401} = 0.0174$$

식 (9.17)을 이용하여 얻은 작은 값이 신뢰하한 L_1이고, 더 큰 값이 신뢰상한인 L_2이다. 따라서 σ^2의 95% 신뢰구간은 (0.006, 0.017)이다. 만일, 볼트 생산자가 판단하기에 이 값을 채택할 수 있다고 했을 때, 다음에 얻은 표본의 표본분산이 $s^2 = 0.20$이라면, 이것은 신뢰구간 (0.006, 0.017) 범위에 있는 값이 아니므로 볼트 생산의 품질관리에 문제가 있다고 생각할 수 있다.

다음은 σ^2에 대한 $100(1-\alpha)\%$ 신뢰구간을 구하는 공식이다.

σ^2에 대한 $100(1-\alpha)\%$ 신뢰구간

$$L_1 = \frac{(n-1)\,s^2}{\chi^2_{\alpha/2}(df)} \qquad L_2 = \frac{(n-1)\,s^2}{\chi^2_{1-\alpha/2}(df)} \tag{9.18}$$

여기서, n은 표본의 크기이고, s^2는 표본분산이다.

정규모집단의 모집단 표준편차 σ의 신뢰구간을 구하기 위해, 식 (9.18)에서 얻은 한계값들의 양의 제곱근을 사용할 수 있다. σ의 신뢰구간은 다음과 같다.

σ에 대한 $100(1-\alpha)\%$ 신뢰구간

$$\left(\sqrt{L_1}\,,\ \sqrt{L_2}\right)$$

여기서, L_1과 L_2는 식 (9.18)에서 얻은 값들이다.

예제19 <예제 18>에서 σ에 대한 95% 신뢰구간을 구하면 다음과 같다.

$$(\sqrt{L_1}, \sqrt{L_2}) = (\sqrt{0.006}, \sqrt{0.017}) = (0.078, 0.130)$$

EXCEL 실습

[실습 1] 점추정값의 계산

> 모평균과 모분산의 점추정량인 표본평균과 표본분산은 [수식 입력줄]에서 함수 <AVERAGE>와 <VAR>을 사용하거나 [도구]→[데이터 분석]→[기술 통계법]의 대화상자를 이용하여 계산할 수 있다.

예제20 다음은 미국 프로야구 메이저 리그 선수들 중 연봉을 500만 달러 이상 받는 타자들 가운데 13명을 임의로 추출하여 그들의 지난 해 홈런 수를 조사한 자료이다.

49 32 33 39 22 42 9 9 39 52 58 70 65

이 때, 표본평균과 표본분산을 구하여라.

1) [수식 입력줄]에서 함수 <AVERAGE>와 <VAR>을 사용하는 경우

◀ 1단계 : 워크시트에 자료를 입력한다.

◀ 2단계 : 셀 B15에 평균을 계산한다.

① 셀 B15를 선택한 후

② 수식 입력줄에 '=AVERAGE(A1:A13)'을 입력

◀ 3단계 : 셀 B16에 분산을 계산한다.

① 셀 B16을 선택한 후

② 수식 입력줄에 '=VAR(A1:A13)'을 입력

	A	B
1	49	
2	32	
3	33	
4	39	
5	22	
6	42	
7	9	
8	9	
9	39	
10	52	
11	58	
12	70	
13	65	
14		
15	평균	39.92308
16	분산	369.9103

<그림 9.10> 함수 <AVERAGE>와 <VAR>을 사용하여 얻은 결과

2) [기술 통계법] 대화상자를 이용할 경우

◀ 1단계 : 워크시트에 자료를 입력한다.

◀ 2단계 : [도구] 메뉴에서 [데이터 분석]→[기술 통계법]을 선택한다.

◀ 3단계 : [기술 통계법] 대화상자에서 <그림 9.11>과 같이 입출력에 필요한 사항(입력범위, 출력범위, 요약 통계량 등)을 입력한 후, "확인"을 클릭한다.

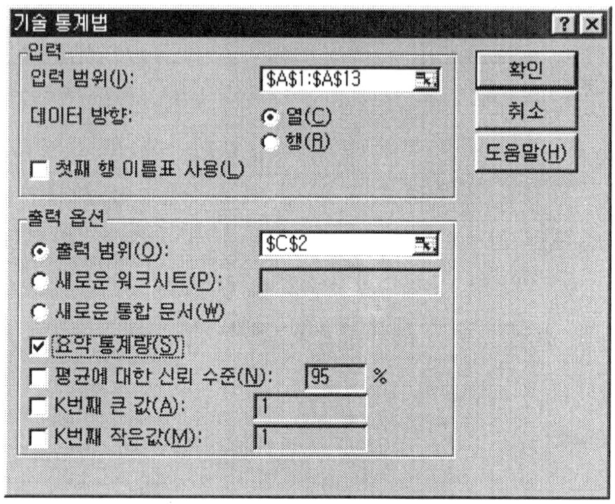

<그림 9.11> [기술 통계법] 대화상자를 이용한 통계량의 계산

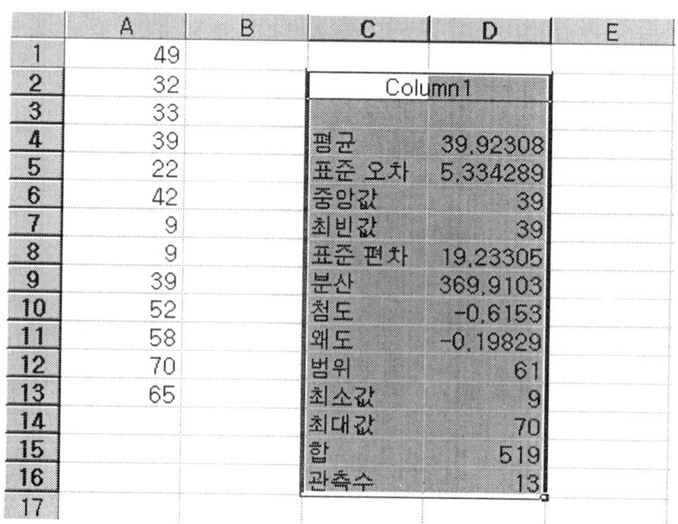

	A	B	C	D	E
1	49				
2	32		Column1		
3	33				
4	39		평균	39.92308	
5	22		표준 오차	5.334289	
6	42		중앙값	39	
7	9		최빈값	39	
8	9		표준 편차	19.23305	
9	39		분산	369.9103	
10	52		첨도	-0.6153	
11	58		왜도	-0.19829	
12	70		범위	61	
13	65		최소값	9	
14			최대값	70	
15			합	519	
16			관측수	13	
17					

<그림 9.12> [기술 통계법] 대화상자를 이용하여 얻은 결과

[실습 2] 구간 추정치의 계산

EXCEL에서 구간추정을 위해 사용할 수 있는 함수는 <CONFIDENCE>이다. 함수 <CONFIDENCE>는 모분산 σ^2이 알려져 있는 정규모집단의 모평균 μ에 대한 $100(1-\alpha)\%$ 신뢰구간을 추정할 때 사용할 수 있다.
모분산 σ^2가 알려져 있지 않은 경우에는 [도구]→[데이터 분석]→[기술 통계법] 대화상자를 이용한다.

1. 모평균 μ의 구간추정

1) σ^2을 아는 경우 : 함수 <CONFIDENCE>를 사용하여 모평균 μ를 추정할 수 있다.

예제21 A회사에서 생산하는 비누의 무게는 분산이 $\sigma^2 = 4(g)$인 정규분포를 따른다. 25개의 비누를 임의로 추출하였을 때 그 평균무게는 $\bar{x} = 97(g)$이었다. 실제 평균무게 μ에 대한 95% 신뢰구간을 구하시오.

◀ 1단계 : [함수 마법사] 대화상자에서 [통계]→[CONFIDENCE]를 선택한다.

◀ 2단계 : [CONFIDENCE]의 대화상자에서

① Alpha : 유의수준 0.05를 입력

② Standard_dev : 모표준편차 2를 입력

③ Size : 표본의 크기 25를 입력하여 $z_{\alpha/2}\dfrac{\sigma}{\sqrt{n}}$ 을 구한다.

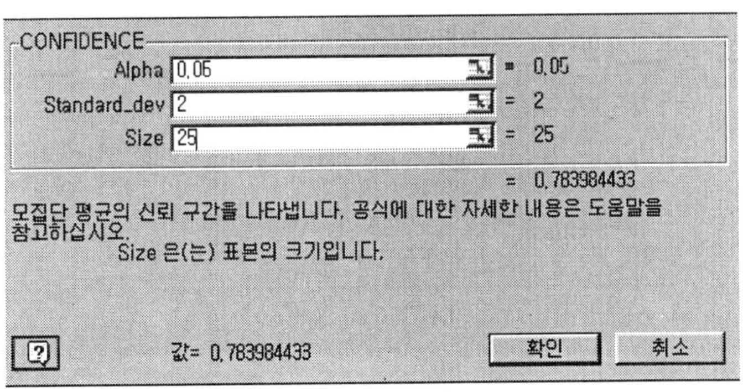

<그림 9.13> 함수 [CONFIDENCE]를 이용하여 신뢰구간을 구하기

따라서, μ에 대한 95% 신뢰구간은

$$\left[\bar{x} - z_{\alpha/2}\frac{\sigma}{\sqrt{n}},\ \bar{x} + z_{\alpha/2}\frac{\sigma}{\sqrt{n}}\right]$$

$$= [124 - 0.7840, 124 + 0.7840] = [123.216,\ 124.784]$$

가 된다.

2) σ^2가 알려져 있지 않은 경우 :

[도구]→[데이터 분석]→[기술통계법]을 이용한다.

예제22 <예제 20>에서 사용했던 미국 프로야구 메이저 리그 선수들의 지난 해 홈런 수에 대한 자료를 이용하여, 평균 홈런 수 μ에 대한 95% 신뢰구간을 구하시오.

◀ 1단계 : 워크시트에 자료를 입력한다.

◀ 2단계 : [도구]→[데이터 분석]→[기술통계법]을 선택한다.

◀ 3단계 : [기술통계법] 대화상자에서 필요한 사항들(입력범위, 출력범위, 요약통계량 및 평균에 대한 신뢰수준)을 입력한다.

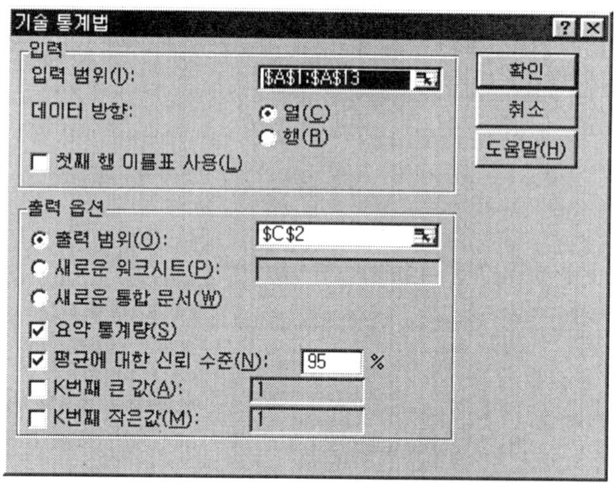

<그림 9.14> [기술통계법] 대화상자를 이용한 기술통계량의 계산

	A	B	C	D	E
1	49				
2	32		Column1		
3	33				
4	39		평균	39.92308	
5	22		표준 오차	5.334289	
6	42		중앙값	39	
7	9		최빈값	39	
8	9		표준 편차	19.23305	
9	39		분산	369.9103	
10	52		첨도	-0.6153	
11	58		왜도	-0.19829	
12	70		범위	61	
13	65		최소값	9	
14			최대값	70	
15			합	519	
16			관측수	13	
17			신뢰 수준(9	11.62242	
18					

<그림 9.15> [기술통계법] 대화상자를 이용한 기술통계량의 계산 결과

<그림 9.15>에서 표본평균은 39.923, 표본표준편차는 19.233이며, "95% 신뢰수준"의 값이 11.622인데, 이 값은 $t_{0.025}(12)\dfrac{19.233}{\sqrt{13}} = 11.622$ 를 의미한다. 따라서 μ 에 대한 95% 신뢰구간은 다음과 같다.

$$(39.923 - 11.622,\ 39.923 + 11.622) = (28.301,\ 51,545)$$

2. 모분산 σ^2 의 구간추정

> EXCEL에서는 모분산이나 모비율 등에 대한 신뢰구간을 구할 수 있는 함수나 도구는 마련되어 있지 않다. 따라서 이러한 경우에는 여러 가지 통계량과 분포의 백분위수를 구하는 함수를 적절하게 사용하여 신뢰구간을 구할 수 있다.

예제23 <예제 20>에서 사용했던 미국 프로야구 메이져 리그 선수들의 지난해 홈런 수에 관한 자료를 이용하여, 모분산 σ^2 에 대한 95% 신뢰구간을 구하시오.

◀ 1단계 : 워크시트에 자료를 입력한다.

◀ 2단계 : [수식 입력줄]에 다음과 같이 상한값과 하한값을 구하는 함수를 사용한다.

① 하한값 : =(n-1)*VAR(자료의 범위)/CHIINV($\alpha/2, n-1$)

② 상한값 : =(n-1)*VAR(자료의 범위)/CHIINV($1-\alpha/2, n-1$)

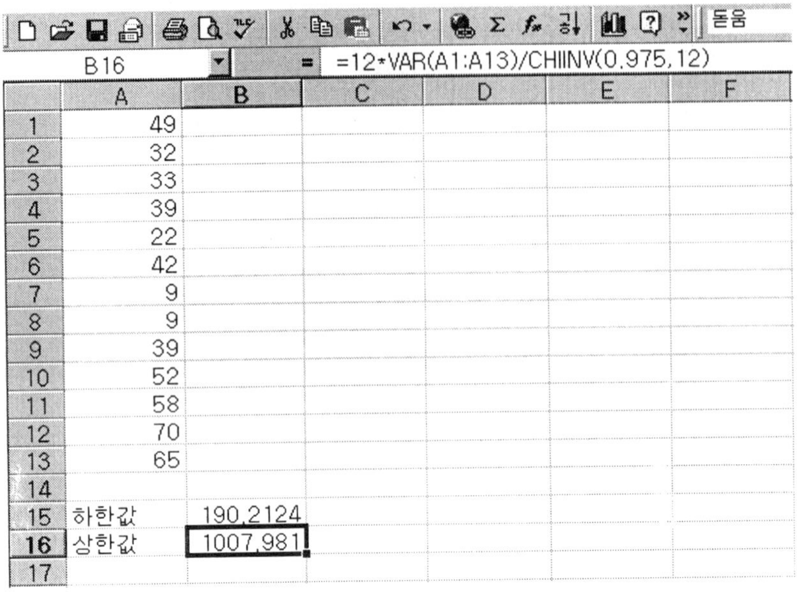

<그림 9.16> 모분산의 95% 신뢰구간

연 습 문 제

[1] 표본수와 모분산이 다음과 같을 때 모평균 μ에 대한 95% 추정오차의 한계를 구하시오.

1) $n = 20,\ \sigma^2 = 4$
2) $n = 100,\ \sigma^2 = 0.9$
3) $n = 50,\ \sigma^2 = 12$

[2] 모평균 μ에 대한 $100(1-\alpha)\%$ 신뢰구간을 구하시오.

1) $\alpha = 0.01,\ n = 38,\ \bar{x} = 34,\ s^2 = 12$
2) $\alpha = 0.10,\ n = 65,\ \bar{x} = 1049,\ s^2 = 51$
3) $\alpha = 0.05,\ n = 89,\ \bar{x} = 66.3,\ s^2 = 2.48$

[3] n개의 확률표본을 미지의 모평균 μ와 모표준편차 $\sigma = 10$인 모집단으로부터 추출하였다. n이 아래와 같을 때, 모평균 μ에 대한 95% 신뢰구간을 구하시오.

1) $n = 100$
2) $n = 200$
3) $n = 400$

[4] 연습문제 [3]에서 구한 신뢰구간을 비교하여 보자. 아래와 같은 요인들이 신뢰구간의 폭에 어떤 영향을 미치는가?

1) 표본의 크기를 2배로 하였을 때
2) 표본의 크기를 4배로 하였을 때

[5] 연습문제 [3]과 관련하여

1) $n = 100$일 때, μ에 대한 90% 신뢰구간의 폭을 계산하시오.
2) $n = 100$일 때, μ에 대한 99% 신뢰구간의 폭을 계산하시오.
3) μ에 대한 90%, 95%, 99% 신뢰구간의 폭을 비교하여 보시오. 신뢰계수가 증가함에 따라 신뢰구간의 폭에 어떤 영향을 미치는가?

[6] 지질학자는 지각균열에 따른 지각의 변화와 움직임에 관심이 있다. 특정 위치에서 지각의 움식임을 관찰하다가 암반 구조에 많은 균열이 있음을 발견하였다. 균열의 평균 각도를 추정하기 위하여 $n = 50$개의 균열 상태를 뽑아 각도를 측정하여 본 결과, 표본평균과 표본표준편차가 각각 $39.8°$와 $17.2°$인 것

을 알았다. 균열의 평균 각도를 신뢰수준 95%로 추정하고 추정오차의 한계를 구하시오.

[7] 저축률의 증가는 경제에서 신뢰성의 상실과 밀접한 관계가 있고, 경기 후퇴의 징후라 여겨진다. 어느 지역에서 $n=200$ 명을 표본으로 추출하여 조사하여 보니 저축액이 지난 12개월 동안 평균 7.2% 증가하였고, 표준편차는 5.6%이었다. 그 지역의 모든 예금자들에 대한 지난 12개월 동안의 저축액의 평균 증가율(%)을 추정하고, 95% 추정오차의 한계를 구하시오.

[8] U시에 살고 있는 392명의 건강한 어린이들에 대하여 지방에 녹는 비타민, 즉 비타민 A, 비타민 E, β-카로틴 및 콜레스테롤의 혈중농도를 측정하였다. 정상적인 영양섭취와 식사 습관을 가진 공업도시에 살고 있는 어린이들에 대한 기준을 아는 것은 다른 열악한 조건 하에서 살고 있는 어린이들의 기준을 설정하는데 매우 중요하다. 측정 결과는 다음과 같다.

	평균 ±표준편차 ($n=392$)	소년 ($n=207$)	소녀 ($n=185$)
레티놀($\mu g/dl$)	42.5 ± 12.0	43.0 ± 13.0	41.8 ± 10.7
β-카로틴($\mu g/l$)	572 ± 381	588 ± 406	553 ± 350
비타민 E(mg/l)	9.5 ± 2.5	9.6 ± 2.7	9.5 ± 2.2
콜레스테롤(g/l)	1.84 ± 0.42	1.84 ± 0.47	1.83 ± 0.38
비타민 E / 콜레스테롤(mg/g)	5.26 ± 1.04	5.26 ± 1.11	5.26 ± 0.25

1) 소년들의 모집단에 대한 평균 콜레스테롤에 대해 99% 신뢰구간을 구하시오. 이 구간의 의미는 무엇인가?
2) 소녀들의 모집단에 대한 평균 β-카로틴에 대해 99% 신뢰구간을 구하시오. 이 구간의 의미는 무엇인가?
3) 이 측정 결과가 이 연령층의 모든 소년, 소녀들에 대한 혈중농도를 추정하는데 사용될 수 있는가? 아니라면 그 이유는 무엇인가?

[9] 실험방법에 따른 변이, 원료의 불순 가능성 및 다른 미지의 요인들에 의해 화학실험의 결과는 항상 동일한 결과가 나타나지 않는다. 30명의 학생들이 30분

동안 전기분해 실험을 실시하여 구리 황산염의 포화용액으로부터 침전된 구리의 양을 측정한 결과 표본평균 0.145(mole)과 표본표준편차 0.0051(mole)을 각각 얻었다. 모든 기간 동안 포화용액으로부터 침전된 구리의 평균에 대한 90% 신뢰구간을 구하시오.

[10] 대기오염의 결과로 나타나고 있는 산성비에 대한 문제가 제기되고 있다. 산성의 측도는 pH값을 사용하고 있는데, pH값이 0에 가까워질수록 산성의 농도가 짙고 14에 가까워질수록 알칼리성의 농도를 가진다. 오염이 되지 않은 지역에서 채집한 순수 빗물의 산성도를 측정한 결과 5.7pH 값을 얻었다. 지금 40개의 실험관에 든 빗물을 표본으로 하여 산성도를 측정한 결과 표본평균 3.7과 표본표준편차 0.5를 얻었다. 이 빗물의 산성도에 대한 99% 신뢰구간을 구하고, 그 구간의 의미를 설명하시오. 신뢰구간을 정확하게 규정하기 위하여 어떤 가정을 세워야 하는가?

[11] 식이요법 A와 B를 비교하기 위하여 실험을 실시하였다. 과체중 식이요법을 하는 그룹에서 각각 30명의 두 집단을 임의로 추출하였다. 집단 A에게 식이요법 A를, 집단 B에게 식이요법 B를 30일 동안 실시하고 그들의 감소된 체중을 기록하였다. 두 집단의 감소된 체중의 평균과 표준편차는 아래와 같다. 두 식이요법에 대한 평균 감소체중의 차이에 대한 95% 신뢰구간을 구하시오.

	식이요법 A	식이요법 B
평균	21.3	13.4
표준편차	2.6	1.9

[12] 연안에서 멀리 떨어지지 않은 앞바다에 해상 원자력 발전소를 건설하는 일이 전력부족을 해결하는 하나의 방법으로 검토되고 있다. 그러나 다른 선박들과의 충돌 우려가 있으므로 그 지역의 선박교통량의 측정이 선행되어야 한다. 하절기 $n_1 = 60$ 일 동안 매일 발전소 건설예정지로부터 10마일 이내의 바다를 통과하는 선박들의 수를 기록하여 표본평균과 분산을 구하였더니 다음과 같았다.

$$\bar{x} = 7.2, \quad s^2 = 8.8$$

1) 건설 예정지의 10마일 이내의 바다를 통과하는 일일 평균 선박 수에 대한 95% 신뢰구간을 구하시오.
2) 동절기 $n_2 = 90$ 일 동안 같은 지역을 통과한 선박 수에 대한 표본평균과 분산을 구하였더니 아래와 같았다.

$$\bar{x} = 4.7, \quad s^2 = 4.9$$

여름과 겨울 사이의 평균 선박 교통량의 차이에 대한 90% 신뢰구간을 구하시오.
3) 2)에서 추정과 관련된 모집단은 무엇인가? 1)과 2)에서 표본추출절차가 공평하다고 할 수 있는가?

[13] 어느 대학교 학생생활연구소에서는 전국에서 임의로 추출한 2,000명의 고등학생들을 대상으로 자신이 당면한 가장 중요한 문제가 무엇인가에 대한 여론조사를 실시하여 다음과 같은 결과를 얻었다.

졸업 후의 진로	:	1,134명
성적문제	:	234명
이성문제	:	111명
가정문제	:	97명
기타	:	424명

1) 전국 고등학교 학생들이 가지는 문제들 중 졸업 후의 진로에 관한 사항에 대해 모비율을 추정하시오.
2) 이 사항에 대해 99% 신뢰구간을 구하시오.

[14] S 여론조사기관에서 현 정부의 개혁정책에 대한 여론조사를 실시하였다. 전국에서 1,500명을 무작위로 추출하여 조사해 본 결과 응답자의 87.3%가 현 정부의 개혁정책을 지지하는 것으로 나타났다.

1) 모비율에 관한 점추정 값을 구하고 추정오차의 한계를 구하시오.
2) 모비율에 대한 95% 신뢰구간을 구하시오.

[15] 여당과 야당으로부터 각각 50명의 국회의원을 임의로 추출하여 이들이 정치 후원단체들로부터 지원을 받고 있는가에 대한 질문에 대해 여당의원들 중 42명과 야당의원들 중 25명이 지원을 받고 있다고 답하였다.

1) 여당과 야당의원들의 지원비율의 차이에 대한 점추정 값을 구하고 95% 추정오차의 한계를 구하시오.
2) 95% 신뢰구간을 구하시오.

[16] n 개의 표본을 가지고 모평균을 추정하려고 하는데, 과거의 경험에 의해 모표준편차가 $\sigma = 12.7$ 임을 알고 있다. 만약, 모평균 μ 와의 오차가 1.6 이내일 확률이 0.95로 하려면 표본의 크기 n 을 얼마로 하여야 하는가?

[17] 어느 실험에서 약을 복용한 환자의 60%가 수면을 취하도록 처방하기로 하였다. 모비율에 대한 오차가 0.02 이내일 확률이 0.90이라면 몇 명의 환자를 표본으로 해야 하는가?

[18] 2대의 자동차를 대상으로 휘발유 연비에 대한 실험을 실시하였다. 40회의 실험을 실시한 결과 $1l$ 당 주행거리의 평균과 표준편차는 다음과 같다. 모집단에서 관심 있는 모수는 각 자동차의 $1l$ 당 평균주행거리인 μ_1 과 μ_2 이다. 2대 자동차에 대한 $1l$ 당 평균주행거리 차이에 대해 90% 신뢰구간을 구하고, 이 구간의 의미에 대하여 설명하시오.

	자동차 1	자동차 2
평균	22.3	25.1
표준편차	1.1	1.3

[19] 1993년도 국세수입은 전년도에 비해 7,400억원이 증가할 것이라 예상되고 있다. 그러나 1993년의 국가지출도 이와 비슷하게 증가할 것으로 예상되어 100억원 이상의 적자가 예상된다. 1989년에 실시한 여론조사에 의하면 경영자의 71%와 근로자의 75%가 세수 증가에 대한 지출을 줄여 적자를 감소시켜야 한다는 의견에 동조하였다. 만약 조사에 참가한 경영자와 근로자의 수가 각각 1,500명이었다면, 지출 감소에 동조하는 모비율의 차이 $(p_1 - p_2)$ 에 대한 99% 신뢰구간을 구하시오.

제10장 가설검정

모집단 모수의 값을 추정해야 하는 경우가 있는 반면, 모수 값에 관해 어떤 결정을 내려야 할 경우도 있다. 항생물질을 발효시켜 약을 만드는 어느 제약회사의 예를 들어 보자. 이 회사에서는 제조 공정에서 표본을 추출하여 항생제의 효능을 검정할 수도 있고, 평균효능 μ를 추정할 수도 있을 것이다. 이 회사의 관심이 항생제의 효능이 좋은가에 있는 것이 아니라, 판매 허가권을 취득하기 위해 효능이 정부에서 제정한 공인 기준을 넘는가의 여부에 있다고 하자. 이 경우 회사에서는 평균효능의 추정보다는, 평균효능이 정부공인기준을 넘는가를 보이려 할 것이다. 회사는 항생제의 평균효능이 허가 받을 수 있는 최소값을 넘는가의 여부를 결정하고 싶으며, 이 회사에서 해결해야 할 문제는 통계적 가설검정의 예가 된다.

통계적 가설검정을 실시하는 목적은 하나 또는 그 이상의 모집단 모수 값에 대한 가설을 검정하는 것이다.

10.1 가설검정의 논리

통계적 추정 절차와는 달리 가설검정은 탐색적인 절차가 아니다. 가설검정은 미지의 값을 탐색하는 것 보다는 고정되고 알 수 있는 값과 관심 있는 모수들의 관계를 확신하는데 더 중점을 둔다.

가설검정은 두 개의 통계적 가설들로 이루어지는데, 하나의 가설이 채택되면 다른 가설은 기각된다. 연구자들이 입증하고자 하는 가설을 실험가설(experimental hypothesis) 또는 대립가설(alternative hypothesis)이라 하고 H_1 으로 표기한다. 이와는 반대되는 가설을 귀무가설(null hypothesis)이라 하고 H_0 로 표기한다. 귀무(null)는 아무 것도 없다는 의미이다. 이 두 가지 가설을 포함하여 통계적 가설검정을 실시하기 위하여 필요한 네 가지 요소는 다음과 같다.

1) 귀무가설(null hypothesis)
2) 대립가설(alternative hypothesis)
3) 검정통계량(test statistic)
4) 기각역(rejection region)

대립가설에는 실험자가 입증하기를 원하는 내용을 설정하며, 반대로 귀무가설에는 대립가설과 반대되며 기각되기를 원하는 내용을 설정한다. 즉, 귀무가설이 참(true)이면 대립가설은 거짓(false)이 되며, 대립가설이 참이면 귀무가설은 거짓이 된다.

예제 1 $H_0: \mu = 20$, $H_0: \mu \geq 20$ 및 $H_0: \mu \leq 20$ 는 귀무가설이다

예제 2 귀무가설이 $H_0: \mu = 20$ 인 경우, 대립가설은 $H_1: \mu \neq 20$ 또는 $H_1: \mu > 20$ 또는 $H_1: \mu < 20$ 이다.

귀무가설을 기각하거나 채택하는 결정은 모집단으로부터 추출한 표본의 정보에 따른다. 이 표본정보로부터 계산되는 값을 검정통계량(test statistics)이라 한다. 검정통계량이 취할 수 있는 값의 범위를 2개의 영역으로 나누어 각각 기각역(rejection region)과 채택역(acceptance region)이라 한다. 만일 어떤 표본으로부터 계산된 검정통계량 값이 기각역 내에 위치한다면 귀무가설은 기각되고 대립가설을 채택하는 의사결정을 내린다. 그러나 검정통계량이 채택역에 포함되면 귀무가설을 채택하는 의사결정을 한다.

위와 같이 두 개의 가설 중에서 하나를 택하는 결정 문제에는 두 종류의 오류(error)가 발생할 수 있다. 즉, 귀무가설이 참인데도 잘못하여 이를 기각할 수도 있는데 이를 제1종 오류(type I error)라 하고 이의 발생확률을 α 로 표기한다.

귀무가설이 거짓인데도 이를 잘못하여 채택하는 경우를 제2종 오류(type Ⅱ error)라 하고 이의 발생확률을 β로 표기한다. 이들의 관계를 의사결정표(decision table)로 나타내면 아래와 같다.

의사결정	귀무가설	
	참	거짓
H_0 기각	잘못된 결정 (제Ⅰ종 오류)	옳은 결정
H_0을 기각하지 않음	옳은 결정	잘못된 결정 (제Ⅱ종 오류)

가설을 검정할 때는 제1종 오류의 발생확률 α와 제2종 오류의 발생확률 β를 최소화하는 검정방법을 선택해야 하는데 현실적으로 이 두 가지 오류를 동시에 줄일 수 있는 방법은 없다. 제1종 오류의 최대 발생확률을 가설검정에서 유의수준(significance level)이라 한다.

두 가지 오류를 이해하기 위하여 다음 예제를 살펴보자.

예제 3 D백화점에서는 고객들의 편의를 위하여 주차장 증설을 고려하고 있다. 이에 대해 백화점 주차장의 시간당 평균 자동차 주차수가 200대가 넘는다는 주장과 그렇지 않다는 주장을 확인하고자 다음의 가설을 설정하였다.

H_0: $\mu \leq 200$

H_1: $\mu > 200$

제1종 오류는 "실제로 주차장의 시간당 평균 자동차 주차수가 200대를 넘지 않는데(즉, H_0가 참일 때), 표본자료 분석 결과 200대가 넘는다고(H_0를 기각)하는 것"이고 제2종 오류는 "실제로 주차장의 시간당 평균 자동차 주차수가 200대가 넘는데(즉, H_0가 거짓일 때), 표본자료 분석 결과 200대가 넘지 않는다고(H_0를 채택)하는 것"이다.

위의 예에서 제1종 오류를 고려하지 않고 결정을 내린다면 시간당 평균 자동차 주차수가 기준에 미치지 않는데도 주차장을 증설하여 불필요한 예산의 낭비를 초래할 우려가 있다.

반대로 제2종 오류를 고려하지 않는다면 주차장을 증설해야할 시점인데도 이를 하지 않게 되어 고객들에게 불편을 주게 될 것이다.

옳은 결정 - H_0가 옳을 때 기각하지 않거나, H_0가 틀렸을 때 기각함 - 과 관련된 확률을 생각해 보자. H_0가 옳을 때 그것을 기각하지 않을 확률은 $1-\alpha$이 된다. 이 사실로부터 다음의 관계가 성립함을 알 수 있다.

$$P(H_0\text{가 사실일 때 이를 기각함}) + P(H_0\text{가 사실일 때 이를 기각하지 않음}) = 1$$

$P(H_0$가 사실일 때 이를 기각함$)=\alpha$이므로, $P(H_0$가 사실일 때 이를 기각하지 않음$)=1-\alpha$이다. H_0가 사실일 때 이를 기각하지 않을 확률은 9장에서 학습한 바 있는 신뢰수준 $1-\alpha$와 같다.

H_0가 사실이 아닐 때 이를 기각하는 확률은 $1-\beta$이다. 이 사실로부터 다음의 관계가 성립함을 알 수 있다.

$$P(H_0\text{가 사실이 아닐 때 이를 기각함}) + P(H_0\text{가 사실이 아닐 때 이를 기각하지 않음}) = 1$$

그러나 $P(H_0$가 사실이 아닐 때 이를 기각하지 않음$)=\beta$이므로, 다음이 성립한다.

$$P(H_0\text{가 사실이 아닐 때 이를 기각함}) = 1-\beta$$

귀무가설 H_0가 사실이 아닐 때 이를 기각할 확률을 검정력(power of the test)이라 한다. 가설검정에서 네 가지 가능한 결과들에 대응하는 확률값은 다음과 같다.

<표 10.1> 가설검정에 대한 결과 및 확률

확률 기호	정의
α	유의수준으로서 제1종 오류의 확률
β	제2종 오류의 확률
$1-\alpha$	신뢰수준으로 H_0이 사실일 때 이를 기각하지 않을 확률
$1-\beta$	검정력으로 H_0이 사실이 아닐 때 이를 기각할 확률

〔가설검정의 형태〕

가설검정이 방향성이 있는지의 여부는 대립가설 H_1이 부동기호($\neq$)를 포함하는지의 여부에 달려있다. 만약 대립가설이 부동기호($\neq$)를 포함한다면 그 검정을 비방향성 검정이라 하고, 부동기호($\neq$)를 포함하지 않는다면(즉, $<$ 이나 $>$를 포함), 이를 방향성 검정이라 한다. 비방향성 검정을 흔히 양측검정(two-tailed tests)이라고 하고, 방향성 검정을 단측검정(one-tailed tests)이라 한다. 가설검정에서 H_1이 부호 $<$을 포함하고 있다면 이를 좌단측 검정이라 하고, $>$을 포함하고 있다면 우단측 검정이라 한다.

예제 4 가설검정의 여러 가지 형태

방향성	비방향성	좌단측	우단측
$H_1 : \mu > 2$	$H_1 : \mu \neq 2$	$H_1 : \mu < 2$	$H_1 : \mu > 2$
$H_1 : p < 0.2$	$H_1 : p \neq 0.2$	$H_1 : p < 0.2$	$H_1 : p > 0.2$
$H_1 : \sigma < 4$	$H_1 : \sigma \neq 4$	$H_1 : \sigma < 4$	$H_1 : \sigma > 4$

10.2 가설검정절차

9장에서 언급한 모든 점추정량들은 불편성을 만족하며 대표본 하에서 정규분포에 근사하는 표본분포를 가지므로 모수의 추정과 가설검정 사이에는 유사한 점이 많다. 그래서 가설검정에서 모수들에 대한 검정통계량으로 점추정량을 사용한다. 가설검정의 대상이 되는 모수들 (예를 들어, μ, p 등) 가운데 1개를 θ라 쓰고, $\hat{\theta}$를 이에 대응하는 불편추정량이라 하자. 이 때, 귀무가설

$$H_0 \ : \ \theta = \theta_0$$

가 참이면, $\hat{\theta}$의 표본분포는 근사적으로 정규분포이며(대표본인 경우) 평균이 θ_0가 된다. 실질적으로, θ가 θ_0보다 클 때 H_0를 기각하는데 검정의 목적이 있다면 대립가설은

$$H_1 \ : \ \theta > \theta_0$$

로 설정한다.

좌단측 검정에 대한 기각역은 아래 그림에서 c 보다 아래에 해당되는 영역이다. 기각역과 채택역의 경계가 되는 검정통계량의 값을 임계값(또는 기각값 : critical value)이라 한다. 위의 그림에 나타난 임계값은 c 이다.

H_0 기각　　　　　　H_0 를 기각할 수 없음

————————————*————————————

c

귀무가설이 참일 때 이를 기각할 확률은 정규곡선 아래에 있는 기각역의 면적과 같다. 만약 $\alpha = 0.05$ 라는 말은 $\hat{\theta}$ 값이 θ_0 의 우측으로 $1.645\,\sigma_{\hat{\theta}}$ 이상일 때 기각하는 것을 말한다. 이와 같이 분포의 한쪽 끝에 기각역이 존재하는 것을 단측검정(one-tailed test)이라 한다. 단측검정에는 기각역의 위치에 따라 우단측검정과 좌단측검정이 있다.

모수 θ 가 θ_0 보다 크거나 작은가를 검정하고자 한다면, 대립가설은

$$H_1 : \theta \neq \theta_0$$

로 설정하는데, 이는 $\theta > \theta_0$ 이거나 $\theta < \theta_0$ 임을 뜻한다.

제1종 오류의 확률 α 가 정규분포의 양끝에 같은 크기로 나누어진다면, $\hat{\theta}$ 의 값이 임계값 $\theta_0 + c$ 보다 크거나 $\theta_0 - c$ 보다 작을 때 H_0 를 기각하게 된다. 이것을 양측검정(two-tailed test)이라 한다.

대표본인 경우 모수에 관한 가설을 검정할 때 가설의 기각과 채택의 기준이 되는 검정통계량은 다음과 같이 구한다.

$$z = \frac{\hat{\theta} - \theta_0}{\sigma_{\hat{\theta}}}$$

10.3 모평균에 대한 가설검정

모평균에 대한 가설검정을 실시하기 위해 앞서 정의한 모수 θ 를 μ 에 관한 검정으로 정의하여야 한다. 즉, 점추정량 $\hat{\theta}$ 는 $\bar{x}$ 로, $\bar{x}$ 의 표준오차 $\sigma_{\bar{x}}$ 는 $\sigma/\sqrt{n}$ 이 된다. 모평균에 대한 가설검정의 절차는 다음과 같다.

① 가설을 설정한다.

$H_0 : \mu = \mu_0$

$H_1 : \mu > \mu_0$ (우단측검정)

$\mu < \mu_0$ (좌단측검정)

$\mu \neq \mu_0$ (양측검정)

② 검정통계량을 구한다.

$$z = \frac{\bar{x} - \mu_0}{\sigma / \sqrt{n}}$$

보통 σ를 모르는 경우가 많은데 표본 크기가 큰 경우 σ대신 s를 사용한다.

③ 유의수준 α에 따른 기각역을 결정한다.

기각역 : $z > z_\alpha$ (우단측검정의 경우)

$z < -z_\alpha$ (좌단측검정의 경우)

$z > z_{\alpha/2}$ 이거나 $z < -z_{\alpha/2}$ (양측검정의 경우)

예제 5 어떤 음료수 자동판매기는 1컵 당 평균 8온스의 음료수가 담기도록 설계되어 있다. 오랜 기간 동안 사용하다보니, 사람들은 8온스의 양에 대해 의문을 제기하기 시작했다. 이 문제에 대해 가설검정을 실시해 보자.

1단계 : $H_0 : \mu \geq 8$

2단계 : $H_1 : \mu < 8$

만약 H_0가 기각되면, 제기된 의혹들은 사실로 판명된다.

3단계 : 30잔의 음료수를 표본으로 뽑아 표본평균과 표본표준편차를 계산하였더니, $\bar{x} = 7.6$ 온스, $s = 0.75$ 온스 이었다.

4단계 : 다음 단계로 유의수준 α를 결정해야 하는데, 이 값은 의사결정에 큰 영향을 미친다. 유의수준은 0과 1 사이의 값들 가운데 연구목적에 맞게 선택할 수 있는데, 대부분의 경우 0.05와 0.01 가운데 하나를 선택한다. 이 예에서는 $\alpha = 0.05$를 선택하자. 이 값은 H_0가 참일 때, 이를 기각할 확률이 0.05라는 의미이다.

유의수준이 0.05이고, 좌단측검정(H_1 : $\mu < 8$)이므로 기각역을 설정할 수 있다. 기각역은 표본평균의 표본분포에서 하위 5% 이하에 해당하는 지점이다. 이 지점을 구분하는 값을 임계값(critical value)이라 하며, 이 값은 기각역과 채택역을 나누는 지점의 값이다. 임계값을 c라 할 때, c보다 작은 좌측에 있는 모든 값들은 기각역에 해당하는 값이 된다. 만약 $\bar{x} = 7.6$이 기각역에 놓이게 되면, 귀무가설 H_0를 기각하게 된다.

평균의 표본분포가 근사적으로 정규분포를 따르므로, 임계값 c를 찾기 위해 표준정규분포를 이용할 수 있다. σ는 모르는 값이나 $n \geq 30$이므로 표본표준편차 s를 사용한다.

$$z = \frac{c - \mu}{\sigma / \sqrt{n}}$$

$$-1.65 = \frac{c - 8}{0.75 / \sqrt{30}}$$

1.65는 표준정규분포표에서 $0.5 - 0.05 = 0.45$에 대응하는 값이다. 위의 방정식을 c에 대해 풀면, $c = 7.77$이 된다.

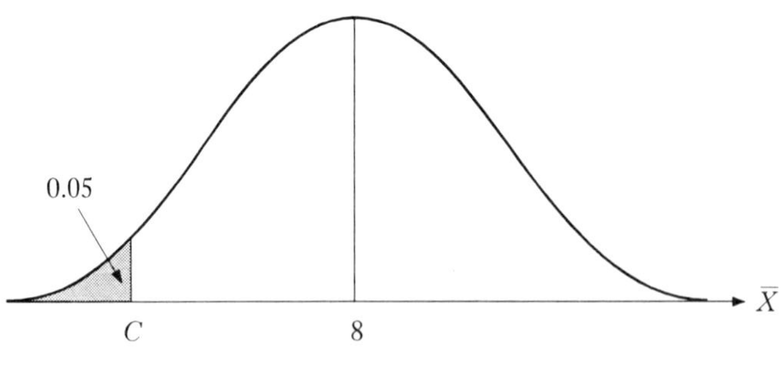

<그림 10.1> 음료수 예제에서 임계값

5단계 : 귀무가설을 기각하려면 이 $\bar{x}$ 의 표본분포 내의 기각역 안에 표본평균 $\bar{x}=7.6$ 값이 위치하여야 한다. $n=30$ 이므로 중심극한정리에 의해 평균의 표본분포는 근사적으로 평균이 μ 인 정규분포를 따른다고 할 수 있다. H_0 이 참이라고 가정했으므로, 표본분포의 평균은 8 보다 같거나 크다. 어떤 μ 값을 사용할 것인가 고민스러운데, 보편적으로 H_0 에서 사용한 등호값(이를 귀무가설값(null value)이라 함)을 사용한다. 즉, $\mu=8$ 은 귀무가설값이다. 따라서 앞으로 검정통계량에서는 이 귀무가설값을 사용하기로 한다.

6단계 : $\bar{x}=7.6<7.77$ 이므로, H_0 를 기각하고 H_1 을 채택한다. 물론 이 결정은 H_0 이 참일 때, 이를 기각하는 제1종 오류의 위험성을 감수해야 한다. 이 오류의 확률이 바로 $\alpha=0.05$ 이다. 주어진 유의수준 하에서 귀무가설을 기각하는 검정을 행할 때, 그 검정을 유의성 검정이라 한다. 따라서 이 자동판매기에서 판매하는 음료수는 1컵 당 8온스 이하라는 사실이 통계적으로 유의하다.

예제 6 소비자 보호단체에서 1개의 무게가 15온스라고 광고한 초코렛의 무게가 그만큼 나가지 않을 수도 있다는데 관심이 있다고 하자. 유의수준 $\alpha=0.05$ 하에서 이 사실에 대한 가설검정을 하기 위해 다음과 같이 가설을 설정하였다.

$H_0: \mu \geq 15$

$H_1: \mu < 15$

가설검정을 수행하기 위해 50개의 표본을 추출하여 표본평균과 표본표준편차를 계산하였더니 각각 $\bar{x}=14.4$ 온스와 $s=1.2$ 온스이었다. 8장에서 학습한 바와 같이 $\bar{x}$ 는 모평균 μ 와 표본오차 e 라는 두 개의 요소로 나눌 수 있다. 즉, $\bar{x}=\mu+e$.

귀무가설 $H_0: \mu \geq 15$ 를 검정하는 것은 $\mu=15$ 라고 했을 때, $\bar{x}$ 와 μ 사이에 관측된 차이가 표본오차에만 그 원인이 있는가의 여부를 결정하는 것과 같다. 이에 대한 결정에 표본평균에 대한 표본분포를 이용한다.

만일 $\mu = 15$ 이고 임의표본을 사용하였다면, 표본평균($\bar{x} = 14.4$)이 $\mu = 15$ 에 대해 모집단을 대표할 수 있고 표본평균에 대한 표본분포의 중앙에 위치하리라 기대된다. 다시 말하면, 만약 $\bar{x} = 14.4$ 가 분포의 중앙에서 멀리 떨어져 있다면 이것은 보편적으로 일어날 수 있는 경우가 아니라 뭔가 잘못되었다는 신호일 수 있다.

$\bar{x} = 14.4$ 가 좌측 꼬리부분으로 "멀리 떨어져 있다"는 사실을 어떻게 판단할 수 있겠는가? 10.2절에서 학습했듯이, 유의수준 $\alpha = 0.05$ 가 이것을 판단할 수 있는 기준이 된다.(<그림 10.2> 참조)

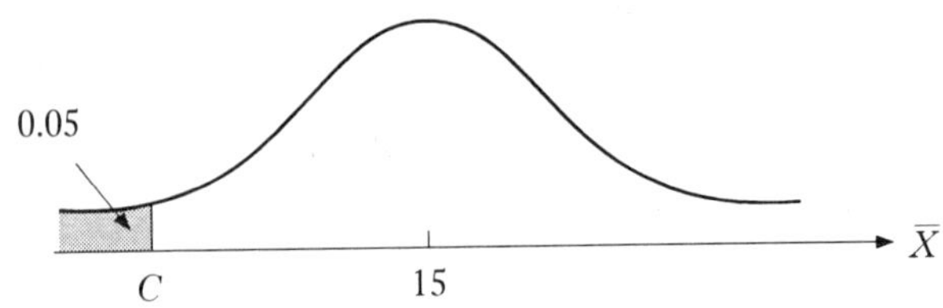

<그림 10.2> 가설검정에서 임계값

만약, $\bar{x} = 14.4$ 가 c 보다 같거나 작으면, H_0 를 기각하고 그렇지 않으면 H_0 를 기각할 수 없다. 임계값 c 를 결정하기 위해서는 $\mu_{\bar{x}} = 15$ 와 $\sigma_{\bar{x}} = 1.2/\sqrt{50} = 0.17$ 인 정규분포를 이용한다.

임계값 c 는 표준점수를 구하는 공식을 이용하여 구할 수 있다.

$$z = \frac{c - \mu_{\bar{x}}}{\sigma_{\bar{x}}} = \frac{c - 15}{1.2/\sqrt{50}} = \frac{c - 15}{0.17}$$

표준정규분포표를 이용하면, $-z_{0.05} = -1.65$ 이다. 따라서

$$-1.65 = \frac{c - 15}{0.17}$$

가 되어 $c = 14.72$ 이다. 따라서 14.72보다 같거나 작은 모든 $\bar{x}$ 는 기각역에 포함된다.

기각역 기각할 수 없는 영역

———————————————*———————————————

$c = 14.72$

요약해 보면, <예제 6>에서 가설검정을 실행하는 동안 다음과 같은 중요한 항목들을 사용하였다.

◀ 귀무가설 : $H_0 : \mu \geqq 15$

◀ 대립가설 : $H_1 : \mu < 15$

◀ 검정통계량 값 : $\bar{x} = 14.4$

◀ 유의수준 : $\alpha = 0.05$

◀ 임계값 : $c = 14.72$

◀ 기각역 : $c = 14.72$ 보다 같거나 작은 모든 $\bar{x}$ 의 값

◀ 표본평균의 표본분포 : $\mu_{\bar{x}} = 15$ 와 $\sigma_{\bar{x}} = 1.2/\sqrt{50} = 0.17$ 인 정규분포

예제 7 금년도 어느 대학교 신입생들의 학력고사 평균점수는 평균 275점, 표준편차 25.5점인 정규분포를 따른다고 한다. 그런데, A학과를 지원한 36명의 평균점수는 289점이었다. 이 때, A학과를 지원한 학생들은 전체 신입생들에 비해 우수하다고 할 수 있는가? 유의수준 5%로 검정하시오.

풀이 1) 가설을 설정한다.

$$H_0 : \mu = 275$$

$$H_1 : \mu > 275$$

2) μ 의 점추정 값이 $\bar{x}$ 이고, 검정통계량에서 σ 대신 s 를 사용하면

$$z = \frac{\bar{x} - \mu_0}{\sigma/\sqrt{n}} = \frac{289 - 275}{22.5/\sqrt{36}} = 3.733$$

3) 유의수준 $\alpha = 0.05$ 이므로 기각역은 $z > 1.645$ 이다. 검정통계량 z 값 3.733이 기각역에 포함되므로 귀무가설을 기각한다. 따라서 A학과를 지원한 학생들의 성적은 전체성적보다 우수하다고 판정 한다

예제 8 9장의 <예제 4>에서 "화학제품의 일일 평균생산량이 880(톤)이 아니다"라는 주장이 제기되었다. 이 주장의 사실 여부를 확인하기 위해 하루 생산량을 50일 동안 기록하여 표본평균과 표본표준편차를 구하였더니 다음과 같았다.

$$\bar{x} = 871(\text{톤}), \qquad s = 21(\text{톤})$$

위의 주장을 유의수준 5%로 검정하시오.

풀이 1) 가설을 설정한다.

$$H_0 : \mu = 880$$

$$H_1 : \mu \neq 880$$

2) μ의 점추정 값이 $\bar{x}$이고, 검정통계량에서 σ 대신 s를 사용하면

$$z = \frac{\bar{x} - \mu_0}{\sigma/\sqrt{n}} = \frac{871 - 880}{21/\sqrt{50}} = -3.03$$

이다.

3) 유의수준이 $\alpha = 0.05$이고 양측검정이므로 기각역은 $z > 1.96$ 이거나 $z < -1.96$ 이다. 검정통계량 값 -3.03 이 기각역에 포함되므로 귀무가설을 기각한다. 귀무가설이 참일 때 이를 기각할 확률 즉, 제1종 오류의 확률은 $\alpha = 0.05$ 에 불과하므로 위의 검정 결과가 옳다고 믿는 것이다.

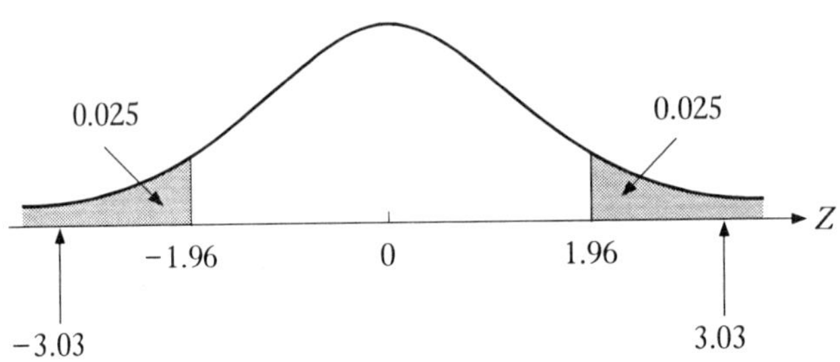

<그림 10.3>$\alpha = 0.05$일 때 기각역

유의수준 α가 주어졌을 때, 정규분포를 하는 검정통계량으로 판단하는 통계적 가설검정과 9.3절에서 학습한 $100(1-\alpha)\%$ 신뢰구간은 서로 밀접한 관계가 있다. 9장의 <예제 4>에서 구간 $[\bar{x} \pm (1.96\sigma/\sqrt{n})]$ 또는 $[871 \pm 5.82]$는 표본을 반복 추출하여 신뢰구간을 계산할 경우 모든 구간 중 $100(1-\alpha)\%$가 모평균 μ를 포함한다는 의미이다.

예제 9 μ가 실제로 870(톤)이라면 제2종 오류 발생확률 β를 계산하시오.

풀이 <예제 8>에서 채택역이 구간 $[\mu_0 \pm (1.96\,\sigma/\sqrt{n})]$이므로 실제 수치를 대입해 보면 다음과 같다.

$$880 \pm 1.96\frac{21}{\sqrt{50}} \quad \text{혹은} \quad [874.18\,,\,885.82]$$

$\mu = 870$ 인 상황 하에서 H_0 를 채택할 확률은 구간 $[874.18\,,\,885.82]$에서 검정통계량 $\bar{x}$ 의 확률밀도곡선 아래의 면적과 같다. 대립가설 하에서 $\bar{x}$ 는 평균이 870 이고 $\sigma_{\bar{x}} \approx 21/\sqrt{50} = 2.97$ 이므로 β는 정규분포 곡선의 874.18 부터 885.82 사이 부분의 면적과 같다.

구간 $[874.18\,,\,885.82]$에 해당하는 z 값을 계산하면 아래와 같다.

$$z_1 = \frac{\bar{x}-\mu}{\sigma/\sqrt{n}} \approx \frac{874.18-870}{21/\sqrt{50}} = 1.41$$

$$z_2 = \frac{\bar{x}-\mu}{\sigma/\sqrt{n}} \approx \frac{885.82-870}{21/\sqrt{50}} = 5.33$$

띠리서

$$\begin{aligned}\beta &= P(\,\mu = 870\text{일 때 } H_0\text{를 채택}) \\ &= P(\,\mu = 870\text{일 때 } 874.18 < \bar{x} < 885.82) \\ &= P(1.41 < z < 5.33) \\ &= 0.5 - 0.4207 = 0.0793\end{aligned}$$

이다. 즉, μ의 실제 값이 870 이라 주어졌을 때 H_0 를 올바르게 기각할 확률은 0.9207 이며, H_0가 사실이 아닌데도 이를 채택할 확률은 0.0793 이다.

예제10 규격이 C인 어느 회사 배터리의 평균전압은 정규분포를 따른다고 한다. 이 회사 배터리 제품 15개를 표본으로 추출하여 측정하여보니 $\bar{x} = 1.4$ 볼트, $s = 0.21$ 볼트이었다. 유의수준 0.01 에서 $\mu < 1.5$ 볼트라 할 수 있는가?

풀이 1) 가설을 설정 한다

$H_0: \mu \geq 1.5$

$H_1: \mu < 1.5$ (좌단측 검정)

2) 검정통계량을 구한다. $n=15$ 이므로 자유도 14 인 t-분포를 이용한다.

$$t = \frac{\bar{x} - \mu}{s/\sqrt{n}} = \frac{1.4 - 1.5}{0.21/\sqrt{15}} = -1.84$$

3) 유의수준이 $\alpha = 0.01$ 이므로, 기각역은 검정통계량 t 가 $-t_{0.01}(14) = -2.624$ 보다 아래 영역에 있는 경우이다.

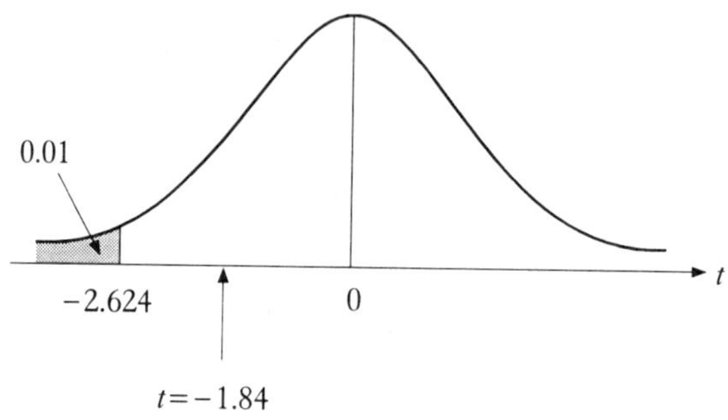

<그림 10.4> $\alpha = 0.01$ 일 때 기각역

4) 결정 : $t = -1.84 > -2.624 = t_{0.01}(14)$ 이므로, H_0 을 기각할 수 없다. 따라서 유의수준 1% 에서 $\mu < 1.5$ 라는 사실이 옳다고 말할 수 없다.

〔p-값〕

제1종 오류가 일어날 확률 α 를 가설검정의 유의수준(significance level)이라고 한다. 가설검정에서 유의수준이 $\alpha = 0.10$ 일 때는 귀무가설을 채택하는데, $\alpha = 0.05$ 일 때는 기각하는 경우가 있다는 것은 이미 학습한 바가 있다. 예를 들어, 검정결과가 $\alpha = 0.10$ 일 때는 통계적으로 유의하고 $\alpha = 0.05$ 일 때는 유의하지 않다면, 가설검정에 대한 p-값은 0.10 으로 주어지며, 더 정확히 말하면 p-값 < 0.10 으로 주어진다.

결과가 통계적으로 유의한 검정에 대한 α 의 최소값을 가설검정에 대한 p-값(p-value) 혹은 관측된 유의수준(observed significance level)이라 한다. 통계에 사용하는 대부분의 패키지 프로그램은 가설검정에서 p-값을 소수점 4 ~ 5자리까지 계산한다. 그러나 부록의 확률분포표를 이용할 때는 구분된 α 값(예를 들어 $\alpha = 0.01, 0.025, 0.05, 0.10$ 등)에 따라 검정통계량의 임계값이 표에 기록되어 있으므로, p-값의 계산은 근사적으로 구할 수밖에 없다.

각 가설검정의 경우에 있어, p-값은 그림의 짙은 부분에 해당한다.

1) 좌단측 검정

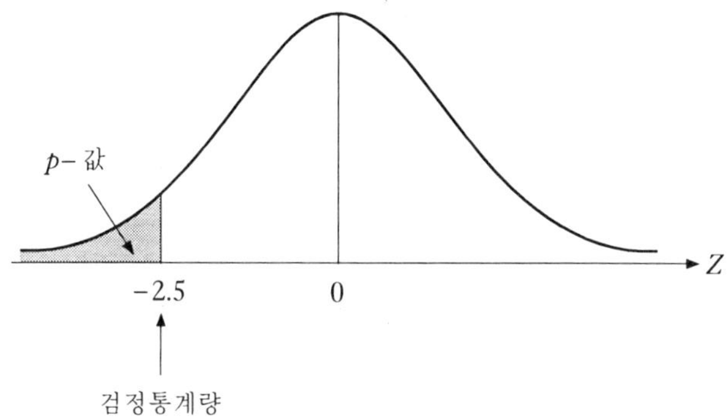

<그림 10.5> p-값

만약 p-값 $\leq \alpha$ 이면, H_0 기각

2) 우단측 검정

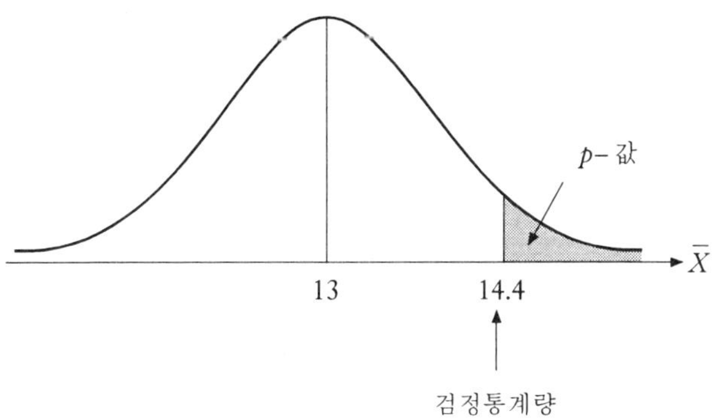

<그림 10.6> p-값

만약 p-값 $\leq \alpha$ 이면, H_0 기각

3) 양측검정

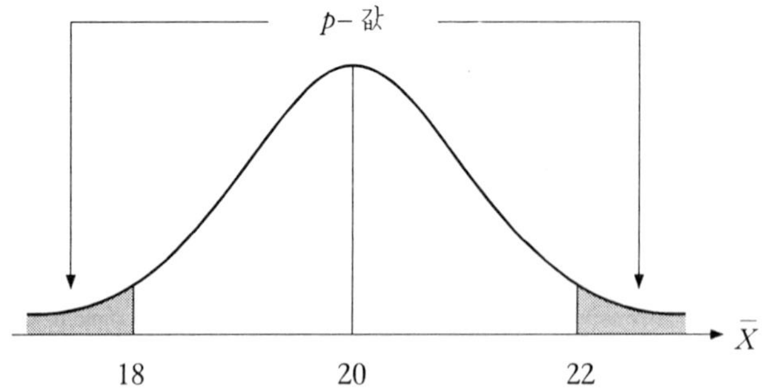

<그림 10.7> p-값

만약 p-값 $\leqq \alpha$ 이면, H_0 기각

p-값을 이용한 가설검정 절차는 다음과 같다.

만약 p-값 $\leqq \alpha$ 이면, H_0 기각

p-값은 자료가 H_0 와 얼마나 불일치하는가의 정도를 나타낸다.

예제11 <예제 8>에서 가설검정에 대한 p-값을 구하시오.

풀이 <예제 8>은 귀무가설 $H_0: \mu = 880$ 에 대한 대립가설 $H_1: \mu \neq 880$ 을 검정하는 문제였다. 표본자료로부터 계산한 검정통계량은 $z = -3.03$ 이었다. 그러므로 양측검정에 대한 p-값은 $z \leqq -3.03$ 혹은 $z \geqq 3.03$ 이 되는 확률값이다.

표준정규분포표로부터 $P(z \geqq 3.03) = 0.0012$ 이므로 양측검정에서

$$P(z \leqq -3.03) + P(z \geqq 3.03) = 0.0024$$

이다. 그러므로 이 검정에서 p-값은 0.0024 이다.

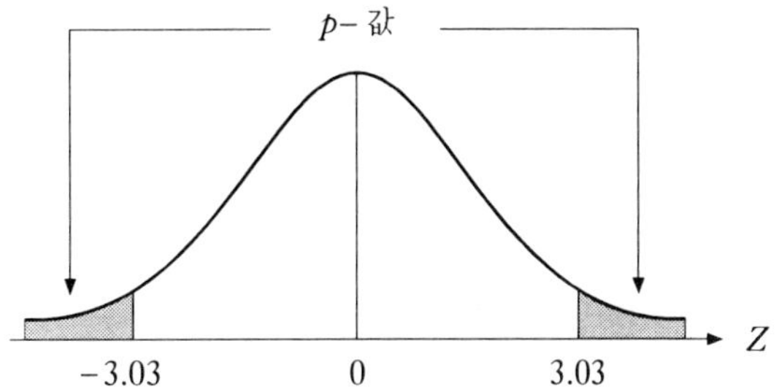

<그림 10.8> <예제 11>에서 실시한 검정에 대한 p-값

예제12 <예제 9>에서 좌단측 검정일 경우 p-값을 구하시오.

풀이 검정통계량은 $t = -1.84$ 이다. p-값을 구하기 위해서는 자유도 14 인 t-분포곡선과 수평선 사이에서 $t = -1.84$ 아래 부분에 대한 면적을 구하는 것이다.

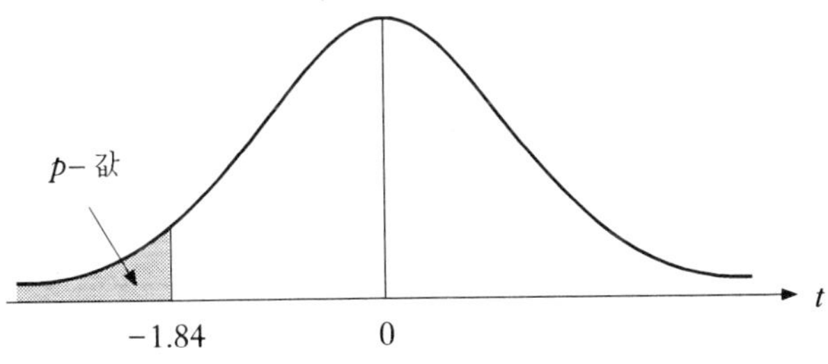

<그림 10.9> p-값

부록 <표 5>의 t-분포표에서 자유도 $df = 14$ 인 행을 보면 $t = 1.84$ 는 $t_{0.05} = 1.761$ 과 $t_{0.025} = 2.145$ 사이에 있는 값이다. 따라서 $0.025 <$ p-값 < 0.05 이다. $\alpha = 0.01$ 이고, p-값 $> \alpha$ 이어서 H_0 을 기각할 수 없다.

10.4 비율과 분산의 가설검정

모비율에 대한 가설검정을 실시하기 위해 앞서 정의한 모수 θ 를 p 에 대한 검정으로 정의하여야 한다. 모비율의 점추정량은 표본비율 $\hat{p}$ 이 되는데, 만약 표본크기 n 이 큰 값이면, 표본비율 $\hat{p} = x/n$ 의 표본분포는 다음과 같은 성질을 갖는다.

① 정규분포에 근사한다.

② $\mu_{\hat{p}} = p$

③ $\sigma_{\hat{p}} = \sqrt{\dfrac{p(1-p)}{n}}$

정규근사를 이용하기 위해서는 표본의 크기가 $np \geq 5$ 및 $n(1-p) \geq 5$를 모두 만족할 만큼 커야 한다.

모비율에 대한 가설검정의 절차는 다음과 같다.

1) 가설을 설정한다.

$H_0 : p = p_0$

$H_1 : p > p_0$ (우단측검정)

$p < p_0$ (좌단측검정)

$p \neq p_0$ (양측검정)

2) 검정통계량을 구한다.

$$z = \frac{\hat{p} - p_0}{\sqrt{\dfrac{p_0(1-p_0)}{n}}}$$

여기서 $\hat{p} = x/n$ 이며 x는 n회의 이항실험에서 성공의 회수를 나타낸다. 표준편차에서 p 대신 p_0를 사용한 것은 가설에서 $p = p_0$로 가정되었기 때문이다.

3) 유의수준 α에 따른 기각역을 결정한다.

기각역 : $z > z_\alpha$ (우단측 검정의 경우)

$z < -z_\alpha$ (좌단측 검정의 경우)

$z > z_{\alpha/2}$ 이거나 $z < -z_{\alpha/2}$ (양측검정의 경우)

예제13 소비자 단체에서는 공영방송에서 상업광고를 하는 것에 대해 시청자의 80%가 불만이 있다고 주장한다. 이에 대해 방송국에서 시청자 400명을 대상으로 여론조사를 실시하여 본 결과 조사대상자 가운데 310명이 상업광고 방송에 반대하였다. 이 결과는 소비자 단체의 주장을 반박하기에 충분한 자료가 되는가? 유의수준 $\alpha = 0.05$로 검정하시오.

풀이 1) 가설을 설정한다.

$$H_0 : p = 0.80$$

$$H_1 : p \neq 0.80$$

2) 검정통계량을 구한다. 표본비율은

$$\hat{p} = \frac{310}{400} = 0.775$$

이므로

$$z = \frac{0.775 - 0.8}{\sqrt{\frac{0.8 \times 0.2}{400}}} = -1.25$$

3) 유의수준 $\alpha = 0.05$ 이므로 기각역은 $z > 1.96$ 이거나 $z < -1.96$ 이다. 검정통계량 $z = -1.25$ 가 기각역에 포함되지 않으므로 귀무가설을 기각할 수 없다. 따라서 $p = 0.80$ 을 채택하여 소비자 단체의 주장을 지지하여 준다.

예제14 D 전자회사의 신제품 세탁기의 시장점유율은 약 25%인 것으로 알려져 있다. 이 회사에서는 세탁기의 판매량을 늘리기 위해 지난 1개월 동안 TV를 통해 집중적인 광고를 실시하였다. 그리고 이 기간 중 세탁기를 구입한 200명의 소비자를 무작위 추출하여 조사한 결과 62명이 D 전자회사의 신제품 세탁기를 선택한 것으로 나타났다. 이 자료는 D 전자회사 세탁기의 시장점유율이 증가하였다는 것을 의미하는가? 유의수준 $\alpha = 0.05$ 로 검정하시오.

풀이 1) 가설을 설정한다.

$$H_0 : p = 0.25$$

$$H_1 : p > 0.25$$

2) 검정통계량을 구한다.

$$\hat{p} = \frac{62}{200} = 0.31 \text{ 이므로}$$

$$z = \frac{0.31 - 0.25}{\sqrt{\frac{0.25 \times 0.75}{200}}} = 1.960$$

3) 유의수준 $\alpha = 0.05$ 에 대한 우단측 검정의 기각역은 $z > 1.645$ 이다. 검정통계량 $z = 1.96$ 이 기각역에 포함되므로 귀무가설을 기각한다. 따라서 대립가설 $p > 0.25$ 를 채택하며, 이는 그 기간 중 시장점유율이 증가하였음을 의미한다.

<예제 12>와 <예제 13>을 통해 알 수 있듯이 모비율 p 에 대한 가설을 검정할 때 검정통계량의 계산에 있어 p_0 를 사용한다는 점에 주의하여야 한다. 추정에서와 달리 $\hat{p}$ 를 사용하지 않는 이유는 귀무가설이 참일 때, 즉 $p = p_0$ 일 때 $\hat{p}$ 의 분포에 의하여 기각역이 결정되기 때문이다

〔모분산의 검정〕

정규모집단으로부터 임의표본을 추출하였다고 할 때, 통계량

$$\chi^2 = \frac{(n-1)\,s^2}{\sigma^2}$$

은 자유도가 $df = n-1$ 인 카이제곱 분포를 따른다. 가설검정에서 이것을 검정통계량으로 이용할 수 있으며, 임계값은 책 부록에 있는 <표 6>의 χ^2-분포표로부터 구할 수 있다.

예제15 어느 엔지니어는 공정에서 기사들이 대기하는 시간(단위 : 초)에 대한 분산은 25보다 크다고 믿고 있다. 이것을 검정하기 위해 30명의 기사들을 표본으로 추출하여 조사해 본 결과 $s^2 = 41.4\,(초)^2$ 을 얻었다. 대기 시간이 정규분포를 따른다고 할 때, 유의수준 5% 하에서, 귀무가설 $H_0 : \sigma^2 \leqq 25$ 를 검정하여라.

풀이 1) 가설을 설정한다.

$H_0 : \sigma^2 \leqq 25$ $\qquad$ $H_1 : \sigma^2 > 25$

2) 검정통계량을 계산한다 : χ^2-검정통계량은 다음과 같다.

$$\chi^2 = \frac{(n-1)s^2}{\sigma^2}$$

$$= \frac{(29)(41.4)}{25} = 48.024$$

3) 자유도는 $df = 29$ 이므로, 유의수준 $\alpha = 0.05$ 하에서 임계값은 $\chi_{0.05}(29) = 42.557$ 이다. 따라서

$$\chi^2 = 48.024 > 42.557 = \chi_{0.05}(29)$$

이므로, 귀무가설을 기각한다.

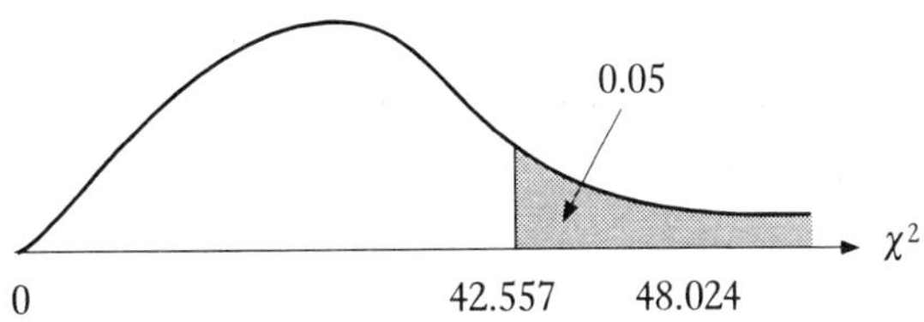

<그림 10.10>

4) 결정 : 엔지니어는 기사들이 대기하는 시간의 분산이 25보다 크다고 결론지을 수 있다.

5) p-값 : 부록의 <표 6>에서 자유도가 $df = 29$ 인 행을 보면, χ^2-통계량 48.024 는 $\chi_{0.05}(29) = 45.772$ 와 $\chi_{0.01}(29) = 49.558$ 사이에 있음을 알 수 있다. 따라서 $0.01 < p\text{-값} < 0.05$ 이다.

EXCEL 실습

[실습 1] 모평균의 검정

1. 모분산 σ^2이 알려져 있는 정규모집단에서의 p-값 계산

: 정규분포의 누적확률 값을 계산하는 함수인 [NORMDIST]를 이용하여 p-값을 계산할 수 있다.

(1) 좌단측 검정의 경우

◀ 1단계 : [함수 마법사] 대화상자에서 통계함수 [NORMDIST]를 선택한다.

◀ 2단계 : [NORMDIST] 대화상자에서

① X : 계산된 표본평균

② Mean : 귀무가설에서 정의된 모평균

③ Standard_dev : 표본평균의 표준편차인 $\sigma/\sqrt{n}$ 값

④ Cumulative : 누적분포함수를 정의하므로 1이라 쓰자.

를 입력하여 계산하면, 좌단측 검정에서의 누적확률값인 p-값을 계산할 수 있다.

(2) 우단측 검정의 경우 : (1)의 좌단측 검정 결과에서 얻은 p-값을 뺀다. 즉, p-값 = 1− (좌단측 검정에서의 p-값)

(3) 양측검정의 경우 : 좌단측 검정에서 얻은 p-값에 2를 곱하여 p-값을 얻는다.

예제16 <예제 7>을 EXCEL을 이용하여 검정하여 보자.

◀ 1단계 : 가설을 설정한다.

$$H_0 : \mu = 275 \qquad H_1 : \mu > 275$$

◀ 2단계 : p-값의 계산

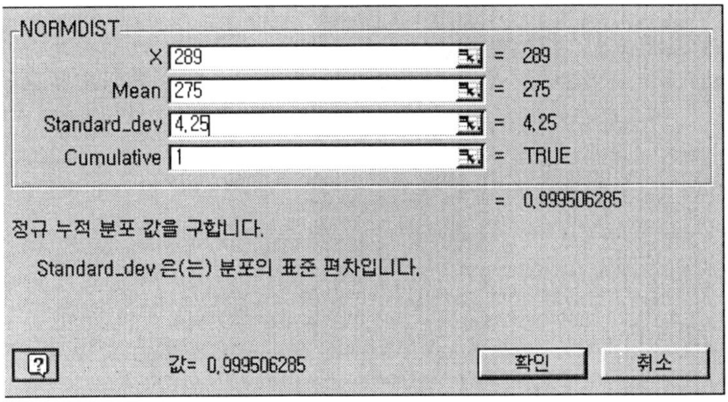

<그림 10.11> [NORMDIST] 함수를 이용한 p-값의 계산

◀ 3단계 : 문제에서 가설검정은 우단측 검정이므로, 1에서 EXCEL에서 계산된 값을 빼 주어야 한다. 따라서, p-값은 $1 - 0.9995 = 0.0005$ 이다.

◀ 4단계 : 유의수준 $\alpha = 0.05$ 이므로, 귀무가설은 기각된다.

2. 모분산 σ^2이 알려져 있지 않은 정규모집단에서의 p-값 계산

: t 분포의 누적확률을 계산하는 함수 [TDIST]를 이용하여 p-값을 계산할 수 있다.

> ◀ 1단계 : [함수 마법사] 대화상자에서 통계함수 [TDIST]를 선택한다.
>
> ◀ 2난계 : [TDIST] 대화상자에서
>
> ① X : 표본에서 계산된 검정통계량의 값
>
> ② Deg_freedom : 자유도
>
> ③ Tails : 단측검정이면 1, 양측검정이면 2를 입력
>
> <참고> 함수 [TDIST]를 사용할 때는 반드시 절대값을 입력해야 하며, 계산된 값은 오른쪽 꼬리의 면적을 나타낸다.

예제17 <예제 9>를 EXCEL을 이용하여 검정하여 보자.

◀ 1단계 : 가설을 설정한다.

H_0 : $\mu \geq 1.5$ H_1 : $\mu < 1.5$ (좌단측 검정)

◀ 2단계 : 검정통계량을 구한다.

$n = 15$ 이므로 자유도 14 인 t-분포를 이용한다.

$$t = \frac{\bar{x} - \mu}{s / \sqrt{n}}$$

$$= \frac{1.4 - 1.5}{0.21 / \sqrt{15}} = -1.84$$

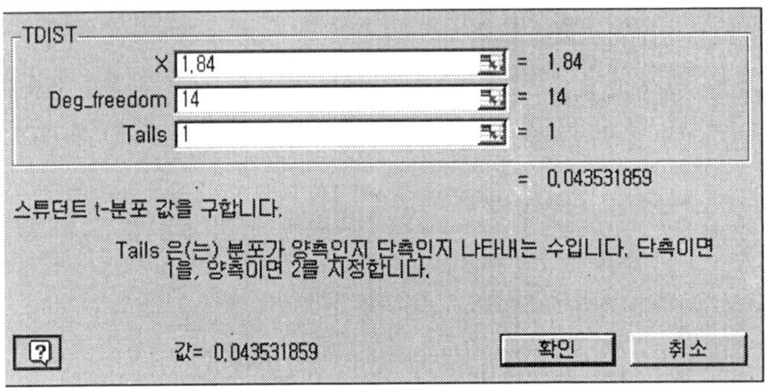

<그림 10.12> [TDIST] 함수를 이용한 p-값의 계산

◀ 3단계 : p-값이 0.0435 이고 유의수준이 $\alpha = 0.01$ 이므로, 귀무가설을 기각하지 않는다.

[실습 2] 모분산의 검정

χ^2-분포의 누적확률을 계산하는 함수 [CHIDIST]를 이용하여 p-값을 계산할 수 있다.

◀ 1단계 : [함수 마법사] 대화상자에서 통계함수 [CHIDIST]를 선택한다.

◀ 2단계 : [CHIDIST] 대화상자에서

① X : 표본에서 계산된 검정통계량의 값

② Deg_freedom : 자유도

예제18 <예제 14>를 EXCEL을 이용하여 검정하여 보자.

◀ 1단계 : 가설을 설정한다.

$H_0 : \sigma^2 \leqq 25$ $\qquad H_1 : \sigma^2 > 25$

◀ 2단계 : 검정통계량을 계산 한다 : χ^2-검정통계량은 다음과 같다.

$$\chi^2 = \frac{(n-1)\,s^2}{\sigma^2}$$

$$= \frac{(29)(41.4)}{25} = 48.024$$

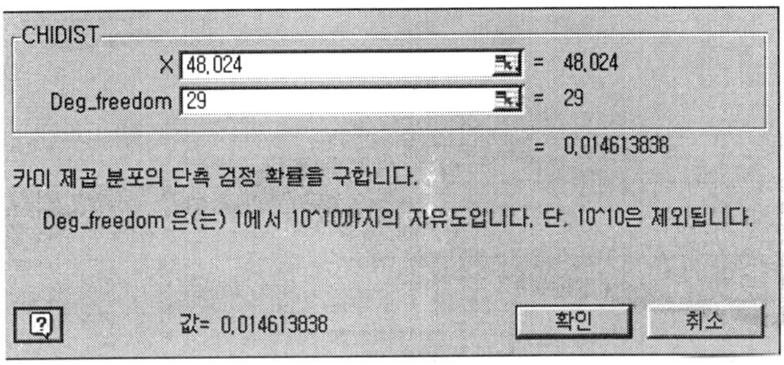

<그림 10.13> [CHIDIST] 함수를 이용한 p-값의 계산

◀ 3단계 : p-값이 0.0146 이고 유의수준이 $\alpha = 0.05$ 이므로, 귀무가설을 기각한다.

[실습 3] 모비율의 검정

모비율 p에 대한 검정은 표본의 크기가 크면 정규분포를 이용할 수 있으므로, 함수 [NORMDIST]를 이용하여 p-값을 계산할 수 있다.

예제19 <예제 12>를 EXCEL을 이용하여 검정하여 보자.

◀ 1단계 : 가설을 설정한다.

$H_0 : p = 0.80$ $\qquad H_1 : p \neq 0.80$

◀ 2단계 : 귀무가설에서 모비율이 $p = 0.8$ 이고, 표본비율이 $\hat{p} = 310/400 = 0.775$ 이므로, [수식 입력 줄]에

=(0.775-0.7)/SQRT((0.8*(1-0.8)) /400)

을 입력하여 검정통계량을 구한다.

◀ 3단계 : 함수 [NORMDIST]를 이용하여, [수식 입력 줄]에

=2*NORMDIST(3.75)

를 입력하여 p-값을 구한다.

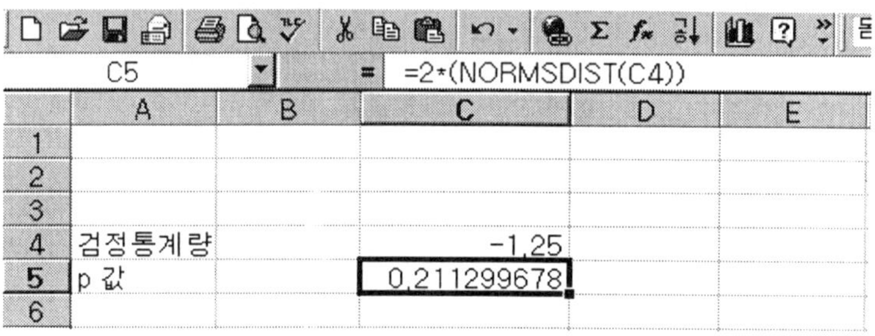

<그림 10.14> 모비율의 검정에서 p-값의 계산

◀ 4단계 : p-값이 0.2113이고 유의수준 $\alpha = 0.05$ 이므로, 귀무가설을 기각할 수 없다.

연 습 문 제

[1] 모집단으로부터 추출한 $n=35$ 개 표본의 표본평균은 $\bar{x}=2.4$ 이고 표본표준편차는 $s=0.29$ 이었다. 이 때, 연구목표는 모평균 μ 가 2.3 보다 크다는 사실을 보이는 것이라 하자.

1) 검정에 대한 귀무가설과 대립가설을 설정하시오.
2) 이 가설들을 참조하여 "제1종 오류의 확률 α 의 의미를 설명하시오.
3) $\alpha=0.05$ 의 유의성 검정에 대한 기각역을 구하시오.
4) 이 가설들에 대한 검정을 실시하시오. 이 자료는 $\mu>2.3$ 임을 나타내는 확실한 증거가 되는가?

[2] 문제 [1]의 H_0 : $\mu=2.3$ 에 대한 대립가설 H_1 : $\mu>2.3$ 을 검정하는 문제에서

1) H_0 의 기각에 필요한 $\bar{x}$ 의 임계값을 구하시오.
2) $\beta=P(\mu=2.4$ 일 때 H_0 를 채택$)$를 구하시오. 또, μ 가 2.3, 2.5 그리고 2.6 일 때의 β 값을 구하시오.

[3] A제약회사에서는 신제품의 평균효력이 80% 라 주장하였다. 소비자 단체에서는 $n=100$ 명의 임의표본을 추출하여 투약하여 본 결과 $\bar{x}=79.7\%$ 이고, $s=0.8\%$ 의 결과를 얻었다. 이 자료로부터의 결과는 제약회사의 주장을 논박하기에 충분한 근거가 되겠는가? 유의수준 $\alpha=0.05$ 로 검정하시오.

[4] 발아율이 0.8인 씨앗을 6개 심었더니 그 중에서 2개가 발아하였다. 이 씨앗은 발아율이 0.8인 씨앗으로부터 취한 표본이라 할 수 있는가? 유의수준 $\alpha=0.05$ 로 검정하시오.

[5] 단위면적 당 쌀 생산량이 300*kg* 이라고 하는 지역에서 36가구의 농가를 임의로 추출하여 평균 생산량을 조사하였더니 272*kg* 이었다. 이 지역의 단위면적 당 쌀 생산량의 모평균은 300*kg* 이라 말할 수 있는가? 단, 표본표준편차는 42 *kg* 이다. 유의수준 $\alpha=0.05$로 검정하시오.

[6] 2000년의 우리나라 단위면적 당 쌀 평균 생산량(모평균)은 320*kg* 이었다. 어떤 지역에서 10가구의 임의표본 농가에 대하여 단위면적 당 쌀의 평균 생산량을

조사하였더니 평균은 330*kg* 이고, 분산은 7,056*kg* 이었다. 이 지역의 단위면적당 쌀의 평균 생산량은 전국의 평균보다 많다고 할 수 있는가? 유의수준 $\alpha=0.05$ 로 검정하시오.

[7] 너트(nut)를 구입하려고 한다. 규격에 의하면 너트 지름의 평균값은 12.70*mm* 로 되어 있다. 납품된 제품이 규격과 같은지를 검사하기 위하여 10개의 너트를 임의로 추출하여 지름을 측정하였더니 다음과 같았다. 규격과 같다고 할 수 있는가? 유의수준 $\alpha=0.05$ 로 검정하시오.

12.68	12.79	12.85	12.74	12.80
12.64	12.83	12.67	12.79	12.65 (단위 :*mm*)

[8] 어떤 지역의 소득분포의 모분산은 4,400원이었다. 이 지역으로부터 11가구의 표본세대를 임의로 추출하여 그 소득분포의 표본분산을 구하였더니 5,610원이었다. 이 가구들은 모분산이 4,400인 지역의 표본세대라 할 수 있는가? 유의수준 $\alpha=0.05$ 로 검정하시오.

[9] $N(\mu,\ 200^2)$ 의 모평균 μ 에 대한 가설 $H_0: \mu = 1152.8$ 을 유의수준 α 로 검정하려고 한다. 크기 400 인 임의표본을 추출하여 표본평균을 계산하였더니 1130.4 이었다. 이 값을 근거로 $H_1: \mu < 1152.8$ 이라 할 수 있는 유의수준 α 의 최소값을 구하시오.

[10] 이항모집단으로부터 추출된 120 개의 임의표본 가운데 72 개가 성공한 것으로 관측되었다. 이 자료는 모비율 p 가 0.5보다 크다는 것을 나타내기에 충분한 근거가 되겠는가? 유의수준 $\alpha=0.05$ 에서 검정하시오.

제11장 두 모수에 대한 추론

11.1 두 모평균 차이에 대한 가설검정

1) 두 모집단 분산 σ_1^2, σ_2^2을 알고 있는 경우

두 정규 모집단 $N(\mu_1, \sigma_1^2)$과 $N(\mu_2, \sigma_2^2)$에서 각각 n_1과 n_2인 독립인 표본을 추출한다고 하자. 각각 n_1, n_2개의 관측치로 구성된 독립인 확률표본에 근거한 2개의 모평균 μ_1, μ_2의 차이 $(\mu_1 - \mu_2)$에 대한 가설검정을 실시하기 위해 앞서 정의한 모수 θ를 $(\mu_1 - \mu_2)$에 대한 검정으로 정의하여야 한다.

이 경우에 점추정량 $\hat{\theta}$은 $(\overline{x_1} - \overline{x_2})$가 되며, $\sigma_{\hat{\theta}}$는 $(\overline{x_1} - \overline{x_2})$의 표준오차인

$$\sqrt{\frac{\sigma_1^2}{n_1} + \frac{\sigma_2^2}{n_2}}$$

가 된다. 두 모평균 차이에 대한 가설검정 절차는 다음과 같다.

1단계 : 가설을 설정한다.

$H_0: \mu_1 - \mu_2 = D_0$:

$H_a: \mu_1 - \mu_2 > D_0$ (우단측검정)

$\mu_1 - \mu_2 < D_0$ (좌단측검정)

$\mu_1 - \mu_2 \neq D_0$ (양측검정)

여기서, D_0 는 검정하기를 원하는 명시된 차이를 말하며, 대부분의 경우 μ_1 과 μ_2 사이의 차이는 없다고 가정한다. 즉, $D_0 = 0$.

2단계 : 검정통계량을 구한다.

$$z = \frac{(\overline{x_1} - \overline{x_2}) - D_0}{\sqrt{\frac{\sigma_1^2}{n_1} + \frac{\sigma_2^2}{n_2}}}$$

보통 모분산 σ_1^2 과 σ_2^2 을 모르는 경우가 많은데 표본 수가 충분히 큰 경우 σ_1^2 과 σ_2^2 대신 표본분산인 s_1^2, s_2^2 을 사용한다.

3단계 : 유의수준 α 에 따른 기각역을 결정한다.

기각역 : $z > z_\alpha$ (우단측 검정의 경우)

$z < -z_\alpha$ (좌단측 검정의 경우)

$z > z_{\alpha/2}$ 이거나 $z < -z_{\alpha/2}$ (양측검정의 경우)

예제 1 어느 대학교에서 자가용으로 통학을 하는 학생들의 학업 성취도를 조사하기 위하여 재학생들로부터 자가용 소유 학생과 소유하지 않은 학생 각각 100 명으로 된 두 개의 표본을 추출하여 조사하였다. 차를 소유하지 않은 $n_1 = 100$ 명의 학점평균은 $\overline{x_1} = 2.70$, 표준편차 $s_1 = 0.36$ 이었으며, 차를 소유한 $n_2 = 100$ 의 학점평균은 $\overline{x_2} = 2.54$, 표준편차 $s_1 = 0.40$ 이었다. 이 자료는 두 개 집단에 속한 학생들의 평균성적 차이를 입증하기에 충분한 근거가 되겠는가? 유의수준 0.10 으로 검정을 실시하시오.

풀이 두 모평균 사이의 차이 $(\mu_1 - \mu_2)$ 가 어떤 값 D_0 인지의 여부를 검정하는 것이다.

1) 가설을 설정한다.

H_0 : $\mu_1 - \mu_2 = D_0 = 0$

H_1 : $\mu_1 - \mu_2 \neq D_0$

2) 두 모평균의 차이 $(\mu_1 - \mu_2)$의 점추정 값이 $(\overline{x_1} - \overline{x_2})$이고, 표본 크기가 충분히 크므로 검정통계량에서 σ_1^2과 σ_2^2 대신 s_1^2, s_2^2을 사용하여 구하면

$$z = \frac{(\overline{x_1} - \overline{x_2}) - D_0}{\sqrt{\frac{\sigma_1^2}{n_1} + \frac{\sigma_2^2}{n_2}}} \simeq \frac{2.70 - 2.54}{\sqrt{\frac{0.36}{100} + \frac{0.40}{100}}} = 1.84$$

이다.

3) 유의수준은 $\alpha = 0.10$이고 양측검정이므로 기각역은 $z > 1.645$이거나 $z < -1.645$이다. 검정통계량 z값 1.84가 기각역에 포함되므로 귀무가설을 기각한다. 따라서 이 자료는 두 집단의 학생들 사이의 평균학점은 차이가 있다고 말하기에 충분한 근거가 된다.

참고로, 유의수준 α가 0.05인 경우에 가설검정을 실시하면 그 결과는 어떻게 될까? 유의수준이 달라지면 우선 기각역이 변한다. 양측검정의 경우 $\alpha = 0.05$에서 기각역은 $z > 1.96$이거나 $z < -1.96$이다. 검정통계량 $z = 1.84$가 기각역에 포함되지 않으므로 귀무가설을 기각할 수 없다. 따라서 이 자료는 유의수준이 5%인 경우 두 집단의 학생들 사이의 평균학점은 차이가 있다고 말하기에 충분한 근거가 되지 못한다.

유의수준을 어떻게 정하는가의 문제는 가설검정에서 가설을 잘못 검정할 위험을 얼마나 감수할 것인가의 문제와 직결된다. 따라서 합리적인 결정을 내리기 위해서는 문제의 성격에 알맞은 정도의 유의수준을 선택해야 한다.

2) 두 모집단 분산 σ_1^2, σ_2^2 모르지만 $\sigma_1^2 = \sigma_2^2 = \sigma^2$인 경우

두 정규 모집단 $N(\mu_1, \sigma_1^2)$과 $N(\mu_2, \sigma_2^2)$에서 각각 n_1과 n_2인 독립인 표본을 추출한다고 하자. 두 표본평균의 차이 $(\overline{x}_1 - \overline{x}_2)$에 대한 분포는

$$N\left(\mu_1 - \mu_2,\ \frac{\sigma_1^2}{n_1} + \frac{\sigma_2^2}{n_2}\right)$$

인 정규분포를 따르며, 이를 표준화하면, 다음과 같이 표준정규분포를 따른다.

$$Z = \frac{(\bar{x}_1 - \bar{x}_2) - (\mu_1 - \mu_2)}{\sqrt{\frac{\sigma_1^2}{n_1} + \frac{\sigma_2^2}{n_2}}} \sim N(0, 1)$$

그러나 두 모집단 분산 σ_1^2, σ_2^2을 모르고 단지 $\sigma_1^2 = \sigma_2^2 = \sigma^2$인 경우에는 σ^2을 추정해야 한다. 따라서 두 모집단 분산이 σ^2으로 같다고 하였기 때문에 σ^2을 추정하기 위해서는 두 표본을 병합하여 다음과 같은 σ^2의 합동추정량(pooled estimator)으로 추정한다.

$$s_p^2 = \frac{(n_1 - 1)s_1^2 + (n_2 - 1)s_2^2}{n_1 + n_2 - 2}$$

이때 두 표본의 표본분산은 다음과 같다.

$$s_1^2 = \frac{1}{n_1 - 1}\sum_{i=1}^{n_1}(X_{1i} - \bar{X}_1)^2, \qquad s_2^2 = \frac{1}{n_2 - 1}\sum_{i=1}^{n_2}(X_{2i} - \bar{X}_2)^2$$

따라서 다음의 통계량은 자유도가 $(n_1 + n_2 - 2)$인 t-분포를 따른다.

$$\frac{(\bar{x}_1 - \bar{x}_2) - (\mu_1 - \mu_2)}{s_p\sqrt{\frac{1}{n_1} + \frac{1}{n_2}}} \sim t(n_1 + n_2 - 2)$$

따라서 두 모집단 분산 σ_1^2, σ_2^2은 모르나 두 분산이 $\sigma_1^2 = \sigma_2^2$로 같다고 가정할 수 있는 경우(등분산) 두 모평균 차이에 대한 가설검정 절차는 다음과 같다.

1단계 : 가설을 설정한다.

$H_0 : \mu_1 - \mu_2 = D_0$

$H_a : \mu_1 - \mu_2 > D_0$ (우단측검정)

$\mu_1 - \mu_2 < D_0$ (좌단측검정)

$\mu_1 - \mu_2 \neq D_0$ (양측검정)

2단계 : 검정통계량을 구한다.

$$t = \frac{(\bar{x}_1 - \bar{x}_2) - (\mu_1 - \mu_2)}{s_p\sqrt{\frac{1}{n_1} + \frac{1}{n_2}}}$$

3단계 : 유의수준 α 에 따른 기각역을 결정한다.

기각역 : $t > t_{\alpha}(n_1+n_2-2)$ (우단측 검정)

$t < -t_{\alpha}(n_1+n_2-2)$ (좌단측 검정)

$t > t_{\alpha/2}(n_1+n_2-2)$ 이거나 $t < -t_{\alpha/2}(n_1+n_2-2)$ (양측검정)

3) 두 모집단 분산 σ_1^2, σ_2^2 모르지만 $\sigma_1^2 \neq \sigma_2^2$인 경우

$\sigma_1^2 \neq \sigma_2^2$ 으로 이분산인 경우에는 2)의 등분산 경우와 같이 합동분산을 사용할 수 없다. 대신 검정통계량으로

$$t = \frac{(\bar{x}_1 - \bar{x}_2) - (\mu_1 - \mu_2)}{\sqrt{\dfrac{\sigma_1^2}{n_1} + \dfrac{\sigma_2^2}{n_2}}} \sim t_{\nu}$$

를 사용하며 이 경우 근사자유도 ν는 다음과 같이 계산한다.

$$\nu = \frac{\left(\dfrac{s_1^2}{n_1} + \dfrac{s_2^2}{n_2}\right)^2}{\dfrac{1}{(n_1-1)}\left(\dfrac{s_1^2}{n_1}\right)^2 + \dfrac{1}{(n_2-1)}\left(\dfrac{s_2^2}{n_2}\right)^2}$$

예제 2 10개의 A 구획에 대해 질소비료를 주었더니 어떤 곡식의 평균생산량이 $\bar{x}_1 = 82.5$ kg이고, 표준편차가 $s_1 = 10$ kg이었다. 또 다른 15개의 B 구획에 인산비료를 주었더니 그 곡식의 평균생산량이 $\bar{x}_1 = 90.5$ kg이고, 표준편차가 $s_2 = 20$ kg으로 나타났다. 유의수준 $\alpha = 0.05$로 해당 곡식에 대해 비료의 차이가 있다고 할 수 있는지를 검정하시오.

풀이 1) 가설을 설정한다.

H_0 : $\mu_1 - \mu_2 = D_0 = 0$

H_1 : $\mu_1 - \mu_2 \neq D_0$

2) 검정통계량을 구하기 위해 우선 합동분산 s_p^2을 구해야 한다.

$$s_p^2 = \frac{(n_1-1)s_1^2 + (n_2-1)s_2^2}{n_1+n_2-2} = \frac{9 \times 10^2 + 14 \times 20^2}{10+15-2} = 282.6$$

따라서 검정통계량 값은 다음과 같이 구해진다.

$$t = \frac{\bar{x}_1 - \bar{x}_2}{s_p\sqrt{\frac{1}{n_1} + \frac{1}{n_2}}} = \frac{82.5 - 90.5}{16.8\sqrt{\frac{1}{10} + \frac{1}{15}}} = -1.16$$

3) 유의수준 $\alpha = 0.05$ 하에서 양측검정의 경우이므로 부록의 t-분포표로부터 $t_{0.025}(23) = 2.069$ 이므로, -2.069 보다 작거나 2.069 보다 큰 경우 귀무가설을 기각하게 된다. 따라서 검정통계량의 값이 $t = -1.16$ 이므로 기각치인 $-t_{0.025}(23) = -2.069$ 보다 크므로 검정통계량의 값이 채택역 안에 놓이게 된다. 즉, $t = -1.16 > t_{0.025}(23) = -2.069$이므로 귀무가설을 채택한다. 즉, 해당곡식의 생산량에 대해 비료의 차이는 없다고 할 수 있다.

11.2. 두 모집단 비율 차이에 대한 가설검정

두 개의 이항모집단이 각각 모수 p_1과 p_2를 갖는다고 하자. 각각의 모집단으로부터 n_1과 n_2번의 독립시행으로 임의표본이 추출되고, 표본으로부터 계산된 표본비율을 $\hat{p_1}$과 $\hat{p_2}$이라 하자. 두 모집단 비율의 차이에 대한 가설검정을 실시하기 위해 앞서 정의한 모수 θ를 $(p_1 - p_2)$에 대한 검정으로 정의하여야 한다. 즉, 점추정량 $\hat{\theta}$는 $(\hat{p_1} - \hat{p_2})$ 로, $\sigma_{\hat{\theta}}$ 는 $(\hat{p_1} - \hat{p_2})$의 표준오차인

$$\sqrt{\frac{p_1(1-p_1)}{n_1} + \frac{p_2(1-p_2)}{n_2}}$$

가 된다.

모비율 차이에 대한 가설검정 절차는 다음과 같다.

1단계 : 가설을 설정한다.

H_0 : $p_1 - p_2 = D_0$

H_1 : $p_1 - p_2 > D_0$ (우단측검정)

$p_1 - p_2 < D_0$ (좌단측검정)

$p_1 - p_2 \neq D_0$ (양측검정)

여기서, D_0는 검정하기를 원하는 명시된 차이 값을 말한다.

2단계 : 검정통계량을 구한다.

$$z = \frac{(\hat{p_1} - \hat{p_2}) - D_0}{\sqrt{\frac{p_1(1-p_1)}{n_1} + \frac{p_2(1-p_2)}{n_2}}}$$

여기서, p_1과 p_2는 미지의 수이므로 $(\hat{p_1} - \hat{p_2})$의 표준오차를 계산하기 위하여 이들의 근사값으로 $\hat{p_1} = x_1/n_1$과 $\hat{p_2} = x_2/n_2$를 사용한다. $\hat{p}$를 정의하는 데는 아래와 같은 2가지 방법이 있다.

(방법 1) p_1과 p_2가 같은 경우

귀무가설이 H_0 : $p_1 = p_2$ 이므로, 이것은 H_0 : $p_1 - p_2 = 0$과 같다. 이 때, $p_1 = p_2 = p$로 두고 p의 최량추정치를 두 개의 표본을 합한 자료로부터 구한다. 만일 x_1과 x_2가 각각 두 개의 표본으로부터 얻은 성공의 회수라면, p의 추정량 $\hat{p}$는 다음과 같다.

$$\hat{p} = \frac{x_1 + x_2}{n_1 + n_2}$$

이 $\hat{p}$를 사용하는 경우 검정통계량은 다음과 같다.

$$z = \frac{(\hat{p_1} - \hat{p_2}) - 0}{\sqrt{\frac{\hat{p}(1-\hat{p})}{n_1} + \frac{\hat{p}(1-\hat{p})}{n_2}}}$$

또는

$$z = \frac{(\hat{p_1} - \hat{p_2})}{\sqrt{\hat{p}(1-\hat{p})(\frac{1}{n_1} + \frac{1}{n_2})}}$$

이다.

(방법 2) p_1과 p_2가 같지 않은 경우

귀무가설이 H_0 : $p_1 \neq p_2$ 이므로, 이것은 H_0 : $p_1 - p_2 = D_0$과 같다. $D_0 \neq 0$ 이므로 p_1과 p_2의 최량추정치는 각각의 표본비율 $\hat{p_1}$과 $\hat{p_2}$이다. 따라서 검정통계량은 다음과 같다.

$$z = \frac{(\hat{p}_1 - \hat{p}_2) - D_0}{\sqrt{\dfrac{\hat{p}_1(1-\hat{p}_1)}{n_1} + \dfrac{\hat{p}_2(1-\hat{p}_2)}{n_2}}}$$

대부분의 가설검정에서는 (방법 1)과 같이 p_1과 p_2 사이의 차이는 없다고 가정한다. 즉, $D_0 = 0$.

3단계 : 유의수준 α에 따른 기각역을 결정한다.

기각역 : $z > z_\alpha$ (우단측 검정)

$z < -z_\alpha$ (좌단측 검정)

$z > z_{\alpha/2}$ 이거나 $z < -z_{\alpha/2}$ (양측검정)

예제 3 A 병원에서는 이 병원 입원 환자들 가운데 심장병 환자가 차지하는 비율을 알아보기 위해 남녀 각각 1,000명을 표본으로 하여 조사를 실시하였다. 조사 결과 남자는 1,000명 중 52명이, 여자는 1,000명 중 23명이 심장병 환자인 것으로 나타났다. 이 자료는 A 병원에 입원한 심장병 환자들 중 남자의 비율이 높다고 할 수 있는가? 유의수준 $\alpha = 0.05$로 검정하시오.

풀이 심장병으로 입원한 환자의 수는 남녀 모두 모수가 각각 p_1, p_2인 이항분포를 따른다고 할 수 있다. 따라서 p_1과 p_2 사이의 차이 $p_1 - p_2 = D_0$가 존재하는가의 여부를 검정하면 된다.

1) 가설을 설정한다.

$H_0 : p_1 = p_2$

$H_1 : p_1 > p_2$

2) 검정통계량을 구한다.

$$\hat{p} = \frac{x_1 + x_2}{n_1 + n_2} = \frac{52 + 23}{1000 + 1000} = 0.0375$$

이므로

$$z = \frac{(\hat{p_1} - \hat{p_2})}{\sqrt{\hat{p}(1-\hat{p})(\frac{1}{n_1} + \frac{1}{n_2})}}$$

$$= \frac{(0.052 - 0.023)}{\sqrt{(0.0375)(0.9625)(\frac{1}{1000} + \frac{1}{1000})}} = 3.41$$

3) 유의수준은 $\alpha = 0.05$ 이고 우단측 검정이므로 기각역은 $z > 1.645$ 이다. 검정통계량 $z = 3.41$ 이 기각역에 포함되므로 귀무가설을 기각한다. 따라서 가설 $p_1 = p_2$ 를 기각한다. 즉, 표본의 자료를 통해 볼 때 심장병으로 A 병원에 입원한 남자의 비율이 여자의 비율보다도 높다고 할 수 있다. (이것은 남자가 여자보다 심장병에 걸릴 확률이 높다는 의미는 아니다.)

11.3 소규모의 종속표본을 사용한 $\mu_1 - \mu_2$ 의 검정

두 모평균의 차이에 대한 추론에서 지금까지는 두 표본이 두 모집단으로부터 서로 독립적으로 추출된 경우(11.1절)를 다루었다. 그러나 실험에서 두 실험 결과를 비교하고자 할 때에는 동질적인 실험단위를 얻기 어려운 경우가 많은데, 다음의 예를 보자.

동질적인 쌍으로 된 자료나 종속적인 자료에 근거하여 두 모집단 사이의 비교를 행하는 실험들이 실제로 많이 이루어지ㄱ 있다.

- 의학 : 동일한 실험집단에 대해 다이어트를 하기 전과 한 후의 체중을 비교함으로 다이어트의 효과를 검정한다.
- 교육 : 동일한 사람들에게 교육을 실시하기 전과 실시한 후의 교육 효과를 비교한다.
- 농업 : 콩을 재배할 때, 특정 비료를 사용하기 전과 후의 발육상태를 비교함으로서 비료의 효과를 검정한다.
- 사업 : 동일한 형태로 파괴된 자동차에 대해 두 곳의 서로 다른 정비공장에서의 수리비를 비교한다.

이와 같이 실험단위를 동질적인 쌍으로 묶은 다음, 각 쌍에서 임의로 두 가지 처리 중 하나를 적용하고, 각 쌍에서 얻은 관측치의 차이를 이용하여 두 모평균을 비교하는 방법을 쌍체비교(paired comparison) 또는 대응비교라 한다.

대응비교에서 자료의 구조는 다음과 같다.

쌍	1	2	……	n
처리 1 (X_1)	x_{11}	x_{12}	……	x_{1n}
처리 2 (X_2)	x_{21}	x_{22}		x_{2n}
차이 ($d = X_1 - X_2$)	d_1	d_2	……	d_n

x_{1i} 와 x_{2i} 의 차이인 d_i 는 X_1 과 X_2 가 정규분포를 따를 때, $H_0: \mu_1 = \mu_2$ 가 사실일 때 0에 대하여 대칭인 정규분포를 따른다. 이를 이용하여 d 에 대한 모평균의 비교를 실시할 수 있다.

$d_1, d_2, \cdots, d_n$ 의 표본평균과 표본분산은 각각

$$\bar{d} = \frac{1}{n}\sum_{i=1}^{n} d_i \ , \qquad s_d^2 = \frac{1}{n-1}\sum_{i=1}^{n}(d_i - \bar{d})^2$$

이며, $\bar{d}$ 는 평균이 $\mu_1 - \mu_2$ 인 정규분포를 따른다. 특히 $\mu_1 - \mu_2 = 0$일 때

$$\frac{\bar{d}}{s_d / \sqrt{n}}$$

는 자유도가 $n-1$ 인 t-분포를 따르며, 표본의 크기가 충분히 크면 근사적으로 정규분포를 따른다. 이를 이용하여 대응표본인 경우 다음과 같이 두 모평균의 차이에 대한 가설검정 절차를 정의할 수 있다.

1단계 : 가설을 설정한다.

$H_0 :\ \mu_1 = \mu_2$

$H_1 :\ \mu_1 > \mu_2$ (우단측검정)

$\mu_1 < \mu_2$ (좌단측검정)

$\mu_1 \neq \mu_2$ (양측검정)

2단계 : 검정통계량을 구한다.

① 대표본일 때 : $z = \dfrac{\bar{d}}{s_d / \sqrt{n}}$

② 소표본일 때 : $t = \dfrac{\bar{d}}{s_d / \sqrt{n}}$, $df = n-1$

3단계 : 유의수준 α 에 따른 기각역을 결정한다.

기각역 : ① 대표본일 때

$z > z_\alpha$ (우단측 검정의 경우)

$z < -z_\alpha$ (좌단측 검정의 경우)

$z > z_{\alpha/2}$ 이거나 $z < -z_{\alpha/2}$ (양측검정의 경우)

② 소표본일 때

$t > t_\alpha(n-1)$ (우단측 검정의 경우)

$t < -t_\alpha(n-1)$ (좌단측 검정의 경우)

$zt > t_{\alpha/2}(n-1)$ 이거나 $t < -t_{\alpha/2}(n-1)$ (양측검정의 경우)

예제 4 조깅 운동은 사람들의 휴식 중 심장 박동수를 감소시킬 수도 있다는 주장이 있다. 10명의 자원봉사자들을 대상으로 6개월 동안 조깅 프로그램을 실시하기 전과 후의 휴식 중 심장 박동수를 측정한 자료가 다음과 같다.

전	73	77	68	62	72	80	76	64	70	72
후	68	72	64	60	71	77	74	60	64	68

유의수준 $\alpha - 0.05$ 로 조깅이 휴식 중 심장박동수를 감소시키는지 검정하시오.

풀이 조깅하기 전과 후의 심장 박동수 차이 값은 다음과 같다.

전	73	77	68	62	72	80	76	64	70	72
후	68	72	64	60	71	77	74	60	64	68
d_i	5	5	4	2	1	3	2	4	6	4

따라서 $\bar{d} = 3.6$ 이고, $s_d = 1.58$ 이다.

1) 가설을 설정한다.

H_0 : $\mu_1 = \mu_2$

H_1 : $\mu_1 > \mu_2$ (조깅을 하기 전의 휴식 중 심장박동수가 더 많다)

2) 검정통계량을 구한다.

$\bar{d} = 3.6$, $s_d = 1.58$ 이고 $n = 10$ 이므로

$$t = \frac{\bar{d}}{s_d / \sqrt{n}} = \frac{3.6}{1.58/\sqrt{10}} = 7.20$$

3) 유의수준이 $\alpha = 0.05$, 자유도 $df = 10 - 1 = 9$ 이고 우단측 검정이므로, 임계값은 $t_{0.05}(9) = 1.833$ 이다. 따라서 검정통계량 $t = 7.20 > 1.833 = t_{0.05}(9)$ 이므로 유의수준 5% 하에서 귀무가설을 기각한다.

4) 결정 : 유의수준 5% 하에서 귀무가설이 기각되므로, 6개월 동안 조깅 운동을 한 후 측정한 자료에 의하면 휴식 중 심장 박동수는 감소한다고 할 수 있다.

EXCEL 실습

[실습 1] 두 모평균 차이에 대한 검정

(1) 두 모분산 σ_1^2, σ_2^2이 알려져 있는 정규모집단의 경우

◀ 1단계 : [도구]→[데이터 분석] 대화상자에서 [Z-검정: 평균에 대한 두 집단]을 선택한다.

◀ 2단계 : [Z-검정: 평균에 대한 두 집단] 대화상자에서

① 두 집단에 대한 자료의 범위

② 가설에서 설정된 두 모평균의 차이

③ 변수들의 분산

④ 유의수준과 출력범위를 설정한다.

예제 5 A 농장에서는 두 종류의 사료가 젖소의 우유 생산량에 미치는 영향을 조사하고자 한다. 농장 내 젖소를 8마리씩 두 그룹으로 나누어 한 그룹에는 사료 1을 다른 그룹에는 사료 2를 주면서 3주일간 우유 생산량을 조사한 결과 다음과 같은 자료를 얻었다. 사료에 따라 우유 생산량의 차이가 있는지 유의수준 5%로 검정하시오. 단, 그룹 1의 우유 생산량 X는 $N(\mu_1, 60)$, 그룹 2의 우유 생산량 Y는 $N(\mu_2, 67)$을 따른다고 하자.

사료 1	54	60	66	53	62	61	42	50
사료 2	65	70	62	67	59	45	60	52

◀ 1단계 : 가설을 설정한다.

H_0 : $\mu_1 - \mu_2 = 0$

H_1 : $\mu_1 - \mu_2 \neq 0$

◀ 2단계 : EXCEL을 이용하여 계산한다.

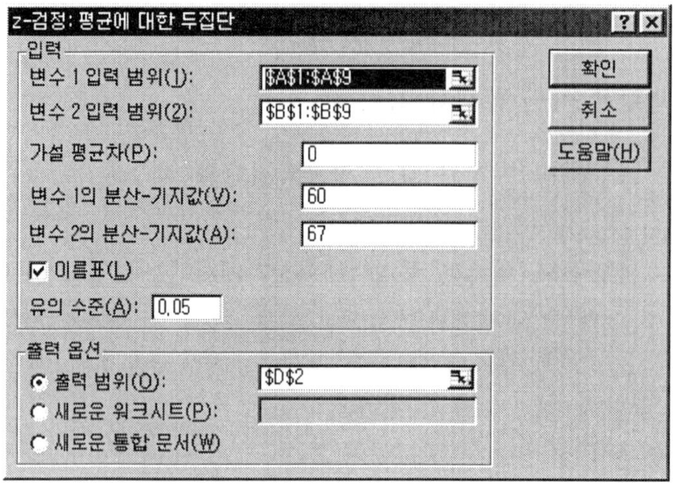

<그림 11.1> [Z-검정: 평균에 대한 두 집단] 대화상자

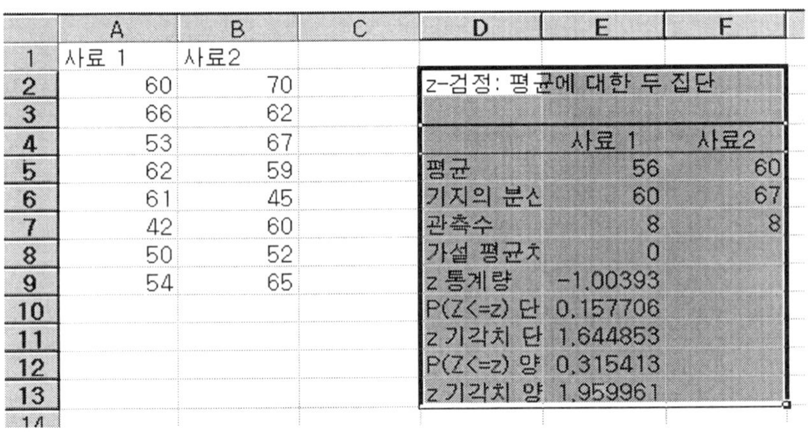

	A	B	C	D	E	F
1	사료 1	사료2				
2	60	70		z-검정: 평균에 대한 두 집단		
3	66	62				
4	53	67			사료 1	사료2
5	62	59		평균	56	60
6	61	45		기지의 분산	60	67
7	42	60		관측수	8	8
8	50	52		가설 평균ㅊ	0	
9	54	65		z 통계량	-1.00393	
10				P(Z<=z) 단	0.157706	
11				z 기각치 단	1.644853	
12				P(Z<=z) 양	0.315413	
13				z 기각치 양	1.959961	

<그림 11.2> 두 모평균 차이에 대한 검정 결과

◀ 3단계 : p-값이 0.3154 이고 유의수준이 $\alpha = 0.05$ 이므로 귀무가설을 기각할 수 없다. 따라서 우유 생산량에 있어 두 종류 사료의 효과 차이는 없다고 할 수 있다.

(2) 두 모분산 σ_1^2, σ_2^2이 알려져 있지 않은 정규모집단의 경우

> 1) 두 모분산이 서로 같은 경우 ($\sigma_1^2 = \sigma_2^2$)
>
> ◀ 1단계 : [도구]→[데이터 분석] 대화상자에서 [t-검정: 등분산 가정 두 집단]을 선택한다.
>
> ◀ 2단계 : [t-검정: 등분산 가정 두 집단] 대화상자에서
> ① 두 집단에 대한 자료의 범위
> ② 가설에서 설정된 두 모평균의 차이
> ③ 유의수준과 출력범위를 설정한다.

예제 6 앞의 <예제 5> A 농장의 예에서, 모집단이 같은 두 그룹에서 각각 8 마리씩 표본으로 추출한 경우라 할 때, 두 종류의 사료에 의해 우유 생산량이 차이가 있는지 유의수준 5%로 검정하시오.

◀ 1단계 : 가설을 설정한다.

$$H_0 : \mu_1 - \mu_2 = 0 \qquad H_1 : \mu_1 - \mu_2 \neq 0$$

◀ 2단계 : EXCEL을 이용하여 계산한다.

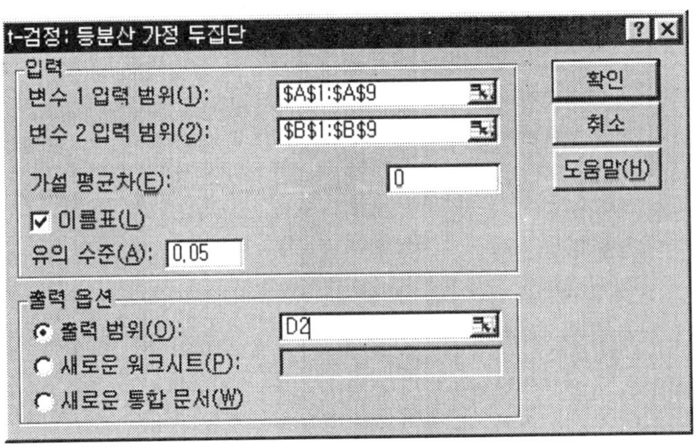

<그림 11.3> [t-검정: 등분산 가정 두 집단] 대화상자

◀ 3단계 : p-값이 0.3327이고 유의수준이 $\alpha = 0.05$이므로 귀무가설을 기각할 수 없다. 따라서 젖소의 우유 생산량에 있어 두 종류 사료의 효과

차이는 없다고 할 수 있다.

	A	B	C	D	E	F	G
1	사료 1	사료2					
2	60	70		t-검정: 등분산 가정 두 집단			
3	66	62					
4	53	67			사료 1	사료2	
5	62	59		평균	56	60	
6	61	45		분산	60.28571	66.85714	
7	42	60		관측수	8	8	
8	50	52		공동(Poole	63.57143		
9	54	65		가설 평균ㅊ	0		
10				자유도	14		
11				t 통계량	-1.00337		
12				P(T<=t) 단ㅊ	0.166356		
13				t 기각치 단	1.761309		
14				P(T<=t) 양ㅊ	0.332713		
15				t 기각치 양	2.144789		
16							

<그림 11.4> 두 모평균 차이에 대한 검정 결과(모분산이 같다고 가정)

2) 두 모분산이 서로 다를 경우 ($\sigma_1^2 \neq \sigma_2^2$)

◀ 1단계 : [도구]→[데이터 분석] 대화상자에서 [t-검정: 이분산 가정 두 집단]을 선택한다.

◀ 2단계 : [t-검정: 이분산 가정 두 집단] 대화상자에서

① 두 집단에 대한 자료의 범위

② 가설에서 설정된 두 모평균의 차이

③ 유의수준과 출력범위를 설정한다.

예제 7 앞의 <예제 5> A 농장의 예에서 모집단 분산이 다른 두 그룹에서 각각 8마리씩 표본으로 추출한 경우라 할 때, 두 종류의 사료에 의해 우유 생산량이 차이가 있는지 유의수준 5% 로 검정하시오.

◀ 1단계 : 가설을 설정한다.

$H_0 : \mu_1 - \mu_2 = 0 \qquad H_1 : \mu_1 - \mu_2 \neq 0$

◀ 2단계 : EXCEL을 이용하여 계산한다.

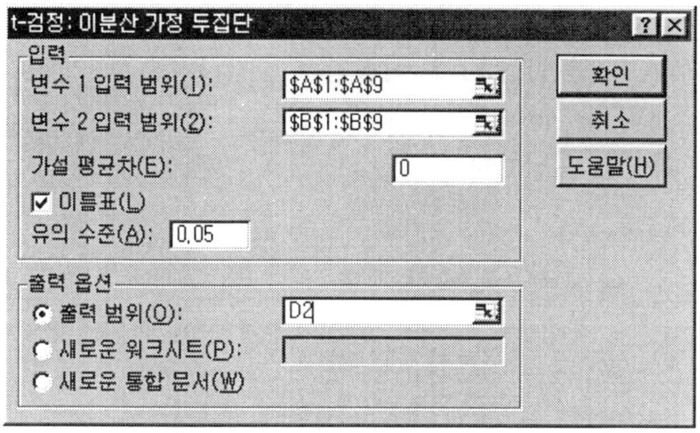

<그림 11.5> [t-검정: 이분산 가정 두 집단] 대화상자

	A	B	C	D	E	F	G
1	사료 1	사료2					
2	60	70		t-검정: 이분산 가정 두 집단			
3	66	62					
4	53	67			사료 1	사료2	
5	62	59		평균	56	60	
6	61	45		분산	60.28571	66.85714	
7	42	60		관측수	8	8	
8	50	52		가설 평균치	0		
9	54	65		자유도	14		
10				t 통계량	-1.00337		
11				P(T<=t) 단측	0.166356		
12				t 기각치 단	1.761309		
13				P(T<=t) 양측	0.332713		
14				t 기각치 양	2.144789		
15							

<그림 11.6> 두 모평균 차이에 대한 검정 결과(모분산이 다르다고 가정)

◀ 3단계 : p-값이 0.3327 이고 유의수준이 $\alpha = 0.05$ 이므로 귀무가설을 기각할 수 없다. 따라서 젖소의 우유생산량에 있어 두 종류 사료의 효과 차이는 없다고 할 수 있다.

(3) 소규모의 종속표본일 경우

◀ 1단계 : [도구]→[데이터 분석] 대화상자에서 [t-검정: 쌍체비교]를 선택한다.

◀ 2단계 : [t-검정: 쌍체비교] 대화상자에서
① 두 집단에 대한 자료의 범위
② 가설에서 설정된 두 모평균의 차이
③ 유의수준과 출력범위를 설정한다.

예제 8 <예제 4>을 EXCEL을 이용하여 검정하시오.

◀ 1단계 : 가설을 설정한다.

H_0 : $\mu_1 = \mu_2$

H_1 : $\mu_1 > \mu_2$ (조깅을 하기 전의 휴식 중 심장박동수가 더 많다)

◀ 2단계 : EXCEL을 이용하여 계산한다.

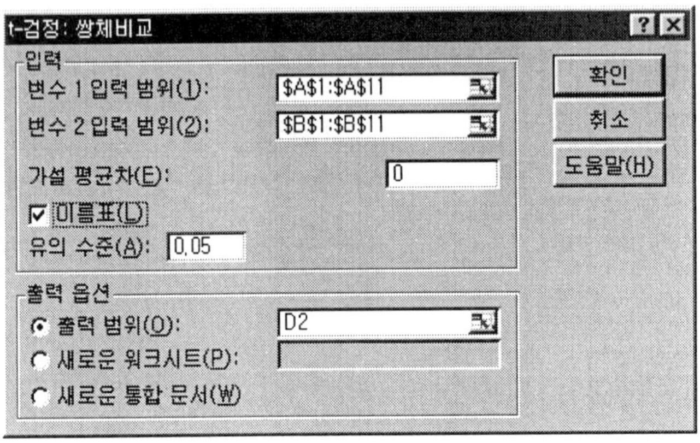

<그림 11.7> [t-검정: 쌍체비교] 대화상자

	A	B	C	D	E	F	G
1	전	후					
2	73	68		t-검정: 쌍체 비교			
3	77	72					
4	68	64			전	후	
5	62	60		평균	71.4	67.8	
6	72	71		분산	31.82222	33.51111	
7	80	77		관측수	10	10	
8	76	74		피어슨 상관	0.962226		
9	64	60		가설 평균차	0		
10	70	64		자유도	9		
11	72	68		t 통계량	7.216054		
12				P(T<=t) 단측	2.5E-05		
13				t 기각치 단측	1.833114		
14				P(T<=t) 양측	5E-05		
15				t 기각치 양측	2.262159		

<그림 11.8> 두 모평균 차이에 대한 검정 결과(쌍체비교)

◀ 3단계 : p-값이 0.00005 이고 유의수준이 $\alpha = 0.05$ 이므로 귀무가설을 기각한다. 따라서 조깅을 하기 전의 휴식 중 평균 심장박동수가 더 크다고 할 수 있다.

연 습 문 제

[1] 모집단 1, 2 에서 각각 $n_1 = 80$, $n_2 = 80$ 개의 독립인 확률표본을 추출하였다. 각각의 모집단에 대한 모수와 통계량들은 다음과 같다.

	모집단	
	1	2
모평균	μ_1	μ_2
모분산	σ_1^2	σ_2^2
표본크기	80	80
표본평균	11.6	9.7
표본분산	27.9	38.4

1) 가설검정에서 μ_1 이 μ_2 보다 크다는 것을 입증하고자 할 때, 귀무가설과 대립가설을 설정하시오.
2) 검정통계량을 구하고, $\alpha = 0.05$ 일 때 기각역을 구하시오.
3) 검정 결과로 미루어 보아 위의 자료는 $\mu_1 > \mu_2$ 임을 입증하기에 충분한 근거가 되는가?

[2] 밀의 생산에 새로운 비료의 효과를 검정하기 위하여 경작지를 같은 크기인 60 개 구역으로 나누었다. 나누어진 구역의 모든 자연 조건은 같다고 가정한다. 임의로 30 개 구역은 신제품 비료를, 나머지 30 개 구역에는 종래의 비료를 각각 사용한 후 km^2 당 밀의 수확량(kg)을 조사하였더니 다음과 같았다.

	신제품	종래의 제품
표본평균	18	17
표본분산	0.6	0.5

유의수준 $\alpha = 0.05$ 를 사용하여 신제품 비료가 종래의 비료보다 우수하다는 대립가설에 대해서 검정하시오.

[3] 모집단 1, 2 로부터 각각 $n_1 = 36$, $n_2 = 45$ 개의 독립인 확률표본을 추출하였다. 각각의 모집단에 대한 모수와 통계량은 다음과 같다.

	모집단	
	1	2
모평균	μ_1	μ_2
모분산	σ_1^2	σ_2^2
표본크기	36	45
표본평균	1.24	1.31
표본분산	0.056	0.054

1) μ_1 과 μ_2 가 다르다는 것을 보이고자 할 때 귀무가설과 대립가설을 설정하시오.
2) 검정통계량을 구하고, 유의수준 $\alpha = 0.05$ 에서 기각역을 설정하시오.
3) 검정결과로 미루어 보아 위의 자료는 $\mu_1 \neq \mu_2$ 임을 나타내기에 충분한 근거가 되는가?

[4] 미국 노동부의 조사에 의하면 이전보다 더 많이 미국인들이 두 가지 직업에 종사하는 것으로 나타났다고 Wall Street Journal(1989년 9월 7일)이 보도하였다. 이 조사에 의하면 직업을 가진 미국인들이 2개 이상의 다른 직업을 갖고 있는 비율이 1985년 5.4%에서 1989년 6.2%로 늘어났다고 한다. 이 조사가 850명의 미국인들을 대상으로 하였다고 할 때, 1985년보다 미국인들이 2개 이상의 다른 직업을 가진 비율이 늘어났다고 할 수 있는가? 유의수준 $\alpha = 0.01$ 로 검정하시오.

[5] 자동차 광고를 할 때 여성을 모델로 사용하는 것에 대한 효과를 판단하기 위하여 100명의 남자들을 표본으로 선택하였다. 이들에게 가격, 색상, 크기가 같은 2개의 자동차에서 여성모델을 사용한 사진을 50명(A 그룹)에게, 모델이 없는 사진을 50명(B 그룹)에게 각각 보였다. 그 결과 동일한 자동차에 대해 A 그룹에는 37명이 더 비싸다는 판단을 하였고, B 그룹에는 23명이 더 비싸다는 판단을 하였다. 이 결과는 소비자들에게 여성 모델을 사용한 경우가 더 비싸게 인식하는데 영향을 미치는 것으로 볼 수 있는가? 유의수준 $\alpha = 0.05$ 로 검정하시오.

[6] 이항모집단 1, 2 로부터 각각 $n_1 = 140$, $n_2 = 140$ 개의 독립인 임의표본을 추출하였다. 각각의 표본에서 성공의 회수에 대한 자료는 다음과 같다.

	모집단	
	1	2
표본크기	140	140
성공회수	74	81
이항모수	p_1	p_2

이항모수 p_1과 p_2 사이의 차이에 대한 검정을 유의수준 $\alpha = 0.05$ 에서 실시하시오.

[7] 50살이 넘은 나이에 자식이 없는 여자들은 심장마비에 걸릴 가능성이 높다는 연구 결과가 나왔다. Pennsylvania의 어느 지방에서 심장마비로 사망한 51명의 여성 가운데 12명이 자식이 없었다. 그러나 심장병을 치유한 47명의 여성 가운데 아이가 없는 여성은 2명에 불과했다. 이 자료는 자식이 있는 여성과 없는 여성 사이에 심장병으로 사망할 비율에 유의적인 차이가 있다고 판단하는 근거가 되겠는가? 유의수준 $\alpha = 0.05$ 로 검정하시오.

[8] 귀무가설 $H_0 : \mu = 94$ 에 대한 대립가설 $H_a : \mu < 94$ 를 검정하려고 한다. 표본의 크기는 $n = 52$ 이고, $\bar{x} = 92.9$, $s = 4.1$ 이라고 한다.

1) 이 검정에 대해 관측된 유의확률값(p-값)을 구하시오.

2) 만약 이 검정에서 $\alpha = 0.05$ 일 때, 검정의 결과는?

[9] 16마리의 젖소를 영양 상태와 나이가 비슷한 8 마리의 쌍으로 나누고, 각 쌍에서 임의로 선택하여 사료 1과 사료 2를 주었다. 3주 동안의 우유생산량이 다음 표와 같다면, 두 사료에 따라 우유생산량이 유의적인 차이가 있는지 유의수준 5%로 검정하시오. 단, 우유생산량은 정규분포를 따른다고 가정한다.

번호	1	2	3	4	5	6	7	8
사료1	52	60	63	43	46	56	62	50
사료2	58	62	62	48	50	55	68	57

제12장 범주형 자료 분석

12.1 서론
12.2 2개 이상의 모집단 비율에 대한 검정
12.3 다항 검정
12.4 독립성에 대한 χ^2-검정

이 장에서는 성별이나 연령별, 혹은 학력과 같은 몇 개의 범주형 변수에 따라 교차 분류된 빈도형태의 자료 즉, 범주형 자료(categorical data)에 대하여 분석하는 통계적 방법을 배워보고자 한다.

범주형 자료분석에서 주로 이루어지는 것은 분할표 작성과 카이제곱검정으로 범주형 자료들의 예를 통해 분할표 작성 방법을 이해하고 카이제곱검정을 이용한 2개 혹은 그 이상의 질적 모집단 비율들의 검정방법과 다항자료에 대한 검정방법, 그리고 적합도검정, 독립성검정, 동질성검정 등에 대해서 소개한다.

12.1 서론

각각의 수준에 따라 분류된 변수들간의 관련성을 분석하기 위하여 도수나 빈도 자료가 관측된다. 이러한 자료는 각각 질적변수로서 관측된다. 예를 들면, 어떤 연구자가 200명 개인들의 고혈압과 흡연과의 관계에 대해 관심이 있다고 할 때 두 변수의 층화는 고혈압과 흡연량의 정도로 나눌 수 있을 것이다. 이 때 고혈압 변수를 없음, 보통, 심각의 세 수준으로 나누고 흡연량 변수 역시 비흡연, 보통, 많음의 세 수준으로 나누었다고 가정할 때 다음과 같이 3×3 분할표로 정리할 수 있다.

<표 12.1> 3×3 분할표

		흡연량		
		비흡연	보통	많음
고혈압의 정도	심각	10	14	20
	보통	20	18	31
	없음	40	22	25

만일, 분할표가 r개의 행과 c개의 열을 갖고 있다면 $r\times c$ 분할표라 한다. <표 12.1>에서 9개의 중복되지 않는 집단들은 셀(cell)이라 한다. 따라서 $r\times c$ 분할표는 rc개의 셀을 갖게 된다. 자료를 보면, 보통의 고혈압을 가지고 있는 동시에 많은 흡연량을 가진 개인들의 그룹은 31명으로 구성되어 있다. 이러한 각각의 셀 속에 들어있는 자료들을 관측도수(observed frequency)라 하며 O_{ij}로 표시한다. O_{ij}는 i번째 행과 j번째 열에 위치한 셀의 관측도수를 나타낸다. 또한 모든 셀도수들의 합은 표본크기 n과 같다. 즉.

$$\sum_i \sum_j O_{ij} = 200 = n$$

분할표 내의 각 셀에는 두 종류의 도수를 고려할 수 있는데, 하나는 앞에서 언급했던 관측도수이고 다른 하나는 바로 E_{ij}로 표기되는 기대도수(expected frequency)로 계산에 의해 얻어진다. 관측도수와 마찬가지로 다음이 성립한다.

$$\sum_i \sum_j E_{ij} = n$$

예를 들면, 가령 우리가 어떤 동전이 공평(fair)한가에 관심이 있다고 하자. 공평한가를 보기 위하여 동전을 200번 던지고 앞면과 뒷면이 나타난 횟수를 기록했을 때 90번은 앞면, 110번은 뒷면이 나왔다고 가정하자. 만약, 동전이 공평한 것이라면 우리는 앞면과 뒷면 모두 100번씩 나오리라 기대할 것이다. 즉 각각의 두 결과에 대한 기대도수는 100이 된다. 이것을 1×2 분할표로 요약하면 다음과 같다.

앞면	뒷면
$O_{11} = 90$	$O_{12} = 110$
$E_{11} = 100$	$E_{12} = 100$

위의 표에서 각 셀의 기대도수와 관측도수간에는 차이가 있는데 이것이 표본오차 때문인지 아니면 동전이 공평하지 않기 때문인지에 대한 결정이 필요하다. 왜냐하면, 그 동전을 또 다시 200번 던졌을 경우 다시 동일하게 앞면이 90번 뒷면이 110번 나오리라 기대하지 않기 때문이다. 관측값과 기대값이 잘 적합 되었는가는 관측값과 기대값 간의 차이를 고려하는데 관측값이 기대값에 가깝게 나타나면 관측값과 기대값 간의 차이가 작아지고, 두 값 사이가 더 멀수록 그 차이 또한 커질 것이다.

셀 (1,1)에서는 $O_{11} - E_{11} = -10$ 이고 셀 (1,2)에서는 $O_{12} - E_{12} = 10$ 이므로

$$\sum_i \sum_j (O_{ij} - E_{ij}) = \sum_j (O_{ij} - E_{ij}) = 0$$

이다. 차이의 합이 0이기 때문에, 분산을 공부할 때 편차에 대해서 하였던 방식과 같이 그 차이를 제곱하여 더한다. 이 값을 기대도수(E_{ij})의 비율로 표현하면 각 셀에서의 차이에 대한 좀 더 정확한 척도를 얻을 수 있다. 만약, 동전이 공평하다면, 각 셀의 적합도는 $(O_{ij} - E_{ij})^2 / E_{ij}$ 의 값에 의해 측정되어지며, 모든 셀들에 대한 기여도는 다음과 같은 통계량에 의해 측정된다.

$$\sum_i \sum_j \frac{(O_{ij} - E_{ij})^2}{E_{ij}}$$

앞의 예에 대하여 이 통계량은 2가 됨을 알 수 있다.

$$\frac{(90-100)^2}{100} + \frac{(110-100)^2}{100} = 2$$

위 통계량은 근사적으로 χ^2-분포인 표본분포를 가지므로 다음을 얻을 수 있다.

카이제곱 통계량

$$\chi^2 = \sum_i \sum_j \frac{(O_{ij} - E_{ij})^2}{E_{ij}}$$

앞의 예에서 카이제곱 통계량의 값이 2이다. 동전이 공평하지 않는지를 결정하기 위해서 $\chi^2 = 2$ 가 이론적으로 표본오차에 의해 발생되어질 수 있는 값보다 더 큰 값인지 의문이 제기된다. 이를 판단하기 위한 최소값은 부록의 <표 6>에 있는 카이제곱 확률표에서 찾을 수 있으며, 그 기각값은 유의수준 $\alpha = 0.05$ 하에서

3.841 이다. 그래서 카이제곱 통계량 값인 2는 동전던지기에서 앞면과 뒷면이 나타나는 것이 이론적으로 표본오차에 의해 설명되어진다고 할 수 있다. 결론적으로 동전이 공평하지 않다는 제안에 대한 아무런 증거를 제시하고 못 한다고 할 수 있다.

12.2 2개 이상의 모집단 비율에 대한 검정

앞에서 우리는 두 가지로 분류되는 성질을 갖거나 이항모집단으로 구성된 두 개의 랜덤표본을 이용하여 두 모집단 비율들이 차이가 있는지 없는지를 검정하는 방법을 배웠다. 각 모집단은 성공과 실패로 분류되는 두 개의 범주들로 구성되어 있다고 하자. 귀무가설은 $H_0: p_1 = p_2$의 형식을 가지며 p_1은 한 모집단내에서 성공의 비율이고, p_2는 나머지 다른 모집단내에서 성공의 비율이다. 이항실험의 독립성 성질에 의해 성공이 추출될 확률은 변하지 않는 상수로 나타나며 표본 크기가 충분히 큰 경우 이를 z-검정을 이용하여 두 모집단 비율을 검정하였다. 그러나 여기서는 앞에서 배운 z-검정을 2개 이상의 이항모집단으로 확장된 경우의 검정방법을 배워보고자 한다. 이러한 확장 검정의 경우 두 개의 모집단 경우는 앞에서 배웠던 z-검정과 동일한 검정이 된다.

이 절에서 관심 있는 검정에 대한 귀무가설은

$$H_0: p_1 = p_2 = \cdots = p_k$$

이며 $k > 2$, p_i는 i번째 이항모집단에서의 성공의 비율이다. 귀무가설에 대한 대립가설은 다음과 같다.

$$H_1: \text{적어도 두 모집단 비율들은 같지 않다}$$

이러한 형태의 문제들은 성공과 실패의 두 범주와 k개의 표본으로 구성되며, 다음과 같은 $2\times k$분할표의 형태를 갖는다.

	표본 1	표본 2	표본 3	⋯	표본 k
성공					
실패					

어떤 대학에서 졸업자격을 위한 필수조건으로 3학점짜리 통계학 수업 이수를

제안하려고 한다. 학생들의 의견을 수렴하기 위하여 2학년, 3학년, 4학년 학생들로부터 랜덤하게 표본을 추출하여 찬성과 반대의 두 범주로 의견을 제시하는 투표를 실시하였다고 하자. 이 투표의 결과는 2×3 분할표의 형태로 나타낼 수 있다.

학생의견조사 결과

	2학년	3학년	4학년
찬성	12	5	13
반대	13	15	17

2, 3, 4학년 각각에 대하여 새로운 졸업요구 조건에 찬성하는 비율을 p_1, p_2, p_3 라 할 때 유의수준 $\alpha = 0.05$ 에서 다음의 귀무가설을 검정하려고 한다.

$$H_0 : p_1 = p_2 = p_3$$

예제를 설명하기 위해 우선, 다음과 같이 행과 열의 총합인 주변도수(marginal frequencies)를 구한다.

	2학년	3학년	4학년	합
찬성	12	5	13	30
반대	13	15	17	45
합	25	20	30	75

열의 합은 각 학년에서 랜덤표본의 크기를 그리고 행의 합은 새로운 요구조건에 찬성하는 사람들의 총수와 반대하는 사람들의 총수를 나타낸다. 이 때 행의 모든 총합과 열의 총합은 서로 같다. 즉 $25 + 20 + 30 = 30 + 45 = 75$ 이고, 응답자들의 총수는 $n = 75$ 이다.

검정통계량 값을 계산하기 전에 먼저 각 셀에 대한 기대도수를 구해야 한다. 기대도수는 귀무가설($p_1 = p_2 = p_3$)이 사실이라는 가정 하에서 구할 수 있다. 각 셀 안의 기대도수는 괄호를 통해 구별한다.

	2학년	3학년	4학년	합
찬성	12 ( )	5 ( )	13 ( )	30
반대	13 ( )	15 ( )	17 ( )	45
합	25	20	30	75

귀무가설($p_1 = p_2 = p_3$)이 사실이라고 가정했기 때문에 $p_1 = p_2 = p_3$ 에 대한 공통추정비율($\hat{p}$)를 얻을 수 있을 것이다. 이 값은 세 표본들의 도수들 총합 중 새로운 졸업요구조건에 대하여 찬성하는 집단들에 대한 비로써 구해진다. 즉,

$$\hat{p} = \frac{12+5+13}{25+20+30} = \frac{30}{75} = \frac{2}{5}$$

이를 이용해 각 셀들의 기대값을 구해보면

E_{11} (2학년 학생 중 찬성하는 사람의 기대값)

$= \frac{2}{5} \times 25 = 10$ (2학년 25명 중 찬성하는 학생 수)

$E_{21} = 25 - 10 = 15$(2학년 학생 중 반대하는 사람의 기대값)

같은 방식으로 다른 셀에 대한 기대도수를 구할 수 있다.

		표본			
		2학년	3학년	4학년	합
결과	찬성	12 (10)	5 (8)	13 (12)	30
	반대	13 (15)	15 (12)	17 (18)	45
	합	25	20	30	75

$E_{12} = \frac{2}{5} \times 20 = 8$ $\qquad E_{22} = 20 - 8 = 12$

$E_{13} = \frac{2}{5} \times 30 = 12$ $\qquad E_{23} = 30 - 12 = 18$

분할표에서 기대도수를 구할 수 있는 좀 더 일반적인 절차가 있다. 위의 예에서 우선 75명의 응답자들 중에 귀무가설이 사실이라는 가정 하에서 그 의견에 찬성하는 동시에 2학년인 집단에 대한 확률을 계산할 수 있다. 이 때, 만일 모집단 비율들이 같다면 찬성하는 응답자들에 대한 각 학년은 독립이 된다. 우리는 앞에서 $P(E \cap F) = P(E)P(F)$ 이면 E와 F가 독립사건임을 배웠듯이 찬성하면서 2학년인 찬성하는 학생들에 대한 확률은 다음과 같다.

$$P(\text{찬성} \cap \text{2학년}) = P(\text{찬성}) \cdot P(\text{2학년})$$

$$= \left(\frac{30}{75}\right)\left(\frac{25}{75}\right)$$

따라서 n 명의 학생에 대하여 찬성하면서 2학년인 반응자수의 기대값은 다음과 같다.

$$\begin{aligned} E_{11} &= P(\text{찬성} \cap \text{2학년}) \cdot \; n \\ &= \left(\frac{30}{75}\right)\left(\frac{25}{75}\right) \cdot (75) \\ &= \frac{30 \times 25}{75} = 10 \end{aligned}$$

$E_{11} + E_{21} = 25$ 이므로 $E_{21} = 25 - E_{11} = 25 - 10 = 15$ 가 되며 이것은 앞의 결과와 동일하다.

이 절차를 통해 기대도수 E_{ij} 에 대하여 다음과 같은 공식을 도출 할 수 있다.

> **(i, j)셀의 기대도수**
>
> $$E_{ij} = \frac{(i\text{번째 행의 합}) \times (j\text{번째 열의 합})}{n}$$

다음은 아래의 식을 사용하여 카이제곱 통계량 값을 구한다.

$$\chi^2 = \sum_i \sum_j \frac{(O_{ij} - E_{ij})^2}{E_{ij}} \tag{12.1}$$

아래 표를 이용하여 계산한 결과 카이제곱 검정통계량의 값(χ^2)이 2.6806 임을 알 수 있다. 만일, 귀무가설이 사실이고 어떠한 표본오차도 포함되어 있지 않다면 각 셀에 대한 기대도수와 관측도수는 같게 될 것이다. 이 경우 카이제곱 검정통계량은 0 이 된다.

셀	O_{ij}	E_{ij}	$(O_{ij} - E_{ij})^2$	$\sum_i \sum_j \frac{(O_{ij} - E_{ij})^2}{E_{ij}}$
(1, 1)	12	10	4	0.400
(1, 2)	5	8	9	10125
(1, 3)	13	12	1	0.0833
(2, 1)	13	15	4	0.2667
(2, 2)	15	12	9	0.75
(2, 3)	17	18	1	0.0556
				2.6806

이러한 계산 결과가 도출되었을 때 가설을 기각하기 위하여 카이제곱 검정통계량의 값이 얼마나 커야만 하는지 그 기준이 필요하게 된다. 그 기준이 되는 것이 바로 χ^2 기각값(critical value)으로 부록의 <표 6>에 있는 카이제곱 확률표에서 찾을 수 있으며, 이 값으로부터 기각역을 구할 수 있다.

유의수준에 따른 기각값을 구하기 전에 카이제곱분포의 자유도를 알아야 한다. $r \times c$ 분할표에서 카이제곱 통계량의 자유도는 $df = (r-1)(c-1)$ 이 된다. 위의 예제에서 자유도는 $df = (2-1)(3-1) = 2$ 이며 유의수준 $\alpha = 0.05$ 에서의 기각값은 $\chi^2_{0.05}(2) = 5.991$이 된다 (그림 12.1).

이제 이러한 결과들을 통해 가설에 대한 검정이 실시된다. 즉, 검정통계량의 값과 기각값을 비교하여 표본오차나 랜덤오차가 허용된 범위 내에 포함이 되는지 아니면 그 이상이 되는지를 판단해야 한다. 그 결과 이들 오차가 허용범위 이내이면 귀무가설 즉, 모든 모집단의 비율이 동일하다고 결론을 내릴 수 있으며, 만약 허용범위보다 크면 귀무가설이 기각되어 적어도 두 모집단 이상의 모비율이 같지 않다고 결론을 내릴 수 있다. 즉

$\chi^2 \le \chi^2_\alpha(df)$인 경우, 귀무가설을 기각하지 않는다.

$\chi^2 > \chi^2_\alpha(df)$인 경우, 귀무가설을 기각한다.

앞의 예제에서 χ^2 검정통계량 값은 2.68, 기각값 $\chi^2_{0.05}(2) = 5.991$ 이고

$$\chi^2 = 2.68 < \chi^2_{0.05}(2) = 5.991$$

이다. 따라서 위 예제에서의 검정을 실시한 결과 검정통계량의 값이 기각값 보다 작게 나타났으므로 귀무가설이 유의수준 0.05 하에서 기각되지 않는다. 즉, 허용된 범위내의 표본오차만이 존재한다고 보여 모든 모집단의 비율들이 같다는 결론을 내릴 수 있다.

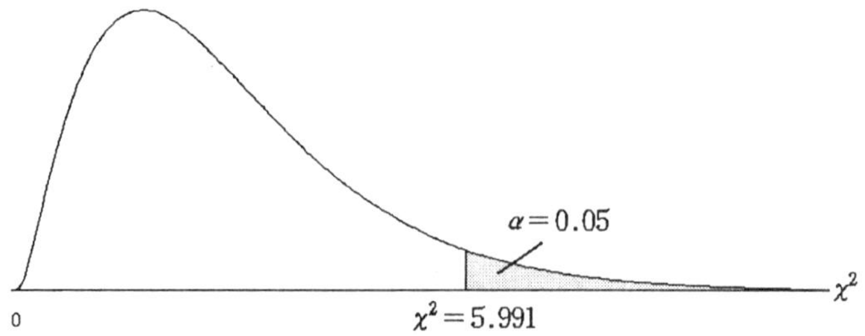

<그림 12.1>

〔자유도의 개념〕

자유도(degrees of freedom)의 개념에 대하여 좀 더 자세히 알아보자. 어떤 한 삼각형내의 각도를 선택할 때의 자유도는 얼마인가?

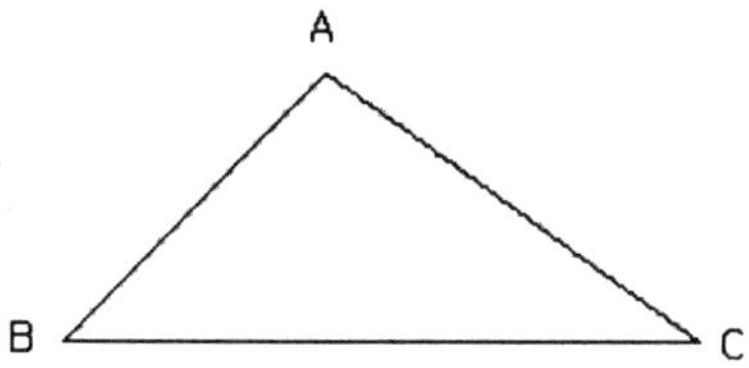

삼각형에서 세 각 A, B, C의 합은 180° 이다. 임의의 두 개의 각을 자유롭게 선택하면 나머지 한 개의 각은 180° 에서 두 개의 각의 합을 빼어 구할 수 있다. 따라서 세 개의 각이 있는 삼각형에서 각도 선택과 관련되어서는 자유도가 2가 된다.

앞에서 다루었던 대학생들의 의견투표의 2 × 3 분할표와 같은 형태에서 행과 열의 총합이 알려진 상황 하에서 셀 도수들을 선택할 때 자유도의 수를 결정할 수 있다. 처음으로 어떤 셀 도수를 하나 선택할 때는 자유롭게 선택할 수 있다. 가령 셀 (2,2)를 선택한다면 하나의 자유도를 얻게 된다. 그렇지만 O_{22} 와 O_{12} 의 합이 20이기 때문에 셀 (1,2)의 도수를 선택하는 것에는 자유를 가질 수 없다. 그 다음으로 나머지 남아있는 4개의 셀 (1,1), (1,3), (2,1), (2,3) 중 선택에 자유가 주어진다. 이 중 셀 (2,1)을 선택하게 되면 지금까지 2개의 자유도를 얻게 된 것이 되고 $O_{21} + O_{22} + O_{23} = 45$ 이므로 셀 (2,3)에 대해서도 선택의 자유가 없어진다. 그리고 셀 (1,3) 혹은 셀 (1,1)도 앞의 관계와 같은 방식에 의해 선택의 자유를 가지지 못하게 된다. 위의 과정을 통해 얻어진 결과를 X 와 ↓로 나타내면 아래와 같다.

X	X	X
↓	↓	X

X: 선택의 자유가 없는 셀, ↓: 자유롭게 선택된 셀

결론적으로 예에서 자유도가 2임을 알 수 있고 이 결과는 자유도 공식을 사용해 얻은 값과 동일하다.

[χ^2-통계량의 계산공식]

(12.1) 공식에 의해 얻어진 카이제곱 검정통계량에 대한 계산공식(computational formula)은 다음과 같다.

$$\chi^2 = \sum_i \sum_j \frac{O_{ij}^2}{E_{ij}} - n \tag{12.2}$$

통계학 수강에 대한 학생들의 여론조사에 대한 카이제곱 검정통계량 값을 계산 공식을 이용하여 구해보자.

셀	O_{ij}	E_{ij}	$\frac{O_{ij}^2}{E_{ij}}$
(1,1)	12	10	14.4
(1,2)	5	8	3.125
(1,3)	13	12	14.0833
(2,1)	13	15	11.2667
(2,2)	15	12	18.75
(2,3)	17	18	16.0556
			77.6806

계산공식에 의한 카이제곱 검정통계량의 값은 (12.1)에 사용된 공식과 같은 값을 가진다.

$$\chi^2 = \sum_i \sum_j \frac{O_{ij}^2}{E_{ij}} - n = 77.68 - 75 = 2.68$$

카이제곱 검정통계량이 자유도 $(r-1)(c-1)$인 근사적인 χ^2-분포를 따르기 위해서는 다음의 가정을 충족되어야 한다.

카이제곱 검정의 가정

① 셀의 기대도수들의 최소 80% 이상이 5 혹은 그 이상이 되어야 한다.
② 모든 기대도수들이 1 이상이어야 한다.

카이제곱 검정통계량의 분모가 1보다 적은 값을 가지면 그 셀에 대한 카이제곱 검정통계량 값이 커지고, 따라서 잘못된 결정으로 이끌게 된다.

예제 1 한 여론조사 기관에서 갑 후보의 지지율이 세 지역에서 모두 같은지를 알아보려고 한다. 세 지역에서 임의표본을 추출하고 조사한 결과 다음의 결과를 얻었다. 갑 후보의 지지율이 세 지역에서 모두 같은지를 검정하시오($\alpha = 0.05$).

풀이 ① 귀무가설 $H_0: p_1 = p_2 = p_3$

② 대립가설 H_1: 적어도 두 개의 비율은 다르다.

③ 검정통계량의 표본분포는 근사적으로 $\chi^2(2)$를 따른다. 검정통계량의 값을 계산하기 위하여 먼저 귀무가설 H_0가 사실이라는 가정하에 각 셀의 기대도수를 구한다. 기대도수는 다음 표의 괄호 안에 계산되어 있다.

		지역			합
		A	B	C	
지지	예	46 (45.97)	48 (47.89)	42 (42.14)	136
	아니오	74 (74.03)	77 (77.11)	68 (67.86)	219
합		120	125	110	355

첫 번째 행의 처음 두 개의 기대도수는 다음과 같이 계산된다.

$$E_{11} = \frac{(120)(136)}{355} = 45.97$$

$$E_{12} = \frac{(125)(136)}{355} = 47.89$$

나머지 네 개 셀에 대한 기대도수는 합으로부터 구할 수 있다. 각 셀의 기대도수는 모두 5 이상이다.

검정통계량 값은 계산공식에 의해 다음과 같이 얻어진다.

$$\chi^2 = \sum_i \sum_j \frac{O_{ij}^2}{E_{ij}} - n = 355.0013 - 355 \approx 0.0013$$

$$df = (r-1)(c-1) = (2-1)(3-1) = 2$$

셀	O_{ij}	E_{ij}	$\frac{O_{ij}^2}{E_{ij}}$
(1,1)	46	45.97	46.0300
(1,2)	48	47.89	48.1103
(1,3)	42	42.14	41.8605
(2,1)	74	74.03	73.9700
(2,2)	77	77.11	76.8902
(2,3)	68	67.86	68.1403
			355.0013

④ 유의수준 $\alpha = 0.05$

⑤ 기각값 $\chi^2_{0.05}(2) = 5.991$

⑥ $\chi^2 = 0.0013 < \chi^2_{0.05}(2) = 5.991$ 이므로 귀무가설은 기각되지 않는다.

⑦ 지역간에 갑 후보의 선호비율에 차이가 있다는 통계적 증거가 존재하지 않는다.

두 모집단 비율의 귀무가설($H_0: p_1 = p_2$)에 대한 대립가설($H_1: p_1 \neq p_2$)을 검정하는 경우 카이제곱 검정은 10장에서 설명한 z-검정과 동등한 것이다. z^2은 자유도 1인 χ^2-분포와 같다. z-검정은 방향성이 없고 χ^2-검정은 방향성이 있기 때문에 다음과 같은 관계로 나타내어진다.

$$z^2_{\alpha/2} = \chi^2_{\alpha}(1)$$

만일, 유의수준 $\alpha = 0.05$ 이면 $z_{0.025} = 1.96$ 이고 $z^2 = (1.96)^2 = 3.8416$이 된다. 이 값은 부록에서 찾은 $\chi^2_{0.05}(1)$ 의 값과 소수점 둘째 자리까지 같다. 두 값의 차이는 반올림 오차 때문이다.

예제 2 성인들의 음주 비율에 대한 연구를 실시하였다. 두 개의 랜덤표본이 하나는 여성으로부터 다른 하나는 남성으로부터 얻어졌다. 조사된 150명의 여성 중 72명이 음주를 하는 반면, 200명의 남성 응답자 중 104명이 음주를 하였다. 음주를 하는 성인 남녀들 각각의 비율에 차이가 있는지를 검정하시오.

풀이 p_1 : 성인 남자 중 음주자의 비율
p_2 : 성인 여성 중 음주자의 비율

귀무가설 $H_0 : p_1 = p_2$
대립가설 $H_1 : p_1 \neq p_2$

귀무가설에 대해 z-검정과 χ^2-검정 모두를 실시해 보았다.

(1) z-검정

표본분포는 표본비율 차이에 대한 분포이며 검정통계량은 $\hat{p}_1 - \hat{p}_2$에 대한 z-값이다.

$$\hat{p}_1 = \frac{104}{200} = 0.52 \qquad \hat{p}_2 = \frac{72}{150} = 0.48$$

p에 대한 공통 추정치는 다음과 같다.

$$\hat{p} = \frac{104 + 72}{200 + 150} = 0.502$$

$\hat{p}_1 - \hat{p}_2$의 표준오차는

$$\hat{\sigma}_{\hat{p}_1 - \hat{p}_2} = \sqrt{(0.502)(0.498)\left(\frac{1}{200} + \frac{1}{150}\right)} = 0.054$$

이며, 따라서 z-값은

$$z = \frac{\hat{p}_1 - \hat{p}_2}{\hat{\sigma}_{\hat{p}_1 - \hat{p}_2}} = \frac{0.52 - 0.48}{0.054} = 0.74$$

이다. 유의수준 $\alpha = 0.05$에서 기각값은 $\pm z_{0.025} = \pm 1.96$이 된다. 이를 바탕으로 검정을 실시하면 $-1.96 < z = 0.74 < 1.96$으로 귀무가설은 기각되지 않는다. 이 결정에 대해 제2종 오류(type II error)를 범할지도 모른다. 이러한 제2종 오류를 범한 확률이 알려지지 않았다. 그러므로 성인 남녀 중 음주하는 사람들의 비율에 차이가 있다는 제안에 어떠한 통계적 증거도 존재하지 않는다.

(2) χ^2-검정

귀무가설이 사실이라는 가정하에서 기대도수를 계산하여 아래 표와 같이 관측도수와 기대도수를 정리할 수 있다.

	남성	여성	합
음주	104 (100.57)	72 (75.43)	176
비음주	96 (99.43)	78 (74.57)	174
합	200	150	350

셀 (1,1)에 대한 기대도수는

$$E_{11} = \frac{(200)(176)}{350} = 100.57$$

이며, E_{12}, E_{21} 그리고 E_{12}는 아래와 같이 차에 의해 구할 수 있다

$$E_{12} = 176 - E_{11} = 176 - 100.57 = 75.43$$
$$E_{21} = 200 - E_{11} = 200 - 100.57 = 99.43$$
$$E_{12} = 174 - E_{21} = 174 - 99.43 = 74.57$$

χ^2-검정통계량 계산식을 이용하기 위하여 다음 표를 작성하였다.

셀	O_{ij}	E_{ij}	$\frac{O_{ij}^2}{E_{ij}}$
(1,1)	104	100.57	107.5470
(1,2)	72	72	68.7260
(2,1)	96	96	92.6883
(2,2)	78	78	81.5878
			350.5491

카이제곱 검정통계량의 값은

$$\chi^2 = \sum_i \sum_j \frac{O_{ij}^2}{E_{IJ}} - n = 350.55 - 350 = 0.55$$

부록의 <표 6>로부터 얻어진 기각값은 $\chi^2_{0.05}(1) = 3.841$ 이며, 따라서, 검정을 실시하여 보면

$$\chi^2 = 0.55 < \chi^2_{0.05}(1) = 3.841$$

로 검정통계량 값이 기각값보다 작기 때문에 귀무가설은 기각되지 않는다. 성인 여성과 남성 중 음주하는 비율에 차이가 있다는 제안에 대한 어떤 실질적인 증거가 없다고 결론지을 수 있다.

위 두 가지 검정방법을 통해 다음과 같은 관계를 알 수 있다.

1) $z^2 = (0.74)^2 \approx 0.55 = \chi^2$

2) $\chi^2_{0.05}(1) = 3.843 \quad (z_{0.025})^2 = (1.96)^2 \approx 3.84 \approx \chi^2_{0.05}(1)$

이러한 결과에 좀 더 관심이 있는 학생들은 귀무가설($H_0: p_1 = p_2 = p_3$)에 대한 세 가지 쌍($H_0: p_1 = p_2$, $H_0: p_2 = p_3$, $H_0: p_1 = p_3$)에 대한 z-검정을 실시하는 대신에 왜 χ^2-검정을 사용하는지에 대한 궁금증이 생길 것이다. 여기에는 몇 가지 이유들이 있다. 세 개로 나누어 검정을 실시하는 방법은 시간을 너무 소비하고 비효율적이다. 그런데 가장 중요한 이유는 크고 알 수 없는 오차값들이 생긴다. 예로 위의 3개에 대한 각각의 검정이 유의수준 $\alpha = 0.05$ 를 사용하고 검정들이 서로 독립이라면(실제로 그렇지 않다) 그 때 세 개의 독립검정에서 적어도 하나는 제1종 오류(Type I error)를 범할 확률은

$$1 - P(\text{3개의 검정에서 제1종 오류를 만들지 않을 확률})$$
$$= 1 - (0.95)^3 \approx 0.14$$

로 크게 나타난다. 그래서 χ^2-검정에서의 오차율 0.05 대신에 z-검정의 경우 실험에 대한 오차율이 0.05 와 0.14 사이에 존재하게 된다. 결국 검정의 수가 증가할수록 실험에 대한 오차율도 증가한다. 따라서 z-검정보다는 χ^2-검정을 사용한다.

12.3 다항 검정

12.2절에서 이항모집단들에 대하여 $H_0: p_1 = p_2 = \cdots = p_k$ 형태의 가설검정을 설명하였다. 이 경우 자료는 성공과 실패와 같은 2개의 명백한 범주 중 하나로 분류되었다. 이 장에서는 범주가 2개가 아닌 그 이상의 범주를 가진 질적자료 형태의 모집단들을 포함하는 다항실험(multinomial experiments)의 경우로 이러한 검정 절차를 일반화 하고자 한다.

m 개의 범주를 가지고 있는 한 다항모집단으로부터 하나의 표본을 추출했을 때 모집단 범주의 비율분포가 어떤 특정한 값을 갖는지를 결정하려고 한다. 다항실험은 6장에서 언급한 이항실험의 성질들과 거의 비슷한 조건들을 가지고 있다.

다항실험의 성질

① 실험은 n 번 시행으로 구성된다.

② 각각의 시행들은 정확히 m 개의 결과들 중 하나로 나타난다.

③ 각 시행은 독립이다.

④ 모든 시행에서 임의의 결과들이 발생할 확률은 시행에 따라 변하지 않는 상수로 표시되며 m 개 확률들의 합은 1이다.

이러한 네 가지 성질들을 살펴보면, 이항실험은 $m = 2$ 인 다항실험의 특별한 경우라는 것을 알 수 있다. 지금부터 표본추출은 큰 모집단(무한모집단)으로부터 이루어졌다고 가정한다.

다항모집단의 예로는 다음과 같은 것들이 있다.

① 정육면체 주사위를 던져서 나타나는 결과

② 예, 아니오, 미결정의 응답으로 구성된 조사질문

③ 문자 등급들(A, B, C, D, F)로 구성된 성취도 결과

④ 종교가입(불교, 카톨릭, 신교도, 유대교, 그 외)에 대한 분류

위의 각각에 대해 가능한 귀무가설을 세워 보면 다음과 같다.

① $H_0: p_1 = p_2 = p_3 = p_4 = p_5 = p_6 = 1/6$

② $H_0: p_y = 0.2,\ p_n = 0.7,\ p_u = 0.1$

③ $H_0: p_A = 0.1,\ p_B = 0.2,\ p_C = 0.3,\ p_D = 0.2,\ p_F = 0.2$

④ $H_0: p_{불} = 0.4,\ p_{카} = 0.2,\ p_{신} = 0.3,\ p_{유} = 0.05,\ p_{그} = 0.05$

각각의 귀무가설에 대하여 $\sum_i p_i = 1$ 이다.

다항모수들에 대한 통계적 계산들은 12.1절에서 배운 계산방법과 비슷하다. 단지 차이는 카이제곱 검정통계량에 대한 자유도의 계산에 있다. 다항모수들의 검정에 대한 자유도(df)는 다항실험에서 가능한 범주의 수에서 1을 뺀 것과 같다.

다항실험의 자유도

$df =$ (범주의 수) $- 1$

예제 3 어떤 자연보호단체에서 10년 전에 한 호수를 조사하니 송어, 붕어, 잉어, 메기가 각각 20%, 15%, 40%, 그리고 25%이었다. 10년이 지난 지금 그 호수에서 표본을 추출한 결과 각 종류의 물고기 수가 아래와 같이 나타났다면 그 동안 물고기 종의 분포가 바뀌었다고 할 수 있는가? ($\alpha = 0.05$)

송어	붕어	잉어	메기
132	100	200	168

풀이 p_1 =송어의 비율, p_2 =붕어의 비율, p_3 =잉어의 비율, p_4 =메기의 비율이라 하자.

① 귀무가설 $H_0: p_1 = 0.20,\ p_2 = 0.15,\ p_3 = 0.40,\ p_4 = 0.25$

② 대립가설 H_1: 적어도 한 개의 비율은 다르다.

③ 표본으로 추출한 총 물고기가 $132 + 100 + 200 + 168 = 600$ 마리 이므로 $n = 600$ 이다.

위 문제에서 다음과 같은 1×4 분할표를 만들 수 있다.

송어	붕어	잉어	메기
132 (120)	100 (90)	200 (240)	168 (150)

기대값은 총합과 귀무가설에 있는 각각의 비율과 곱하여 구할 수 있다.

$E_{11} = (600)(0.20) = 120$

$E_{12} = (600)(0.15) = 90$

$E_{13} = (600)(0.40) = 240$

$E_{14} = (600)(0.40) = 150$

E_{14} 는 다음과 같은 방법으로도 구할 수 있다.

$E_{14} = 600 - 120 - 90 - 240 = 150$

검정통계량 값은 계산공식에 의해 다음과 같이 얻어진다.

셀	O_{ij}	E_{ij}	$\frac{O_{ij}^2}{E_{ij}}$
1	132	120	145.2
2	100	90	111.1111
3	200	240	166.6667
4	168	150	188.16
			611.1378

$$\chi^2 = \sum_i \sum_j \frac{O_{ij}^2}{E_{ij}} - n = 611.1378 - 600 \approx 11.14$$

$df = (\text{범주의 수}) - 1 = 4 - 1 = 3$

④ 유의수준 $\alpha = 0.05$

⑤ 기각값 $\chi^2_{0.05}(3) = 7.815$

⑥ $\chi^2 = 11.14 > \chi^2_{0.05}(3) = 7.815$ 이므로, 귀무가설은 기각된다. 즉, 물고기들의 분포가 10년이 흘러오면서 그 분포에 변화가 있었다고 말할 수 있다.

예제 4 정육면체 주사위를 던지는 실험에서 다음과 같은 결과를 얻었다

숫자	1	2	3	4	5	6
도수	45	38	37	40	37	43

유의수준 $\alpha = 0.05$ 로 주사위가 공평한지 검정하시오.

풀이 $p(i)$ = 숫자 i 의 발생 횟수에 대한 비율

① 귀무가설 $H_0: P(1) = P(2) = P(3) = P(4) = P(5) = P(6) = 1/6$

② 대립가설 $H_1: P(i) \neq 1/6$, 어떤 임의의 i

③ 주사위는 $n = 45 + 38 + 37 + 40 + 37 + 42 = 240$ 번 던졌다. 관측도수와 기대도수는 다음과 같다.

숫자	1	2	3	4	5	6
관측도수	45	38	37	40	37	43
기대도수	(40)	(40)	(40)	(40)	(40)	(40)

χ^2-검정통계량 값을 다음과 같이 구할 수 있다.

셀	O_{ij}	E_{ij}	$\frac{O_{ij}^2}{E_{ij}}$
1	45	40	50.625
2	38	40	36.100
3	37	40	34.225
4	40	40	40.000
5	37	40	34.225
6	43	40	46.225
			241.400

$$\chi^2 = \sum_i \sum_j \frac{O_{ij}^2}{E_{ij}} - n = 241.4 - 240 = 1.4$$

$$df = 6 - 1 = 5$$

④ 유의수준 $\alpha = 0.05$

⑤ 기각값 $\chi^2_{0.05}(5) = 11.070$

⑥ $\chi^2 = 1.4 < \chi^2_{0.05}(5) = 11.070$ 이므로 귀무가설은 기각되지 않는다. 즉, 주사위가 편의 되었다는 통계적 증거가 없다.

〔적합도 검정〕

실험 또는 관측결과와 이론적인 기대값의 일치정도를 적합도(goodness of fit)라고 하며, 관측값들이 어떤 이론적 분포를 따르고 있는지에 대한 적합도를 검정하는 것을 적합도 검정이라 한다.

예제 5 카이제곱 적합도검정(goodness-of-fit tests)은 주어진 표본들이 어떤 특정한 모집단에 속하는지를 판단할 때 사용되는 검정 방법이다. 다음 표에는 난수표에서 처음 100개의 숫자들에 대한 관측도수이다.

숫자	0	1	2	3	4	5	6	7	8	9
도수	11	9	15	11	9	11	6	6	13	9

유의수준 $\alpha = 0.05$ 로 난수표에서 구한 숫자들의 발생 확률이 차이가 있는지를 검정하시오.

풀이 p_i = 숫자 i 의 발생 횟수에 대한 비율

① 귀무가설 $H_0 : p_i = 0.1 \qquad i = 0, 1, 2, \cdots, 9$

② 대립가설 H_1: 적어도 하나의 비율은 0.1이 아니다

③ 귀무가설이 사실이라는 가정하에서 기대도수를 계산할 수 있다. 각각의 숫자에 대한 기대도수는 $(0.1)(100) = 10$ 으로 각 숫자가 100번 중 10번 나올 것이라고 예상할 수 있을 것이다.
χ^2-검정통계량 값을 다음과 같이 구할 수 있다.

$$\chi^2 = \sum_i \sum_j \frac{O_{ij}^2}{E_{ij}} - n = 107.2 - 100 = 7.2$$

위의 식은 행이 하나이므로 다음과 같이 쓸 수 있다.

$$\chi^2 = \sum_j \frac{O_j^2}{E_j} - n = 107.2 - 100 = 7.2$$

셀	O_{ij}	E_{ij}	$\frac{O_{ij}^2}{E_{ij}}$
1	11	10	12.1
2	9	10	8.1
3	15	10	22.5
4	11	10	12.1
5	9	10	8.1
6	11	10	12.1
7	6	10	3.6
8	6	10	3.6
9	13	10	16.9
10	9	10	8.1
			107.2

④ 유의수준 $\alpha = 0.05$

⑤ 기각값 $\chi^2_{0.05}(9) = 16.919$

⑥ $\chi^2 = 7.2 < \chi^2_{0.05}(9) = 16.919$ 이므로 귀무가설은 기각되지 않는다. 즉, 각 숫자의 발생 비율에 차이가 있다는 주장에 대하여 아무런 통계적 증거를 가지고 있지 않다고 말할 수 있다. 우리는 난수표에 대해서 이와 같은 결론을 기대할 것이다.

⑦ 가능한 오류는 제2종 오류(type Ⅱ error)로써, 그것의 발생확률 β는 알 수 없다.

예제 6 세 개의 동전을 80번 던져서 앞면이 나오는 수(X)를 매번 기록하였다. 그 결과 다음과 같은 자료를 얻었다.

x	0	1	2	3
도수	20	38	18	4

X가 $n = 3$ 이고 $p = 0.5$ 인 이항분포를 따른다는 귀무가설을 검정하시오($\alpha = 0.05$).

풀이 p를 앞면이 나올 확률이라 하자.

① 귀무가설 H_0 : X는 $n = 3$ 이고 $p = 0.5$ 인 이항확률변수이다.

② 대립가설 H_1 : X는 $n = 3$ 이고 $p = 0.5$ 인 이항확률변수가 아니다.

③ 귀무가설이 사실이라는 가정하에 기대도수를 구할 수 있다. 기대도수는 실험의 총 횟수와 해당되는 x의 이항확률을 곱하여 구할 수 있는데, $n = 3$, $p = 0.5$ 인 경우의 이항확률 $p(x)$ 은 부록의 <표 2>에 있는 이항확률표에서 구할 수 있다. 각각의 X에 대한 이항확률 값과 기대도수는 다음과 같다.

x	$p(x)$	$80 \cdot p(x)$
0	0.125	10
1	0.375	30
2	0.375	30
3	0.125	10

기대도수와 관측도수를 이용하여 카이제곱 통계량 값을 계산하면

O_{ij}	E_{ij}	$\frac{O_{ij}^2}{E_{ij}}$
20	10	40.0000
38	30	48.1333
18	30	10.8000
4	10	1.6000
		100.5333

$$\chi^2 = \sum_i \sum_j \frac{O_{ij}^2}{E_{ij}} - n = 100.53 - 80 = 20.53$$

④ 유의수준 $\alpha = 0.05$

⑤ 기각값 $\chi^2_{0.05}(3) = 7.815$

⑥ $\chi^2 = 20.53 > \chi^2_{0.05}(3) = 7.815$ 이므로 검정통계량 값이 기각값을 초과하였기 때문에 귀무가설은 기각된다. 따라서 앞면이 나오는 수 (X)는 $n = 3$, $p = 0.5$ 인 이항분포를 따르지 않는다고 결론지을 수 있다.

⑦ 가능한 오류는 제1종 오류이며, $\alpha = 0.05$ 이다.

예제 7 밤 11시 뉴스를 시청하는 텔레비전 시청자들의 비율을 알아보기 위하여 500명의 랜덤표본을 추출하여 알아본 결과 그 중 190명이 시청을 한다고 응답했다. 유의수준 $\alpha = 0.05$ 로 밤 11시 뉴스시청자들의 비율이 40% 와 다른지를 검정하시오.

풀이 ① $H_0 : p = 0.4$

② $H_0 : p \neq 0.4$

③ 귀무가설이 사실이라고 가정하면, 추출된 500명 중 밤 11시 뉴스를 시청할 것이라고 기대되는 사람의 수는 $(0.4)(500) = 200$ 이고, 시청을 하지 않는 사람은 300명으로 기대된다. 이 때 카이제곱 검정통계량의 값은 다음과 같다.

$$\chi^2 = \sum_i \sum_j \frac{(O_{ij} - E_{ij})^2}{E_{ij}}$$

$$= \frac{(190 - 200)^2}{200} + \frac{(310 - 300)^2}{300} = 0.83$$

④ 유의수준 $\alpha = 0.05$

⑤ 기각값 $\chi^2_{0.05}(1) = 3.841$

⑥ $\chi^2 = 0.83 < \chi^2_{0.05}(1) = 3.841$ 이므로 귀무가설은 기각되지 않는다. 따라서 모든 시청자들 중 밤 11시 뉴스를 시청하는 시청자들의 비율이 0.4와 차이가 난다는 어떠한 통계적 증거가 없다고 결론지을 수 있다.

⑦ 가능한 오류는 제2종 오류(type II error)로써, 그것의 발생확률 β는 알 수 없다.

위와 같은 귀무가설($H_0: p = 0.4$)에 대해 z-검정을 실시할 수 있다. 표본비율 $\hat{p} = 190/500 = 0.38$에 대한 z-검정통계량 값은

$$z = \frac{\hat{p} - p}{\sqrt{p(1-p)/n}} = \frac{0.38 - 0.40}{\sqrt{(0.4)(0.6)/500}} = -0.913$$

이고 기각값은 ± 1.96 이다. $-1.96 < -0.91 < 1.96$ 이므로 χ^2-검정과 동일하게 귀무가설이 기각되지 않는다. $z^2 = (-0.913)^2 \approx 0.83 = \chi^2$ 이 됨을 알 수 있다.

12.4 독립성에 대한 χ^2-검정

통계학의 응용에서 우리는 자주 두 변수가 서로 독립인가? 아니면 연관되어 있는가?에 관심을 가지게 된다. 몇 가지 예를 들면 다음과 같다.

- 독서습관이 독자들의 성별과 관련성이 있는가?
- 학업 성적이 결석한 날의 수와 관련이 있는가?
- 사람들의 성별과 색깔의 선호도와는 독립인가?
- 심장병과 흡연과의 관계는?
- 가족의 수와 부모님들의 교육수준과는 독립인가?
- 실업자 수는 범죄증가와 관계가 있는가?

한 모집단의 두 가지 속성 X, Y에 대하여 각 속성들이 여러 개의 범주로 나누어질 때, 이들 속성이 서로 관련성이 있는가를 검정하는 데 이러한 검정을 독립성 검정이라 한다.

독립성(independence)이란 두 변수 사이에 서로 영향을 미치지 않는 경우 또는 서로 관련 혹은 연관되어 있지 않음을 나타낸다. 그런데 만약 어떤 두 변수가 서로 독립이 아니라고 두 변수에 대해 상관이 있다고 결론지으면 안 된다. 즉 두 변수가 독립이 아니더라도 상관관계가 없을 수도 있다는 것이다. 그러나 모든 독립적인 변수들은 서로 상관관계가 없다고 결론지을 수 있다.

만약, 두 개의 양적변수가 연관되어 있다면 상관계수(r)이나 회귀분석(14장 참조)을 사용하여 선형관계의 정도를 추정할 수 있고 어떤 하나의 값을 이용하여 다른 값을 추정할 수 있다. 물론 상관분석은 양적자료일 때만 이용할 수 있다.

모든 독립성검정에 대한 가설은 다음과 같다.

H_0 : 두 변수는 독립이다.

H_1 : 두 변수는 독립이 아니다.

독립성을 검정하기 위한 방법은 12.1절에 언급되었던 χ^2-검정에 입각한 모집단 비율들의 차이를 검정하기 위해 사용한 방법과 동일하다. 독립성에 대한 가설이 검정하기 전에 허용된 표본오차의 범위가 얼마나 되는지를 측정하기 위해 기대도수와 관측도수를 비교한다. 만약 χ^2 검정통계량 값이 카이제곱 확률표에 나타난 기각값과 같거나 더 크다면 독립인 변수들로부터 얻어진 결과라고 가정할 수 없을 것이다. 독립성에 대한 카이제곱 검정은 우측검정이다.

검정통계량은 다음 식을 사용하며, 자유도는 $df = (r-1)(c-1)$ 이다.

$$\chi^2 = \sum_i \sum_j \frac{(O_{ij} - E_{ij})^2}{E_{ij}} = \sum_i \sum_j \frac{O_{ij}^2}{E_{ij}} - n$$

예제 8 대학 교수회는 교수의 직위와 만족도가 서로 독립인지를 보고자 한다. 대학교수들에 대해 조사를 실시한 결과과 다음과 같다. $\alpha = 0.05$로 교수의 직위와 만족도가 서로 연관이 있는지를 검정하시오.

		직위			
		전임강사	조교수	부교수	교수
직위 만족도	높음	40	60	52	63
	중간	78	87	82	88
	낮음	57	63	66	64

풀이 ① 귀무가설 H_0: 교수 직위와 만족도는 서로 독립이다.
② 대립가설 H_1: 교수직위와 만족도는 서로 독립이 아니다.
③ 먼저 조사결과에 대한 주변도수들의 합을 구한다.

	직위				
직위 만족도	전임강사	조교수	부교수	교수	합
높음	40	60	52	63	215
중간	78	87	82	88	335
낮음	57	63	66	64	250
합	175	210	200	215	800

자유도 $df = (r-1)(c-1) = (3-1)(4-1) = 6$ 이며, 기대도수는 다음 식을 사용하여 구할 수 있다.

$$E_{ij} = \frac{(i\text{번째 행의 합}) \times (j\text{번째 열의 합})}{n}$$

자유도가 6이기 때문에 단지 6개의 기대값(E_{11}, E_{12}, E_{13}, E_{21}, E_{22} 그리고 E_{23})만 구하면 나머지 기대값은 차이에 의해 구할 수 있다. 관측도수와 기대도수는 다음 표와 같다.

	직위				
직위 만족도	전임강사	조교수	부교수	교수	합
높음	40 (47.03)	60 (56.44)	52 (53.75)	63 (57.78)	215
중간	78 (73.28)	87 (87.94)	82 (83.75)	88 (90.03)	335
낮음	57 (54.69)	63 (65.62)	66 (62.50)	64 (67.19)	250
합	175	210	200	215	800

χ^2-검정통계량은 아래의 표와 계산공식에 의해 구할 수 있다.

$$\chi^2 = \sum_i \sum_j \frac{O_{ij}^2}{E_{ij}} - n = 802.75 - 800 = 2.75$$

셀	O_{ij}	E_{ij}	$\frac{O_{ij}^2}{E_{ij}}$
(1,1)	40	47.03	34.0208
(1,2)	60	56.44	63.7846
(1,3)	52	53.75	50.3070
(1,4)	63	57.78	68.6916
(2,1)	78	73.28	83.0240
(2,2)	87	87.94	86.0700
(2,3)	82	83.75	80.2866
(2,4)	88	90.03	86.0158
(3,1)	57	54.69	59.4076
(3,2)	63	65.62	60.4846
(3,3)	66	62.50	69.6960
(3,4)	64	67.19	60.9615
			802.7501

④ 유의수준 $\alpha = 0.05$

⑤ 기각값은 $\chi^2_{0.05}(6) = 12.592$

⑥ $\chi^2 = 2.75 < \chi^2_{0.05}(6) = 12.592$ 이므로 귀무가설을 기각하지 못한다.

⑦ 가능한 오류는 제2종 오류(type Ⅱ error)로써, 그것의 발생확률 β 는 알 수 없다. 따라서 교수의 직위와 만족도 사이에 서로 연관이 있다는 어떠한 통계적 증거는 없다.

예제 9 학교 폐교에 대한 의견이 직업과 관련이 있는지를 보기 위한 연구에서 다음의 3×3 분할표를 얻었다. $\alpha = 0.05$ 를 사용하여 의견이 직업과 관련이 있는지를 검정하시오.

	직업			
의견	교사	변호사	의사	합
찬성	3	67	15	85
반대	105	50	75	230
무응답	4	3	8	15
합	112	120	98	330

풀이 ① 귀무가설 H_0 : 의견과 직업은 서로 독립이다.

② 대립가설 H_1 : 의견과 직업은 서로 종속이다.

③ 귀무가설이 사실이라는 가정아래 아래와 같이 기대도수를 구할 수 있다.

$E_{11} = \dfrac{(112)(85)}{330} = 28.85$ $\qquad$ $E_{12} = \dfrac{(120)(85)}{330} = 30.91$

$E_{13} = 85 - 28.85 - 30.91 = 25.24$

$E_{21} = \dfrac{(112)(230)}{330} = 78.06$ $\qquad$ $E_{22} = \dfrac{(120)(230)}{330} = 83.64$

$E_{23} = 230 - 78.06 - 83.64 = 68.30$

$E_{31} = 112 - 28.85 - 78.06 = 5.09$

$E_{32} = 120 - 30.91 - 83.64 = 5.45$

$E_{33} = 15 - 5.09 - 5.45 = 4.46$

관측도수와 기대도수는 다음과 같다.

	교사	변호사	의사	합
찬성	3 (28.85)	67 (30.91)	15 (25.24)	85
반대	105 (78.06)	50 (83.64)	75 (68.30)	230
무응답	4 (5.09)	3 (5.45)	8 (4.46)	15
합	112	120	98	$330 = n$

다음 식을 이용하여 χ^2-검정통계량 값을 계산한다.

$$\chi^2 = \sum_i \sum_j \frac{(O_{ij} - E_{ij})^2}{E_{ij}}$$

셀	O_{ij}	E_{ij}	$\dfrac{(O_{ij} - E_{ij})^2}{E_{ij}}$
(1,1)	3	28.85	23.1620
(1,2)	67	30.91	42.1381
(1,3)	15	25.24	4.1544
(2,1)	105	78.06	9.2975
(2,2)	50	83.64	13.5300
(2,3)	75	68.30	0.6572
(3,1)	4	5.09	0.2334
(3,2)	3	5.45	1.1014
(3,3)	8	4.46	2.8098
			97.0838

$\chi^2 = 97.0838 \approx 97.08$ 이며,

자유도는 $df = (r-1)(c-1) = (3-1)(3-1) = 4$이다.

④ 유의수준 $\alpha = 0.05$

⑤ 기각값 $\chi^2_{0.05}(4) = 9.488$

⑥ $\chi^2 = 97.08 > \chi^2_{0.05}(4) = 9.488$ 이므로 귀무가설을 기각한다. 즉 학교 폐교에 대한 의견과 직업간에는 서로 연관이 있다는 통계적 증거가 있다.

⑦ 가능한 오차의 형태 ; 제1종 오류 $\alpha = 0.05$

⑧ $p-$값 < 0.005

예제 9 다음 분할표는 3개의 범주로 분류되는 모집단의 4개 그룹으로부터 가설에 입각하여 3×4 분할표로 나타낸 것이다. 독립성에 대한 χ^2-검정을 사용하여 두 변수들이 독립인지를 결정하시오.

	그룹				
	I	II	III	IV	합
A	100	150	200	50	500
B	40	60	80	20	200
C	60	90	120	30	300
합	200	300	400	100	N = 1000

풀이 각각의 셀에서 관측도수와 기대도수는 서로 같다. 따라서 χ^2-통계량의 값은

$$\chi^2 = \sum_i \sum_j \frac{(O_{ij} - E_{ij})^2}{E_{ij}} = \sum_i \sum_j \frac{0}{E_{ij}} = 0$$

이 된다. 따라서 귀무가설은 기각되지 않고 두 변수들은 완전히 독립이라고 결론을 내릴 수 있다. 그러나 행과 열 사이에 다음과 같은 관계가 존재한다.

① 임의의 두 행에 대해, 열 항목들이 비례하고 있다.

예로, $\dfrac{A\text{열}}{B\text{열}} : \dfrac{100}{40} = \dfrac{150}{60} = \dfrac{200}{80} = \dfrac{50}{20}$

$\dfrac{B\text{열}}{C\text{열}} : \dfrac{40}{60} = \dfrac{60}{90} = \dfrac{80}{120} = \dfrac{20}{30}$

② 임의의 두 열에 대해, 행 항목들이 비례하고 있다.

예로, $\frac{\text{I 열}}{\text{II 열}} : \frac{100}{150} = \frac{40}{60} = \frac{60}{90}$

$\frac{\text{II 열}}{\text{IV 열}} : \frac{150}{50} = \frac{60}{20} = \frac{90}{30}$

비록 이 예제가 가정적이기는 하지만 두 변수들이 독립임에도 불구하고 그 관계성들을 제시하고 있다. 이 가정적인 예에서, 이미 모든 모집단 도수들을 알고 있기 때문에 독립성에 대한 카이제곱 검정을 할 필요가 없다.

〔동질성 검정〕

한 모집단의 두 가지 속성 변수 X, Y에 대하여 속성 X가 k개의 부차모집단(subpopulation) $A_1, A_2, \cdots, A_k$로 분할되었을 때, 변수 Y의 각 속성 B_j에 속하는 비율이 모든 부차모집단에 대하여 동일한지를 검정하는 것을 동질성 검정이라 한다. 즉, 분할표에서 두 변수 중 하나가 연구자에 의해 자료가 수집되기 전에 행 혹은 열의 합들 중 어느 하나가 주어졌을 때 사용되는 χ^2-검정은 독립성검정 대신 동질성검정(test for homogeneity)이라 한다.

예를 들면, 4개의 고정된 열의 합들과 3개의 행의 합으로 구성된 3×4 분할표에서 4개의 열의 합이 고정되면 각 열은 행의 범주로 분류된다. 동질성검정의 목적은 미리 결정되어진 크기의 주어진 모집단들이 동질적인지 결정하기 위한 것이다. 이런 실험계획을 기반으로 한 동질성검정의 계산은 독립성검정과 동일하다. 즉 검정통계량은 다음과 같다.

$$\chi^2 = \sum_i \sum_j \frac{(O_{ij} - E_{ij})^2}{E_{ij}} \quad , \quad df = (r-1)(c-1)$$

예제11 200명의 선생님과 300명의 변호사, 그리고 400명의 의사들의 음주량 정도를 연구한다고 하자. 분할표는 다음과 같다.

음주량	교사	변호사	의사	합
조금				
보통				
많음				
합	200	300	400	$900 = n$

각각의 부집단들에 대해 아래와 같이 조사되었다.

음주량	교사	변호사	의사	합
조금	100	50	100	250
보통	50	150	200	400
많음	200	100	100	250
합	200	300	400	$900 = n$

귀무가설은 '세 직업의 음주량은 세 범주에 대해 동질적이다'가 된다.

① 세 직업 모두 술을 조금 마시는 모집단의 비율은 같다.
② 세 직업 모두 술을 보통 마시는 모집단의 비율은 같다.
③ 세 직업 모두 술을 많이 마시는 모집단의 비율은 같다.

표본비율은 다음과 같다.

음주량	교사	변호사	의사
조금	$\frac{100}{200}=\frac{1}{2}$	$\frac{50}{300}=\frac{1}{6}$	$\frac{100}{400}=\frac{1}{4}$
보통	$\frac{50}{200}=\frac{1}{4}$	$\frac{150}{300}=\frac{1}{2}$	$\frac{200}{400}=\frac{1}{2}$
많음	$\frac{50}{200}=\frac{1}{4}$	$\frac{100}{300}=\frac{1}{3}$	$\frac{100}{400}=\frac{1}{4}$

.대립가설은 "직업별로 음주량이 동질적이지 않다"가 된다. χ^2-검정통계량은 $\chi^2 = 76.875$ 이며, 자유도 4에 대한 카이제곱 분포의 기각값은 $\chi^2_{0.05}(4) = 9.488$ 이다. χ^2-검정통계량 값이 기각값보다 크기 때문에 귀무가설이 기각된다. 즉, 세 모집단에 대한 음주량은 동질적이지 않다는 결론을 얻을 수 있다

이 장에서 설명된 카이제곱 검정은 종종 비모수적 방법(nonparametric methods)으로 분류된다. 이러한 카이제곱 검정이 유용하려면 기대도수가 5 이상인 셀이 80% 이상이거나 1보다 작은 기대도수들이 존재하지 말아야 한다. 앞의 제약조건들이 만족되지 않는 경우에는 행 또는 열의 범주들을 결합하여 기대도수들을 늘이거나 표본크기를 증가시키면 된다.

EXCEL 실습

EXCEL에서 범주형 자료의 분석은 다음과 같은 두 가지 방법을 이용하여 할 수 있다.

1) [수식 입력줄]을 이용
2) [함수 마법사]를 이용

〔실습 1〕 적합도 검정

<예제 5>의 난수들의 적합도 검정의 예제를 이용하여 적합도 검정에서 p-값과 검정통계량을 계산하는 절차에 대해서 알아보자.

숫자	0	1	2	3	4	5	6	7	8	9
관측도수	11	9	15	11	9	11	6	6	13	9
기대도수	10	10	10	10	10	10	10	10	10	10

1) [수식입력줄]을 이용

① 워크시트에 자료(범주, 관측도수, 기대도수)를 입력한다.

② 셀 C13에 [=CHITEST(B2:B11, C2:C11)]을 입력하여 p-값을 구한다.

③ 셀 C14에 자유도를 입력한 후 C15에 [=CHIINV(C13,C14)]라고 입력하여 검정통계량 값을 계산한다.

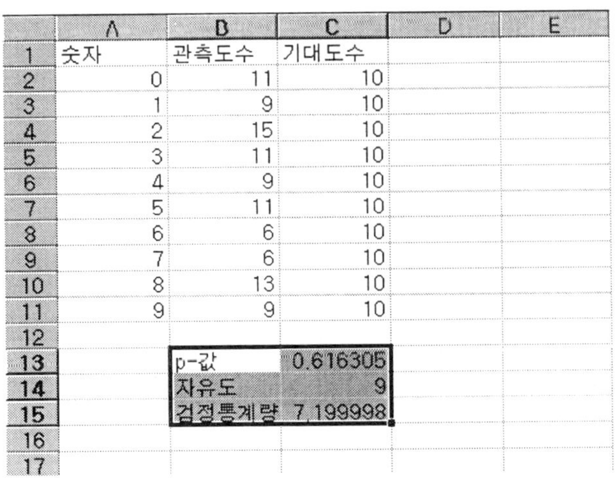

	A	B	C	D	E
1	숫자	관측도수	기대도수		
2	0	11	10		
3	1	9	10		
4	2	15	10		
5	3	11	10		
6	4	9	10		
7	5	11	10		
8	6	6	10		
9	7	6	10		
10	8	13	10		
11	9	9	10		
12					
13		p-값	0.616305		
14		자유도	9		
15		검정통계량	7.199998		
16					
17					

2) [함수 마법사]를 이용

[p-값의 계산]

① 워크시트에 자료(범주, 관측도수, 기대도수)를 입력한다.

② [삽입] 메뉴에서 [함수]-[통계]-[CHITEST]를 선택한다.

③ [CHITEST] 대화상자에서 "Actural-range"에는 관측도수,"Expected-range"에는 기대도수의 범위를 각각 입력한 후 "확인"을 누르면 검정통계량에 대한 p-값을 얻는다.

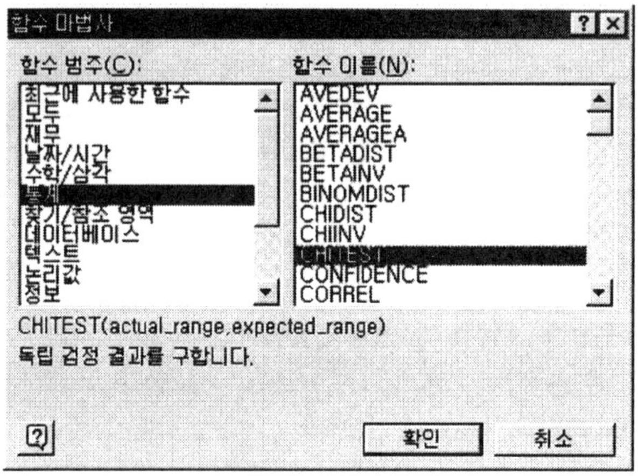

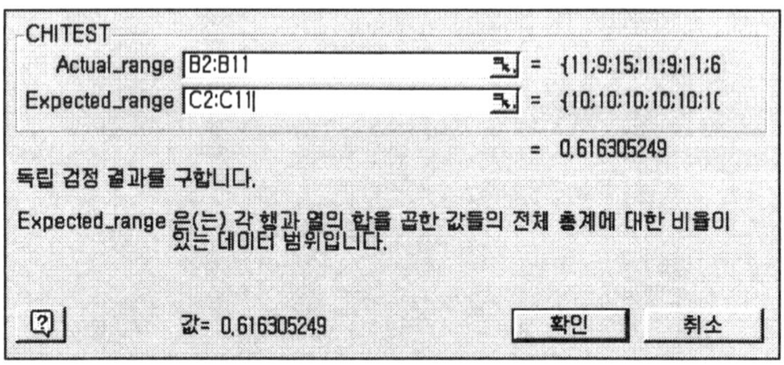

[검정통계량 값의 계산]

① [삽입] 메뉴에서 [함수]-[통계]-[CHIINV]를 선택한다.

② [CHIINV] 대화상자에서 "Probability"에 p-값, "Deg_freedom"에 자유도를 각각 입력한 후 "확인"을 누르면 검정통계량 값을 얻는다.

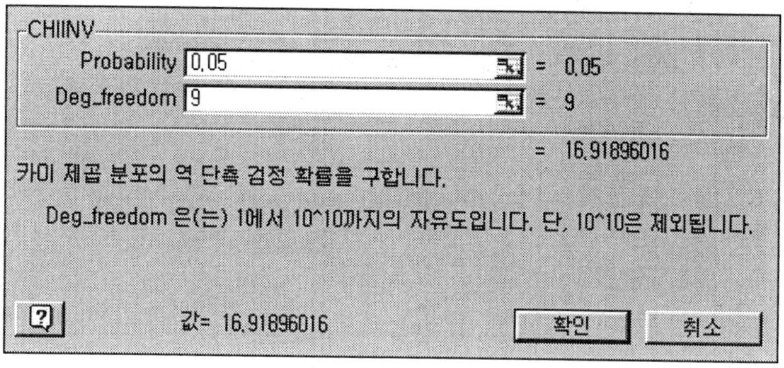

〔실습 2〕 독립성 검정

<예제 8>의 교수의 직위와 만족도 예제를 EXCEL에서 [함수 마법사]를 이용하여 두 변수의 독립성 여부를 검정하는 절차를 알아보자.

직위 만족도	직위				합
	전임강사	조교수	부교수	교수	
높음	40 (47.03)	60 (56.44)	52 (53.75)	63 (57.78)	215
중간	78 (73.28)	87 (87.94)	82 (83.75)	88 (90.03)	335
낮음	57 (54.69)	63 (65.62)	66 (62.50)	64 (67.19)	250
합	175	210	200	215	800

[p-값의 계산]

① 워크시트에 자료(범주, 관측도수, 기대도수)를 입력한다.

② [삽입] 메뉴에서 [함수]-[통계]-[CHITEST]를 선택한다.

③ [CHITEST] 대화상자에서 "Actural-range"에는 관측도수,"Expected-range"에는 기대도수의 범위를 각각 입력한 후 "확인"을 누르면 검정통계량에 대한 p-값을 얻는다.

	A	B	C	D	E	F	G
1			관측도수				
2		전임강사	조교수	부교수	교수		
3	높음	40	60	52	63	215	
4	중간	78	87	82	88	335	
5	낮음	57	63	66	64	250	
6		175	210	200	215	800	
7							
8							
9			기대도수				
10		전임강사	조교수	부교수	교수		
11	높음	47.03	56.44	53.75	57.78		
12	중간	73.28	87.94	83.75	90.03		
13	낮음	54.69	65.62	62.5	67.19		
14							
15							
16			p-값	0.839508			
17			자유도	6			
18			검정통계량	2.74999			
19							
20							

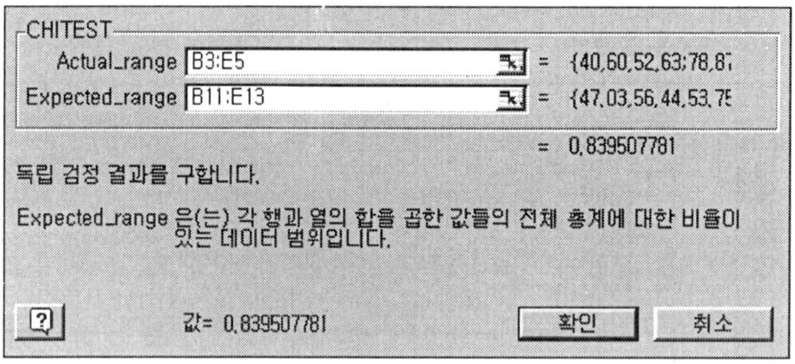

[검정통계량 값의 계산]

① [삽입] 메뉴에서 [함수]-[통계]-[CHIINV]를 선택한다.

② [CHIINV] 대화상자에서 "Probability"에 p-값, "Deg_freedom"에 자유도를 각각 입력한 후 "확인"을 누르면 검정통계량 값을 얻는다.

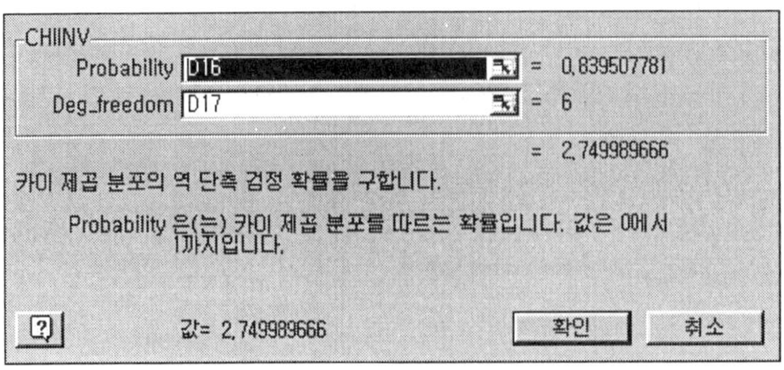

연 습 문 제

[1] 질적 자료를 통계적으로 처리 및 분석하는 방법으로써 관측도수와 기대도수와의 관련성을 수량적으로 측정하는데 쓰이는 분포는?

[2] 컴퓨터 LCD 컬러 모니터를 만드는 회사에서 모니터의 크기에 대한 소비자들의 성향을 조사하기 위하여 500명을 임의로 추출하여 설문조사를 한 결과가 다음과 같다.

크기	14인치	16인치	18인치	19인치	21인치	합
관측도수	70	90	100	100	140	500

위의 자료에 대하여 귀무가설 $H_0 : p_1 = p_2 = p_3 = p_4 = p_5 = 0.2$ 가 성립하는가를 유의수준 $\alpha = 0.05$ 로 검정하시오.

[3] 어떤 종의 꽃을 재배하는데 멘델의 법칙에 의하면 A, B, C, D 네 종류의 꽃이 9:3:3:1의 비율로 나타난다고 한다. 어느 실험에서 나타난 A, B, C, D의 관측도수는 다음과 같다.

꽃의 종류	관측도수
A	310
B	120
C	100
D	30
합	560

이 실험의 결과는 멘델의 법칙에 어긋난다고 말할 수 있는가? 유의수준 5%로 검정하시오.

[4] 어떤 회사 품질관리과에서 사원들이 1년 동안 지각한 총 횟수를 조사한 자료는 다음과 같다.

요일	월	화	수	목	금	토	합
지각회수	36	29	31	27	29	28	180

요일에 따라 지각회수에 차이가 있는지를 유의수준 $\alpha = 0.05$ 로 검정하시오.

[5] 어떤 회사가 세 종류의 신상품 A, B, C를 개발하여 소비자들이 어떤 종류의 신상품을 더 좋아하는가의 선호도가 남녀간에 상관관계가 있는지를 알아보기 위하여 200명을 임의로 추출하여 다음의 자료를 얻었다.

성별 \ 신상품	A	B	C	합
남	10	50	20	80
여	20	40	60	120
합	30	90	80	200

이 자료로부터 신상품에 대한 선호도와 성별은 서로 독립이라고 할 수 있는지 유의수준 5% 로 검정하시오.

[6] 경제 형편에 따른 쇼핑장소에 차이가 있는지를 살펴보기 위해 설문조사를 한 결과 다음과 같은 자료를 얻었다.

쇼핑장소 \ 경제형편	상	중	하	합
백화점	30	20	10	60
대형할인매장	20	40	40	100
재래시장	10	10	20	40
합	60	70	70	200

경제 사정과 쇼핑장소의 선택이 서로 독립인지를 유의수준 $\alpha = 0.05$ 로 검정하시오.

[7] 5개의 제조공장을 가지고 있는 컴퓨터 회사에서 공장에 따라 불량률이 다른지를 알아보기 위하여 각 공장별로 200개의 제품을 임의로 추출하고 제품의 불량여부를 조사하여 다음과 같은 자료를 얻었다.

공장 \ 불량여부	양품	불량품	합
공장 1	190	10	200
공장 2	195	5	200
공장 3	192	8	200
공장 4	199	1	200
공장 5	194	6	200
합	970	30	1,000

이 때, 공장에 따라 제품의 불량률이 다른지를 유의수준 $\alpha = 0.05$ 로 검정하시오.

[8] 한 휴양지의 호텔 관리자가 고객의 예약 취소건수를 90일 동안 조사한 결과 다음과 같은 자료를 얻었다.

일일 취소건수	0	1	2	3	4	5	6	7	8	9이상
관측도수	9	17	25	15	11	7	2	2	2	0

이 때 고객의 일일 예약 취소건수는 평균이 2.4인 포아송분포를 따른다고 가정할 수 있는지를 유의수준 $\alpha = 0.05$ 로 검정하시오.

[9] 직업과 혈압간의 관계를 연구하기 위하여 30대 남성 100명을 랜덤으로 추출하여 다음과 같은 자료를 얻었다.

직업 \ 혈압	낮다	정상	높다	계
농업	3	5	2	10
근로자	5	45	10	60
기타	2	20	8	30
계	10	70	20	100

직업과 혈압간에는 서로 관련성이 있는지를 유의수준 $\alpha = 0.05$ 로 검정하시오.

제13장 분산분석

13.1 서론

11장에서 두 개 집단의 평균을 비교하는 방법에 대해 알아보았다. 비교하고자 하는 집단이 셋 이상일 때 이용되는 방법이 영국의 통계학자 R. A. Fisher에 의해 고안된 분산분석(Analysis of Variance: ANOVA)이다. 분산분석은 자료집단에 존재하는 변동의 총 제곱합을 실험과 관련된 인자(factor)의 제곱합으로 분해하여 오차의 제곱합에 비해 특히 큰 영향을 주는 인자를 찾아내는 방법이다. 실험과 관련된 인자가 하나인 경우의 분산분석을 일원분산분석(one-way ANOVA)이라 하고, 인자가 두 개인 경우에는 이원분산분석(two-way ANOVA)이라 한다.

분산분석의 용어로는 인자와 인자 수준(factor level) 또는 처리(treatment)가 있다. 인자란 어떤 실험에 영향을 미치는 요인을 말하며, 인자 수준 또는 처리는 인자가 취하는 값들로서 양적인 단계를 나타낼 수도 있고, 질적인 종류를 나타내기도 한다. 예를 들어 원사 생산 공정에서 온도(60°C, 65°C, 70°C, 75°C)가 생산되는 원사 제품의 강도에 영향을 주는 것으로 생각된다. 따라서 온도의 변화에 따라 강도가 어떻게 변하고, 어떤 온도의 수준에서 가장 높은 강도를 갖는가를 알기 위해서 실험을 한다고 하자. 이 실험에 영향을 주는 요인으로 인자는 온도가 되며 인자 수준은 네 개의 온도 60°C, 65°C, 70°C, 75°C가 된다.

13.2 일원분산분석

인자가 하나이고 k개의 수준, $A_1, A_2, \cdots, A_k$,을 가지고 있는 경우에 이 k개의 수준 사이에 차이가 있는지를 분석하는 방법이 일원분산분석이다. 각 수준에서 반복 측정된 관측값들의 개수가 모두 다른 경우에 일원분산분석의 자료구조는 <표 13.1>과 같다.

<표 13.1> 일원분산분석의 자료구조

	인자의 수준			
	A_1	A_2	$\cdots$	A_k
반복 측정된 관측값	y_{11}	y_{21}	$\cdots$	y_{k1}
	y_{12}	y_{22}	$\cdots$	y_{k2}
	$\vdots$	$\vdots$	$\vdots$	$\vdots$
	y_{1n_1}	y_{2n_2}	$\cdots$	y_{kn_k}
크기	n_1	n_2	$\cdots$	n_k
평균	$\overline{y_{1.}}$	$\overline{y_{2.}}$	$\cdots$	$\overline{y_{k.}}$

<표 13.1>로부터 각 수준에서 관측값의 평균과 전체 관측값의 평균(총평균)은 각각 다음과 같이 정의된다.

$$\overline{y_{i.}} = \frac{1}{n_i}\sum_{j=1}^{n_i} y_{ij}, \quad \overline{y_{..}} = \frac{1}{N}\sum_{i=1}^{k}\sum_{j=1}^{n_i} y_{ij}, \quad N = \sum_{i=1}^{n} n_i$$

일원분산분석에서 관측값을 나타내는 통계적 모형은 다음과 같다.

$$y_{ij} = \mu_i + \epsilon_{ij} \quad (i = 1, 2, \cdots, k; \quad j = 1, 2, \cdots, n_i)$$

여기서 y_{ij}는 i번째 수준에서 관측된 j번째 관측값이고, μ_i는 i번째 수준에서의 모평균이다. ϵ_{ij}는 오차항으로 서로 독립이며 평균이 0이고 분산이 σ^2인 정규분포를 따른다고 가정한다. k개의 수준 사이에 평균 차이가 있는지를 검정하기 위한 귀무가설 H_0과 대립가설 H_1은 다음과 같다.

$$H_0 : \mu_1 = \mu_2 = \cdots = \mu_k$$

$H_1 : \mu_i \ (i = 1, 2, \cdots, k)$들이 모두 같지는 않다.

이 가설을 검정하기 위한 검정통계량을 구하기 위해서 총변동을 인자 수준간에 발생하는 변동과 오차에 의해서 발생하는 변동으로 분해하면

$$y_{ij} - \overline{y_{..}} = (\overline{y_{i.}} - \overline{y_{..}}) + (y_{ij} - \overline{y_{i.}})$$

이 된다. 위 식의 양변을 제곱하여 모든 i 와 j 에 대하여 더하여 정리하면

$$\sum_{i=1}^{k}\sum_{j=1}^{n_i}(y_{ij} - \overline{y_{..}})^2 = \sum_{i=1}^{k} n_i(\overline{y_{i.}} - \overline{y_{..}})^2 + \sum_{i=1}^{k}\sum_{j=1}^{n_i}(y_{ij} - \overline{y_{i.}})^2$$

와 같은 제곱합의 얻을 수 있다. 따라서 제곱합의 분해를

$$SST = SS_{trt} + SSE$$

로 나타낼 수 있다. 여기서

$SST = \sum_{i=1}^{k}\sum_{j=1}^{n_i}(y_{ij} - \overline{y_{..}})^2$ 는 총제곱합(total sum of squares :SST),

$SS_{trt} = \sum_{i=1}^{k} n_i(\overline{y_{i.}} - \overline{y_{..}})^2$ 는 처리제곱합(treatment sum of squares :SS_{trt}),

$SSE = \sum_{i=1}^{k}\sum_{j=1}^{n_i}(y_{ij} - \overline{y_{i.}})^2$ 는 오차제곱합(error sum of squares :SSE)

라고 한다.

변동의 분해를 통해서 k 개 인자 수준의 모평균이 모두 같다면 총제곱합 중에서 처리제곱합이 오차제곱합보다 상대적으로 작아지지만 모평균의 차이가 크다면 처리제곱합이 상대적으로 커진다. 따라서 처리제곱합이 오차제곱합에 비해 충분히 크다면 모든 인자 수준의 모평균이 같다는 귀무가설 H_0 을 채택할 수 없을 것이다.

분산분석은 변동의 제곱합을 직접 사용하지 않고 제곱합을 자유도로 나눈 평균제곱(mean square)을 사용한다. 총제곱합, 처리제곱합, 그리고 오차제곱합의 자유도는 각각 $N-1$, $k-1$, 그리고 $N-k$ 이다. 따라서 처리와 오차에 대한 평균제곱은

$$MS_{trt} = \frac{SS_{trt}}{k-1}, \quad MSE = \frac{SSE}{N-k}$$

이 된다. 이들의 비 $MS_{trt}\,/\,MSE$가 크다면 귀무가설 H_0 을 채택할 수 없다.

귀무가설 H_0 하에서

$$F_0 = \frac{MS_{trt}}{MSE}$$

은 자유도가 $(k-1, N-k)$ 인 F-분포를 따른다. 이것을 이용하면 유의수준 α 에서 귀무가설 H_0 를 검정하기 위한 기각역은

$$F_0 > F_\alpha(k-1,\ N-k)$$

이 된다. 즉, 검정통계량 F_0 이 기각값보다 크면 귀무가설 H_0 를 기각할 수 있다. 분산분석에 필요한 제곱합, 자유도, 평균제곱, 그리고 검정통계량 F_0 을 표로 정리한 것을 분산분석표(ANOVA table)라하며 <표 13.2>와 같다.

<표 13.2> 일원분산분석표

요인	제곱합	자유도	평균제곱	F_0
처리	SS_{trt}	$k-1$	MS_{trt}	$MS_{trt}\ /\ MSE$
오차	SSE	$N-k$	MSE	
계	SST	$N-1$		

예제 1 혈청 콜레스테롤을 감소시키기 위한 네 종류의 식이요법의 효과를 비교하기 위해서 실험을 하였다. 21명의 남자를 확률적으로 각 식이요법에 할당하고 3개월 후에 그들의 혈청 콜레스테롤을 측정하여 다음과 같은 자료를 얻었다. 네 종류 식이요법의 효과가 다르다고 할 수 있는가? 분산분석표를 작성하고 유의수준 5%에서 검정하시오.

	식이요법1	식이요법2	식이요법3	식이요법4	
	225	225	185	265	
	265	230	220	265	
	225	215	250	285	
	240	210	200	235	
	245	220		250	
	240				
크기	$n_1 = 6$	$n_2 = 5$	$n_3 = 4$	$n_4 = 5$	
평균	$\overline{y_{1.}} = 240$	$\overline{y_{2.}} = 220$	$\overline{y_{3.}} = 213.75$	$\overline{y_{4.}} = 260$	$\overline{y_{..}} = 234.75$

풀이 관측값의 통계적 모형은 다음과 같다.

$$y_{ij} = \mu_i + \epsilon_{ij}, \qquad (i = 1, 2, 3, 4\ ;\quad j = 1, 2, \cdots, n_i)$$

여기서 μ_i는 식이요법 i의 모평균이다. 따라서 식이요법들이 차가 있는가를 검정하기 위하여 다음과 같은 가설을 고려할 수 있다.

$H_0 : \mu_1 = \mu_2 = \mu_3 = \mu_4$

$H_1 : \mu_i\ (i = 1, 2, 3, 4)$들이 모두 같지는 않다.

주어진 자료로부터 다음과 같은 제곱합을 구하여 <표 13.2>와 같은 분산분석표를 작성할 수 있다.

$$N = 6 + 5 + 4 + 5 = 20$$

$$SST = \sum_{i=1}^{4}\sum_{j=1}^{n_i}(y_{ij} - \overline{y}_{..})^2$$

$$= (225 - 234.75)^2 + \cdots + (250 - 234.75)^2$$

$$= 11323.75$$

$$SS_{trt} = \sum_{i=1}^{4} n_i(\overline{y}_{i.} - \overline{y}_{..})^2$$

$$= 6(240 - 234.75)^2 + 5(220 - 234.75)^2$$

$$+ 4(213.75 - 234.75)^2 + 5(260 - 234.75)^2$$

$$= 6205$$

$$SSE = SST - SS_{trt} = 11323.75 - 6205 = 5118.75$$

<일원분산분석표>

요인	제곱합	자유도	평균제곱	F_0
처리	6205.00	3	2068.33	6.47
오차	5118.75	16	319.92	
계	11323.75	19		

유의수준 $\alpha = 0.05$에서 $F_{0.05}(3, 16) = 3.24$이다.

따라서 $F_0 = 6.47 > F_{0.05}(3, 16)$가 되어 유의수준 5%하에서 귀무가설을 채택할 수 없다. 즉 혈청 콜레스테롤을 감소시키기 위한 식이요법의 효과가 모두 같다고 말할 수 없다.

13.3 다중비교

일원분산분석 결과 귀무가설 $H_0: \mu_1 = \mu_2 = \cdots = \mu_k$ 이 기각되었을 때 어느 평균들이 다른가를 구체적으로 알 수가 없다. 따라서 분산분석을 한 후 귀무가설 H_0 이 기각되면 모든 가능한 모평균들의 쌍에 대하여 검정하여 그 중 어느 것이 기각되었는지를 알아보는 방법이 다중비교검정(multiple comparison test)이다. 여러 가지 다중비교 방법이 제안되었으나 여기서는 Bonferroni 방법에 대해서만 살펴보기로 한다.

Bonferroni 방법은 분산분석과 같은 가정을 갖으며, 만약 k 개의 처리가 있는 경우에는 $m = \binom{k}{2} = \frac{k(k-1)}{2}$ 개의 평균들의 쌍에 대하여 검정해야 한다. <예제 13.1>의 경우에는 $k = 4$ 이므로, 모두 6개의 쌍, $H_0: \mu_i = \mu_j$ 대 $H_1: \mu_i \neq \mu_j$ $(i < j\ ;\ i, j = 1, 2, 3, 4)$에 대해 t-검정을 하여야 한다. 전체 유의수준을 α로 만들기 위해서 각 쌍에 대한 검정의 유의수준을 $\alpha^* = \alpha / m$ 로 조정해야 한다. 이러한 방법을 Bonferroni 방법이라 한다.

가설 $H_0: \mu_i = \mu_j$ 대 $H_1: \mu_i \neq \mu_j (i < j\ ;\ i, j = 1, 2, 3, 4)$을 검정하기 위한 검정통계량은

$$t = \frac{\overline{y_{i.}} - \overline{y_{j.}}}{\sqrt{MSE\left(\frac{1}{n_i} + \frac{1}{n_j}\right)}}$$

이 되며, 귀무가설 H_0 하에서 자유도가 $N-k$ 인 t-분포를 따른다는 것을 이용할 수 있다. 여기서 MSE는 평균제곱오차(mean square error)이다. 만일 검정통계량의 절대값이

$$|t| > t_{\alpha^*/2}(N-k)$$

을 만족하면 귀무가설 H_0를 기각할 수 있다. 또는 p-값이 유의수준 α^* 보다 작으면 귀무가설을 기각할 수 있다.

예제 2 <예제 1>에서 분산분석을 통하여 혈청 콜레스테롤을 감소시키기 위한 식이요법의 효과가 모두 같지 않다는 것을 알았다. Bonferroni 방법을 이용하여 어느 식이요법의 쌍들이 유의하게 차이가 나는지 검정하시오.

풀이 서로 다른 식이요법이 4가지이므로 모두

$$m = \binom{4}{2} = \frac{4 \times 3}{2} = 6\text{개}$$

의 쌍에 대한 검정을 실시해야 한다. 전체적인 유의수준을 $\alpha = 0.05$ 로 한다면 각각의 검정에 대한 유의수준은 $\alpha^* = 0.05/6 = 0.0083$ 로 해야 한다.

식이요법1과 식이요법2를 비교해보자. 귀무가설과 대립가설은 $H_0 : \mu_1 = \mu_2$ 대 $H_1 : \mu_1 \neq \mu_2$ 이 되고 <예제 1>의 결과를 이용하면 검정통계량

$$t = \frac{240 - 220}{\sqrt{319.92 \times (1/6 + 1/5)}} = 1.85$$

을 얻는다. $t_{0.0083/2}(16) = 3.34$ 이고 $|t| < t_{0.0083/2}(16)$ 이므로 귀무가설 H_0 를 기각할 수 없다. 즉, 식이요법1과 식이요법2는 통계적으로 유의한 차이가 있다고 할 수 없다. 나머지 5개의 쌍에 대해서도 같은 방법으로 검정 할 수 있다.

13.4 이원분산분석

실험에 영향을 미치는 인자가 두 개인 이원분산분석에 대해 알아보자. 일원분산분석에서는 인자 수준이 하나의 처리가 되지만 이원분산분석에서는 각 인자 수준의 조합이 처리가 된다. 예를 들어 직물을 연구하는 사람이 한 직물의 세탁에 대한 내구성을 연구하려고 한다. 내구성은 물의 온도와 세제의 종류에 영향을 받기 때문에, 이 두 요인이 내구성에 미치는 영향을 조사하기로 하였다. 인자 A는 물의 온도이고, 그 수준은 60°C, 40°C, 20°C로 했다. 인자 B는 세제이고 갑, 을, 병, 세 종류의 세제를 그 수준으로 정했다. 이 경우에 인자 A와 B 수준의 조합인 9개의 처리가 가능하며, 이 9개의 처리를 실험함으로써 직물의 내구력에 온도가 미치는 영향(인자 A의 효과), 세제가 미치는 영향(인자 B의 효과)과 온도와 세제의 조합이 미치는 영향(인자 A와 B의 교호작용 효과)에 관한 정보를 얻을 수 있다.

교호작용(interaction)이란 두 개 이상의 인자수준의 조합에서 일어나는 효과를 말한다. 인자 A의 효과가 인자 B의 수준변화에 따라 변화는 경우 "A와 B인자간에 교호작용 AB가 존재한다."라고 말한다. 그래프를 이용하여 두 인자 사이에 교

호작용이 존재하는지를 대략적으로 판단할 수 있다. 예를 들어 인자 A의 수준이 A_1, A_2 이고 인자 B의 수준이 B_1, B_2 라고 할 때 교호작용 효과가 존재하는 경우와 존재하지 않는 경우의 그래프는 다음과 같다.

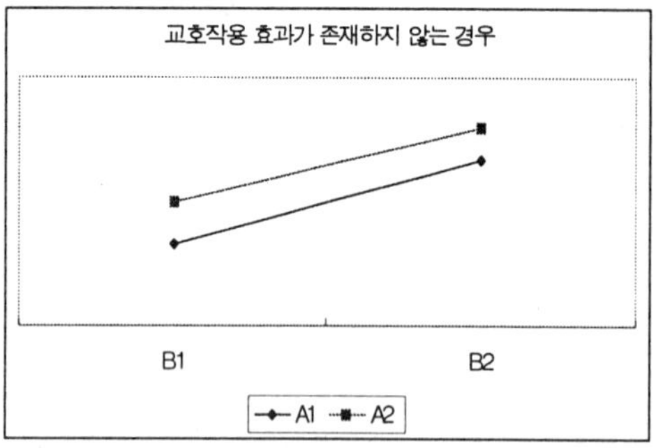

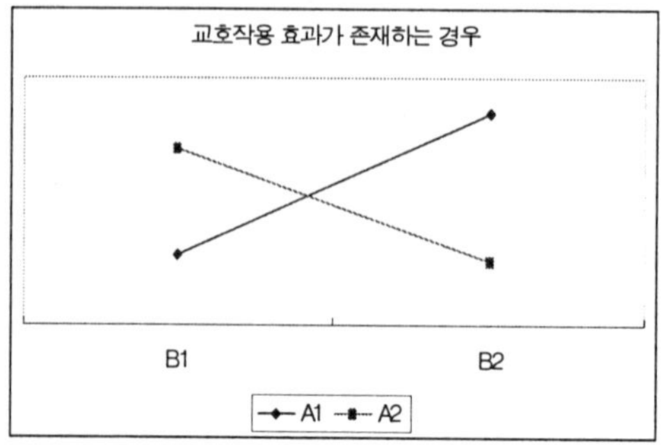

이원분산분석에서 두 인자의 교호작용 효과를 검정하기 위해서는 각 수준의 조합에서 2회 이상 반복실험을 해야 한다. 따라서 이원분산분석은 반복실험을 하는 경우와 그렇지 않은 경우로 나누어 고려할 수 있다.

13.4.1 반복이 없는 이원분산분석

두 개의 인자 A와 B가 각각 a 개와 b 개의 수준을 가지며 반복 실험을 하지 않아 각 수준의 조합에 측정값이 하나인 자료 구조는 <표 13.3>과 같다.

<표 13.3> 이원분산분석의 자료구조

인자 A / 인자 B	A_1	A_2	$\cdots$	A_a
B_1	y_{11}	y_{21}	$\cdots$	y_{a1}
B_2	y_{12}	y_{22}	$\cdots$	y_{a2}
$\vdots$	$\vdots$	$\vdots$	$\vdots$	$\vdots$
B_b	y_{1b}	y_{2b}	$\cdots$	y_{ab}

반복이 없는 이원분산분석에서 관측값의 통계적 모형은 다음과 같다.

$$y_{ij} = \mu + \alpha_i + \beta_j + \epsilon_{ij} \qquad (i = 1, 2, \cdots, a\, ; \quad j = 1, 2, \cdots, b)$$

여기서 y_{ij}는 인자 A의 i번째 수준과 인자 B의 j번째 수준에서의 관측값이고, μ는 모평균, α_i는 인자 A의 i번째 수준효과, β_j는 인자 B의 j번째 수준효과, 그리고 ϵ_{ij}는 오차항으로 서로 독립이며 평균이 0이고 분산이 σ^2인 정규분포를 따른다고 가정한다.

변동의 제곱합을 구하기 위하여 총 변동을 인자 A, 인자 B, 그리고 오차에 의한 변동으로 분해하면

$$(y_{ij}-\overline{y_{..}}) = (\overline{y_{i.}}-\overline{y_{..}}) + (\overline{y_{.j}}-\overline{y_{..}}) + (y_{ij}-\overline{y_{i.}}-\overline{y_{.j}}+\overline{y_{..}})$$

가 된다. 여기서 $\overline{y_{..}}$는 전체평균, $\overline{y_{i.}}$는 인자 A의 각 수준에 대한 평균, 그리고 $\overline{y_{.j}}$는 인자 B의 각 수준에 대한 평균이다. 일원분산분석에서와 마찬가지로 분해된 변동의 양변을 제곱한 후 모든 i와 j에 대하여 합하면 다음과 같은 변동의 제곱합들을 얻을 수 있다.

$$\begin{aligned}\sum_{i=1}^{a}\sum_{j=1}^{b}(y_{ij}-\overline{y_{..}})^2 &= \sum_{i=1}^{a} b\,(\overline{y_{i.}}-\overline{y_{..}})^2 \\ &+ \sum_{j=1}^{b} a\,(\overline{y_{.j}}-\overline{y_{..}})^2 \\ &+ \sum_{i=1}^{a}\sum_{j=1}^{b}(y_{ij}-\overline{y_{i.}}-\overline{y_{.j}}+\overline{y_{..}})^2\end{aligned}$$

위 식을 순서대로

$$SST = SSA + SSB + SSE$$

로 나타내자. 여기서 SST는 총변동의 제곱합, SSA는 인자 A의 변동의 제곱합, SSB는 인자 B의 변동의 제곱합, 그리고 SSE는 오차변동의 제곱합이다. 변동의 제곱합을 이용하여 분산분석표를 만들면 <표 13.4>와 같다.

<표 13.4> 이원분산분석표(반복이 없는 경우)

요인	제곱합	자유도	평균제곱	F_0
인자A	SSA	$a-1$	$MSA = SSA/(a-1)$	MSA/MSE
인자B	SSB	$b-1$	$MSB = SSB/(b-1)$	MSB/MSE
오차	SSE	$(a-1)(b-1)$	$MSE = SSE/(a-1)(b-1)$	
계	SST	$ab-1$		

분산분석표를 이용하여 인자 A와 인자 B의 효과를 검정할 수 있다. 인자 A의 효과에 검정하기 위한 가설은

$$H_0 : \alpha_1 = \alpha_2 = \cdots = \alpha_a = 0$$

$$H_1 : \text{모든 } \alpha_i \ (i = 1, 2, \cdots, a)\text{가 0이 아니다.}$$

이 되고, 이 가설에 대한 검정통계량은

$$F_0 = MSA / MSE$$

이 되며, 귀무가설 H_0가 사실일 때 검정통계량 F_0는 자유도가 $(a-1, (a-1)(b-1))$ 인 F-분포를 따른다. 따라서 유의수준 α 에서 검정통계량이

$$F_0 \geq F_\alpha(a-1,\ (a-1)(b-1))$$

를 만족하면 귀무가설 H_0를 기각하고 인자 A의 효과가 있다고 볼 수 있다.

인자 B의 효과에 대한 검정도 인자 A와 비슷하며 가설, 검정통계량, 그리고 귀무가설을 기각할 수 있는 기각역은 아래와 같다.

가설 : $H_0 : \beta_1 = \beta_2 = \cdots = \beta_b = 0$

H_1 : 모든 $\beta_j \ (j = 1, 2, \cdots, b)$가 0이 아니다.

검정통계량 : $F_0 = MSB / MSE$

기각역 : 유의수준 α 에서 $F_0 \geq F_\alpha(b-1,\ (a-1)(b-1))$

검정통계량이 기각역을 만족하면 귀무가설 H_0를 기각하고 인자 B의 효과가 있다고 볼 수 있다.

예제 3 식품 생산업체(갑, 을, 병)들은 연구소(연구소1, 연구소2, 연구소3, 연구소4)에 의뢰하여 그들이 생산하는 같은 종류의 땅콩버터에 대해 땅콩버터 1그램에 포함된 열량을 조사하였다. 실험 결과는 다음과 같다. 각 연구소에서 조사된 결과가 다르다고 할 수 있는가? 또한 각 업체에서 생산되는 땅콩버터의 열량이 다르다고 할 수 있는가? 유의수준 $\alpha = 0.05$ 로 검정하시오.

업체 \ 연구소	1	2	3	4	평균
갑	16.6	17.7	16.0	16.3	16.7
을	16.0	15.5	15.6	15.9	15.8
병	16.4	16.3	15.9	16.2	16.2
평균	16.3	16.5	15.8	16.1	16.2

풀이 식품 생산업체를 인자 A, 그리고 연구소를 인자 B로 하여 제곱합을 구하면 다음과 같다.

$$SST = (16.6-16.2)^2 + (17.7-16.2)^2 + \cdots + (16.2-16.2)^2 = 3.58$$

$$SSA = 4 \times [(16.7-16.2)^2 + (15.8-16.2)^2 + (16.2-16.2)^2] = 1.62$$

$$SSB = 3 \times [(16.3-16.2)^2 + (16.5-16.2)^2 + (15.8-16.2)^2 + (16.1-16.2)^2]$$

$$= 0.74$$

$$SSE = SST - SSA - SSB = 1.22$$

따라서 반복이 없는 이원분산분석표는 아래와 같다.

<반복이 없는 이원분산분석표>

요인	제곱합	자유도	평균제곱	F_0
인자 A	1.62	2	0.81	4.05
인자 B	0.74	3	0.25	1.25
오차	1.22	6	0.20	
계	3.58	11		

인자 A의 효과를 검정하기 위한 귀무가설 $H_0: \alpha_1 = \alpha_2 = \alpha_3 = 0$ 에 대한 검정통계량 값은 $F_0 = 4.05$ 이고 F-분포로부터 $F_{0.05}(2,6) = 5.14$ 이다. $F_0 < F_{0.05}(2,6)$ 이므로 귀무가설 H_0 를 기각할 수 없다. 즉, 각 연구소에서 조사된 결과가 다르다고 할 수 없다.

인자 B의 효과를 검정하기 위한 귀무가설은 $H_0: \beta_1 = \beta_2 = \beta_3 = \beta_4 = 0$ 이고 김징통계량 값은 $F_0 = 1.25$ 이다. 또한 $F_{0.05}(3,6) = 4.76$ 이고 $F_0 < F_{0.05}(3,6)$ 이므로 귀무가설 H_0 를 기각할 수 없다. 즉 각 식품 제조업체에서 생산되는 땅콩버터의 열량이 다르다고 할 수 없다.

13.4.2 반복이 있는 이원분산분석

반복이 없는 이원분산분석과 같이 두 개의 인자 A와 B가 각각 a개와 b개의 수준을 갖지만 반복실험을 하여 각 수준의 $a\times b$개의 조합에 측정값이 r개씩 있다고 하자. 반복실험을 함으로서 인자 A와 B에 대한 교호작용을 검정할 수 있다.

반복이 있는 이원분산분석에서 관측값을 나타내는 모형은 다음과 같다.

$$y_{ijk}=\mu+\alpha_i+\beta_j+(\alpha\beta)_{ij}+\epsilon_{ijk}$$
$$(i=1,2,\cdots,a\ ;\ j=1,2,\cdots,b\ ;\ k=1,2,\cdots,r)$$

여기서 y_{ijk}는 인자 A의 i번째 수준과 인자 B의 j번째 수준에서 k번째 관측값이고, μ는 모평균, α_i는 인자 A의 i번째 주효과, β_j는 인자 B의 j번째 주효과, $(\alpha\beta)_{ij}$는 인자 A의 i번째 수준과 인자 B의 j번째 수준간에 교호작용, 그리고 ϵ_{ijk}는 오차항으로 서로 독립이며 평균이 0이고 분산이 σ^2인 정규분포를 따른다고 가정한다.

일원분산분석에서 총 변동을 분해한 것과 마찬가지로 이원분산분석에서 총 변동을 인자 A에 의한 변동, 인자 B에 의한 변동, 인자 A와 B의 교호작용에 의한 변동, 그리고 오차에 의한 변동으로 분해하면 다음과 같다.

$$(y_{ijk}-\overline{y_{...}})=(\overline{y_{i..}}-\overline{y_{...}})+(\overline{y_{.j.}}-\overline{y_{...}})+(\overline{y_{ij.}}-\overline{y_{i..}}-\overline{y_{.j.}}+\overline{y_{...}})+(y_{ijk}-\overline{y_{ij.}})$$

여기서 $\overline{y_{...}}$은 전체평균, $\overline{y_{i..}}$는 인자 A의 각 수준에 대한 평균, $\overline{y_{.j.}}$는 인자 B의 각 수준에 대한 평균, 그리고 $\overline{y}_{ij.}$는 인자 A의 i번째 수준과 인자 B의 j번째 수준에서 r번 반복에 대한 평균이다. 분해된 변동의 양변을 제곱하고 모든 i, j, k에 대하여 합하여 제곱합을 구하면 다음과 같다.

$$\begin{aligned}\sum_{i=1}^{a}\sum_{j=1}^{b}\sum_{k=1}^{r}(y_{ijk}-\overline{y_{...}})^2 &= \sum_{i=1}^{a}br(\overline{y_{i..}}-\overline{y_{...}})^2\\ &+\sum_{j=1}^{b}ar(\overline{y_{.j.}}-\overline{y_{...}})^2\\ &+\sum_{i=1}^{a}\sum_{j=1}^{b}r(\overline{y_{ij.}}-\overline{y_{i..}}-\overline{y_{.j.}}+\overline{y_{...}})^2\\ &+\sum_{i=1}^{a}\sum_{j=1}^{b}\sum_{k=1}^{r}(y_{ijk}-\overline{y_{ij.}})^2\end{aligned}$$

위 식을 순서대로

$$SST = SSA + SSB + SSAB + SSE$$

로 나타내면 SST는 총변동의 제곱합, SSA는 인자 A의 변동의 제곱합, SSB는 인자 B의 변동의 제곱합, $SSAB$는 교호작용의 변동의 제곱합, 그리고 SSE는 오차변동의 제곱합이 된다. 또한 제곱합을 자유도로 나눈 것이 평균제곱이다. 따라서 분산분석표를 작성하면 <표 13.5>와 같다.

<표 13.5> 반복이 있는 이원분산분석표

요인	제곱합	자유도	평균제곱(MS)	F_0
인자A	SSA	$a-1$	MSA	MSA / MSE
인자B	SSB	$b-1$	MSB	MSB / MSE
교호작용AB	$SSAB$	$(a-1)(b-1)$	$MSAB$	$MSAB / MSE$
오차	SSE	$ab(r-1)$	MSE	
계	SST	$abr-1$		

이원분산분석표를 이용하여 인자 A, 인자 B, 그리고 교호작용 AB에 대한 다음과 같은 가설검정을 할 수 있다.

① 인자 A와 인자 B의 교호작용효과 검정

- 가설 : $H_0 : (\alpha\beta)_{ij} = 0$
  $H_1 : (\alpha\beta)_{ij} \neq 0 \ \ (i = 1, 2, \cdots, a \ ; \ j = 1, 2, \cdots, b)$
- 검정통계량 : $F_0 = MSAB / MSE$
- 기각역 : $F_0 > F_\alpha((a-1)(b-1), \ ab(r-1))$ 이면
  유의수준 α 에서 귀무가설 H_0 를 기각한다.

② 인자 A의 주효과 검정

- 가설 : $H_0 : \alpha_1 = \alpha_2 = \cdots = \alpha_a = 0$
  H_1 : 모든 $\alpha_i \ (i = 1, 2, \cdots, a)$ 가 0 이 아니다.
- 검정통계량 : $F_0 = MSA / MSE$
- 기각역 : $F_0 > F_\alpha(a-1, \ ab(r-1))$ 이면
  유의수준 α 에서 귀무가설 H_0 를 기각한다.

③ 인자 B의 주효과 검정

- 가설 : $H_0 : \beta_1 = \beta_2 = \cdots = \beta_b = 0$

  H_1 : 모든 $\beta_j \; (j = 1, 2, \cdots, b)$ 가 0 이 아니다.
- 검정통계량 : $F_0 = MSB \,/\, MSE$
- 기각역 : $F_0 > F_\alpha(b-1,\ ab(r-1))$ 이면

  유의수준 α 에서 귀무가설 H_0 를 기각한다.

반복이 있는 이원분산분석 경우에는 교호작용효과를 먼저 검정해야한다. 교호작용이 유의하다면 주효과도 유의할 것이다. 따라서 교호작용효과가 유의하면 주효과를 검정하는 것은 큰 의미가 없을 뿐만 아니라 잘못된 결론을 내릴 수도 있다. 교호작용이 존재하면 인자 A의 각 수준에서 인자 B의 효과를 비교하고, 또한 인자 B의 각 수준에서 인자 A의 효과를 비교한다.

예제 4 병아리의 체중(g)에 영향을 주는 인자로 사료(I, II, III)와 비타민(V1, V2)이 고려된다. 18마리의 병아리를 랜덤하게 6개의 처리에 배치하고 일정한 시간이 경과한 후에 체중을 측정한 결과는 다음과 같다. 각 인자가 체중에 영향을 주는가? 유의수준 $\alpha = 0.05$ 로 검정하시오.

사료 / 비타민	I	II	III
V1	51 80 64	125 99 127	41 54 55
V2	60 92 90	121 101 93	38 52 51

풀이 인자 A를 비타민, 인자 B를 사료로 하고, 관측값 y_{ijk} 를 인자 A의 i 번째 수준과 인자 B의 j 번째 수준에서 k 번째 관측값이라고 하면 관측값 y_{ijk} 를 나타내는 통계적 모형은 다음과 같다.

$$y_{ijk} = \mu + \alpha_i + \beta_j + (\alpha\beta)_{ij} + \epsilon_{ijk},$$

$$(i = 1, 2,\ j = 1, 2, 3,\ k = 1, 2, 3)$$

여기서 μ는 모평균, α_i는 인자 A의 i번째 주효과, β_j는 인자 B의 j번째 주효과, $(\alpha\beta)_{ij}$는 인자 A의 i번째 수준과 인자 B의 j번째 수준 간에 교호작용효과, 그리고 ϵ_{ijk}는 오차항으로 서로 독립이며 평균이 0이고 분산이 σ^2인 정규분포를 따른다고 가정한다. 각 수준조합별로 평균과 제곱합은 다음과 같다.

비타민 \ 사료	I	II	III	평균
V1	$\overline{y_{11.}} = 65$	$\overline{y_{12.}} = 117$	$\overline{y_{13.}} = 50$	$\overline{y_{1..}} = 77.33$
V2	$\overline{y_{21.}} = 80.66$	$\overline{y_{22.}} = 105$	$\overline{y_{23.}} = 47$	$\overline{y_{2..}} = 77.56$
평균	$\overline{y_{.1.}} = 72.83$	$\overline{y_{.2.}} = 111$	$\overline{y_{.3.}} = 48.5$	$\overline{y_{...}} = 78.89$

$$SST = \sum_{i=1}^{2}\sum_{j=1}^{3}\sum_{k=1}^{3}(y_{ijk} - \overline{y_{...}})^2 = 14720.44$$

$$SSA = \sum_{i=1}^{2} 3 \times 3 \times (\overline{y_{i..}} - \overline{y_{...}})^2 = 0.22$$

$$SSB = \sum_{j=1}^{3} 2 \times 3 \times (\overline{y_{.j.}} - \overline{y_{...}})^2 = 11910.11$$

$$SSAB = \sum_{i=1}^{2}\sum_{j=1}^{3} 3 \times (\overline{y_{ij.}} - \overline{y_{i..}} - \overline{y_{.j.}} + \overline{y_{...}})^2 = 597.44$$

$$SSE = SST - SSA - SSB - SSAB = 2212.67$$

따라서 다음과 같은 이원분산분석표를 얻는다.

<반복이 있는 이원분산분석표>

요 인	제곱합	자유도	평균제곱(MS)	F_0
인자A	0.22	1	0.22	0.0012
인자B	11910.11	2	5955.06	32.29
교호작용AB	597.44	2	298.72	1.62
오차	2212.67	12	184.39	
계	14720.44	17		

분산분석표에서 인자의 주효과에 대한 검정보다 교호작용 AB의 효과를 먼저 검정해야 한다. 유의수준 $\alpha = 0.05$ 로 교호작용효과를 검정해보면 $F_0 = 1.62 < 3.89 = F_{0.05}(2, 12)$이므로 "교호작용효과가 없다"는 귀무가설 $H_0 : (\alpha\beta)_{ij} = 0$을 기각시킬 수 없다. 즉, 사료와 비타민 간에는 유의한 교호작용효과가 있다고 할 수 없다. 교호작용효과가 유의하지 않으므로 주효과에 대한 검정을 하자.

인자 A인 비타민에 대한 검정을 하면 $F_0 = 0.0012 < 4.75 = F_{0.05}(1, 12)$가 되므로 "비타민의 효과가 모두 같다"는 귀무가설 $H_0 : \alpha_1 = \alpha_2 = 0$ 을 기각할 수 없다. 즉 두 종류의 비타민이 병아리 체중에 미치는 효과는 같다고 할 수 있다.

인자 B인 사료에 대한 검정을 하면 $F_0 = 32.29 > 3.89 = F_{0.05}(2, 12)$를 만족하므로 "사료의 효과가 모두 같다"는 귀무가설 $H_0 : \beta_1 = \beta_2 = \beta_3 = 0$ 을 기각한다. 따라서 세 종류의 사료가 병아리 체중에 미치는 영향은 모두 같다고 할 수 없다.

EXCEL 실습

[실습 1] 일원분산분석

① <예제 1>에 주어진 자료를 워크시트에 입력한다

	A	B	C	D	E	F
1	식이용법1	식이요법2	식이요법3	식이요법4		
2	225	225	185	265		
3	265	230	220	265		
4	225	215	250	285		
5	240	210	200	235		
6	245	220		250		
7	240					
8						

② [도구] 메뉴에서 [데이터분석]을 선택한 후 분석도구에서 [분산분석:일원배치법]을 선택하고 [확인]을 누른다.

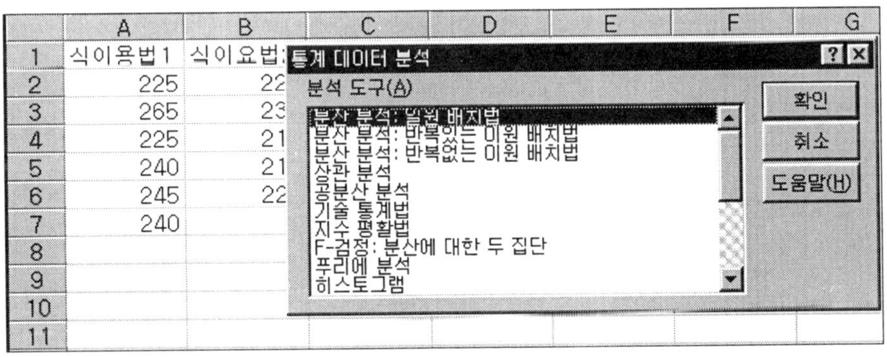

③ 대화상자가 나오면 필요한 사항들을 입력시킨다. [입력범위]란에 자료의 범위를 입력한다. 자료를 열로 입력시켰으므로 [데이터 방향]에서 [열]을 선택한다. 자료의 범위에 변수이름(식이요법1, …, 식이요법4)을 포함시켰으므로 [첫째 행 이름표 사용]을 선택한다. [유의수준]칸에 원하는 유의수준을 입력한다. 입력이 모두 끝나면 [확인]을 누른다.

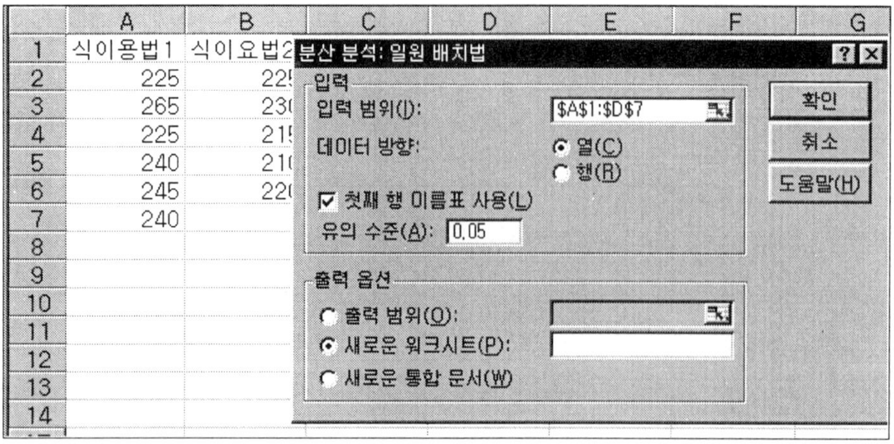

④ 출력 결과를 살펴보면 다음과 같다. 요약표에 각 수준에 대한 기초통계량이 나타나있다. 분산분석표를 살펴보면 검정통계량 F_0의 값은 「F비」값이고 $F_{0.05}(3,16)$의 값은 「F기각치」값이다. 따라서 $F_0 = 6.46512 > 3.238867 = F_{0.05}(3, 16)$가 되어 유의수준 5%하에서 귀무가설 H_0을 채택 할 수 없다.

분산분석표에서 제공되는 「P-값」을 이용하여 가설검정을 하는 경우에는 유의수준의 크기와 비교하면 된다. 즉, 「P-값」이 유의수준보다 작으면 귀무가설 H_0을 채택할 수 없다. 따라서 p-값 $= 0.004498 < 0.05 =$ 유의수준 이므로 귀무가설을 채택할 수 없다.

	A	B	C	D	E	F	G
16							
17	분산 분석: 일원 배치법						
18							
19	요약표						
20	인자의 수준	관측수	합	평균	분산		
21	식이용법1	6	1440	240	220		
22	식이요법2	5	1100	220	62.5		
23	식이요법3	4	855	213.75	789.5833		
24	식이요법4	5	1300	260	350		
25							
26							
27	분산 분석						
28	변동의 요인	제곱합	자유도	제곱 평균	F 비	P-값	F 기각치
29	처리	6205	3	2068.333	6.46512	0.004498	3.238867
30	잔차	5118.75	16	319.9219			
31							
32	계	11323.75	19				

[실습 2] 다중비교(Bonferroni 방법)

① <예제 1>에서 입력한 자료를 이용해서 다중비교 검정에 필요한 처리별 자료의 개수와 평균을 구하고 검정통계량과 p-값을 구할 셀들을 아래와 같이 적는다. 평균은 함수마법사 단추를 클릭하여 대화상자가 나오면 [함수범주]에서 「통계」를 선택하고 [함수이름]에서 「AVERAGE」 선택하고 확인을 누른다.

	A	B	C	D	E	F	G	H	I
1		식이용법1	식이요법2	식이요법3	식이요법4			검정통계량	P-값
2		225	225	185	265		식이요법1 과 2		
3		265	230	220	265		식이요법1 과 3		
4		225	215	250	285		식이요법1 과 4		
5		240	210	200	235		식이요법2 과 3		
6		245	220		250		식이요법2 과 4		
7		240					식이요법3 과 4		
8									
9	자료 개수	6	5	4	5				
10	평균	240	220	213.75	260				
11									

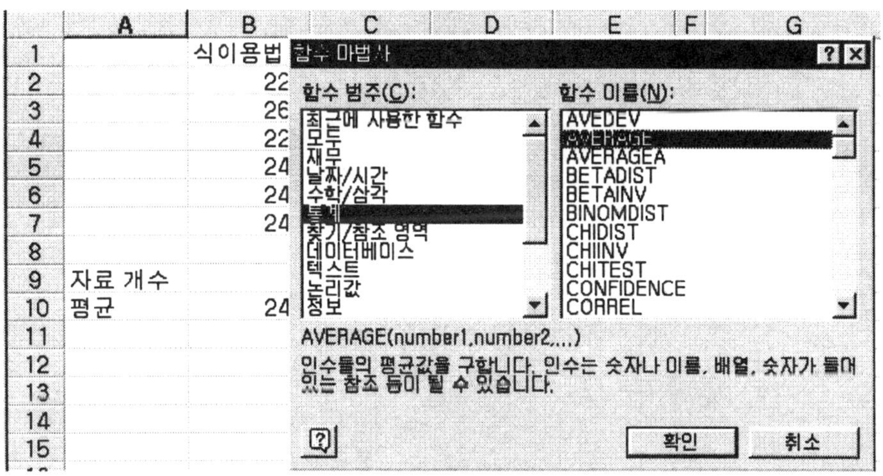

② 검정통계량을 구하는 데 필요한 값들이 있는 셀을 클릭하여 검정통계량 식을 만든다. 예를 들어 식이요법1과 2를 비교하기 위한 검정통계량을 출력할 셀 H2를 먼저 선택하고 엑셀의 수식입력줄에 =(B10-C10)/SQRT(D30*(1/B9+1/C9))를 입력하여 구할 수 있다. 이 식을 살펴보면 셀 B10과 C10에 식이요법1과 2의 평균, 셀 D30에 MSE, 그리고 셀 B9과 C9에 식이요법1과 2의 자료 개수가 있는 경우이다. 함수 SQRT는 제곱근 함수를 나타낸다.

H2 = =(B10-C10)/SQRT(D30*(1/B9+1/C9))

	B	C	D	E	F	G	H	I
1	식이용법1	식이요법2	식이요법3	식이요법4			검정통계량	P-값
2	225	225	185	265		식이요법1 과 2	1.84659779	
3	265	230	220	265		식이요법1 과 3	0.64565738	
4	225	215	250	285		식이요법1 과 4	-1.8465978	
5	240	210	200	235		식이요법2 과 3	0.52089692	
6	245	220		250		식이요법2 과 4	-3.5359656	
7	240					식이요법3 과 4	-3.8546372	
8								
9	6	5	4	5				
10	240	220	213.75	260				
11								

③ 「P-값」은 함수 TDIST 함수를 이용하여 구할 수 있다. 함수마법사 단추를 클릭하고 대화상자가 나타나면 [함수의 종류]에서 「통계」를 그리고 함수이름에서「TDIST」를 선택하고 확인을 누른 다음 「TDIST」대화상자 나오면 필요한 값들을 입력시킨다.「X」칸에 검정통계량 또는 검정통계량이 있는 셀을 입력시킨다. 「Deg_freedom」칸에는 t-분포의 자유도를 쓴다. 마지막으로 「Tails」칸에는 양측검정인 경우 2를 입력시킨다. 모든 입력이 끝나면 [확인]을 누른다.

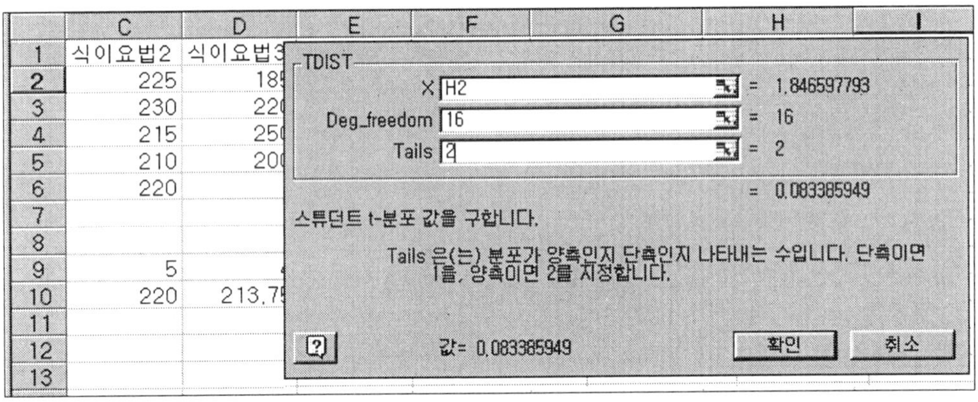

④ 결과는 다음과 같다. 유의수준 $\alpha^* = 0.0083$ 과 「P-값」을 비교하여 식이요법1과 2, 식이요법1과 3, 식이요법1과 4, 그리고 식이요법2와 3은 유의한 차이를 보이지 않고 있으며 식이요법2와 4, 그리고 식이요법3과 4는 유의한 차이를 보이고 있다는 것을 알 수 있다.

	C	D	E	F	G	H	I
1	식이요법2	식이요법3	식이요법4			검정통계량	P-값
2	225	185	265		식이요법1 과 2	1.84659779	0.0833859
3	230	220	265		식이요법1 과 3	0.64565738	0.5276531
4	215	250	285		식이요법1 과 4	-1.8465978	0.0833859
5	210	200	235		식이요법2 과 3	0.52089692	0.6095727
6	220		250		식이요법2 과 4	-3.5359656	0.0027467
7					식이요법3 과 4	-3.8546372	0.0014016
8							
9	5	4	5				
10	220	213.75	260				

[실습 3] 반복이 없는 이원분산분석

① <예제 3>에 주어진 자료를 워크시트에 입력한다.

	A	B	C	D	E	F
1		연구소1	연구소2	연구소3	연구소4	
2	갑	16.6	17.7	16.0	16.3	
3	을	16.0	15.5	15.6	15.9	
4	병	16.4	16.3	15.9	16.2	
5						

② [도구]에서 [데이터분석]을 선택하고 대화상자 나타나면 [분산 분석: 반복없는 이원배치법]을 선택하고 [확인]을 누른다.

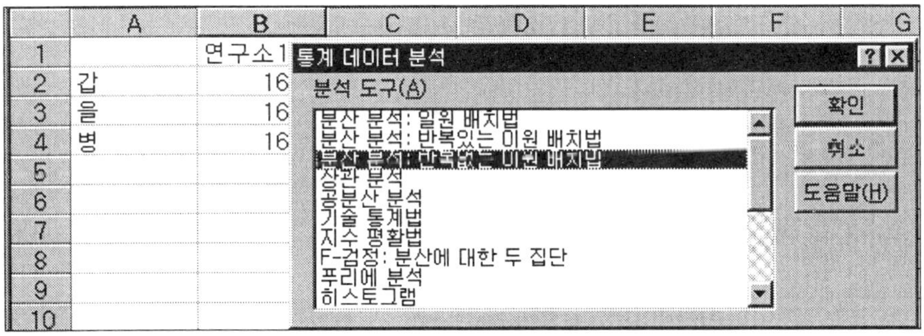

③ [분산 분석: 반복없는 이원배치법]의 대화상자가 나타나면 일원분산분석에서 입력하는 방법과 같은 방법으로 입력시킨 후 [확인]을 누른다. 출력 옵션에서 출력 범위로 셀 A7을 선택하였다.

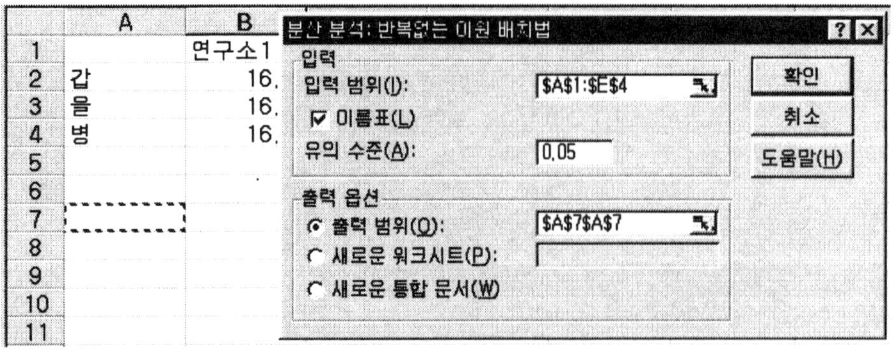

④ 다음과 같은 분산분석표를 얻을 수 있다. 분산분석표를 살펴보면 요약표에 인자 A인 식품 생산업체(갑, 을, 병)와 인자 B인 연구소(1, 2, 3, 4)에 대한 기초통계량이 계산되어 있다. 분산분석을 보면 변동의 요인에 「인자 A(행)」은 자료가 행 방향으로 입력된 인자를 말하며, 「인자 B(열)」은 자료가 열 방향으로 입력된 인자를 말한다. 이 예제에서는 「인자 A(행)」은 식품 생산업체 그리고 「인자 B(열)」은 연구소를 나타내고 있다.「F 비」,「P-값」, 그리고 「F 기각치」의 의미는 일원분산분석의 경우와 같다.

	A	B	C	D	E	F	G
7	분산 분석: 반복 없는 이원 배치법						
8							
9	요약표	관측수	합	평균	분산		
10	갑	4	66.6	16.65	0.55		
11	을	4	63	15.75	0.056667		
12	병	4	64.8	16.2	0.046667		
13							
14	연구소1	3	49	16.33333	0.093333		
15	연구소2	3	49.5	16.5	1.24		
16	연구소3	3	47.5	15.83333	0.043333		
17	연구소4	3	48.4	16.13333	0.043333		
18							
19							
20	분산 분석						
21	변동의 요인	제곱합	자유도	제곱 평균	F 비	P-값	F 기각치
22	인자 A(행)	1.62	2	0.81	3.983607	0.079273	5.143249
23	인자 B(열)	0.74	3	0.246667	1.213115	0.382885	4.757055
24	잔차	1.22	6	0.203333			
25							
26	계	3.58	11				
27							

「P-값」을 이용하면 식품 생산업체에 대한 「P-값」은 0.079273으로 유의수준 0.05보다 커서 "식품 생산업체의 수준에 따른 차이가 없다."는 귀무가설을 기각할 수 없다. 즉, 각 업체에서 생산되는 땅콩버터의 열량이 다르다고 할 수 없다. 또한 연구소에 대한 「P-값」, 0.382885도 유의수준 0.05보다 크기 때문에 "연구소의 수준에 따른 차이가 없다."는 귀무가설을 기각할 수 없다. 즉, 각 연구소에서 조사된 결과가 다르다고 할 수 없다.

[실습 4] 반복이 있는 이원분산분석

① <예제 4>에 주어진 자료를 워크시트에 입력한다.

	A	B	C	D	E	F
1		사료I	사료II	사료III		
2	비타민A	51	125	41		
3		80	99	54		
4		64	127	55		
5	비타미B	60	121	38		
6		92	101	52		
7		90	93	51		

② [도구]에서 [데이터분석]을 선택하고 대화상자 나타나면「분산분석: 반복 있는 이원배치법」을 선택하고 [확인]을 누른다.

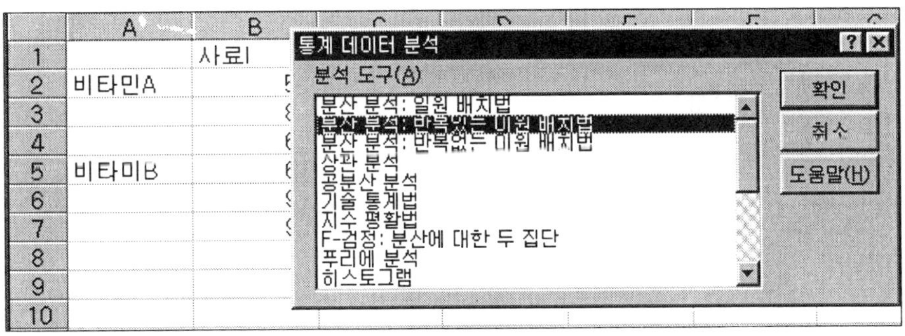

③ 「분산분석: 반복 있는 이원배치법」의 대화상자가 나타나면 입력 범위, 표본당 행수, 유의수준, 그리고 출력 옵션을 입력하고 [확인]을 누른다.

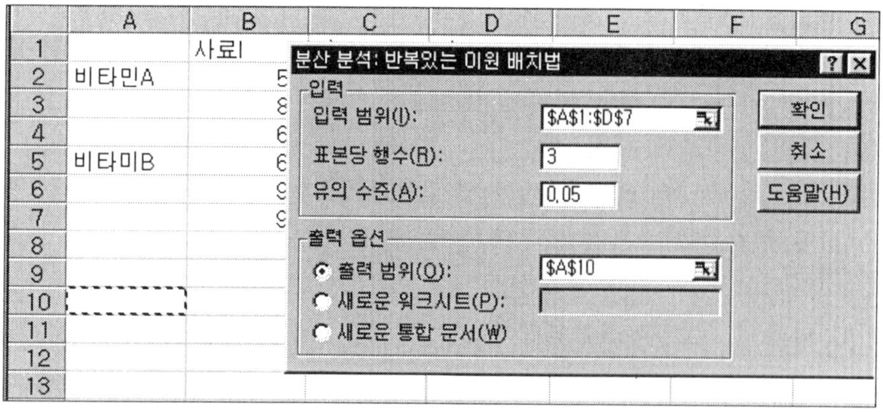

④ 다음과 같은 분산분석표를 얻을 수 있다. 요약표에 비타민과 사료에 대한 각 수준과 수준의 조합에 대한 기초통계량이 나타나있다. 분산분석표를 살펴보자. 자료를 워크시트에 입력시킬 때 비타민에 대한 자료는 행으로 사료에 대한 자료는 열로 입력했기 때문에 분산분석표에서 변동의 요인에서「인자 A(행)」은 비타민에 대한 것이고,「인자 B(열)」은 사료를 나타내고 있다.「F 비」,「P-값」, 그리고「F 기각역」의 의미는 반복이 없는 이원분산분석에서와 같다.

	A	B	C	D	E	F	G
10	분산 분석: 반복 있는 이원 배치법						
11							
12	요약표	사료I	사료II	사료III	계		
13	비타민A						
14	관측수	3	3	3	9		
15	합	195	351	150	696		
16	평균	65	117	50	77.33333		
17	분산	211	244	61	1056.25		
18							
19	비타미B						
20	관측수	3	3	3	9		
21	합	242	315	141	698		
22	평균	80.66667	105	47	77.55556		
23	분산	321.3333	208	61	783.7778		
24							
25	계						
26	관측수	6	6	6			
27	합	437	666	291			
28	평균	72.83333	111	48.5			
29	분산	286.5667	224	51.5			
30							
31							
32	분산 분석						
33	변동의 요인	제곱합	자유도	제곱 평균	F 비	P-값	F 기각치
34	인자 A(행)	0.222222	1	0.222222	0.001205	0.972877	4.747221
35	인자 B(열)	11910.11	2	5955.056	32.29617	1.48E-05	3.88529
36	교호작용	597.4444	2	298.7222	1.620066	0.238317	3.88529
37	잔차	2212.667	12	184.3889			
38							
39	계	14720.44	17				

「P-값」을 이용해서 먼저 교호작용효과에 대한 검정을 하면 교호작용에 대한 「P-값」이 0.238317이 0.05보다 커서 유의수준 5%에서 “교호작용효과가 없다.”는 귀무가설을 기각할 수 없다. 교호작용효과가 존재하지 않으므로 주효과에 대한 검정을 하자. 비타민에 대한 「P-값」은 0.972877이고 0.05보다 커서 유의수준 5%에서 “비타민의 효과가 같다.”는 귀무가설을 기각할 수 없다. 그러나 사료에 대한 「P-값」은 1.48×10^{-5}이고 0.05보다 매우 작아서 “사료의 효과가 같다.”는 귀무가설을 기각한다. 즉 비타민은 병아리의 체중에 미치는 영향이 같지만 사료에 의한 영향은 다르다는 결론을 내릴 수 있다.

⑤ 각 인자들에 대해서 수준별 변화를 살펴볼 수 있는 차트 작성 절차에 대해 알아보자.

1) 워크시트에 각 인자의 수준 별 평균을 입력한다. (이미 입력된 자료와 함수「AVERAGE」를 사용하여 평균을 구할 수 있다.)

G2 = =AVERAGE(B2:B4)

	A	B	C	D	E	F	G	H	I
1		사료I	사료II	사료III			사료I	사료II	사료III
2	비타민A	51	125	41		비타민A	65	117	50
3		80	99	54		비타민B	80.66667	105	47
4		64	127	55					
5	비타미B	60	121	38					
6		92	101	52					
7		90	93	51					

2) [차트 마법사]를 이용하여 사료에 따른 병아리의 평균 몸무게와 비타민에 따른 병아리의 몸무게에 대한 다음과 같은 차트를 얻을 수 있다.

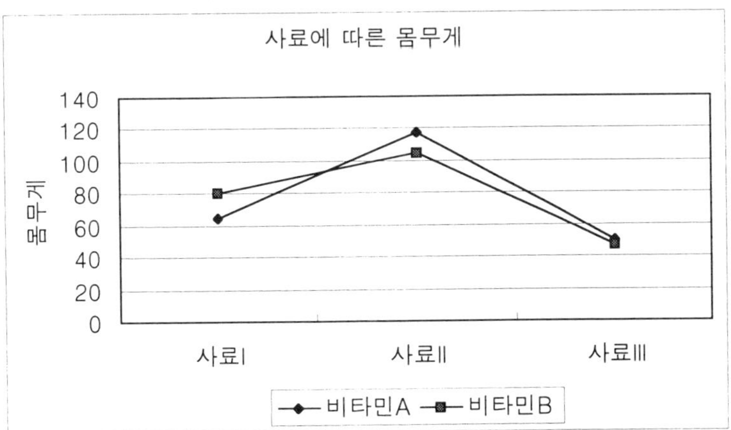

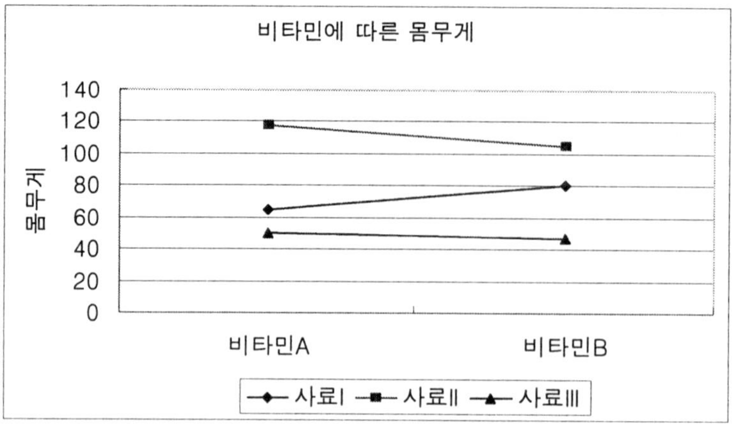
비타민에 따른 몸무게
140
120
100
80
60
40
20
0
몸무게
비타민A
비타민B
사료I
사료II
사료III

연 습 문 제

[1] 세 종류의 담배에 포함된 타르의 양을 비교하기 위하여 종류별로 5갑을 랜덤하게 선택하여 한 갑 당 포함된 타르의 양(단위 : mg)을 측정한 결과가 다음 표와 같다.

담배의 종류		
A	B	C
334	357	330
317	344	315
329	329	325
319	349	316
337	339	340

담배의 종류에 따라 타르의 양이 다르다고 할 수 있는가? 분산분석표를 작성하고 유의수준 5%로 검정하시오.

[2] 5가지 사료에 각각 10마리씩 실험동물을 랜덤하게 배치하고 일정 기간 사육을 한 다음 혈당량(mg/100ml)을 측정한 결과는 다음과 같다.

사료의 종류				
A	B	C	D	E
130	127	125	115	116
106	122	139	107	120
127	103	122	107	149
110	122	141	106	150
120	129	148	119	149
118	127	121	121	127
118	108	123	103	120
101	130	121	130	133
116	101	142	128	130
124	111	117	104	142

사료 종류별로 혈당량에 차이가 있다고 할 수 있는가? 분산분석표를 작성하고 유의수준 5%로 검정하시오. 만약 사료 종류별로 혈당량에 차이가 있다면 Bonferroni 방법으로 다중비교를 실시하시오.

[3] 다음 자료는 조건이 같은 60마리의 실험용 동물을 각각 30마리씩 두 그룹으로 나누어 한 그룹에는 안정제 A를 그리고 또 다른 그룹에는 안정제 B를 5, 10, 20mg씩 투여했을 때 관찰된 불안도이다.

안정제 \ 복용량	5		10		20	
A	15	16	18	16	20	17
	16	15	17	15	19	18
	18	16	18	19	21	21
	13	17	19	18	18	20
	19	15	20	16	19	17
B	16	15	19	18	24	23
	17	15	21	20	25	24
	18	18	22	21	23	22
	17	17	23	22	25	26
	15	16	20	19	25	24

1) 분산분석표를 작성하시오.
2) 안정제와 복용량 사이에 교호작용이 존재하는가?
3) 안정제 또는 복용량의 효과가 존재하는지 유의수준 5%로 검정하시오.

[4] 다음은 3종류의 콩에 4종류의 비료를 배치한 후 수확량을 측정한 자료이다.

콩 \ 비료	1	2	3	4
A	53	64	92	89
B	23	42	89	93
C	36	54	88	95

1) 분산분석표를 작성하시오.
2) 콩의 종류별 수확량에 차이가 있는가? 유의수준 5%로 검정하시오.
3) 비료의 종류별 수확량에 차이가 있는가? 유의수준 5%로 검정하시오.

[5] 연습문제 [4]에서 반복실험을 하여 다음과 같은 자료를 얻었다.

콩 \ 비료	1	2	3	4
A	53 44	64 67	92 87	89 82
B	23 32	42 57	89 85	93 96
C	36 39	54 58	88 89	95 90

1) 분산분석표를 작성하시오.
2) 교호작용의 존재 여부를 유의수준 5%로 검정하시오.
3) 콩의 종류별 수확량에 차이가 있는가? 유의수준 5%로 검정하시오.
4) 비료의 종류별 수확량에 차이가 있는가? 유의수준 5%로 검정하시오.

[6] 다음은 인조광물을 합성하는데 이용되는 3종류의 촉매와 2종류의 압력을 사용하여 얻은 인조광물의 수확량(%)이다.

압력 \ 촉매	I	II	III
높은 압력	0.22 0.64 0.27	0.24 0.41 0.53	0.35 0.41 0.25
낮은 압력	0.74 0.74 0.81	0.06 0.34 0.08	0.22 0.50 0.56

1) 분산분석표를 작성하시오.
2) 촉매 또는 압력의 효과가 존재하는지 유의수준 5%로 검정하시오.
3) 촉매와 압력의 교호작용 효과가 존재하는가?

제14장 회귀분석

14.1 서론

자연이나 사회현상에서 둘 또는 그 이상의 변수들이 서로 관계를 가지고 변화할 때, 그 변화를 관련된 변수들간의 수학적인 함수의 형태를 이용하여 나타내려고 하는 경우가 발생한다. 예를 들어 사람이 나이가 먹어 갈수록 키가 커지는 현상에 대해 다음과 같은 질문을 할 수 있다. 나이와 키는 서로 관계를 가지고 있는가? 관계가 있다면 어떤 수학적 함수로 나이와 키의 관계를 나타낼 수 있는가? 수학적 함수를 이용하여 나이로부터 키를 예측할 수 있는가?

위의 예에서 나이라는 변수와 키라는 변수의 관계를 보면 나이가 키에 영향을 주고, 또한 키는 나이에 영향을 받는다고 생각할 수 있다. 또 다른 예로, 상품의 수요량, 상품의 가격, 그리고 소비자 소득의 관계에서 우리가 관심을 가질 수 있는 관계는 상품의 가격과 소비자의 소득이 상품의 수요량에 어떠한 영향을 주는가하는 것이다. 즉 상품의 가격과 소비자의 소득은 영향을 주는 변수들로, 그리고 상품의 수요량은 영향을 받는 변수로 생각 할 수 있다. 서로 관계를 가지고 있는 둘 또는 그 이상의 변수들 중에는 영향을 주는 변수와 영향을 받는 변수가 있다.

다른 변수에 영향을 주는 변수를 독립변수(independent variable) 또는 설명변수(explanatory variable)라 하고 독립변수에 의해서 영향을 받는 변수를 종속변수(dependent variable) 또는 반응변수(response variable)라고 한다. 따라서 나이나 상품의 가격, 그리고 소비자 소득은 독립변수이고 키나 상품의 수요량은 종속변수가 된다.

변수들간의 관계를 분석하는 통계적 방법에는 회귀분석(regression analysis)과 상관분석(correlation analysis)이 있다. 회귀분석은 하나의 종속변수와 여러 개의 독립변수들간의 함수관계를 규명하는 방법이며, 독립변수가 하나이며 종속변수와의 관계를 직선모형으로 가정하고 분석하는 것을 단순선형회귀분석(simple linear regression analysis)이라 하고, 독립변수가 두 개 이상인 경우를 중회귀분석(multiple regression analysis)이라 한다. 상관분석이란 변수들이 서로 얼마나 밀접한 직선적 관계를 가지고 있는가를 분석하는 방법이다.

14.2 상관분석

연속적인 두 변수 x와 y 사이에 있어서 한 변수의 변화가 다른 변수의 변화에 영향을 주었을 때 두 변수 x와 y사이에는 상관관계(correlation)가 있다고 한다. 두 변수 사이의 관계는 측정값을 도표 상에 나타내는 산점도(scatter diagram)를 통해서 개략적인 관계를 알 수 있다.

예제 1 어떤 제품을 판매하는 제조업체에서 제품의 판매액(단위: 백만원)에 광고비(단위: 10만원)가 미치는 영향을 조사하기 위하여 10개 대리점을 조사하여 다음과 같은 자료를 얻었다. 광고비와 판매액에 대한 산점도를 그리시오.

광고비	13	10	9	15	11	14	12	7	8	6
판매액	30	23	23	35	29	31	27	18	19	19

풀이

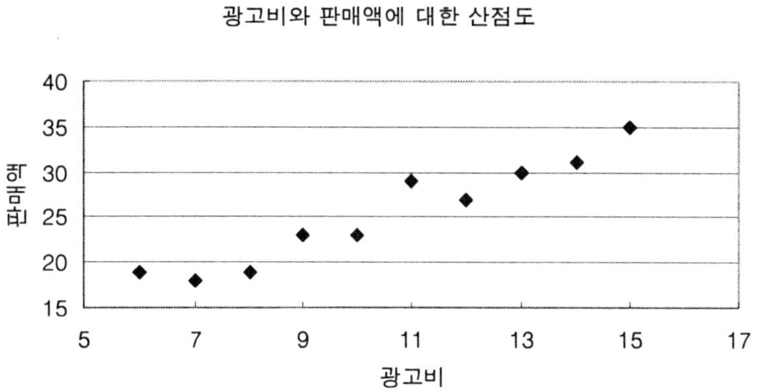

이 산점도를 통해서 광고비가 증가하면 판매액도 증가한다는 것을 알 수 있다. 그리고 두 변수의 관계가 대략적으로 직선적 관계가 있다는 것을 알 수 있다.

일반적으로 두 변수들의 관계는 매우 다양하게 나타날 수 있으나, 두 변수들의 측정값들이 직선 주위에 밀집해 있고, <그림 14.1>의 (1)과 같이 한 변수의 측정값들이 증가할 때 다른 변수의 측정값들이 대체적으로 증가한다면 두 변수들 사이에는 양의 상관(positive correlation)이 있다고 하고, <그림 14.1>의 (2)와 같이 한 변수의 측정값들이 증가할 때 다른 변수의 측정값들이 대체적으로 감소한다면 두 변수들 사이에는 음의 상관(negative correlation)이 있다고 한다. 또한 <그림 14.1>의 (3)과 같이 두 변수들의 측정값들이 직선적 관계가 없는 경우에는 부상관 또는 두 변수는 상관이 없다고 한다.

(1) 양의 상관 (2) 음의 상관 (3) 무상관

<그림 14.1> 산점도

14.2.1 상관계수

두 변수들의 관계가 얼마나 직선적 관계를 가지고 있는가를 판단할 수 있는 측도에 대하여 알아보자. 두 변수 x와 y 사이의 직선적인 상관관계의 정도를 표본 $(x_1, y_1), (x_2, y_2), \cdots, (x_n, y_n)$의 표본공분산과 표본표준편차를 이용하여 수량적으로 나타낸 값을 표본상관계수(sample correlation coefficient)라 하고 다음과 같이 정의된다.

$$r_{xy} = \frac{\frac{1}{n-1}\sum_{i=1}^{n}(x_i - \bar{x})(y_i - \bar{y})}{\sqrt{\frac{1}{n-1}\sum_{i=1}^{n}(x_i - \bar{x})^2 \frac{1}{n-1}\sum_{i=1}^{n}(y_i - \bar{y})^2}}$$

$$= \frac{\sum_{i=1}^{n}(x_i - \bar{x})(y_i - \bar{y})}{\sqrt{\sum_{i=1}^{n}(x_i - \bar{x})^2 \sum_{i=1}^{n}(y_i - \bar{y})^2}}$$

표본상관계수를 다음과 같이 간략하게 나타내자.

$$r_{xy} = \frac{S_{xy}}{\sqrt{S_{xx}S_{yy}}}$$

단, $S_{xy} = \sum_{i=1}^{n}(x_i - \bar{x})(y_i - \bar{y})$, $S_{xx} = \sum_{i=1}^{n}(x_i - \bar{x})^2$, $S_{yy} = \sum_{i=1}^{n}(y_i - \bar{y})^2$ 이다.

두 변수 x와 y의 모상관계수(population correlation coefficient) ρ_{xy}는

$$\rho_{xy} = \frac{E[(x - \mu_x)(y - \mu_y)]}{\sqrt{E(x - \mu_x)^2 E(y - \mu_y)^2}}$$

로 정의된다.

표본상관계수 r_{xy}의 성질을 살펴보면, 표본상관계수는 $-1 \leqq r_{xy} \leqq 1$ 사이의 값을 갖는다. 표본상관계수의 값이 1에 가까우면 직선적인 양의 상관을 갖고, -1에 가까우면 직선적인 음의 상관을 가지며, 0에 가까우면 직선적 관계가 없는 무상관의 관계를 갖는다고 볼 수 있다. 아래 그림에서 상관계수의 값이 1이나 -1에 가까우면 두 변수가 직선적 관계가 강하고 0에 가까우면 직선적 관계가 없다는 것을 알 수 있다. 상관계수의 값들과 산점도는 <그림 14.2>와 같다.

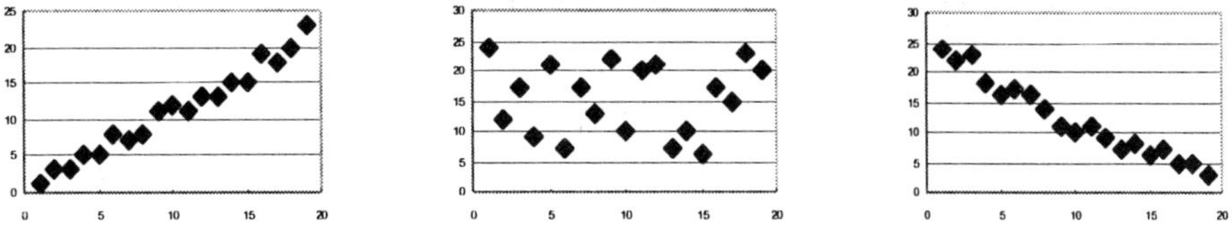

(1) $r_{xy} = 0.99$ (2) $r_{xy} = 0.01$ (3) $r_{xy} = -0.97$

<그림 14.2> 상관계수와 산점도

예제 2 <예제 1>에 주어진 자료에 대하여 표본상관계수를 구하시오.

풀이 광고비를 독립변수 x로 하고 판매액을 종속변수 y로 하자. 광고비의 평균은 $\bar{x} = 10.5$ 이고, 판매액의 평균은 $\bar{y} = 25.4$ 이다. 또한

$$S_{xx} = (13 - 10.5)^2 + \cdots + (6 - 10.5)^2 = 82.5$$

$$S_{yy} = (30 - 25.4)^2 + \cdots + (19 - 25.4)^2 = 308.4$$

$$S_{xy} = (13-10.5)(30-25.4) + \cdots + (6-10.5)(19-25.4) = 154$$

이다. 따라서 표본상관계수는

$$r_{xy} = \frac{S_{xy}}{\sqrt{S_{xx}S_{yy}}} = \frac{154}{\sqrt{82.5 \times 308.4}} = 0.965$$

가 된다. 이 값은 1에 매우 가까우므로 광고비와 판매액간에는 강한 양의 상관관계가 있으며, 광고비가 증가하면 판매액도 증가하는 직선적 관계가 있다는 것을 알 수 있다. <예제 1>의 산점도를 통해서도 직선적 관계가 있다는 것을 볼 수 있다.

14.2.2 상관계수의 검정

모상관계수 ρ_{xy}에 대한 가설

$$H_0 : \rho_{xy} = 0 \qquad H_1 : \rho_{xy} \neq 0$$

을 두 변수 x와 y의 표본상관계수 r_{xy}을 이용하여 검정하여 두 변수 x와 y 사이에 직선적인 관계가 있는지를 판단할 수 있다. 위 가설을 검정하기 위한 검정통계량은

$$t_0 = r_{xy}\sqrt{\frac{n-2}{1-r_{xy}^2}}$$

이다. 두 변수 x와 y의 결합분포가 이변량 정규분포를 따른다고 가정하면, 모상관계수가 $\rho_{xy}=0$이라는 귀무가설 H_0하에서 검정통계량 t_0는 자유도가 $n-2$인 t-분포를 한다고 알려져 있다. 따라서 유의수준 α에서 귀무가설 H_0을 기각할 수 있는 기각역은

$$|t_0| > t_{\alpha/2}(n-2)$$

이다.

예제 3 <예제 1>에 주어진 자료에 대하여 모상관계수 ρ_{xy}가 0인지를 유의수준 5%로 검정하시오.

풀이 가설 $H_0: \rho_{xy}=0$ 대 $H_1: \rho_{xy}\neq 0$에 대한 검정통계량의 값은

$$t_0 = r_{xy}\sqrt{\frac{n-2}{1-r_{xy}^2}} = 0.965\sqrt{\frac{10-2}{1-0.965^2}} = 10.408$$

이고, $|t_0| > t_{0.025}(8) = 2.306$이므로 모상관계수 ρ_{xy}가 0이라는 귀무가설 H_0을 기각할 수 있다. 즉, 광고비와 판매액 사이에는 직선적인 상관관계가 존재한다고 할 수 있다.

14.3 단순선형회귀분석

하나의 종속변수와 하나의 독립변수의 관계를 직선적인 함수로 가정하고 분석하는 것을 단순(선형)회귀분석이라 한다. 종속변수 y와 독립변수 x를 직선적인 함수 형태로 나타내는 단순회귀모형은 다음과 같다.

$$y_i = \beta_0 + \beta_1 x_i + \epsilon_i, \qquad (i=1,2,\cdots,n)$$

여기서 y_i는 i번째 측정된 종속변수 y의 값으로 확률변수이고, x_i는 i번째 측정된 독립변수 x의 값으로 고정된 상수값이다. β_0와 β_1은 각각 절편과 기울기를 나타내는 회귀계수, 그리고 ϵ_i는 오차항으로 서로 독립이며 평균이 0이고 분산이 σ^2인 정규분포를 따른다고 가정한다.

14.3.1 회귀식의 추정

단순회귀모형으로부터 두 변수 x와 y의 관계를 나타내는 회귀식을 구하기 위해서는 회귀계수 β_0와 β_1을 추정해야 한다. 회귀계수들을 구하기 위해서 모집단 전체를 조사하는 것은 일반적으로 불가능하며 가능하더라도 경제적 손실이 크므로 표본으로부터 얻은 자료를 이용하여 회귀계수들을 추정한다. y의 추정값 $\hat{y}$을 회귀계수 β_0와 β_1의 추정량 b_0와 b_1을 이용하여 나타내면

$$\hat{y} = b_0 + b_1 x$$

이 되며, 이 식을 표본회귀식(sample regression equation) 또는 추정된 회귀직선(estimated regression line)이라 한다. 여기서 b_0는 추정된 회귀직선의 절편(intercept)으로 $x = 0$에서 $\hat{y}$의 값이며, b_1은 추정된 회귀직선의 기울기(slope)로 x가 한 단위 증가할 때마다 증가하는 $\hat{y}$의 증가량을 나타낸다.

어떤 x의 값 x_i에서 추정된 $\hat{y_i}$는 관측값 y_i와 반드시 일치하는 것은 아니며 관측값과 추정값과의 차이를 잔차(residual)라 하고 e_i로 표시하면

$$e_i = y_i - \hat{y_i}$$

가 된다.

이제 주어진 n개의 표본자료 $(x_1, y_1), (x_2, y_2), \cdots, (x_n, y_n)$들 이용하여 두 변수 x와 y의 직선적인 관계를 가장 잘 나타낼 수 있는 회귀계수 β_0와 β_1의 추정량 b_0와 b_1을 어떻게 구할 것인가를 생각해보자. 표본자료를 이용하여 회귀계수를 추정하는 방법 중 널리 사용되는 것이 오차 ϵ_i의 제곱합을 최소로 만드는 β_0와 β_1을 추정량 b_0와 b_1으로 하는 최소제곱법(least square method)이다. 즉, 표본자료 $(x_1, y_1), (x_2, y_2), \cdots, (x_n, y_n)$에서 오차의 제곱합

$$Q = \sum_{i=1}^{n} \epsilon_i^2 = \sum_{i=1}^{n} [y_i - (\beta_0 + \beta_1 x_i)]^2$$

을 최소로 하는 β_0와 β_1의 값을 추정치 b_0와 b_1으로 택하는 것이다.

오차의 제곱합 Q를 β_0와 β_1에 대하여 각각 편미분하고, 편미분한 방정식을 0으로 만드는 β_0와 β_1을 b_0와 b_1이라 하여 정리하면 다음과 같은 정규방정식(normal equation)

$$b_0 n + b_1 \sum_{i=1}^{n} x_i = \sum_{i=1}^{n} y_i$$

$$b_0 \sum_{i=1}^{n} x_i + b_1 \sum_{i=1}^{n} x_i^2 = \sum_{i=1}^{n} x_i y_i$$

을 얻을 수 있고, 이 식을 b_0와 b_1에 대하여 풀면

$$b_1 = \frac{\sum_{i=1}^{n}(x_i - \bar{x})(y_i - \bar{y})}{\sum_{i=1}^{n}(x_i - \bar{x})^2} = \frac{S_{xy}}{S_{xx}}$$

$$b_0 = \bar{y} - b_1 \bar{x}$$

을 얻는다. 얻어진 b_0와 b_1을 β_0와 β_1의 최소제곱추정량(least square estimator)이라 한다. 따라서 최소제곱추정량을 이용한 추정된 회귀직선

$$\hat{y_i} = b_0 + b_1 x_i, \ (i = 1, 2, \cdots, n)$$

을 얻을 수 있다.

예제 4 <예제 1>에 주어진 자료를 사용하여 최소제곱법으로 회귀계수 β_0와 β_1을 추정하여 추정식 $\hat{y_i}$을 구하고, 잔차 $e_i = y_i - \hat{y_i}$를 구하시오. 산점도 위에 추정된 회귀직선을 그리시오.

풀이 <예제 2>에서 광고비의 평균은 $\bar{x} = 10.5$, 판매액의 평균은 $\bar{y} = 25.4$, $S_{xx} = 82.5$ 그리고 $S_{xy} = 154$ 이었다. 따라서 회귀계수의 추정치는

$$b_1 = \frac{S_{xy}}{S_{xx}} = \frac{154}{82.5} = 1.8667$$

$$b_0 = \bar{y} - b_1 \bar{x} = 25.4 - 1.8667 \times 10.5 = 5.8$$

이므로 추정된 회귀직선은

$$\hat{y} = 5.8 + 1.8667x$$

이 된다. 따라서 추정값 $\hat{y_i}$과 잔차 $e = y_i - \hat{y_i}$는 다음 표와 같다.

x_i	y_i	$\hat{y_i}$	$e_i = y_i - \hat{y_i}$
13	30	30.0671	-0.0671
10	23	24.4670	-1.4670
9	23	22.6003	0.3997
15	35	33.8005	1.1995
11	29	26.3337	2.6663
14	31	31.9338	-0.9338
12	27	28.2004	-1.2004
7	18	18.8669	-0.8669
8	19	20.7336	-1.7336
6	19	17.0002	1.9998

추정된 회귀직선 $\hat{y}$ 을 산점도 위에 그려보면 다음과 같다.

추정된 회귀직선

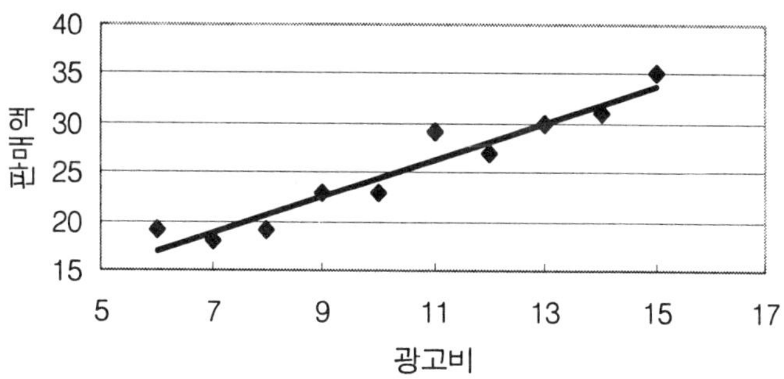

14.3.2 단순회귀모형에 대한 추론

단순회귀모형에서 특히 관심이 되는 것은 기울기 β_1 이다. 왜냐하면 만일 β_1 이 0 이라면 독립변수와 종속변수 사이에 직선적인 관계가 없다는 것을 의미하기 때문이다. 따라서 두 변수가 직선적인 관계를 가지고 있는지를 판단하는 검정으로 가설

$$H_0 : \beta_1 = 0 \qquad H_1 : \beta_1 \neq 0$$

을 검정하는 것은 단순회귀분석에서 중요하다. 위 가설을 검정하기 위한 검정통계량은

$$t_0 = \frac{b_1}{\sqrt{MSE/S_{xx}}}$$

이다.

여기서 MSE는 오차의 분산 σ^2의 추정량으로

$$\hat{\sigma^2} = MSE = \frac{1}{n-2}\sum_{i=1}^{n}(y_i - \hat{y_i})^2$$

이며, 이 식을 평균제곱오차(mean square error : MSE)라고 한다. 귀무가설 H_0 하에서는 검정통계량이 자유도가 $n-2$인 t-분포를 따르기 때문에 유의수준 α에서 기각역은

$$|t_0| > t_{\alpha/2}(n-2)$$

이 된다. 즉, 검정통계량 값이 기각역 안에 떨어지면 귀무가설 H_0을 기각한다. 또한 귀무가설 $H_0: \beta_1 = 0$에 대해 대립가설이 $H_1: \beta_1 > 0$이면 유의수준 α에서 기각역은 $t_0 > t_\alpha(n-2)$이고, 대립가설이 $H_1: \beta_1 < 0$이면 기각역은 $t_0 < -t_\alpha(n-2)$이 된다.

귀무가설 $H_0: \beta_1 = 0$ 하에서 검정통계량 t_0이 자유도가 $n-2$인 t-분포를 따른다는 것을 이용하여 회귀계수 β_1에 대한 $100(1-\alpha)\%$의 신뢰구간

$$\left(b_1 - t_{\alpha/2}(n-2)\sqrt{\frac{MSE}{S_{xx}}},\ b_1 + t_{\alpha/2}(n-2)\sqrt{\frac{MSE}{S_{xx}}}\right)$$

을 구할 수 있다.

예제 5 <예제 1>의 자료를 이용하여 광고비와 판매액 사이에 직선적인 관계가 있는지를 유의수준 5%로 검정하고, 회귀계수 β_1에 대한 95% 신뢰구간을 구하시오.

풀이 광고비와 판매액 사이에 직선적인 관계가 있는지를 알아보기 위하여 다음과 같은 가설을 고려 할 수 있다.

$$H_0: \beta_1 = 0 \qquad H_1: \beta_1 \neq 0$$

또한 $b_1 = 1.8667$, $S_{xx} = 82.5$ 그리고 <예제 4>에서 구한 잔차를 이용하면 $MSE = 2.617$이므로 검정통계량은

$$t_0 = \frac{1.8667}{\sqrt{\frac{2.617}{82.5}}} = 10.481$$

이 된다. $|t_0| > 2.306 = t_{0.05/2}(8)$ 이므로 귀무가설 H_0를 기각할 수 있다. 즉, 광고비와 판매액은 직선적인 관계가 있다고 할 수 있다.

회귀계수 β_1에 대한 95% 신뢰구간을 구하면

$$(1.8667 - 2.306 \times \sqrt{2.617/82.5}\,,\, 1.8667 + 2.306 \times \sqrt{2.617/82.5}\,)$$
$$= (1.456,\ 2.277)$$

이 된다.

회귀분석의 중요한 목적중의 하나는 어떤 주어진 독립변수 x에 대한 평균 반응값 $E(y|x)$를 추정하는 일이다. 회귀모형을 적합시키기 위하여 사용된 표본자료에 포함된 독립변수의 임의의 값을 $x = x_0$이라 하면 $E(y|x_0)$의 추정치는 추정된 회귀직선 $\hat{y} = b_0 + b_1 x$에서 독립변수 x에 x_0를 대입하여 얻은 값이다. 즉

$$\widehat{E(y\,|\,x_0)} = b_0 + b_1 x_0$$

이 된다. 또한 $x = x_0$일 때 평균 반응값 $E(y|x_0)$의 $100(1-\alpha)\%$의 신뢰구간은

$$(b_0 + b_1 x_0) \pm t_{\alpha/2}(n-2)\sqrt{MSE\left(\frac{1}{n} + \frac{(x_0 - \bar{x})^2}{S_{xx}}\right)}$$

이 된다. 위 식을 이용하여 각 독립변수에 대한 평균 반응값의 신뢰구간을 구하여 연결하면 상한과 하한으로 이루어지는 신뢰영역이 생기며, 이 영역을 신뢰대(confidence band)라 한다. 신뢰대는 독립변수 x의 평균에서 가장 좁고 평균으로부터 멀어질수록 넓어지는 모양을 한다.

예제 6 <예제 1>의 자료를 이용하여 광고비가 $x = 10$일 때 판매액의 평균 반응값 $E(y|x = 10)$에 대한 95% 신뢰구간을 구하시오.

풀이 추정된 회귀직선이 $\hat{y} = 5.8 + 1.8667x$이므로 광고비가 $x = 10$일 때 판매액의 평균추정값은 $\hat{y} = 5.8 + 1.8667 \times 10 = 24.467$이 된다. 따라서

$$24.467 \pm 2.306 \times \sqrt{2.617 \times \left(\frac{1}{10} + \frac{(10 - 10.5)^2}{82.5}\right)}$$

이므로 $E(y|x = 10)$에 대한 95% 신뢰구간은 $(23.270,\ 25.664)$이 된다.

14.3.3 분산분석을 이용한 단순회귀모형의 검정

앞 절에서 귀무가설 $H_0: \beta_1 = 0$을 검정하는 절차를 살펴보았다. 분산분석 기법을 이용하여 귀무가설 $H_0: \beta_1 = 0$을 검정하는 절차를 살펴보자. 관측치 y_i와 관측치의 평균 $\bar{y}$의 차이 $(y_i - \bar{y})$을 편차(deviation)라 하며 다음과 같은 두 종류의 편차로 분해하여 나타낼 수 있다.

$$(y_i - \bar{y}) = (y_i - \hat{y_i}) + (\hat{y_i} - \bar{y})$$

여기서 $(y_i - \hat{y_i})$는 회귀선에 의하여 설명되지 않는 편차이며, $(\hat{y_i} - \bar{y})$는 회귀선에 의하여 설명되어 지는 편차를 나타내고 있다.

위 식의 양변을 제곱하고 모든 i에 대하여 합하여 정리하면

$$\sum_{i=1}^{n}(y_i - \bar{y})^2 = \sum_{i=1}^{n}(y_i - \hat{y_i})^2 + \sum_{i=1}^{n}(\hat{y_i} - \bar{y})^2$$

을 얻을 수 있다. 따라서 제곱합의 분해를

$$SST = SSE + SSR$$

로 나타낼 수 있다. 여기서 SST는 총변동(total variation) 또는 총제곱합(total sum of squares)이며, SSE는 회귀선에 의해서 설명되지 않는 변동으로서 잔차제곱합(resiual sum of squares)이고, 그리고 SSR은 회귀선에 의하여 설명되는 변동으로서 회귀제곱합(regression sum of squares)이라 한다. 각 제곱합의 자유도를 살펴보면 SST는 $n-1$, SSE는 $n-2$, 그리고 SSR은 1의 자유도를 갖는다.

분할된 제곱합 그리고 자유도를 이용하여 분산분석표를 작성하면 <표 14.1>과 같다.

<표 14.1> 단순회귀분석에서 분산분석표

요인	제곱합	자유도	평균제곱	F_0
회귀	SSR	1	MSR	MSR/MSE
잔차	SSE	$n-2$	MSE	
계	SST	$n-1$		

분산분석표에서 $F_0 = MSR/MSE$ 는 회귀의 평균제곱 MSR 과 잔차의 평균제곱 MSE 의 비율로서 이 비율이 상당히 크면 회귀에 의한 제곱합이 잔차에 의한 제곱합보다 상대적으로 많이 커져 두 변수 x 와 y 사이의 직선적 관계가 유의하다는 의미가 된다. 즉, 귀무가설 $H_0: \beta_1 = 0$ 이 옳지 않다는 의미가 된다.

그렇다면 F_0 의 값이 어느 정도 커야 유의한지를 살펴보자. 귀무가설 H_0 하에서 F_0 는 자유도가 $(1, n-2)$ 인 F-분포를 따르기 때문에, 유의수준 α 에서 귀무가설 H_0 을 기각할 수 있는 기각역은 $F_0 \geq F_\alpha(1, n-2)$ 이 된다.

예제 7 <예제 1>의 자료를 이용하여 분산분석표를 작성하고 귀무가설 $H_0: \beta_1 = 0$ 를 유의수준 5%로 검정하시오.

풀이 <예제 4>를 이용하여 제곱합을 구하면 다음과 같다.

$$SST = \sum_{i=1}^{10} (y_i - \bar{y})^2 = 308.4$$

$$SSR = \sum_{i=1}^{10} (\hat{y_i} - \bar{y})^2 = 287.477$$

$$SSE = \sum_{i=1}^{10} (y_i - \hat{y_i})^2 = 20.923$$

따라서 다음과 같은 분산분석표를 작성할 수 있다.

<단순회귀분석에서의 분산분석표>

요인	제곱합	자유도	평균제곱	F_0
회귀	287.477	1	287.477	109.934
잔차	20.923	8	2.615	
계	308.4	9		

분산분석표에서 $F_0 = 109.934$ 이고 유의수준 $\alpha = 0.05$ 에서 $F_{0.05}(1, 8) = 5.32$ 이므로 $F_0 > F_{0.05}(1,8)$ 이다. 따라서 귀무가설 H_0 을 기각할 수 있다. 따라서 <예제 4>에서 구한 추정된 회귀직선 $\hat{y} = 5.8 + 1.8667x$ 는 유의하다고 할 수 있다.

14.3.4 결정계수

회귀직선의 적합도를 평가하는 방법 중의 하나인 결정계수(coefficient of determination)는 표본으로부터 추정된 회귀직선이 표본 관측값에 얼마나 적합한가를 나타내는 척도로서 다음과 같이 정의된다.

$$R^2 = \frac{SSR}{SST} = 1 - \frac{SSE}{SST}$$

즉, 결정계수 R^2는 종속변수 y의 총변동 SST 중에서 회귀선에 의해 설명되는 변동 SSR의 비율을 의미하며, R^2값의 한계는 $0 \leq R^2 \leq 1$이 된다. 따라서 회귀선에 의하여 설명되는 부분이 많다면 R^2는 1에 가까운 값이 되고, 그렇지 않다면 R^2는 0에 가까운 값을 갖게 된다.

예제 8 <예제1>의 자료를 이용하여 결정계수 R^2를 구하시오.

풀이 <예제 7>에서 구한 분산분석표를 이용하면 결정계수는

$$R^2 = \frac{SSR}{SST} = \frac{287.477}{308.4} = 0.93$$

이 된다. 즉 전체변동의 93% 가량이 회귀직선에 의해 설명되므로 <예제 4>에서 구한 추정된 회귀직선 $\hat{y} = 5.8 + 1.8667x$는 유용하다고 할 수 있다.

14.4 모형의 진단

두 변수 x와 y의 관계를 단순회귀모형으로 분석하기 위해서 다음과 같은 몇 가지의 기본 가정을 한다.

① x와 y 사이에는 직선적인 함수관계, $y = \beta_0 + \beta_1 x + \epsilon$가 성립한다.

② 오차항 ϵ은 평균이 0이고, 분산이 σ^2인 정규분포를 따르며 서로 독립이다.

그러나 실제 문제에 있어서 위와 같은 가정들이 성립되는지 확실하지 않는 경우가 많이 발생한다. 따라서 분석을 하기 전에 위와 같은 가정들이 타당한지를 검토해야 한다. 위의 기본적인 가정들이 타당한가를 알아보는 방법에 대해서 살펴보자.

〔잔차분석〕

관측값 y_i과 예측값 $\hat{y_i}$의 차로 정의된 잔차 $e_i = y_i - \hat{y_i}$, $(i = 1,2,\cdots,n)$는 회귀모형에 의해서 설명되지 않는 변동의 크기를 나타내기도 하며 오차

$$\epsilon_i = y_i - E(y_i)$$

의 관측값이기도 하다. 따라서 앞에서 가정한 오차 ϵ_i에 대한 가정은 잔차 e_i를 이용하여 검토할 수 있다.

〔회귀함수의 선형성〕

분석하고자 하는 자료에 대하여 선형회귀함수가 타당한지에 대한 문제는 선형회귀모형을 가정하고 그 자료로부터 얻어진 잔차 e_i을 독립변수 x_i에 대하여 산점도를 그려봄으로서 판단 할 수 있다. 잔차는 회귀직선모형이 타당하고 오차의 등분산성이 성립된다면 독립변수 x에 대하여 산점도를 그렸을 때 0을 중심으로 특정한 형태가 없이 완전히 랜덤하게 나타나야 한다. 다음은 여러 형태의 잔차의 산점도이다.

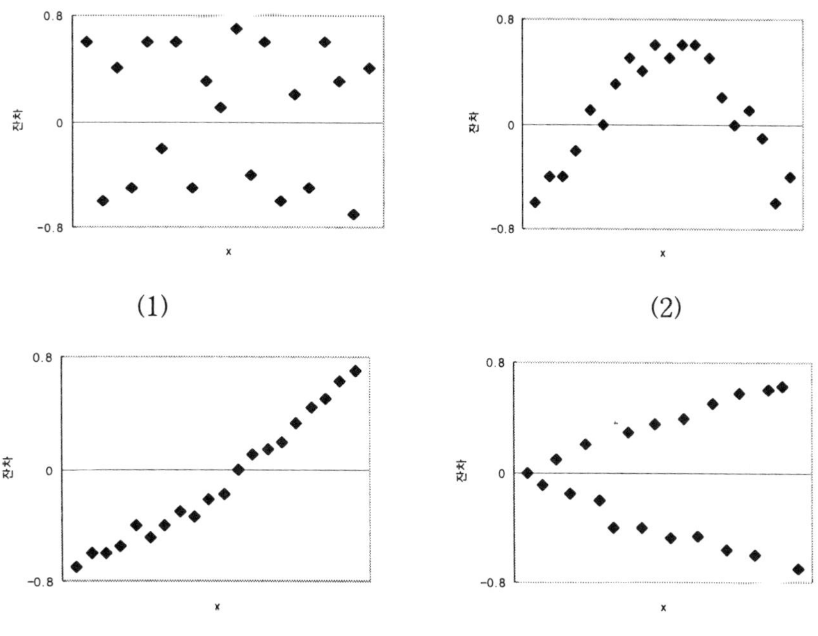

(1) (2) (3) (4)

<그림 14.3> 잔차의 산점도

<그림 14.3>의 (1)은 0을 중심으로 특정한 형태 없이 흩어져 있어 가정한 회귀직선 모형과 오차의 등분산성이 타당하다고 할 수 있다. (2)는 이차곡선의 형태이며, 이러한 경우에는 회귀선으로 이차곡선식 $\hat{y} = b_0 + b_1 x + b_2 x^2$ 과 같은 것이 타당해 보인다. (3)은 오차가 서로 독립적이지 않고 일정한 규칙을 가지고 있음을 나타내고 있으며, 모형 속에 직선 항이 추가되면 좋을 것이라는 것을 나타내고 있다. (4)는 x가 증가함에 따라 오차의 분산이 증가하여 오차항의 등분산성을 만족하지 못하고 있는 경우이다.

〔오차항의 등분산성〕

선형회귀함수의 타당성은 잔차를 독립변수 x에 대하여 산점도를 그려봄으로서 판단할 수 있었다. 그런데 이 잔차의 산점도는 앞에서 살펴본 것과 같이 오차의 등분산성에 대해서도 알 수 있다. 또한 잔차를 추정값 $\hat{y_i}$에 대하여 산점도를 그려보는 것도 오차의 등분산성을 판단 할 수 있는 방법이다. 앞에서와 마찬가지로 0을 중심으로 잔차가 랜덤하게 나타나면 등분산의 가정에 모순이 없는 것으로 판단한다.

〔오차항의 정규성〕

오차항의 확률분포가 정규분포에서 조금 벗어나는 것은 별 문제가 되지 않으나, 추정과 검정에서 사용되는 t-분포와 F-분포가 모두 정규분포를 가정함으로서 가능하기 때문에 정규분포에서 많이 벗어나는 경우에는 분석 결과에 중대한 영향을 미치게 된다.

오차항의 정규성을 판단하는 몇 가지 방법을 살펴보면 다음과 같다. 첫 번째 방법은 잔차들의 히스토그램을 그려보아서 정규분포에 가까운 형태를 이루고 있으면 정규성이 성립된다고 판단 할 수 있다. 두 번째 방법은 표준화된 잔차 $e_i / \sqrt{MSE}$가 -1과 1사이에 약 68%가 포함되는지 또는 -1.64와 1.64 사이에 약 90%가 포함되는지를 확인해 보는 것이다. 마지막으로 많이 이용되는 방법은 잔차들에 대한 정규확률도표를 그렸을 때 잔차들이 직선으로 나타나게 되면 정규성의 가정이 타당하다고 할 수 있다.

〔오차항의 독립성〕

오차항이 서로 독립이라는 가정의 타당성은 잔차를 독립변수 x에 대하여 산점도를 그려봄으로서 알 수 있었다. 잔차들이 0을 중심으로 랜덤하게 나타나면 오차항이 서로 독립이라는 가정이 타당한 것이고, 그렇지 않으면 독립이라고 할 수 없다.

예제 9 <예제 1>에 주어진 자료에 대하여 엑셀을 이용하여 잔차분석을 하시오.

풀이 잔차분석

1) 잔차분석을 하기 위해서 회귀분석 대화상자에서 잔차 칸과 정규확률 칸의 옵션을 선택한다.

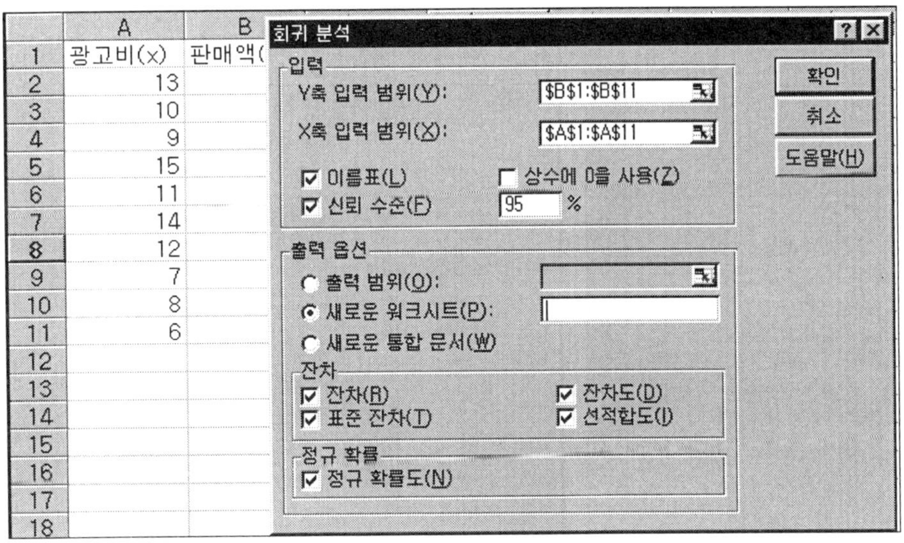

2) 출력결과를 살펴보면 다음과 같다.

① 잔차 그림

광고비(x)와 잔차에 대한 산점도는 아래와 같다. 잔차들이 0을 중심으로 랜덤하게 흩어져 있어 회귀함수의 선형성과 오차항의 등분산성을 만족하고 있다고 판단 할 수 있다.

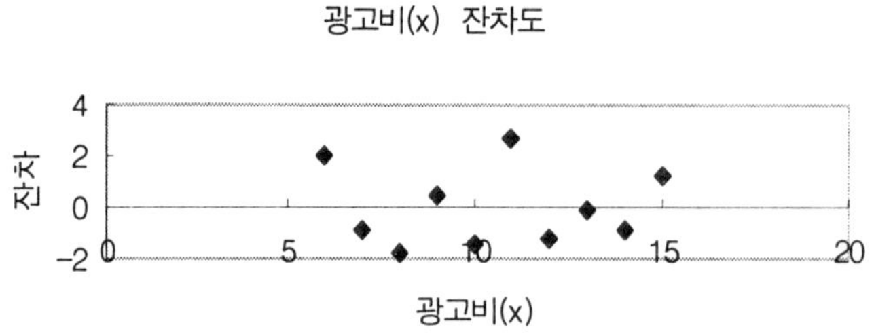

② 표준화 잔차와 정규확률도

출력된 표준화 잔차들을 살펴보면 -1과 1사이에 70%가 포함되는 것을 알 수 있다. 따라서 오차항의 정규성이 타당하다고 할 수 있다. 또한 판매액 (y)에 대한 정규확률도가 직선적인 형태이므로 종속변수 또는 오차항의 정규성에 대한 가정이 타당하다고 볼 수 있다.

	A	B	C	D
22	잔차 출력			
23				
24	관측수	예측치 판매액(y)	잔차	표준 잔차
25	1	30.06666667	-0.06667	-0.04371
26	2	24.46666667	-1.46667	-0.96169
27	3	22.6	0.4	0.262278
28	4	33.8	1.2	0.786834
29	5	26.33333333	2.666667	1.748521
30	6	31.93333333	-0.93333	-0.61198
31	7	28.2	-1.2	-0.78683
32	8	18.86666667	-0.86667	-0.56827
33	9	20.73333333	-1.73333	-1.13654
34	10	17	2	1.311391

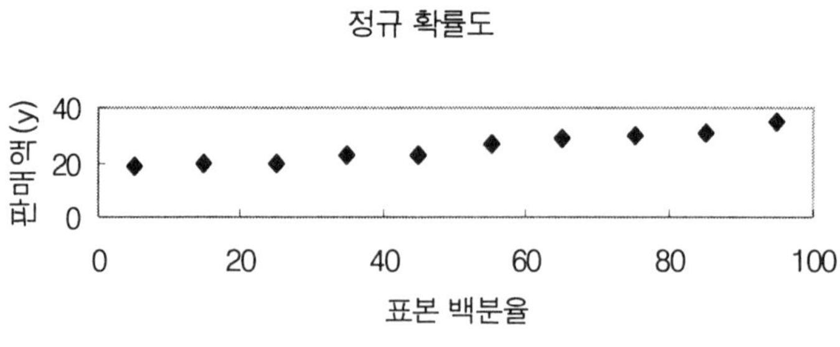

14.5 중회귀분석

지금까지는 종속변수에 영향을 주는 독립변수가 하나인 경우에 직선회귀모형을 적합시키는 단순회귀분석에 대해 살펴보았다. 그러나 일반적으로 종속변수에 영향을 미치는 독립변수들이 두 개 이상인 경우가 많다. 앞에서 예제로 사용된 광고비와 판매액의 문제에서는 판매액에 영향을 주는 변수로 광고비만 고려했으나 실제로는 광고비뿐만 아니라 다른 요인들 즉, 점포의 크기와 위치, 그리고 종업원의 수 등도 판매액에 영향을 준다고 생각할 수 있으므로 이러한 요인들을 모두 고려하여 분석하는 것이 판매액을 설명하는데 더 정확한 결과를 얻을 수 있을 것이다.

이와 같이 두 개 이상의 독립변수들과 한 개의 종속변수의 관계를 나타내는 선형회귀모형을 중회귀모형(multiple regression model)이라 하고, 중회귀모형을 이용하여 변수들간에 관련성을 분석하는 것을 중회귀분석(multiple regression analysis)이라 한다.

중회귀분석은 단순회귀분석보다 독립변수들이 더 많아 다소 복잡하지만 기본은 단순회귀분석과 동일하기 때문에 단순회귀분석을 잘 이해하고 있다면 중회귀분석을 이해하는데 도움이 될 것이다.

14.5.1 독립변수가 k 개인 중회귀모형

독립변수가 $x_1, x_2, \cdots, x_k$ 인 중회귀모형은 다음과 같이 나타낼 수 있다.

$$y_i = \beta_0 + \beta_1 x_{i1} + \cdots + \beta_k x_{ik} + \epsilon_i , \quad i = 1, 2, \cdots, n$$

여기서 오차항 ϵ_i 는 단순회귀모형에서와 마찬가지로 서로 독립이며 $N(0, \sigma^2)$ 를 따른다고 가정한다.

중회귀모형에서 모집단의 회귀계수 $\beta_0, \beta_1, \cdots, \beta_k$ 를 단순회귀모형에서 사용한 최소제곱법으로 추정하기 위해서 정규방정식을 만들면 $k+1$ 개의 연립방정식을 얻게 되어 계산이 복잡해진다. 그러나 행렬을 사용하면 정규방정식을 간결하게 나타낼 수 있으므로 행렬을 이용하여 회귀계수들을 추정하는 방법에 대해서 살펴보자.

독립변수가 k 개인 중회귀모형을 행렬을 이용해서 나타내면 다음과 같다.

$$\boldsymbol{y} = \boldsymbol{X\beta} + \boldsymbol{\epsilon}$$

여기서

$$\boldsymbol{y} = \begin{bmatrix} y_1 \\ y_2 \\ \vdots \\ y_n \end{bmatrix}, \quad \boldsymbol{X} = \begin{bmatrix} 1 & x_{11} & x_{12} \cdots & x_{1k} \\ 1 & x_{21} & x_{22} \cdots & x_{2k} \\ \vdots & \vdots & \vdots & \vdots \\ 1 & x_{n1} & x_{n2} \cdots & x_{nk} \end{bmatrix}, \quad \boldsymbol{\beta} = \begin{bmatrix} \beta_0 \\ \beta_1 \\ \vdots \\ \beta_k \end{bmatrix}, \quad \boldsymbol{\epsilon} = \begin{bmatrix} \epsilon_1 \\ \epsilon_2 \\ \vdots \\ \epsilon_n \end{bmatrix}$$

이다. 행렬로 나타낸 중회귀모형에서 오차의 제곱합은

$$Q = \sum_{i=1}^{n} \varepsilon_i^2 Q = \boldsymbol{\epsilon' \epsilon} = (\boldsymbol{y} - \boldsymbol{X\beta})'(\boldsymbol{y} - \boldsymbol{X\beta})$$
$$= \boldsymbol{y}'y - 2\boldsymbol{\beta}'X'y + \boldsymbol{\beta}'X'X\beta$$

이 되고, 이를 $\boldsymbol{\beta}$에 대하여 편미분하면

$$\frac{\partial Q}{\partial \beta} = -2\boldsymbol{X'y} + 2\boldsymbol{X'X\beta}$$

가 되며, 편미분을 0 으로 하는 $\boldsymbol{\beta}$의 값을 $\boldsymbol{b}$라고 하여 정리하면 정규방정식

$$\boldsymbol{X'Xb} = \boldsymbol{X'y}$$

을 얻을 수 있다. 여기서 $\boldsymbol{X'X}$의 역행렬 $(\boldsymbol{X'X})^{-1}$이 존재하면 회귀계수 $\boldsymbol{\beta}$의 최소제곱추정량 $\boldsymbol{b}$는

$$\boldsymbol{b} = \begin{bmatrix} b_0 \\ b_1 \\ \vdots \\ b_k \end{bmatrix} = (\boldsymbol{X'X})^{-1}\boldsymbol{X'y}$$

가 된다. 따라서 추정된 회귀식은

$$\hat{y}_i = b_0 + b_1 x_{i1} + \cdots + b_k x_{ik}, \quad i = 1, 2, \cdots, n$$

이 된다.

예제10 어떤 제품을 판매하는 제조업체에서 제품의 판매액(단위: 백만원)에 광고비(단위: 10만원)와 상점의 크기(단위: 평)가 미치는 영향을 조사하기 위해서 10개 대리점을 조사하여 다음과 같은 자료를 얻었다. 판매액을 종속변수 y로하고 광고비와 상점의 크기를 각각 독립변수 x_1과 x_2로 하는 중회귀모형 $y = \beta_0 + \beta_1 x_1 + \beta_2 x_2 + \epsilon$의 추정된 회귀식을 구하시오.

광고비	13	10	9	15	11	14	12	7	8	6
상점의 크기	12	8	8	14	13	10	8	7	10	9
판매액	30	23	23	35	29	31	27	18	19	19

풀이 주어진 자료들을 사용하여 중회귀모형을 행렬로 나타내면

$$\boldsymbol{y} = \boldsymbol{X\beta} + \boldsymbol{\epsilon}$$

여기서

$$\boldsymbol{y} = \begin{bmatrix} 30 \\ 23 \\ 23 \\ 35 \\ 29 \\ 31 \\ 27 \\ 18 \\ 19 \\ 19 \end{bmatrix}, \quad \boldsymbol{X} = \begin{bmatrix} 1 & 13 & 12 \\ 1 & 10 & 8 \\ 1 & 9 & 8 \\ 1 & 15 & 14 \\ 1 & 11 & 13 \\ 1 & 14 & 10 \\ 1 & 12 & 8 \\ 1 & 7 & 7 \\ 1 & 8 & 10 \\ 1 & 6 & 9 \end{bmatrix}, \quad \boldsymbol{\beta} = \begin{bmatrix} \beta_0 \\ \beta_1 \\ \beta_2 \end{bmatrix}, \quad \boldsymbol{\epsilon} = \begin{bmatrix} \epsilon_1 \\ \epsilon_2 \\ \epsilon_3 \\ \epsilon_4 \\ \epsilon_5 \\ \epsilon_6 \\ \epsilon_7 \\ \epsilon_8 \\ \epsilon_9 \\ \epsilon_{10} \end{bmatrix}$$

따라서

$$\boldsymbol{X'X} = \begin{bmatrix} 10 & 105 & 99 \\ 105 & 1185 & 1080 \\ 99 & 1080 & 1031 \end{bmatrix}, \quad \boldsymbol{X'y} = \begin{bmatrix} 254 \\ 2821 \\ 2608 \end{bmatrix}$$

그리고

$$(\boldsymbol{X'X})^{-1} = \begin{bmatrix} 2.162368 & -0.05217 & -0.15299 \\ -0.05217 & 0.019891 & -0.01583 \\ -0.15299 & -0.01583 & 0.032239 \end{bmatrix}$$

이므로 $\boldsymbol{\beta}$의 최소제곱량은

$$\boldsymbol{b} = \begin{bmatrix} b_0 \\ b_1 \\ b_2 \end{bmatrix} = (\boldsymbol{X'X})^{-1}\boldsymbol{X'y} = \begin{bmatrix} 3.076788 \\ 1.584955 \\ 0.573857 \end{bmatrix}$$

이 된다. 따라서 추정된 회귀선은

$$\hat{y} = 3.076788 + 1.584955x_1 + 0.573857x_2$$

이 된다.

14.5.2 분산분석을 이용한 중회귀모형의 검정

종속변수 y와 독립변수 $x_1, x_2, \cdots, x_k$ 사이의 선형적 관계를 규명하는 중회귀의 유의성 검정에 대한 귀무가설과 대립가설은

$$H_0: \beta_1 = \beta_2 = \cdots = \beta_k = 0$$
$$H_1: \text{적어도 하나의 } j = 1,2,\cdots,k \text{ 에 대하여, } \beta_j \neq 0$$

이 된다. 만약 귀무가설 H_0가 기각되면 k개의 독립변수 $x_1, x_2, \cdots, x_k$ 중에서 적어도 하나는 종속변수의 변동에 영향을 준다는 것을 의미한다.

분산분석을 이용하여 귀무가설 H_0을 검정할 수 있다. 단순회귀분석에서와 마찬가지로 총변동(SST)을 회귀식에 의하여 설명되는 변동(SSR)과 잔차에 의해서 설명되어지는 변동(SSE)으로 나누어 나타내면

$$\sum_{i=1}^{n}(y_i-\bar{y})^2 = \sum_{i=1}^{n}(\hat{y_i}-\bar{y})^2 + \sum_{i=1}^{n}(y_i-\hat{y_i})^2$$

이 되고, 다음과 같은 분산분석표를 작성할 수 있다.

<표 14.2> 중회귀분석에서 분산분석표

요인	제곱합	자유도	평균제곱	F_0
회귀	SSR	k	MSR	MSR/MSE
잔차	SSE	$n-k-1$	MSE	
계	SST	$n-1$		

귀무가설 $H_0: \beta_1 = \beta_2 = \cdots = \beta_k = 0$을 검정하기 위한 검정통계량 $F_0 = MSR/MSE$은 귀무가설 H_0하에서 자유도가 $(k,\ n-k-1)$인 F-분포를 따른다. 따라서 유의수준 α에서 검정통계량의 값 F_0가 $F_0 \geq F_\alpha(k,\ n-k-1)$을 만족하면 귀무가설 H_0을 기각할 수 있다.

예제11 <예제 10>에서 가정된 중회귀모형의 유의성을 분산분석표를 사용하여 검정하시오.

풀이 <예제 10>에서 구한 추정된 회귀식

$$\hat{y} = 3.076788 + 1.584955x_1 + 0.573857x_2$$

을 이용하여 예측값과 잔차를 구하면 다음과 같다.

x_1	x_2	y	$\hat{y}$	$e=y-\hat{y}$
13	12	30	30.56749	-0.56749
10	8	23	23.51719	-0.51719
9	8	23	21.93224	1.067761
15	14	35	34.88511	0.114889
11	13	29	27.97143	1.028566
14	10	31	31.00473	-0.004730
12	8	27	26.68710	0.312896
7	7	18	18.18847	-0.188470
8	10	19	21.49500	-2.495000
6	9	19	17.75123	1.248769

각 변동의 제곱합은 다음과 같다.

$$SST=\sum_{i=1}^{10}(y_i-\bar{y})^2=(30-25.4)^2+\cdots+(19-25.4)^2=308.4$$

$$SSR=\sum_{i=1}^{10}(\hat{y}_i-\bar{y})^2=(30.56749-25.4)^2+\cdots+(17.75123-25.4)^2$$
$$=297.6813$$

$$SSE=SST-SSR=308.4-297.6813=10.7187$$

따라서 다음과 같은 분산분석표를 작성할 수 있다.

<중회귀분석에서 분산분석표>

요인	제곱합	자유도	평균제곱	F_0
회귀	297.6813	2	148.84	97.28
잔차	10.7187	7	1.53	
계	308.4	9		

분산분석표를 통해서 중회귀선의 유의성 검정에 대한 귀무가설

$$H_0: \beta_1=\beta_2=0$$

을 검정하기 위한 검정통계량의 값은 $F_0=97.28$ 이며 유의수준 $\alpha=0.05$ 에서 $F_{0.05}(2,7)=4.74$ 이므로 $F_0>F_{0.05}(2,7)$ 를 만족한다. 따라서 귀무가설 H_0 를 기각할 수 있다. 즉, 중회귀모형은 유의하다고 할 수 있다.

14.5.3 회귀계수 β_j의 검정

중회귀모형에서 하나의 독립변수를 추가하거나 제거하는 일은 그 결과에 중대한 영향을 미치므로 신중하게 결정해야 한다. 따라서 회귀계수에 대한 유의성검정은 중요하다.

일반적으로 회귀계수의 유의성 검정에서 관심을 갖는 귀무가설과 대립가설은

$$H_0 : \beta_j = 0 \qquad H_1 : \beta_j \neq 0$$

이 된다. 위 가설을 검정하기 위한 검정통계량

$$t_0 = \frac{b_j}{\sqrt{c_{jj}\, MSE}}$$

은 귀무가설하에서 자유도가 $n-k-1$ 인 t-분포를 따른다. 여기서 c_{jj} 는 행렬

$$(\boldsymbol{X'X})^{-1} = \begin{bmatrix} c_{00}\, c_{01} \cdots \cdots c_{0k} \\ c_{10}\, c_{11}\, c_{12} \cdots c_{1k} \\ \ddots \;\vdots \\ c_{k0}\, c_{k1} \cdots \cdots c_{kk} \end{bmatrix}$$

의 대각원소이다. 그리고 MSE는 오차의 분산 σ^2의 추정량인 평균제곱잔차

$$\hat{\sigma^2} = MSE = \sum_{i=1}^{n} (y_i - \hat{y_i})^2 / (n-k-1)$$

이다.

따라서 유의수준 α 에서 기각역은

$$|t_0| \geq t_{\alpha/2}(n-k-1)$$

이 된다. 즉 기각역을 만족하면 귀무가설을 기각한다. 또한 검정통계량 t_0이 자유도 $n-k-1$ 인 t-분포를 따른다는 사실을 이용하여 회귀계수 β_j에 대한 $100(1-\alpha)\%$ 신뢰구간은

$$\left(b_j - t_{\alpha/2}(n-k-1)\sqrt{c_{jj}\, MSE},\; b_j + t_{\alpha/2}(n-k-1)\sqrt{c_{jj}\, MSE} \right)$$

이 된다.

예제12 <예제 10>에서 회귀계수 β_1 과 β_2 에 대하여 다음에 답하시오.

1) 가설 $H_0: \beta_1 = 0$ 대 $H_1: \beta_1 \neq 0$ 을 유의수준 5%로 검정하고, 회귀계수 β_1 에 대한 95% 신뢰구간을 구하시오.

2) 가설 $H_0: \beta_2 = 0$ 대 $H_1: \beta_2 \neq 0$ 을 유의수준 5%로 검정하고, 회귀계수 β_2 에 대한 95% 신뢰구간을 구하시오.

풀이 1) <예제 10>과 <예제 11>로부터 $b_1 = 1.584955$, $c_{11} = 0.019891$, 그리고 $MSE = 1.53$ 이므로 귀무가설 $H_0: \beta_1 = 0$ 에 대한 검정통계량은

$$t_0 = \frac{b_1}{\sqrt{c_{11}\,MSE}} = \frac{1.584955}{\sqrt{0.019891 \times 1.53}} = 9.085$$

이고 $t_{0.025}(7) = 2.365$ 이므로 $t_0 > t_{0.025}(7)$ 를 만족한다. 따라서 귀무가설 $H_0: \beta_1 = 0$ 을 기각할 수 있다. 즉 독립변수 광고비(x_1)는 종속변수 판매액(y)에 영향을 미친다고 할 수 있다.

회귀계수 β_1 에 대한 95% 신뢰구간은

$$\left(b_1 - t_{0.025}(7)\sqrt{c_{11}\,MSE},\ b_1 + t_{0.025}(7)\sqrt{c_{11}\,MSE}\right)$$

로부터 (1.172, 1.998) 가 된다.

2) <예제 10>과 <예제 11>로부터 $b_2 = 0.573857$, $c_{22} = 0.032239$, 그리고 $MSE = 1.53$ 이므로 귀무가설 $H_0: \beta_2 = 0$ 에 대한 검정통계량은

$$t_0 = \frac{b_2}{\sqrt{c_{22}\,MSE}} = \frac{0.573857}{\sqrt{0.032239 \times 1.53}} = 2.584$$

이고 $t_{0.025}(7) = 2.365$ 이므로 $t_0 > t_{0.025}(7)$ 를 만족한다. 따라서 귀무가설 $H_0: \beta_2 = 0$ 을 기각할 수 있다. 즉 독립변수 상점크기(x_2)는 종속변수 판매액(y)에 영향을 미친다고 할 수 있다.

회귀계수 β_2 에 대한 95% 신뢰구간은

$$\left(b_2 - t_{0.025}(7)\sqrt{c_{22}\,MSE},\ b_2 + t_{0.025}(7)\sqrt{c_{22}\,MSE}\right)$$

로부터 (0.049, 1.099) 가 된다.

14.5.4 결정계수와 수정된 결정계수

단순회귀모형에서 정의된 결정계수

$$R^2 = \frac{SSR}{SST} = 1 - \frac{SSE}{SST}$$

는 중회귀모형의 추정된 회귀식이 주어진 자료에 얼마나 잘 적합하고 있는지를 나타내는 측도로 사용할 수 있다. 일반적으로 결정계수 R^2의 값이 크면 가정된 회귀모형이 적합하다고 할 수 있으나 반드시 그런 것은 아니다. 예를 들어 가정된 중회귀모형에 독립변수 하나를 추가시키면 그 추가된 독립변수가 종속변수에 영향을 주지 않아도 결정계수 R^2의 값은 커지게 된다. 따라서 이러한 문제를 해결한 방법이 수정된 결정계수(adjusted coefficient of determinant) R_a^2이며, 다음과 같이 정의된다.

$$R_a^2 = 1 - \frac{n-1}{n-k-1}\frac{SSE}{SST} = 1 - \left(\frac{n-1}{n-k-1}\right)(1-R^2)$$

수정된 결정계수 R_a^2의 값은 독립변수의 수가 증가하여도 결정계수 R^2의 값처럼 반드시 증가되는 것은 아니다. 따라서 수정된 결정계수를 이용하여 독립변수의 수가 다를 때 두 회귀모형의 적합성을 비교할 수 있다.

예제12 <예제 10>에서 결정계수 R^2의 값과 수정된 결정계수 R_a^2의 값을 구하시오.

풀이 <예제 11>에서 작성한 분산분석표로부터 결정계수는

$$R^2 = \frac{SSR}{SST} = \frac{297.6813}{308.4} = 0.965$$

이며, 수정된 결정계수는

$$R_a^2 = 1 - \left(\frac{n-1}{n-k-1}\right)(1-R^2)$$

$$= 1 - \left(\frac{10-1}{10-2-1}\right)(1-0.965) = 0.955$$

가 된다. 즉, 광고비와 상점크기를 독립변수로 이용하여 종속변수인 판매액에 대한 총변동의 약 96%를 설명할 수 있다.

EXCEL 실습

[실습 1] 상관분석

① <예제 1>에 주어진 자료를 워크시트에 입력한다.

	A	B	C	D	E	F
1	광고비(x)	판매액(y)				
2	13	30				
3	10	23				
4	9	23				
5	15	35				
6	11	29				
7	14	31				
8	12	27				
9	7	18				
10	8	19				
11	6	19				

② [도구]에서 [데이터분석]을 선택하고 대화상자가 나타나면 「상관분석」을 선택하고 [확인]을 누른다.

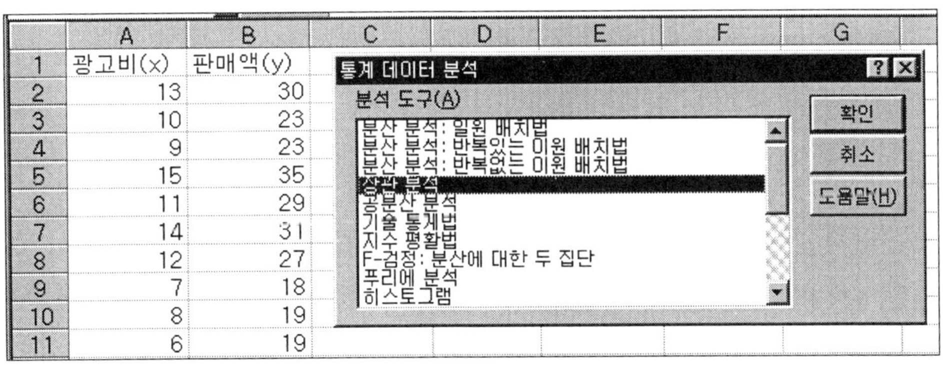

③ 「상관분석」 대화상자가 나오면 입력과 출력 옵션에 필요한 사항들을 입력한 후에 [확인]을 누른다.

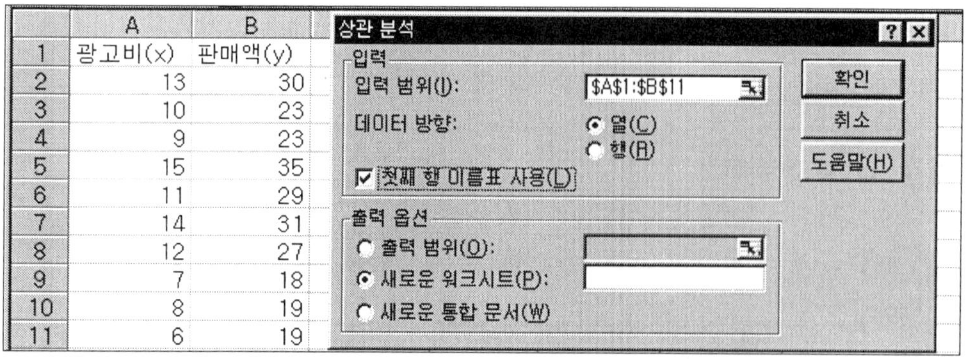

④ 결과를 살펴보면 광고비와 광고비 그리고 판매액과 판매액에 대한 표본상관계수의 값은 1이고, 광고비와 판매액에 대한 표본상관계수의 값은 셀 E3에 나타난 0.965465이다. 셀 F3에 값이 나타나지 않은 이유는 광고비와 판매액에 대한 표본상관계수와 판매액과 광고비에 대한 표본상관계수가 같기 때문이다.

	A	B	C	D	E	F	G
1	광고비(x)	판매액(y)			광고비(x)	판매액(y)	
2	13	30		광고비(x)	1		
3	10	23		판매액(y)	0.965465	1	
4	9	23					

⑤ 모상관계수에 대한 검정을 해보자. 수식 입력줄에 함수들을 입력하여 필요한 통계량들을 구하는 방법에 대해 살펴보자.

표본상관계수를 이용하여 검정통계량을 계산하기 위해서 셀 E4에 표본상관계수 값이 있으므로 수식 입력줄에 =E3*SQRT(8/(1-E3^2))을 입력하고 Enter를 친다. 「SQRT」는 양의 제곱근을 구하는 함수이다.

유의수준 $\alpha = 0.05$에서 임계값 $t_{0.025}(8)$을 구하기 위해서 수식 입력줄에 =TINV(0.05, 8)를 입력하고 Enter를 친다. 「TINV」는 t-분포의 역함수를 구하는 함수로 TINV(유의수준, 자유도)의 형태이다.

마지막으로 유의확률인 p-값을 구하기 위해서 수식 입력줄에 =TDIST(ASB(D6), 8, 2)를 입력하고 Enter를 친다. 「ABS」는 절대값을 구하는 함수이고, t-분포값을 구하는 함수인 「TDIST」는 TDIST(X값, 자유도, 양단측구분)의 형태이다.

결과는 아래와 같고, p-값이 매우 작아(< 0.05) "모상관계수가 0이다"는 귀무가설 $H_0: \rho_{xy} = 0$ 을 기각시킬 수 있다. 즉, 광고비와 판매액 사이에는 상관관계가 존재한다고 할 수 있다.

D6 = =E3*SQRT(8/(1-E3^2))

	A	B	C	D	E	F	G
1	광고비(x)	판매액(y)			광고비(x)	판매액(y)	
2	13	30		광고비(x)	1		
3	10	23		판매액(y)	0.965465	1	
4	9	23					
5	15	35		검정통계량	임계값	P-값	
6	11	29		10.481406	2.306006	5.96898E-06	
7	14	31					

[실습 2] 단순회귀분석

① <예제 1>에 주어진 자료를 워크시트에 입력한다.

	A	B	C	D	E	F
1	광고비(x)	판매액(y)				
2	13	30				
3	10	23				
4	9	23				
5	15	35				
6	11	29				
7	14	31				
8	12	27				
9	7	18				
10	8	19				
11	6	19				

② [도구]에서 [데이터분석]을 선택하고 대화상자가 나타나면 「회귀분석」을 선택하고 [확인]을 누른다.

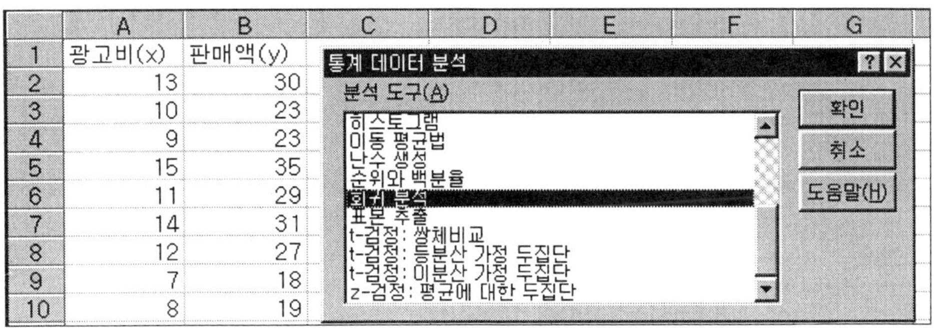

③ 「회귀분석」에 대한 대화상자를 살펴보면 다음과 같다. 우선 입력 칸에서 「Y축 입력범위」에 종속변수 y의 자료범위를, 「X축 입력범위」에 독립변수 x의 자료범위를 입력한다. 그리고 자료의 범위에 종속변수와 독립변수의 이름이 포함된 경우에는 「이름표」를 체크한다. 「상수에 0을 사용」은 회귀식에서 절편인 회귀계수 β_0를 0으로 하여 회귀식을 추정할 것인가를 묻는 것이고, 「신뢰수준」은 회귀계수에 대한 $100(1-\alpha)\%$ 신뢰구간을 구할 때 사용된다.

잔차 칸을 살펴보면 「잔차」는 종속변수 y의 추정값 $\hat{y}$과 잔차값 $e=y-\hat{y}$을 출력하고, 「잔차도」는 잔차 e와 독립변수 x와의 산점도를 출력하고, 「표준잔차」는 표준화된 잔차를 출력하고, 그리고 「선적합도」는 종속변수 y와 독립변수 x 그리고 추정값 $\hat{y}$와 독립변수 x에 대한 산점도를 같이 출력한다.

마지막으로 정규확률란에 「정규 확률도」는 종속변수 y가 정규분포를 따르는지를 판단 할 수 있는 그림을 출력한다.

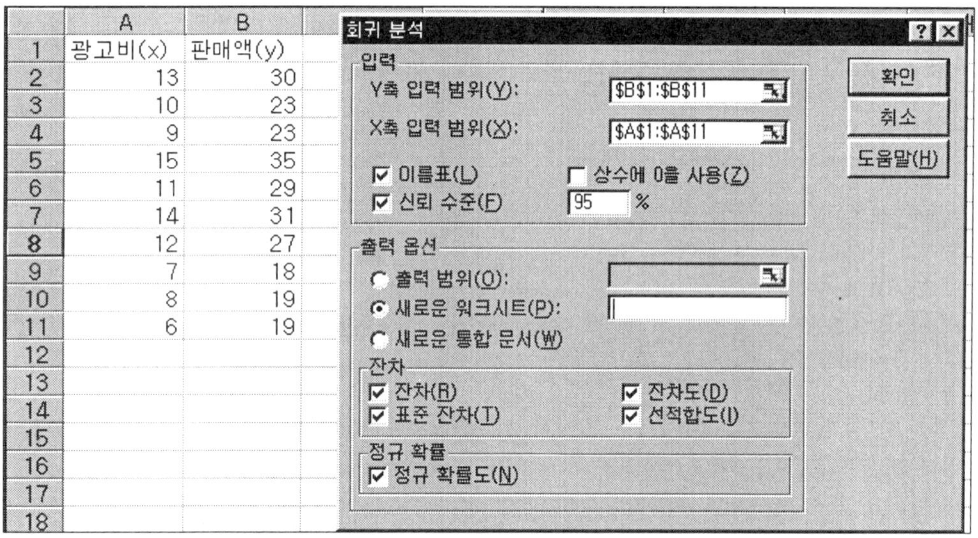

④ 앞에서 다룬 예제들을 중심으로 출력된 결과들을 부분별로 살펴보자.

1) 요약 출력과 분산분석

[회귀분석 통계량]

- 다중상관계수 : 종속변수 판매액과 독립변수 광고비에 대한 표본상관계수의 값이다. (예제 2)
- 결정계수 : 결정계수 R^2 의 값이다. (예제 8)

[분산분석]

- 귀무가설 $H_0 : \beta_1 = 0$ 에 대한 검정통계량은 분산분석표에서 「F비」 값이고, 「P-값」이 8.92×10^{-13} 으로 매우 작아서 귀무가설 H_0 을 기각할 수 있다. 즉, 회귀모형은 유의하다고 할 수 있다. (예제 7)

[회귀계수의 추론]

위 그림에서 제일 아래에 주어진 표를 이용하여 회귀계수의 추론에 대한 정보를 얻을 수 있다.

- 회귀계수 β_0 와 β_1 에 대한 최소제곱 추정값은 $b_0 = 5.8$ 과 $b_1 = 1.866667$ 이 되어 추정된 회귀직선 $\hat{y} = 5.8 + 1.866667x$ 를 구할 수 있다. (예제 4)
- 가설 $H_0 : \beta_0 = 0$ 대 $H_1 : \beta_0 \neq 0$ 에 대한 검정통계량은 표「Y 절편」에서 「t 통계량」 값 2.991724이고, 「P-값」이 0.017288이므로 유의수준 5%에서 귀무가설을 기각할 수 있다. 또한 「하위 95%」와 「상위 95%」의 값 (1.32939, 10.27061)이 절편 β_0 에 대한 95% 신뢰구간이 된다. 기울기 β_1 에 대한 정보는 「광고비(X)」에 나와 있다. (예제 5)

	A	B	C	D	E	F	G
1	요약 출력						
2							
3	회귀분석 통계량						
4	다중 상관계	0.965465					
5	결정계수	0.932123					
6	조정된 결정	0.923638					
7	표준 오차	1.617611					
8	관측수	10					
9							
10	분산 분석						
11		자유도	제곱합	제곱 평균	F 비	유의한 F	
12	회귀	1	287.4667	287.4667	109.8599	5.97E-06	
13	잔차	8	20.93333	2.616667			
14	계	9	308.4				
15							
16		계수	표준 오차	t 통계량	P-값	하위 95%	상위 95%
17	Y 절편	5.8	1.938681	2.991724	0.017288	1.32939	10.27061
18	광고비(x)	1.866667	0.178093	10.48141	5.97E-06	1.455983	2.27735

2) 잔차 출력

추정된 회귀직선 $\hat{y} = 5.8 + 1.866667x$ 를 이용하여 판매액의 예측값과 잔차값 $e = y - \hat{y}$ 을 출력한다. (예제 4)

	A	B	C	D
22	잔차 출력			
23				
24	관측수	예측치 판매액(y)	잔차	표준 잔차
25	1	30.06666667	-0.06667	-0.04371
26	2	24.46666667	-1.46667	-0.96169
27	3	22.6	0.4	0.262278
28	4	33.8	1.2	0.786834
29	5	26.33333333	2.666667	1.748521
30	6	31.93333333	-0.93333	-0.61198
31	7	28.2	-1.2	-0.78683
32	8	18.86666667	-0.86667	-0.56827
33	9	20.73333333	-1.73333	-1.13654
34	10	17	2	1.311391

⑤ 출력된 선적합도 그림에 「추세선 추가」를 이용하여 추정된 회귀직선을 그었으며 가로축의 눈금을 조정한 그림은 아래와 같다.

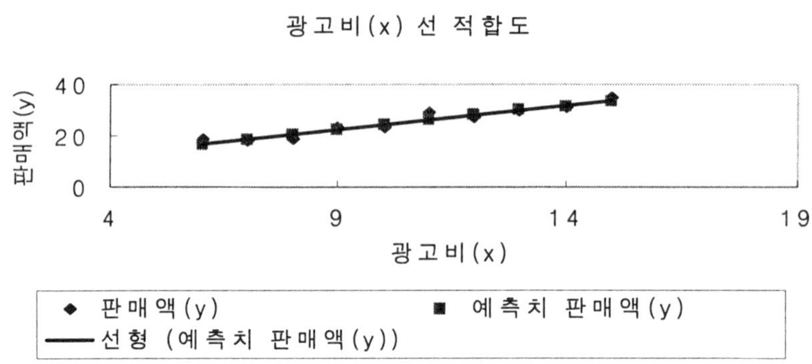

⑥ 이밖에 옵션에 의해 출력되는 정규확률도표와 잔차그림은 [실습 3]에서 살펴보자.

[실습 3] 잔차분석

① 잔차분석을 하기 위해서 회귀분석 대화상자에서 잔차란과 정규확률란의 옵션을 선택한다.

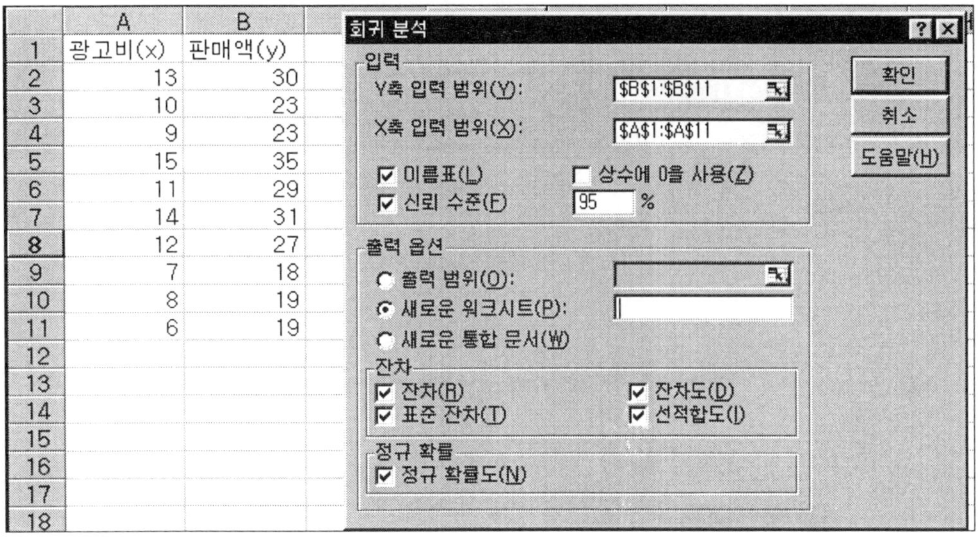

② 출력결과를 살펴보면 다음과 같다.

1) 잔차 그림

광고비(x)와 잔차에 대한 산점도는 다음과 같다. 잔차들이 0을 중심으로 랜덤하게 흩어져 있어 회귀함수의 선형성과 오차항의 등분산성을 만족하고 있다고 판단 할 수 있다.

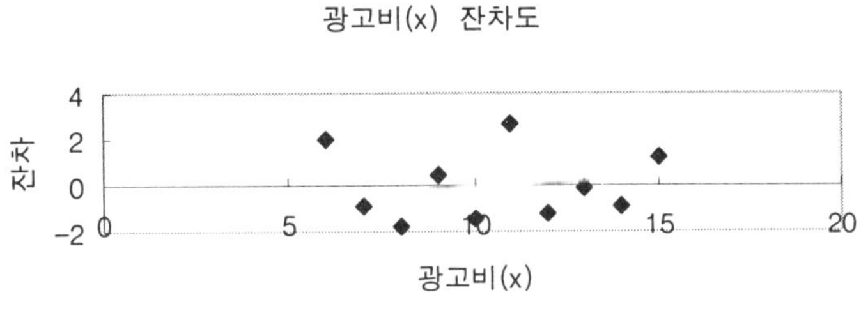

2) 표준화 잔차와 정규확률도

출력된 표준화 잔차들을 살펴보면 -1과 1사이에 70%가 포함되는 것을 알 수 있다. 따라서 오차항의 정규성이 타당하다고 할 수 있다. 또한 판매액(y)에 대한 정규확률도가 직선적인 형태이므로 종속변수 또는 오차항의 정규성에 대한 가정이 타당하다고 볼 수 있다.

	A	B	C	D
22	잔차 출력			
23				
24	관측수	예측치 판매액(y)	잔차	표준 잔차
25	1	30.06666667	-0.06667	-0.04371
26	2	24.46666667	-1.46667	-0.96169
27	3	22.6	0.4	0.262278
28	4	33.8	1.2	0.786834
29	5	26.33333333	2.666667	1.748521
30	6	31.93333333	-0.93333	-0.61198
31	7	28.2	-1.2	-0.78683
32	8	18.86666667	-0.86667	-0.56827
33	9	20.73333333	-1.73333	-1.13654
34	10	17	2	1.311391

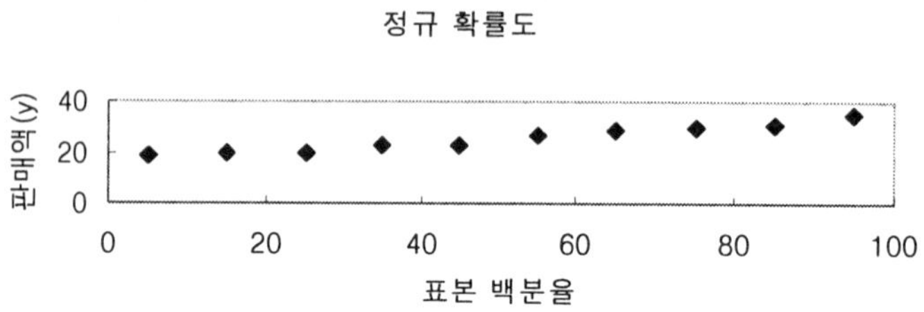

[실습 4] 중회귀계수의 추정

① <예제 10>의 자료를 아래와 같이 워크시트에 입력시킨다.

	A	B	C	D	E	F
1	판매액(y)	상수	광고비(x1)	상점크기(x2)		
2	30	1	13	12		
3	23	1	10	8		
4	23	1	9	8		
5	35	1	15	14		
6	29	1	11	13		
7	31	1	14	10		
8	27	1	12	8		
9	18	1	7	7		
10	19	1	8	10		
11	19	1	6	9		

② 행렬 $\boldsymbol{X}$의 전치행렬 $\boldsymbol{X}'$ 을 구할 셀의 범위를 선택하고 「함수마법사」의 「찾기/참조 영역」에서 함수 「TRANSPOSE」를 사용하여 구할 수 있다. 「TRANSPOSE」 대화상자에서 「Array」에 행렬 $\boldsymbol{X}$의 범위를 지정한 후 [확인]을 누르면 선택된 범위의 첫 칸에만 값이 출력된다. 커서를 수식입력줄에 놓고 클릭한 후에 Ctrl+Shift+Enter↵ 키를 동시에 누르면 선택한 영역 전체에 값이 출력된다.

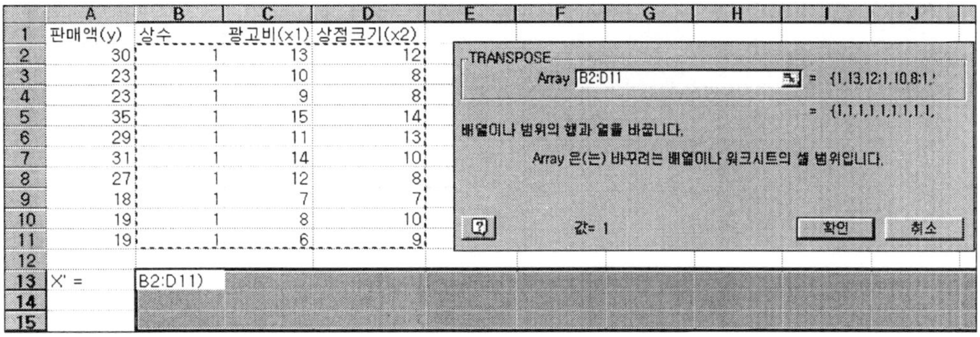

③ 행렬의 곱 $X'X$와 $X'y$ 그리고 역행렬 $(X'X)^{-1}$는 「함수의 마법사」의 「수학/삼각」에서 「MMULT」 함수와 「MINVERSE」 함수를 사용하여 구할 수 있다. 「MMULT」 함수의 대화상자가 나오면 「Array1」에 행렬의 곱에서 앞에 있는 행렬의 범위를 그리고 「Array2」에 뒤에 있는 행렬의 범위를 입력한다. 또한 역행렬을 구하는 함수인 「MINVERSE」의 경우에도 대화상자가 나오면 「Array」에 역행렬을 구하고자 하는 행렬의 범위를 입력한다. 그리고 결과를 얻기 위한 나머지 과정은 ②에서 설명한 과정과 같다. 결과는 아래와 같다. 따라서 추정된 회귀식

$$\hat{y} = 3.076788 + 1.584955x_1 + 0.573857x_2$$

을 얻을 수 있다.

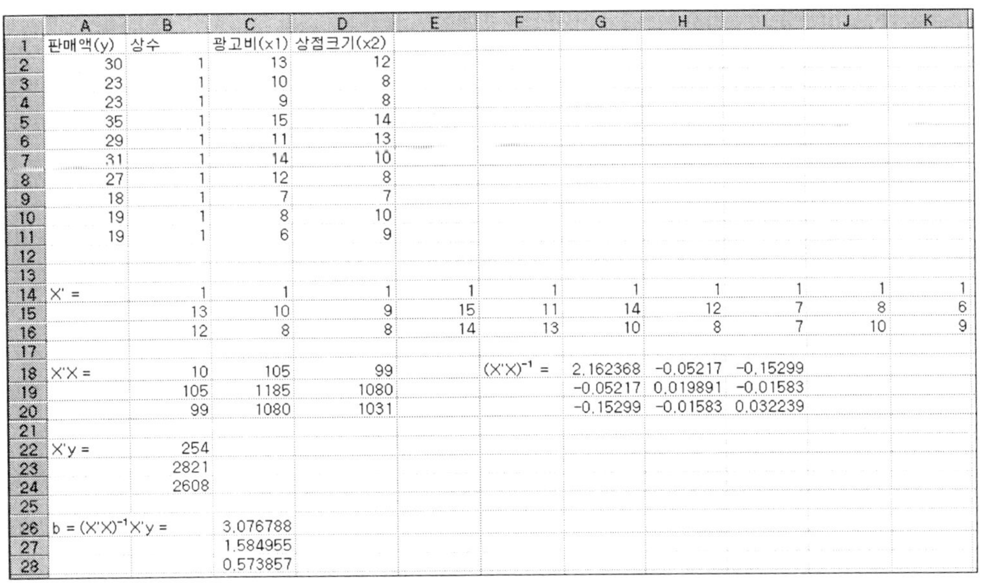

	A	B	C	D	E	F	G	H	I	J	K
1	판매액(y)	상수	광고비(x1)	상점크기(x2)							
2	30	1	13	12							
3	23	1	10	8							
4	23	1	9	8							
5	35	1	15	14							
6	29	1	11	13							
7	31	1	14	10							
8	27	1	12	8							
9	18	1	7	7							
10	19	1	8	10							
11	19	1	6	9							
12											
13											
14	X' =	1	1	1	1	1	1	1	1	1	1
15		13	10	9	15	11	14	12	7	8	6
16		12	8	8	14	13	10	8	7	10	9
17											
18	X'X =	10	105	99		(X'X)⁻¹ =	2.162368	-0.05217	-0.15299		
19		105	1185	1080			-0.05217	0.019891	-0.01583		
20		99	1080	1031			-0.15299	-0.01583	0.032239		
21											
22	X'y =	254									
23		2821									
24		2608									
25											
26	b = (X'X)⁻¹X'y =		3.076788								
27			1.584955								
28			0.573857								

[실습 5] 중회귀분석

① <예제 10>에 주어진 자료를 워크시트에 입력한다.

	A	B	C	D	E	F
1	광고비(x1)	상점크기(x2)	판매액(y)			
2	13	12	30			
3	10	8	23			
4	9	8	23			
5	15	14	35			
6	11	13	29			
7	14	10	31			
8	12	8	27			
9	7	7	18			
10	8	10	19			
11	6	9	19			

단순회귀분석과 마찬가지로 [도구]에서 [데이터분석]을 선택하고 대화상자 나타나면 「회귀분석」을 선택하고 [확인]을 누른다. 「회귀분석」 대화상자의 의미는 단순회귀분석 경우와 같다. 단, 「X축 입력범위」에 모든 독립변수들의 범위를 입력시킨다.

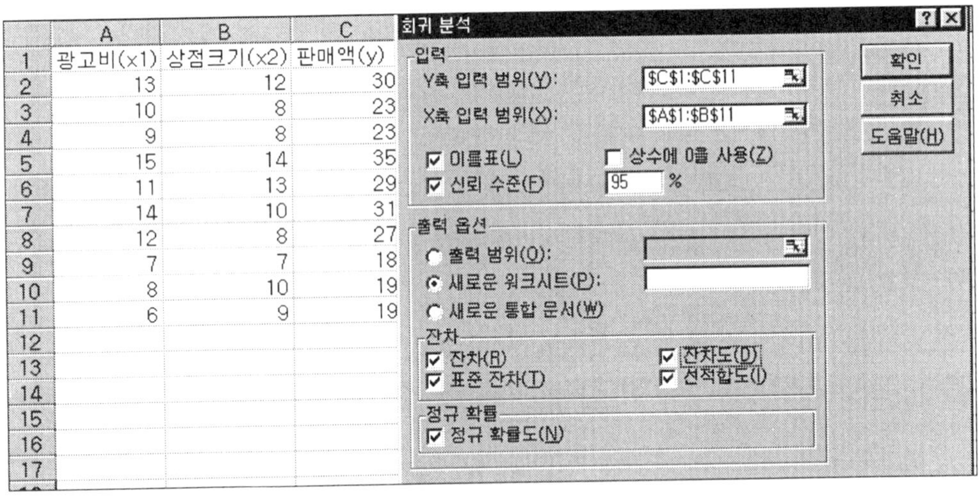

② 출력 결과는 아래와 같으며, 출력 결과를 부분적으로 살펴보면 다음과 같다.

1) 요약 출력

요약 출력으로부터 결정계수 R^2의 값은 $R^2 = 0.965244$이고 수정된 결정계수 R_a^2의 값은 $R_a^2 = 0.955314$라는 것을 알 수 있다. 따라서 독립변수 광고비와 상점의 크기를 이용하여 판매액 총변동의 약 96%를 설명할 수 있다.

	A	B	C	D
1	요약 출력			
2				
3	회귀분석 통계량			
4	다중 상관계수	0.982468		
5	결정계수	0.965244		
6	조정된 결정계수	0.955314		
7	표준 오차	1.237433		
8	관측수	10		

2) 분산분석표

분산분석표를 통해서 중회귀선의 유의성 검정에 대한 귀무가설

$$H_0: \beta_1 = \beta_2 = 0$$

을 검정하기 위한 검정통계량의 값은 $F_0 = 97.20271$ 이며 유의확률인 P-값이 7.83×10^{-6} 으로 매우 작아서 "모든 회귀계수가 0 이다"라는 귀무가설 H_0 을 기각할 수 있다. 또한 오차항의 분산 σ^2 의 추정량은 $\widehat{\sigma^2} = MSE = 1.53124$ 이 된다.

회귀계수에 대한 추론을 살펴보면 다음과 같다. 회귀계수 β_0, β_1, 그리고 β_2 에 대한 추정값은 $b_0 = 3.076788$, $b_1 = 1.584955$, 그리고 $b_2 = 0.573857$ 이므로 가정된 중회귀모형에 대한 추정된 회귀식은

$$\hat{y} = 3.076788 + 1.584955x_1 + 0.573857x_2$$

이 된다.

[회귀계수 β_0 에 대한 추론]

가설 $H_0: \beta_0 = 0$ 대 $H_1: \beta_0 \neq 0$ 에 대한 검정통계량은 $t_0 = 1.690873$ 이고, 유의확률인 「P-값」이 0.134704로 유의수준 $\alpha = 0.01$ 또는 $\alpha = 0.05$ 보다 크므로 귀무가설 H_0 을 기각 할 수 없다. 즉 절편이 없는 모형을 고려해볼 필요가 있다. 또한 회귀계수 β_0 에 대한 95% 신뢰구간은 (-1.22598, 7.379559)이 된다.

[회귀계수 β_1 에 대한 추론]

가설 $H_0: \beta_1 = 0$ 대 $H_1: \beta_1 \neq 0$ 에 대한 검정통계량은 $t_0 = 9.081793$ 이고, 유의확률인 「P-값」이 4.02×10^{-5} 으로 매우 작아서 귀무가설 H_0 을 기각 할 수 있다. 그리고 회귀계수 β_1 에 대한 95% 신뢰구간은 (1.172281, 1.997629)이 된다.

[회귀계수 β_2에 대한 추론]

가설 $H_0: \beta_2 = 0$ 대 $H_1: \beta_2 \neq 0$ 에 대한 검정통계량은 $t_0 = 2.582797$ 이고, 유의확률인 「P-값」이 0.036324로 유의수준 $\alpha = 0.05$ 에서는 귀무가설 H_0 을 기각할 수 있으나 유의수준 $\alpha = 0.01$ 에서는 귀무가설 H_0 을 기각할 수 없다. 그리고 회귀계수 β_2에 대한 95% 신뢰구간은 (0.048475, 1.099239)이 된다.

10	분산 분석						
11		자유도	제곱합	제곱 평균	F 비	유의한 F	
12	회귀	2	297.6813	148.8407	97.20271	7.83E-06	
13	잔차	7	10.71868	1.53124			
14	계	9	308.4				
15							
16		계수	표준 오차	t 통계량	P-값	하위 95%	상위 95%
17	Y 절편	3.076788	1.819644	1.690873	0.134704	-1.22598	7.379559
18	광고비(x1)	1.584955	0.17452	9.081793	4.02E-05	1.172281	1.997629
19	상점크기(x2)	0.573857	0.222184	2.582797	0.036324	0.048475	1.099239

3) 예측값과 잔차

추정된 회귀식 $\hat{y} = 3.076788 + 1.584955x_1 + 0.573857x_2$ 을 이용한 예측값과 잔차값 $e = y - \hat{y}$ 은 아래와 같다.

	A	B	C	D
23	잔차 출력			
24				
25	관측수	측치 판매액	잔차	표준 잔차
26	1	30.56749	-0.56749	-0.52
27	2	23.51719	-0.51719	-0.47392
28	3	21.93224	1.067761	0.978418
29	4	34.88511	0.114889	0.105276
30	5	27.97143	1.028566	0.942503
31	6	31.00473	-0.00473	-0.00433
32	7	26.6871	0.312896	0.286715
33	8	18.18847	-0.18847	-0.1727
34	9	21.495	-2.495	-2.28623
35	10	17.75123	1.248769	1.144281

연 습 문 제

[1] 다음은 과거 8주 동안 시간당 평균온도(단위 : °F)에 따른 석탄 소비량(단위: 톤)에 대한 자료이다.

시간당 평균온도	28.0	28.0	32.5	39.0	45.9	57.8	58.1	62.5
석탄의 소비량	12.4	11.7	12.4	10.8	9.4	9.5	8.0	7.5

1) 주어진 자료에 대한 산점도를 그리시오.
2) 표본상관계수를 구하고 모상관계수가 0인지를 검정하시오.
3) 단순회귀 모형 $y = \beta_0 + \beta_1 x + \epsilon$, (단, y=석탄 소비량, 그리고 x=시간당 평균온도)을 가정하여 추정된 회귀식을 구하고 그 결과를 산점도 위에 나타내시오.
4) 시간당 평균온도가 32.5일 때 석탄 소비량을 추정하시오
5) 잔차 $e_i = y_i - \hat{y_i}$ 에 대한 관측값 y_i 의 산점도를 그리고 가정된 모형의 타당성을 검토하시오.

[2] 다음 자료는 제조된 벨트에 충격을 가한 후 벨트의 수명에 관한 자료이다. 충격을 독립변수 x, 그리고 수명을 종속변수 y로 하고 단순선형회귀모형 $y = \beta_0 + \beta_1 x + \epsilon$을 가정하여 답하시오.

충격	61	72	85	84	98	53	54	89
수명	18.0	17.4	14.5	14.0	13.4	24.4	22.7	12.7

1) 추정된 회귀식을 구하시오.
2) 회귀계수 β_0와 β_1에 대한 95% 신뢰구간을 구하시오.
3) $H_0 : \beta_0 = 0$ 대 $H_1 : \beta_0 \neq 0$ 을 유의수준 $\alpha = 0.05$ 로 검정하시오.
4) $H_0 : \beta_1 = 0$ 대 $H_1 : \beta_1 \neq 0$ 을 t-분포를 사용하여 유의수준 $\alpha = 0.05$ 로 검정하시오.
5) 분산분석표를 작성하시오.

6) 분산분석표를 이용하여 $H_0: \beta_1 = 0$ 대 $H_1: \beta_1 \neq 0$ 을 유의수준 $\alpha = 0.05$ 로 검정하고 그 결과를 2)와 비교하시오.
7) 결정계수 R^2 의 값을 구하시오.
8) 오차항의 분산 σ^2 의 추정값을 구하시오.
9) 충격이 98일 때 수명의 예측값을 구하고 평균수명 $E(y \mid x = 98)$ 에 대한 95% 신뢰구간을 구하시오.

[3] 다음은 연습문제 [1]과 관련된 자료로 석탄 소비량(y)에 영향을 미치는 독립변수로 시간당 평균온도(x_1) 외에 한랭지수(x_2)를 포함한 자료이다.

시간당 평균온도	28.0	28.0	32.5	39.0	45.9	57.8	58.1	62.5
한랭지수	18.0	14.0	24.0	22.0	8.0	16.0	1.0	0.0
석탄의 소비량	12.4	11.7	12.4	10.8	9.4	9.5	8.0	7.5

1) 시간당 평균온도(x_1)와 한랭지수(x_2)에 대한 석탄 소비량(y)의 산점도를 각각 그려라.
2) 중회귀모형 $y = \beta_0 + \beta_1 x_1 + \beta_2 x_2 + \epsilon$ 을 가정하고 추정된 회귀식을 구하시오.
3) 분산분석표를 작성하고 중회귀모형의 유의성에 대하여 검정하시오.
4) 결정계수 R^2 과 수정된 결정계수 R_a^2 의 값을 구하고 의미를 설명하시오.

[4] 다음 자료는 통조림 제조공장에서 가열시간(단위: 분)과 박테리아 수를 조사한 것이다.

가열시간	1	2	3	4	5	6	7	8	9	10
박테리아 수	170	106	92	80	69	47	45	30	28	18

1) 산점도를 그려서 독립변수를 가열시간, 그리고 종속변수를 박테리아 수로 하는 단순회귀모형의 적합성을 검토하시오.
2) 단순회귀모형을 적합시키고 분산분석을 하시오.
3) 결정계수 R^2 의 값을 구하시오.
4) 단순회귀모형을 적합시켜 구한 잔차들의 산점도를 작성하고 모형의 선형성을 검토하시오.
5) 잔차에 대한 정규확률도를 그려보고 오차항의 정규성을 검토하시오.

[5] 어린이들의 체중(단위: 파운드)이 신장(단위: 인치)과 연령(단위: 년)에 따라 어떻게 영향을 받는지를 연구하기 위해서 12명의 어린이로부터 다음과 같은 자료를 얻었다. (단, 체중= y, 신장=x_1, 연령=x_2)

체중	64	71	53	67	55	58	77	57	56	51	76	68
신장	57	59	49	62	51	50	55	48	42	42	61	57
연령	8	10	6	11	8	7	10	9	10	6	12	9

1) 신장에 대한 체중, 그리고 연령에 대한 체중의 산점도를 그리고 각각의 표본상관계수 r_{x_1y} 와 r_{x_2y} 를 구하시오.
2) 단순회귀모형 $y = \beta_0 + \beta_1 x_1 + \epsilon$ 을 가정하여 추정된 회귀식을 구하고 잔차의 제곱합을 구하시오.
3) 단순회귀모형 $y = \beta_0 + \beta_2 x_2 + \epsilon$ 을 가정하여 추정된 회귀식을 구하고 잔차의 제곱합을 구하시오.
4) 중회귀모형 $y = \beta_0 + \beta_1 x_1 + \beta_2 x_2 + \epsilon$ 을 가정하여 추정된 회귀식을 구하고 잔차의 제곱합을 구하시오.
5) 위 3개 모형의 제곱합을 비교하고 그 결과에 대해 논의하시오.

[6] 연습문제 [5]의 자료에 대하여 다음 질문에 답하시오.

1) 연습문제 [5]의 2), 3), 그리고 4)에 가정된 모형에 대하여 분산분석표를 각각 작성하고 회귀선의 유의성을 유의수준 $\alpha = 0.05$ 로 각각 검정하시오.
2) 결정계수 R^2 과 수정된 결정계수 R_a^2 의 값을 각각 구하고 비교하시오.
3) 어느 모형이 가장 타당한지를 논의하시오.

[7] 다음과 같은 변환된 자료에 대하여 답하시오.

y	14	17	18	12	14	16
x_1	2	2	4	2	2	4
x_2	1	1	1	-1	-1	-1
x_3	0	-1	1	0	-1	-1

1) 절편이 없는 중회귀모형 $y = \beta_1 x_1 + \beta_2 x_2 + \beta_3 x_3 + \epsilon$ 을 가정하고 추정된 회귀식을 구하시오.
2) 절편이 있는 중회귀모형 $y = \beta_0 + \beta_1 x_1 + \beta_2 x_2 + \beta_3 x_3 + \epsilon$ 을 가정하고 추정된 회귀식을 구하고, 1)의 결과와 비교하시오.

참고문헌

[1] 구자흥 외 4인, 통계학 -원리와 방법- (1994), 자유아카데미.

[2] 김우철 외 7인, 통계학개론(1995), 영지문화사.

[3] 김종호, 김주환, 이기성, 확률론 입문(1998), 교우사.

[4] 김종호, 염준근, 이기성, 기초통계학(1996), 연학사.

[5] 김종호, 이순, 염준근, 이기성, 통계학 -이론과 시험대비- (1994), 자유아카데미.

[6] 김종호, 이순, 통계학의 기초(1985), 광림사.

[7] 김종호, 통계학 연습(1987), 광림사.

[8] 김종호, 표본조사법(1993), 자유아카데미.

[9] 김주환, 조범석, 사회통계정보조사(1999), 교우사.

[10] 김주환, 이기성, 일반통계학(2002), 자유아카데미.

[11] 류제복, 이관제, 김주환, 이기성, 생활과 통계(2001), 자유아카데미.

[12] 문영길, 복혁규, 기초통계학(1997), 한올출판사.

[13] 배도선, 통계적 품질관리(1995), 영지문화사.

[14] 배현웅, 엑셀을 이용한 통계학의 기초와 활용기법(2001), 교우사.

[15] 염준근, 선형회귀분석(1993), 자유아카데미.

[16] 염준근, 김주환, 조태경(2002), 멀티미디어 통계학 - 생물/의학/보건학 예제를 중심으로-, 교우사

[17] 이기성, 안승철, 김건호, 김현철(1999), 통계학 입문, 자유아카데미.

[18] 이필영, 이해용, 통계학의 이해(1993), 법문사.

[19] 추교완, 박희창, 남기성(1998), 정보와 통계, 창원대학교 출판부.

[20] 한국통계학회, 통계학 용어집(1997), 자유아카데미.

[21] 한국통계학회 조사통계연구회, 통계조사방법(1996), 자유아카데미.

[22] 홍성열, 기초통계(1998), 학지사.

[23] Hogg and Craig, Introduction to Mathematical Statistics(1978), Collier Macmillan.

[24] Hogg and Tanis, Probability & Statistical Inference(1983), Collier Macmillan.

[25] M. Fogiel, The Statistics Problem Solver(1984), REA.

[26] Murray R. Spiegel, Theory and Problems of Probability and Statistics (1975), McGraw-Hill.

[27] Richard C. Weimer, Statistics, 2nd Edition(2000), WCM Publishers.

[28] Ron Larson and B. Farber, Elementary Statistics - Picturing the World -(2001), Prentice Hall.

부 록

<표 1> 난수표

92630	78240	19267	95457	53497	23894	37708	79862	76471	66418
79445	78735	71549	44843	26104	67318	00701	34986	66751	99723
59654	71966	27386	50004	05358	94031	29281	18544	52429	06080
31524	49587	76612	39789	13537	48086	59483	60680	84675	53014
06348	76938	90379	51392	55887	71015	09209	79157	24440	30244
28703	51709	94456	48396	73780	06436	86641	69239	57662	80181
68108	89266	94730	95761	75023	48464	65544	96583	18911	16391
99938	90704	93621	66330	33393	95261	95349	51769	91616	33238
91543	73196	34449	63513	83834	99411	58826	40456	69268	48562
42103	02781	73920	56297	72678	12249	25270	36678	21313	75767
17138	27584	25296	28387	51350	61664	37893	05363	44143	42677
28297	14280	54524	21618	95320	38174	60579	08089	94999	78460
09331	56712	51333	06289	75345	08811	82711	57392	25252	30333
31295	04204	93712	51287	05754	79396	87399	51773	33075	97061
36146	15560	27592	42089	99281	59640	15221	96079	09961	05371
29553	18432	13630	05529	02791	81017	49027	79031	50912	09399
23501	22642	63081	08191	89420	67800	55137	54707	32945	64522
57888	85846	67967	07835	11314	01545	48535	17142	08552	67457
55336	71264	88472	04334	63919	36394	11196	92470	70543	29776
10087	10072	55980	64688	68239	20461	89381	93809	00796	95945
34101	81277	66090	88872	37818	72142	67140	50785	21380	16703
53362	44940	60430	22834	14130	96593	23298	56203	92671	15925
82975	66158	84731	19436	55790	69229	28661	13675	99318	76873
54827	84673	22898	08094	14326	87038	42892	21127	30712	48489
25464	59098	27436	89421	80754	89924	19097	67737	80368	08795
67609	60214	41475	84950	40133	02546	09570	45682	50165	15609
44921	70924	61295	51137	47596	86735	35561	76649	18217	63446
33170	30972	98130	95828	49786	13301	36081	80761	33985	68621
84687	85445	06208	17654	51333	02878	35010	67578	61574	20749
71886	56450	36567	09395	96951	35507	17555	35212	69106	01679
00475	02224	74722	14721	40215	21351	08596	45625	83981	63748
25993	38881	68361	59560	41274	69742	40703	37993	03435	18873
92882	53178	99195	93803	56985	53089	15305	50522	55900	43026
25138	26810	07093	15677	60688	04410	24505	37890	67186	62829
84631	71882	12991	83028	82484	90339	91950	74579	03539	90122
34003	92326	12793	61453	48121	74271	28363	66561	75220	35908
53775	45749	05734	86169	42762	70175	97310	73894	88606	19994
59316	97885	72807	54966	60859	11932	35265	71601	55577	67715
20479	66557	50705	26999	09854	52591	14063	30214	19890	19292
86180	84931	25455	26044	02227	52015	21820	50599	51671	65411
21451	68001	72710	40261	61281	13172	63819	48970	51732	54113
98062	68375	80089	24135	72355	95428	11808	29740	81644	86610
01788	64429	14430	94575	75153	94576	61393	96192	03227	32258
62465	04841	43272	68702	01274	05437	22953	18946	99053	41690
94324	31089	84159	92933	99989	89500	91586	02802	69471	68274
05797	43984	21575	09908	70221	19791	51578	36432	33494	79888
10395	14289	52185	09721	25789	38562	54794	04897	59012	89251
35177	56986	25549	59730	64718	52630	31100	62384	49483	11409
25633	89619	75882	98256	02126	72099	57183	55887	09320	73463
16464	48280	94254	45777	45150	68865	11382	11782	22695	41988

<표 2> 이항분포표

$$P(X=x)=\binom{n}{x}p^{x}(1-p)^{n-x}$$

		p																			
n	x	.01	.05	.10	.15	.20	.25	.30	.35	.40	.45	.50	.55	.60	.65	.70	.75	.80	.85	.90	.95
2	0	.980	.903	.810	.723	.640	.563	.490	.423	.360	.303	.250	.203	.160	.123	.090	.063	.040	.023	.010	.003
	1	.020	.095	.180	.255	.320	.375	.420	.455	.480	.495	.500	.495	.480	.455	.420	.375	.320	.255	.180	.095
	2	.000	.003	.010	.023	.040	.063	.090	.123	.160	.203	.250	.303	.360	.423	.490	.563	.640	.723	.810	.903
3	0	.970	.857	.729	.614	.512	.422	.343	.275	.216	.166	.125	.091	.064	.043	.027	.016	.008	.003	.001	.000
	1	.029	.135	.243	.325	.384	.422	.441	.444	.432	.408	.375	.334	.288	.239	.189	.141	.096	.057	.027	.007
	2	.000	.007	.027	.057	.096	.141	.189	.239	.288	.334	.375	.408	.432	.444	.441	.422	.384	.325	.243	.135
	3	.000	.000	.001	.003	.008	.016	.027	.043	.064	.091	.125	.166	.216	.275	.343	.422	.512	.614	.729	.857
4	0	.961	.815	.656	.522	.410	.316	.240	.179	.130	.092	.063	.041	.026	.015	.008	.004	.002	.001	.000	.000
	1	.039	.171	.292	.368	.410	.422	.412	.384	.346	.299	.250	.200	.154	.111	.076	.047	.026	.011	.004	.000
	2	.001	.014	.049	.098	.154	.211	.265	.311	.346	.368	.375	.368	.346	.311	.265	.211	.154	.098	.049	.014
	3	.000	.000	.004	.011	.026	.047	.076	.111	.154	.200	.250	.299	.346	.384	.412	.422	.410	.368	.292	.171
	4	.000	.000	.000	.001	.002	.004	.008	.015	.026	.041	.063	.092	.130	.179	.240	.316	.410	.522	.656	.815
5	0	.951	.774	.590	.444	.328	.237	.168	.116	.078	.050	.031	.018	.010	.005	.002	.001	.000	.000	.000	.000
	1	.048	.204	.328	.392	.410	.396	.360	.312	.259	.206	.156	.113	.077	.049	.028	.015	.006	.002	.000	.000
	2	.001	.021	.073	.138	.205	.264	.309	.336	.346	.337	.313	.276	.230	.181	.132	.088	.051	.024	.008	.001
	3	.000	.001	.008	.024	.051	.088	.132	.181	.230	.276	.313	.337	.346	.336	.309	.264	.205	.138	.073	.021
	4	.000	.000	.000	.002	.006	.015	.028	.049	.077	.113	.156	.206	.259	.312	.360	.396	.410	.392	.328	.204
	5	.000	.000	.000	.000	.000	.001	.002	.005	.010	.018	.031	.050	.078	.116	.168	.237	.328	.444	.590	.774
6	0	.941	.735	.531	.377	.262	.178	.118	.075	.047	.028	.016	.008	.004	.002	.001	.000	.000	.000	.000	.000
	1	.057	.232	.354	.399	.393	.356	.303	.244	.187	.136	.094	.061	.037	.020	.010	.004	.002	.000	.000	.000
	2	.001	.031	.098	.176	.246	.297	.324	.328	.311	.278	.234	.186	.138	.095	.060	.033	.015	.005	.001	.000
	3	.000	.002	.015	.041	.082	.132	.185	.235	.276	.303	.313	.303	.276	.235	.185	.132	.082	.041	.015	.002
	4	.000	.000	.001	.005	.015	.033	.060	.095	.138	.186	.234	.278	.311	.328	.324	.297	.246	.176	.098	.031
	5	.000	.000	.000	.000	.002	.004	.010	.020	.037	.061	.094	.136	.187	.244	.303	.356	.393	.399	.354	.232
	6	.000	.000	.000	.000	.000	.000	.001	.002	.004	.008	.016	.028	.047	.075	.118	.178	.262	.377	.531	.735
7	0	.932	.698	.478	.321	.210	.133	.082	.049	.028	.015	.008	.004	.002	.001	.000	.000	.000	.000	.000	.000
	1	.066	.257	.372	.396	.367	.311	.247	.185	.131	.087	.055	.032	.017	.008	.004	.001	.000	.000	.000	.000
	2	.002	.041	.124	.210	.275	.311	.318	.298	.261	.214	.164	.117	.077	.047	.025	.012	.004	.001	.000	.000
	3	.000	.004	.023	.062	.115	.173	.227	.268	.290	.292	.273	.239	.194	.144	.097	.058	.029	.011	.003	.000
	4	.000	.000	.003	.011	.029	.058	.097	.144	.194	.239	.273	.292	.290	.268	.227	.173	.115	.062	.023	.004
	5	.000	.000	.000	.001	.004	.012	.025	.047	.077	.117	.164	.214	.261	.298	.318	.311	.275	.210	.124	.041
	6	.000	.000	.000	.000	.000	.001	.004	.008	.017	.032	.055	.087	.131	.185	.247	.311	.367	.396	.372	.257
	7	.000	.000	.000	.000	.000	.000	.000	.001	.002	.004	.008	.015	.028	.049	.082	.133	.210	.321	.478	.698

<표 2> 이항분포표(계속)

		p																			
n	x	.01	.05	.10	.15	.20	.25	.30	.35	.40	.45	.50	.55	.60	.65	.70	.75	.80	.85	.90	.95
8	0	.923	.663	.430	.272	.168	.100	.058	.032	.017	.008	.004	.002	.001	.000	.000	.000	.000	.000	.000	.000
	1	.075	.279	.383	.385	.336	.267	.198	.137	.090	.055	.031	.016	.008	.003	.001	.000	.000	.000	.000	.000
	2	.003	.051	.149	.238	.294	.311	.296	.259	.209	.157	.109	.070	.041	.022	.010	.004	.001	.000	.000	.000
	3	.000	.005	.033	.084	.147	.208	.254	.279	.279	.257	.219	.172	.124	.081	.047	.023	.009	.003	.000	.000
	4	.000	.000	.005	.018	.046	.087	.136	.188	.232	.263	.273	.263	.232	.188	.136	.087	.046	.018	.005	.000
	5	.000	.000	.000	.003	.009	.023	.047	.081	.124	.172	.219	.257	.279	.279	.254	.208	.147	.084	.033	.005
	6	.000	.000	.000	.000	.001	.004	.010	.022	.041	.070	.109	.157	.209	.259	.296	.311	.294	.238	.149	.051
	7	.000	.000	.000	.000	.000	.000	.001	.003	.008	.016	.031	.055	.090	.137	.198	.267	.336	.385	.383	.279
	8	.000	.000	.000	.000	.000	.000	.000	.000	.001	.002	.004	.008	.017	.032	.058	.100	.168	.272	.430	.663
9	0	.914	.630	.387	.232	.134	.075	.040	.021	.010	.005	.002	.001	.000	.000	.000	.000	.000	.000	.000	.000
	1	.083	.299	.387	.368	.302	.225	.156	.100	.060	.034	.018	.008	.004	.001	.000	.000	.000	.000	.000	.000
	2	.003	.063	.172	.260	.302	.300	.267	.216	.161	.111	.070	.041	.021	.010	.004	.001	.000	.000	.000	.000
	3	.000	.008	.045	.107	.176	.234	.267	.272	.251	.212	.164	.116	.074	.042	.021	.009	.003	.001	.000	.000
	4	.000	.001	.007	.028	.066	.117	.172	.219	.251	.260	.246	.213	.167	.118	.074	.039	.017	.005	.001	.000
	5	.000	.000	.001	.005	.017	.039	.074	.118	.167	.213	.246	.260	.251	.219	.172	.117	.066	.028	.007	.001
	6	.000	.000	.000	.001	.003	.009	.021	.042	.074	.116	.164	.212	.251	.272	.267	.234	.176	.107	.045	.008
	7	.000	.000	.000	.000	.000	.001	.004	.010	.021	.041	.070	.111	.161	.216	.267	.300	.302	.260	.172	.063
	8	.000	.000	.000	.000	.000	.000	.000	.001	.004	.008	.018	.034	.060	.100	.156	.225	.302	.368	.387	.299
	9	.000	.000	.000	.000	.000	.000	.000	.000	.000	.001	.002	.005	.010	.021	.040	.075	.134	.232	.387	.630
10	0	.904	.599	.349	.197	.107	.056	.028	.013	.006	.003	.001	.000	.000	.000	.000	.000	.000	.000	.000	.000
	1	.091	.315	.387	.347	.268	.188	.121	.072	.040	.021	.010	.004	.002	.001	.000	.000	.000	.000	.000	.000
	2	.004	.075	.194	.276	.302	.282	.233	.176	.121	.076	.044	.023	.011	.004	.001	.000	.000	.000	.000	.000
	3	.000	.010	.057	.130	.201	.250	.267	.252	.215	.166	.117	.075	.042	.021	.009	.003	.001	.000	.000	.000
	4	.000	.001	.011	.040	.088	.146	.200	.238	.251	.238	.205	.160	.111	.069	.037	.016	.006	.001	.000	.000
	5	.000	.000	.001	.008	.026	.058	.103	.154	.201	.234	.246	.234	.201	.154	.103	.058	.026	.008	.001	.000
	6	.000	.000	.000	.001	.006	.016	.037	.069	.111	.160	.205	.238	.251	.238	.200	.146	.088	.040	.011	.001
	7	.000	.000	.000	.000	.001	.003	.009	.021	.042	.075	.117	.166	.215	.252	.267	.250	.201	.130	.057	.010
	8	.000	.000	.000	.000	.000	.000	.001	.004	.011	.023	.044	.076	.121	.176	.233	.282	.302	.276	.194	.075
	9	.000	.000	.000	.000	.000	.000	.000	.001	.002	.004	.010	.021	.040	.072	.121	.188	.268	.347	.387	.315
	10	.000	.000	.000	.000	.000	.000	.000	.000	.000	.000	.001	.003	.006	.013	.028	.056	.107	.197	.349	.599
11	0	.895	.569	.314	.167	.086	.042	.020	.009	.004	.001	.000	.000	.000	.000	.000	.000	.000	.000	.000	.000
	1	.099	.329	.384	.325	.236	.155	.093	.052	.027	.013	.005	.002	.001	.000	.000	.000	.000	.000	.000	.000
	2	.005	.087	.213	.287	.295	.258	.200	.140	.089	.051	.027	.013	.005	.002	.001	.000	.000	.000	.000	.000
	3	.000	.014	.071	.152	.221	.258	.257	.225	.177	.126	.081	.046	.023	.010	.004	.001	.000	.000	.000	.000
	4	.000	.001	.016	.054	.111	.172	.220	.243	.236	.206	.161	.113	.070	.038	.017	.006	.002	.000	.000	.000
	5	.000	.000	.002	.013	.039	.080	.132	.183	.221	.236	.226	.193	.147	.099	.057	.027	.010	.002	.000	.000
	6	.000	.000	.000	.002	.010	.027	.057	.099	.147	.193	.226	.236	.221	.183	.132	.080	.039	.013	.002	.000
	7	.000	.000	.000	.000	.002	.006	.017	.038	.070	.113	.161	.206	.236	.243	.220	.172	.111	.054	.016	.001
	8	.000	.000	.000	.000	.000	.001	.004	.010	.023	.046	.081	.126	.177	.225	.257	.258	.221	.152	.071	.014
	9	.000	.000	.000	.000	.000	.000	.001	.002	.005	.013	.027	.051	.089	.140	.200	.258	.295	.287	.213	.087
	10	.000	.000	.000	.000	.000	.000	.000	.000	.001	.002	.005	.013	.027	.052	.093	.155	.236	.325	.384	.329
	11	.000	.000	.000	.000	.000	.000	.000	.000	.000	.000	.000	.001	.004	.009	.020	.042	.086	.167	.314	.569

<표 2> 이항분포표(계속)

		p																			
n	x	.01	.05	.10	.15	.20	.25	.30	.35	.40	.45	.50	.55	.60	.65	.70	.75	.80	.85	.90	.95
12	0	.886	.540	.282	.142	.069	.032	.014	.006	.002	.001	.000	.000	.000	.000	.000	.000	.000	.000	.000	.000
	1	.107	.341	.377	.301	.206	.127	.071	.037	.017	.008	.003	.001	.000	.000	.000	.000	.000	.000	.000	.000
	2	.006	.099	.230	.292	.283	.232	.168	.109	.064	.034	.016	.007	.002	.001	.000	.000	.000	.000	.000	.000
	3	.000	.017	.085	.172	.236	.258	.240	.195	.142	.092	.054	.028	.012	.005	.001	.000	.000	.000	.000	.000
	4	.000	.002	.021	.068	.133	.194	.231	.237	.213	.170	.121	.076	.042	.020	.008	.002	.001	.000	.000	.000
	5	.000	.000	.004	.019	.053	.103	.158	.204	.227	.222	.193	.149	.101	.059	.029	.011	.003	.001	.000	.000
	6	.000	.000	.000	.004	.016	.040	.079	.128	.177	.212	.226	.212	.177	.128	.079	.040	.016	.004	.000	.000
	7	.000	.000	.000	.001	.003	.011	.029	.059	.101	.149	.193	.222	.227	.204	.158	.103	.053	.019	.004	.000
	8	.000	.000	.000	.000	.001	.002	.008	.020	.042	.076	.121	.170	.213	.237	.231	.194	.133	.068	.021	.002
	9	.000	.000	.000	.000	.000	.000	.001	.005	.012	.028	.054	.092	.142	.195	.240	.258	.236	.172	.085	.017
	10	.000	.000	.000	.000	.000	.000	.000	.001	.002	.007	.016	.034	.064	.109	.168	.232	.283	.292	.230	.099
	11	.000	.000	.000	.000	.000	.000	.000	.000	.000	.001	.003	.008	.017	.037	.071	.127	.206	.301	.377	.341
	12	.000	.000	.000	.000	.000	.000	.000	.000	.000	.000	.000	.001	.002	.006	.014	.032	.069	.142	.282	.540
15	0	.860	.463	.206	.087	.035	.013	.005	.002	.000	.000	.000	.000	.000	.000	.000	.000	.000	.000	.000	.000
	1	.130	.366	.343	.231	.132	.067	.031	.013	.005	.002	.000	.000	.000	.000	.000	.000	.000	.000	.000	.000
	2	.009	.135	.267	.286	.231	.156	.092	.048	.022	.009	.003	.001	.000	.000	.000	.000	.000	.000	.000	.000
	3	.000	.031	.129	.218	.250	.225	.170	.111	.063	.032	.014	.005	.002	.000	.000	.000	.000	.000	.000	.000
	4	.000	.005	.043	.116	.188	.225	.219	.179	.127	.078	.042	.019	.007	.002	.001	.000	.000	.000	.000	.000
	5	.000	.001	.010	.045	.103	.165	.206	.212	.186	.140	.092	.051	.024	.010	.003	.001	.000	.000	.000	.000
	6	.000	.000	.002	.013	.043	.092	.147	.191	.207	.191	.153	.105	.061	.030	.012	.003	.001	.000	.000	.000
	7	.000	.000	.000	.003	.014	.039	.081	.132	.177	.201	.196	.165	.118	.071	.035	.013	.003	.001	.000	.000
	8	.000	.000	.000	.001	.003	.013	.035	.071	.118	.165	.196	.201	.177	.132	.081	.039	.014	.003	.000	.000
	9	.000	.000	.000	.000	.001	.003	.012	.030	.061	.105	.153	.191	.207	.191	.147	.092	.043	.013	.002	.000
	10	.000	.000	.000	.000	.000	.001	.003	.010	.024	.051	.092	.140	.186	.212	.206	.165	.103	.045	.010	.001
	11	.000	.000	.000	.000	.000	.000	.001	.002	.007	.019	.042	.078	.127	.179	.219	.225	.188	.116	.043	.005
	12	.000	.000	.000	.000	.000	.000	.000	.000	.002	.005	.014	.032	.063	.111	.170	.225	.250	.218	.129	.031
	13	.000	.000	.000	.000	.000	.000	.000	.000	.000	.001	.003	.009	.022	.048	.092	.156	.231	.286	.267	.135
	14	.000	.000	.000	.000	.000	.000	.000	.000	.000	.000	.000	.002	.005	.013	.031	.067	.132	.231	.343	.366
	15	.000	.000	.000	.000	.000	.000	.000	.000	.000	.000	.000	.000	.000	.002	.005	.013	.035	.087	.206	.463

<표 2> 이항분포표(계속)

		p																			
n	x	.01	.05	.10	.15	.20	.25	.30	.35	.40	.45	.50	.55	.60	.65	.70	.75	.80	.85	.90	.95
16	0	.851	.440	.185	.074	.028	.010	.003	.001	.000	.000	.000	.000	.000	.000	.000	.000	.000	.000	.000	.000
	1	.138	.371	.329	.210	.113	.053	.023	.009	.003	.001	.000	.000	.000	.000	.000	.000	.000	.000	.000	.000
	2	.010	.146	.275	.277	.211	.134	.073	.035	.015	.006	.002	.001	.000	.000	.000	.000	.000	.000	.000	.000
	3	.000	.036	.142	.229	.246	.208	.146	.089	.047	.022	.009	.003	.001	.000	.000	.000	.000	.000	.000	.000
	4	.000	.006	.051	.131	.200	.225	.204	.155	.101	.057	.028	.011	.004	.001	.000	.000	.000	.000	.000	.000
	5	.000	.001	.014	.056	.120	.180	.210	.201	.162	.112	.067	.034	.014	.005	.001	.000	.000	.000	.000	.000
	6	.000	.000	.003	.018	.055	.110	.165	.198	.198	.168	.122	.075	.039	.017	.006	.001	.000	.000	.000	.000
	7	.000	.000	.000	.005	.020	.052	.101	.152	.189	.197	.175	.132	.084	.044	.019	.006	.001	.000	.000	.000
	8	.000	.000	.000	.001	.006	.020	.049	.092	.142	.181	.196	.181	.142	.092	.049	.020	.006	.001	.000	.000
	9	.000	.000	.000	.000	.001	.006	.019	.044	.084	.132	.175	.197	.189	.152	.101	.052	.020	.005	.000	.000
	10	.000	.000	.000	.000	.000	.001	.006	.017	.039	.075	.122	.168	.198	.198	.165	.110	.055	.018	.003	.000
	11	.000	.000	.000	.000	.000	.000	.001	.005	.014	.034	.067	.112	.162	.201	.210	.180	.120	.056	.014	.001
	12	.000	.000	.000	.000	.000	.000	.000	.001	.004	.011	.028	.057	.101	.155	.204	.225	.200	.131	.051	.006
	13	.000	.000	.000	.000	.000	.000	.000	.000	.001	.003	.009	.022	.047	.089	.146	.208	.246	.229	.142	.036
	14	.000	.000	.000	.000	.000	.000	.000	.000	.000	.001	.002	.006	.015	.035	.073	.134	.211	.277	.275	.146
	15	.000	.000	.000	.000	.000	.000	.000	.000	.000	.000	.000	.001	.003	.009	.023	.053	.113	.210	.329	.371
	16	.000	.000	.000	.000	.000	.000	.000	.000	.000	.000	.000	.000	.000	.001	.003	.010	.028	.074	.185	.440
20	0	.818	.358	.122	.039	.012	.003	.001	.000	.000	.000	.000	.000	.000	.000	.000	.000	.000	.000	.000	.000
	1	.165	.377	.270	.137	.058	.021	.007	.002	.000	.000	.000	.000	.000	.000	.000	.000	.000	.000	.000	.000
	2	.016	.189	.285	.229	.137	.067	.028	.010	.003	.001	.000	.000	.000	.000	.000	.000	.000	.000	.000	.000
	3	.001	.060	.190	.243	.205	.134	.072	.032	.012	.004	.001	.000	.000	.000	.000	.000	.000	.000	.000	.000
	4	.000	.013	.090	.182	.218	.190	.130	.074	.035	.014	.005	.001	.000	.000	.000	.000	.000	.000	.000	.000
	5	.000	.002	.032	.103	.175	.202	.179	.127	.075	.036	.015	.005	.001	.000	.000	.000	.000	.000	.000	.000
	6	.000	.000	.009	.045	.109	.169	.192	.171	.124	.075	.037	.015	.005	.001	.000	.000	.000	.000	.000	.000
	7	.000	.000	.002	.016	.055	.112	.164	.184	.166	.122	.074	.037	.015	.004	.001	.000	.000	.000	.000	.000
	8	.000	.000	.000	.005	.022	.061	.114	.161	.180	.162	.120	.073	.035	.014	.004	.001	.000	.000	.000	.000
	9	.000	.000	.000	.001	.007	.027	.065	.116	.160	.177	.160	.119	.071	.034	.012	.003	.000	.000	.000	.000
	10	.000	.000	.000	.000	.002	.010	.031	.069	.117	.159	.176	.159	.117	.069	.031	.010	.002	.000	.000	.000
	11	.000	.000	.000	.000	.000	.003	.012	.034	.071	.119	.160	.177	.160	.116	.065	.027	.007	.001	.000	.000
	12	.000	.000	.000	.000	.000	.001	.004	.014	.035	.073	.120	.162	.180	.161	.114	.061	.022	.005	.000	.000
	13	.000	.000	.000	.000	.000	.000	.001	.004	.015	.037	.074	.122	.166	.184	.164	.112	.055	.016	.002	.000
	14	.000	.000	.000	.000	.000	.000	.000	.001	.005	.015	.037	.075	.124	.171	.192	.169	.109	.045	.009	.000
	15	.000	.000	.000	.000	.000	.000	.000	.000	.001	.005	.015	.036	.075	.127	.179	.202	.175	.103	.032	.002
	16	.000	.000	.000	.000	.000	.000	.000	.000	.000	.001	.005	.014	.035	.074	.130	.190	.218	.182	.090	.013
	17	.000	.000	.000	.000	.000	.000	.000	.000	.000	.000	.001	.004	.012	.032	.072	.134	.205	.243	.190	.060
	18	.000	.000	.000	.000	.000	.000	.000	.000	.000	.000	.000	.001	.003	.010	.028	.067	.137	.229	.285	.189
	19	.000	.000	.000	.000	.000	.000	.000	.000	.000	.000	.000	.000	.000	.002	.007	.021	.058	.137	.270	.377
	20	.000	.000	.000	.000	.000	.000	.000	.000	.000	.000	.000	.000	.000	.000	.001	.003	.012	.039	.122	.358

<표 3> 포아송분포표

$$P(X=x)=\frac{e^{-\mu}\mu^{x}}{x!}$$

x \ μ	0.1	0.2	0.3	0.4	0.5	0.6	0.7	0.8	0.9	1.0
0	.9048	.8187	.7408	.6703	.6065	.5488	.4966	.4493	.4066	.3679
1	.0905	.1637	.2222	.2681	.3033	.3293	.3476	.3595	.3659	.3679
2	.0045	.0164	.0333	.0536	.0758	.0988	.1217	.1438	.1647	.1839
3	.0002	.0011	.0033	.0072	.0126	.0198	.0284	.0383	.0494	.0613
4	.0000	.0001	.0003	.0007	.0016	.0030	.0050	.0077	.0111	.0153
5	.0000	.0000	.0000	.0001	.0002	.0004	.0007	.0012	.0020	.0031
6	.0000	.0000	.0000	.0000	.0000	.0000	.0001	.0002	.0003	.0005
7	.0000	.0000	.0000	.0000	.0000	.0000	.0000	.0000	.0000	.0001

x \ μ	1.1	1.2	1.3	1.4	1.5	1.6	1.7	1.8	1.9	2.0
0	.3329	.3012	.2725	.2466	.2231	.2019	.1827	.1653	.1496	.1353
1	.3662	.3614	.3543	.3452	.3347	.3230	.3106	.2975	.2842	.2707
2	.2014	.2169	.2303	.2417	.2510	.2584	.2640	.2678	.2700	.2707
3	.0738	.0867	.0998	.1128	.1255	.1378	.1496	.1607	.1710	.1804
4	.0203	.0260	.0324	.0395	.0471	.0551	.0636	.0723	.0812	.0902
5	.0045	.0062	.0084	.0111	.0141	.0176	.0216	.0260	.0309	.0361
6	.0008	.0012	.0018	.0026	.0035	.0047	.0061	.0078	.0098	.0120
7	.0001	.0002	.0003	.0005	.0008	.0011	.0015	.0020	.0027	.0034
8	.0000	.0000	.0001	.0001	.0001	.0002	.0003	.0005	.0006	.0009
9	.0000	.0000	.0000	.0000	.0000	.0000	.0001	.0001	.0001	.0002

x \ μ	2.1	2.2	2.3	2.4	2.5	2.6	2.7	2.8	2.9	3.0
0	.1225	.1108	.1003	.0907	.0821	.0743	.0672	.0608	.0550	.0498
1	.2572	.2438	.2306	.2177	.2052	.1931	.1815	.1703	.1596	.1494
2	.2700	.2681	.2652	.2613	.2565	.2510	.2450	.2384	.2314	.2240
3	.1890	.1966	.2033	.2090	.2138	.2176	.2205	.2225	.2237	.2240
4	.0992	.1082	.1169	.1254	.1336	.1414	.1488	.1557	.1622	.1680
5	.0417	.0476	.0538	.0602	.0668	.0735	.0804	.0872	.0940	.1008
6	.0146	.0174	.0206	.0241	.0278	.0319	.0362	.0407	.0455	.0504
7	.0044	.0055	.0068	.0083	.0099	.0118	.0139	.0163	.0188	.0216
8	.0011	.0015	.0019	.0025	.0031	.0038	.0047	.0057	.0068	.0081
9	.0003	.0004	.0005	.0007	.0009	.0011	.0014	.0018	.0022	.0027
10	.0001	.0001	.0001	.0002	.0002	.0003	.0004	.0005	.0006	.0008
11	.0000	.0000	.0000	.0000	.0000	.0001	.0001	.0001	.0002	.0002
12	.0000	.0000	.0000	.0000	.0000	.0000	.0000	.0000	.0000	.0001

<표 3> 포아송분포표(계속)

	μ									
x	**3.1**	**3.2**	**3.3**	**3.4**	**3.5**	**3.6**	**3.7**	**3.8**	**3.9**	**4.0**
0	.0450	.0408	.0369	.0334	.0302	.0273	.0247	.0224	.0202	.0183
1	.1397	.1304	.1217	.1135	.1057	.0984	.0915	.0850	.0789	.0733
2	.2165	.2087	.2008	.1929	.1850	.1771	.1692	.1615	.1539	.1465
3	.2237	.2226	.2209	.2186	.2158	.2125	.2087	.2046	.2001	.1954
4	.1733	.1781	.1823	.1858	.1888	.1912	.1931	.1944	.1951	.1954
5	.1075	.1140	.1203	.1264	.1322	.1377	.1429	.1477	.1522	.1563
6	.0555	.0608	.0662	.0716	.0771	.0826	.0881	.0936	.0989	.1042
7	.0246	.0278	.0312	.0348	.0385	.0425	.0466	.0508	.0551	.0595
8	.0095	.0111	.0129	.0148	.0169	.0191	.0215	.0241	.0269	.0298
9	.0033	.0040	.0047	.0056	.0066	.0076	.0089	.0102	.0116	.0132
10	.0010	.0013	.0016	.0019	.0023	.0028	.0033	.0039	.0045	.0053
11	.0003	.0004	.0005	.0006	.0007	.0009	.0011	.0013	.0016	.0019
12	.0001	.0001	.0001	.0002	.0002	.0003	.0003	.0004	.0005	.0006
13	.0000	.0000	.0000	.0000	.0001	.0001	.0001	.0001	.0002	.0002
14	.0000	.0000	.0000	.0000	.0000	.0000	.0000	.0000	.0000	.0001

	μ									
x	**4.1**	**4.2**	**4.3**	**4.4**	**4.5**	**4.6**	**4.7**	**4.8**	**4.9**	**5.0**
0	.0166	.0150	.0136	.0123	.0111	.0101	.0091	.0082	.0074	.0067
1	.0679	.0630	.0583	.0540	.0500	.0462	.0427	.0395	.0365	.0337
2	.1393	.1323	.1254	.1188	.1125	.1063	.1005	.0948	.0894	.0842
3	.1904	.1852	.1798	.1743	.1687	.1631	.1574	.1517	.1460	.1404
4	.1951	.1944	.1933	.1917	.1898	.1875	.1849	.1820	.1789	.1755
5	.1600	.1633	.1662	.1687	.1708	.1725	.1738	.1747	.1753	.1755
6	.1093	.1143	.1191	.1237	.1281	.1323	.1362	.1398	.1432	.1462
7	.0640	.0686	.0732	.0778	.0824	.0869	.0914	.0959	.1002	.1044
8	.0328	.0360	.0393	.0428	.0463	.0500	.0537	.0575	.0614	.0653
9	.0150	.0168	.0188	.0209	.0232	.0255	.0281	.0307	.0334	.0363
10	.0061	.0071	.0081	.0092	.0104	.0118	.0132	.0147	.0164	.0181
11	.0023	.0027	.0032	.0037	.0043	.0049	.0056	.0064	.0073	.0082
12	.0008	.0009	.0011	.0013	.0016	.0019	.0022	.0026	.0030	.0034
13	.0002	.0003	.0004	.0005	.0006	.0007	.0008	.0009	.0011	.0013
14	.0001	.0001	.0001	.0001	.0002	.0002	.0003	.0003	.0004	.0005
15	.0000	.0000	.0000	.0000	.0001	.0001	.0001	.0001	.0001	.0002

<표 3> 포아송분포표(계속)

x	5.1	5.2	5.3	5.4	5.5	5.6	5.7	5.8	5.9	6.0
0	.0061	.0055	.0050	.0045	.0041	.0037	.0033	.0030	.0027	.0025
1	.0311	.0287	.0265	.0244	.0225	.0207	.0191	.0176	.0162	.0149
2	.0793	.0746	.0701	.0659	.0618	.0580	.0544	.0509	.0477	.0446
3	.1348	.1293	.1239	.1185	.1133	.1082	.1033	.0985	.0938	.0892
4	.1719	.1681	.1641	.1600	.1558	.1515	.1472	.1428	.1383	.1339
5	.1753	.1748	.1740	.1728	.1714	.1697	.1678	.1656	.1632	.1606
6	.1490	.1515	.1537	.1555	.1571	.1584	.1594	.1601	.1605	.1606
7	.1086	.1125	.1163	.1200	.1234	.1267	.1298	.1326	.1353	.1377
8	.0692	.0731	.0771	.0810	.0849	.0887	.0925	.0962	.0998	.1033
9	.0392	.0423	.0454	.0486	.0519	.0552	.0586	.0620	.0654	.0688
10	.0200	.0220	.0241	.0262	.0285	.0309	.0334	.0359	.0386	.0413
11	.0093	.0104	.0116	.0129	.0143	.0157	.0173	.0190	.0207	.0225
12	.0039	.0045	.0051	.0058	.0065	.0073	.0082	.0092	.0102	.0113
13	.0015	.0018	.0021	.0024	.0028	.0032	.0036	.0041	.0046	.0052
14	.0006	.0007	.0008	.0009	.0011	.0013	.0015	.0017	.0019	.0022
15	.0002	.0002	.0003	.0003	.0004	.0005	.0006	.0007	.0008	.0009
16	.0001	.0001	.0001	.0001	.0001	.0002	.0002	.0002	.0003	.0003
17	.0000	.0000	.0000	.0000	.0000	.0001	.0001	.0001	.0001	.0001

x	6.1	6.2	6.3	6.4	6.5	6.6	6.7	6.8	6.9	7.0
0	.0022	.0020	.0018	.0017	.0015	.0014	.0012	.0011	.0010	.0009
1	.0137	.0126	.0116	.0106	.0098	.0090	.0082	.0076	.0070	.0064
2	.0417	.0390	.0364	.0340	.0318	.0296	.0276	.0258	.0240	.0223
3	.0848	.0806	.0765	.0726	.0688	.0652	.0617	.0584	.0552	.0521
4	.1294	.1249	.1205	.1162	.1118	.1076	.1034	.0992	.0952	.0912
5	.1579	.1549	.1519	.1487	.1454	.1420	.1385	.1349	.1314	.1277
6	.1605	.1601	.1595	.1586	.1575	.1562	.1546	.1529	.1511	.1490
7	.1399	.1418	.1435	.1450	.1462	.1472	.1480	.1486	.1489	.1490
8	.1066	.1099	.1130	.1160	.1188	.1215	.1240	.1263	.1284	.1304
9	.0723	.0757	.0791	.0825	.0858	.0891	.0923	.0954	.0985	.1014
10	.0441	.0469	.0498	.0528	.0558	.0588	.0618	.0649	.0679	.0710
11	.0244	.0265	.0285	.0307	.0330	.0353	.0377	.0401	.0426	.0452
12	.0124	.0137	.0150	.0164	.0179	.0194	.0210	.0227	.0245	.0263
13	.0058	.0065	.0073	.0081	.0089	.0099	.0108	.0119	.0130	.0142
14	.0025	.0029	.0033	.0037	.0041	.0046	.0052	.0058	.0064	.0071
15	.0010	.0012	.0014	.0016	.0018	.0020	.0023	.0026	.0029	.0033
16	.0004	.0005	.0005	.0006	.0007	.0008	.0010	.0011	.0013	.0014
17	.0001	.0002	.0002	.0002	.0003	.0003	.0004	.0004	.0005	.0006
18	.0000	.0001	.0001	.0001	.0001	.0001	.0001	.0002	.0002	.0002
19	.0000	.0000	.0000	.0000	.0000	.0000	.0001	.0001	.0001	.0001

<표 3> 포아송분포표(계속)

	μ									
x	**7.1**	**7.2**	**7.3**	**7.4**	**7.5**	**7.6**	**7.7**	**7.8**	**7.9**	**8.0**
0	.0008	.0007	.0007	.0006	.0006	.0005	.0005	.0004	.0004	.0003
1	.0059	.0054	.0049	.0045	.0041	.0038	.0035	.0032	.0029	.0027
2	.0208	.0194	.0180	.0167	.0156	.0145	.0134	.0125	.0116	.0107
3	.0492	.0464	.0438	.0413	.0389	.0366	.0345	.0324	.0305	.0286
4	.0874	.0836	.0799	.0764	.0729	.0696	.0663	.0632	.0602	.0573
5	.1241	.1204	.1167	.1130	.1094	.1057	.1021	.0986	.0951	.0916
6	.1468	.1445	.1420	.1394	.1367	.1339	.1311	.1282	.1252	.1221
7	.1489	.1486	.1481	.1474	.1465	.1454	.1442	.1428	.1413	.1396
8	.1321	.1337	.1351	.1363	.1373	.1381	.1388	.1392	.1395	.1396
9	.1042	.1070	.1096	.1121	.1144	.1167	.1187	.1207	.1224	.1241
10	.0740	.0770	.0800	.0829	.0858	.0887	.0914	.0941	.0967	.0993
11	.0478	.0504	.0531	.0558	.0585	.0613	.0640	.0667	.0695	.0722
12	.0283	.0303	.0323	.0344	.0366	.0388	.0411	.0434	.0457	.0481
13	.0154	.0168	.0181	.0196	.0211	.0227	.0243	.0260	.0278	.0296
14	.0078	.0086	.0095	.0104	.0113	.0123	.0134	.0145	.0157	.0169
15	.0037	.0041	.0046	.0051	.0057	.0062	.0069	.0075	.0083	.0090
16	.0016	.0019	.0021	.0024	.0026	.0030	.0033	.0037	.0041	.0045
17	.0007	.0008	.0009	.0010	.0012	.0013	.0015	.0017	.0019	.0021
18	.0003	.0003	.0004	.0004	.0005	.0006	.0006	.0007	.0008	.0009
19	.0001	.0001	.0001	.0002	.0002	.0002	.0003	.0003	.0003	.0004
20	.0000	.0000	.0001	.0001	.0001	.0001	.0001	.0001	.0001	.0002
21	.0000	.0000	.0000	.0000	.0000	.0000	.0000	.0000	.0001	.0001

<표 3> 포아송분포표(계속)

	μ									
x	**8.1**	**8.2**	**8.3**	**8.4**	**8.5**	**8.6**	**8.7**	**8.8**	**8.9**	**9.0**
0	.0003	.0003	.0002	.0002	.0002	.0002	.0002	.0002	.0001	.0001
1	.0025	.0023	.0021	.0019	.0017	.0016	.0014	.0013	.0012	.0011
2	.0100	.0092	.0086	.0079	.0074	.0068	.0063	.0058	.0054	.0050
3	.0269	.0252	.0237	.0222	.0208	.0195	.0183	.0171	.0160	.0150
4	.0544	.0517	.0491	.0466	.0443	.0420	.0398	.0377	.0357	.0337
5	.0882	.0849	.0816	.0784	.0752	.0722	.0692	.0663	.0635	.0607
6	.1191	.1160	.1128	.1097	.1066	.1034	.1003	.0972	.0941	.0911
7	.1378	.1358	.1338	.1317	.1294	.1271	.1247	.1222	.1197	.1171
8	.1395	.1392	.1388	.1382	.1375	.1366	.1356	.1344	.1332	.1318
9	.1256	.1269	.1280	.1290	.1299	.1306	.1311	.1315	.1317	.1318
10	.1017	.1040	.1063	.1084	.1104	.1123	.1140	.1157	.1172	.1186
11	.0749	.0776	.0802	.0828	.0853	.0878	.0902	.0925	.0948	.0970
12	.0505	.0530	.0555	.0579	.0604	.0629	.0654	.0679	.0703	.0728
13	.0315	.0334	.0354	.0374	.0395	.0416	.0438	.0459	.0481	.0504
14	.0182	.0196	.0210	.0225	.0240	.0256	.0272	.0289	.0306	.0324
15	.0098	.0107	.0116	.0126	.0136	.0147	.0158	.0169	.0182	.0194
16	.0050	.0055	.0060	.0066	.0072	.0079	.0086	.0093	.0101	.0109
17	.0024	.0026	.0029	.0033	.0036	.0040	.0044	.0048	.0053	.0058
18	.0011	.0012	.0014	.0015	.0017	.0019	.0021	.0024	.0026	.0029
19	.0005	.0005	.0006	.0007	.0008	.0009	.0010	.0011	.0012	.0014
20	.0002	.0002	.0002	.0003	.0003	.0004	.0004	.0005	.0005	.0006
21	.0001	.0001	.0001	.0001	.0001	.0002	.0002	.0002	.0002	.0003
22	.0000	.0000	.0000	.0000	.0001	.0001	.0001	.0001	.0001	.0001

<표 3> 포아송분포표(계속)

x	μ									
	9.1	**9.2**	**9.3**	**9.4**	**9.5**	**9.6**	**9.7**	**9.8**	**9.9**	**10.0**
0	.0001	.0001	.0001	.0001	.0001	.0001	.0001	.0001	.0001	.0000
1	.0010	.0009	.0009	.0008	.0007	.0007	.0006	.0005	.0005	.0005
2	.0046	.0043	.0040	.0037	.0034	.0031	.0029	.0027	.0025	.0023
3	.0140	.0131	.0123	.0115	.0107	.0100	.0093	.0087	.0081	.0076
4	.0319	.0302	.0285	.0269	.0254	.0240	.0226	.0213	.0201	.0189
5	.0581	.0555	.0530	.0506	.0483	.0460	.0439	.0418	.0398	.0378
6	.0881	.0851	.0822	.0793	.0764	.0736	.0709	.0682	.0656	.0631
7	.1145	.1118	.1091	.1064	.1037	.1010	.0982	.0955	.0928	.0901
8	.1302	.1286	.1269	.1251	.1232	.1212	.1191	.1170	.1148	.1126
9	.1317	.1315	.1311	.1306	.1300	.1293	.1284	.1274	.1263	.1251
10	.1198	.1210	.1219	.1228	.1235	.1241	.1245	.1249	.1250	.1251
11	.0991	.1012	.1031	.1049	.1067	.1083	.1098	.1112	.1125	.1137
12	.0752	.0776	.0799	.0822	.0844	.0866	.0888	.0908	.0928	.0948
13	.0526	.0549	.0572	.0594	.0617	.0640	.0662	.0685	.0707	.0729
14	.0342	.0361	.0380	.0399	.0419	.0439	.0459	.0479	.0500	.0521
15	.0208	.0221	.0235	.0250	.0265	.0281	.0297	.0313	.0330	.0347
16	.0118	.0127	.0137	.0147	.0157	.0168	.0180	.0192	.0204	.0217
17	.0063	.0069	.0075	.0081	.0088	.0095	.0103	.0111	.0119	.0128
18	.0032	.0035	.0039	.0042	.0046	.0051	.0055	.0060	.0065	.0071
19	.0015	.0017	.0019	.0021	.0023	.0026	.0028	.0031	.0034	.0037
20	.0007	.0008	.0009	.0010	.0011	.0012	.0014	.0015	.0017	.0019
21	.0003	.0003	.0004	.0004	.0005	.0006	.0006	.0007	.0008	.0009
22	.0001	.0001	.0002	.0002	.0002	.0002	.0003	.0003	.0004	.0004
23	.0000	.0001	.0001	.0001	.0001	.0001	.0001	.0001	.0002	.0002
24	.0000	.0000	.0000	.0000	.0000	.0000	.0000	.0001	.0001	.0001

<표 3> 포아송분포표(계속)

	μ									
x	11	12	13	14	15	16	17	18	19	20
0	.0000	.0000	.0000	.0000	.0000	.0000	.0000	.0000	.0000	.0000
1	.0002	.0001	.0000	.0000	.0000	.0000	.0000	.0000	.0000	.0000
2	.0010	.0004	.0002	.0001	.0000	.0000	.0000	.0000	.0000	.0000
3	.0037	.0018	.0008	.0004	.0002	.0001	.0000	.0000	.0000	.0000
4	.0102	.0053	.0027	.0013	.0006	.0003	.0001	.0001	.0000	.0000
5	.0224	.0127	.0070	.0037	.0019	.0010	.0005	.0002	.0001	.0001
6	.0411	.0255	.0152	.0087	.0048	.0026	.0014	.0007	.0004	.0002
7	.0646	.0437	.0281	.0174	.0104	.0060	.0034	.0019	.0010	.0005
8	.0888	.0655	.0457	.0304	.0194	.0120	.0072	.0042	.0024	.0013
9	.1085	.0874	.0661	.0473	.0324	.0213	.0135	.0083	.0050	.0029
10	.1194	.1048	.0859	.0663	.0486	.0341	.0230	.0150	.0095	.0058
11	.1194	.1144	.1015	.0844	.0663	.0496	.0355	.0245	.0164	.0106
12	.1094	.1144	.1099	.0984	.0829	.0661	.0504	.0368	.0259	.0176
13	.0926	.1056	.1099	.1060	.0956	.0814	.0658	.0509	.0378	.0271
14	.0728	.0905	.1021	.1060	.1024	.0930	.0800	.0655	.0514	.0387
15	.0534	.0724	.0885	.0989	.1024	.0992	.0906	.0786	.0650	.0516
16	.0367	.0543	.0719	.0866	.0960	.0992	.0963	.0884	.0772	.0646
17	.0237	.0383	.0550	.0713	.0847	.0934	.0963	.0936	.0863	.0760
18	.0145	.0255	.0397	.0554	.0706	.0830	.0909	.0936	.0911	.0844
19	.0084	.0161	.0272	.0409	.0557	.0699	.0814	.0887	.0911	.0888
20	.0046	.0097	.0177	.0286	.0418	.0559	.0692	.0798	.0866	.0888
21	.0024	.0055	.0109	.0191	.0299	.0426	.0560	.0684	.0783	.0846
22	.0012	.0030	.0065	.0121	.0204	.0310	.0433	.0560	.0676	.0769
23	.0006	.0016	.0037	.0074	.0133	.0216	.0320	.0438	.0559	.0669
24	.0003	.0008	.0020	.0043	.0083	.0144	.0226	.0328	.0442	.0557
25	.0001	.0004	.0010	.0024	.0050	.0092	.0154	.0237	.0336	.0446
26	.0000	.0002	.0005	.0013	.0029	.0057	.0101	.0164	.0246	.0343
27	.0000	.0001	.0002	.0007	.0016	.0034	.0063	.0109	.0173	.0254
28	.0000	.0000	.0001	.0003	.0009	.0019	.0038	.0070	.0117	.0181
29	.0000	.0000	.0001	.0002	.0004	.0011	.0023	.0044	.0077	.0125
30	.0000	.0000	.0000	.0001	.0002	.0006	.0013	.0026	.0049	.0083
31	.0000	.0000	.0000	.0000	.0001	.0003	.0007	.0015	.0030	.0054
32	.0000	.0000	.0000	.0000	.0001	.0001	.0004	.0009	.0018	.0034
33	.0000	.0000	.0000	.0000	.0000	.0001	.0002	.0005	.0010	.0020
34	.0000	.0000	.0000	.0000	.0000	.0000	.0001	.0002	.0006	.0012
35	.0000	.0000	.0000	.0000	.0000	.0000	.0000	.0001	.0003	.0007
36	.0000	.0000	.0000	.0000	.0000	.0000	.0000	.0001	.0002	.0004
37	.0000	.0000	.0000	.0000	.0000	.0000	.0000	.0000	.0001	.0002
38	.0000	.0000	.0000	.0000	.0000	.0000	.0000	.0000	.0000	.0001
39	.0000	.0000	.0000	.0000	.0000	.0000	.0000	.0000	.0000	.0001

<표 4> 표준정규분포표

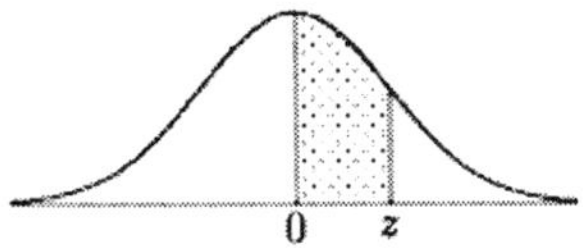

z	0.00	0.01	0.02	0.03	0.04	0.05	0.06	0.07	0.08	0.09
0.0	0.0000	0.0040	0.0080	0.0120	0.0160	0.0199	0.0239	0.0279	0.0319	0.0359
0.1	0.0398	0.0438	0.0478	0.0517	0.0557	0.0596	0.0636	0.0675	0.0714	0.0753
0.2	0.0793	0.0832	0.0871	0.0910	0.0948	0.0987	0.1026	0.1064	0.1103	0.1141
0.3	0.1179	0.1217	0.1255	0.1293	0.1331	0.1368	0.1406	0.1443	0.1480	0.1517
0.4	0.1554	0.1591	0.1628	0.1664	0.1700	0.1736	0.1772	0.1808	0.1844	0.1879
0.5	0.1915	0.1950	0.1985	0.2019	0.2054	0.2088	0.2123	0.2157	0.2190	0.2224
0.6	0.2257	0.2291	0.2324	0.2357	0.2389	0.2422	0.2454	0.2486	0.2517	0.2549
0.7	0.2580	0.2611	0.2642	0.2673	0.2703	0.2734	0.2764	0.2794	0.2823	0.2852
0.8	0.2881	0.2910	0.2939	0.2967	0.2995	0.3023	0.3051	0.3078	0.3106	0.3133
0.9	0.3159	0.3186	0.3212	0.3238	0.3264	0.3289	0.3315	0.3340	0.3365	0.3389
1.0	0.3413	0.3438	0.3461	0.3485	0.3508	0.3531	0.3554	0.3577	0.3599	0.3621
1.1	0.3643	0.3665	0.3686	0.3708	0.3729	0.3749	0.3770	0.3790	0.3810	0.3830
1.2	0.3849	0.3869	0.3888	0.3907	0.3925	0.3944	0.3962	0.3980	0.3997	0.4015
1.3	0.4032	0.4049	0.4066	0.4082	0.4099	0.4115	0.4131	0.4147	0.4162	0.4177
1.4	0.4192	0.4207	0.4222	0.4236	0.4251	0.4265	0.4279	0.4292	0.4306	0.4319
1.5	0.4332	0.4345	0.4357	0.4370	0.4382	0.4394	0.4406	0.4418	0.4429	0.4441
1.6	0.4452	0.4463	0.4474	0.4484	0.4495	0.4505	0.4515	0.4525	0.4535	0.4545
1.7	0.4554	0.4564	0.4573	0.4582	0.4591	0.4599	0.4608	0.4616	0.4625	0.4633
1.8	0.4641	0.4649	0.4656	0.4664	0.4671	0.4678	0.4686	0.4693	0.4699	0.4706
1.9	0.4713	0.4719	0.4726	0.4732	0.4738	0.4744	0.4750	0.4756	0.4761	0.4767
2.0	0.4772	0.4778	0.4783	0.4788	0.4793	0.4798	0.4803	0.4808	0.4812	0.4817
2.1	0.4821	0.4826	0.4830	0.4834	0.4838	0.4842	0.4846	0.4850	0.4854	0.4857
2.2	0.4861	0.4864	0.4868	0.4871	0.4875	0.4878	0.4881	0.4884	0.4887	0.4890
2.3	0.4893	0.4896	0.4898	0.4901	0.4904	0.4906	0.4909	0.4911	0.4913	0.4916
2.4	0.4918	0.4920	0.4922	0.4925	0.4927	0.4929	0.4931	0.4932	0.4934	0.4936
2.5	0.4938	0.4940	0.4941	0.4943	0.4945	0.4946	0.4948	0.4949	0.4951	0.4952
2.6	0.4953	0.4955	0.4956	0.4957	0.4959	0.4960	0.4961	0.4962	0.4963	0.4964
2.7	0.4965	0.4966	0.4967	0.4968	0.4969	0.4970	0.4971	0.4972	0.4973	0.4974
2.8	0.4974	0.4975	0.4976	0.4977	0.4977	0.4978	0.4979	0.4979	0.4980	0.4981
2.9	0.4981	0.4982	0.4982	0.4983	0.4984	0.4984	0.4985	0.4985	0.4986	0.4986
3.0	0.4987	0.4987	0.4987	0.4988	0.4988	0.4989	0.4989	0.4989	0.4990	0.4990

<표 5> t-분포의 상위 α 의 확률을 주는 값

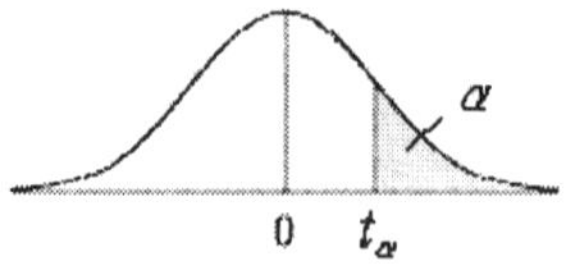

	α					
자유도	**0.25**	**0.10**	**0.05**	**0.025**	**0.01**	**0.005**
1	1.000	3.078	6.314	12.706	31.821	63.656
2	0.816	1.886	2.920	4.303	6.965	9.925
3	0.765	1.638	2.353	3.182	4.541	5.841
4	0.741	1.533	2.132	2.776	3.747	4.604
5	0.727	1.476	2.015	2.571	3.365	4.032
6	0.718	1.440	1.943	2.447	3.143	3.707
7	0.711	1.415	1.895	2.365	2.998	3.499
8	0.706	1.397	1.860	2.306	2.896	3.355
9	0.703	1.383	1.833	2.262	2.821	3.250
10	0.700	1.372	1.812	2.228	2.764	3.169
11	0.697	1.363	1.796	2.201	2.718	3.106
12	0.695	1.356	1.782	2.179	2.681	3.055
13	0.694	1.350	1.771	2.160	2.650	3.012
14	0.692	1.345	1.761	2.145	2.624	2.977
15	0.691	1.341	1.753	2.131	2.602	2.947
16	0.690	1.337	1.746	2.120	2.583	2.921
17	0.689	1.333	1.740	2.110	2.567	2.898
18	0.688	1.330	1.734	2.101	2.552	2.878
19	0.688	1.328	1.729	2.093	2.539	2.861
20	0.687	1.325	1.725	2.086	2.528	2.845
21	0.686	1.323	1.721	2.080	2.518	2.831
22	0.686	1.321	1.717	2.074	2.508	2.819
23	0.685	1.319	1.714	2.069	2.500	2.807
24	0.685	1.318	1.711	2.064	2.492	2.797
25	0.684	1.316	1.708	2.060	2.485	2.787
26	0.684	1.315	1.706	2.056	2.479	2.779
27	0.684	1.314	1.703	2.052	2.473	2.771
28	0.683	1.313	1.701	2.048	2.467	2.763
29	0.683	1.311	1.699	2.045	2.462	2.756
∞	0.674	1.282	1.645	1.960	2.326	2.576

<표 6> χ^2-분포의 상위 α를 주는 값

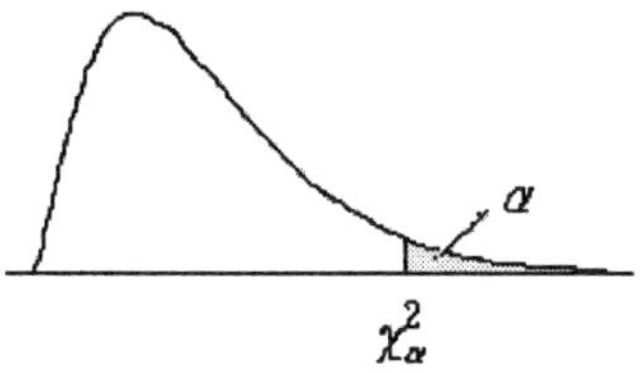

	α									
자유도	**0.995**	**0.99**	**0.975**	**0.95**	**0.90**	**0.10**	**0.05**	**0.025**	**0.01**	**0.005**
1	—	—	0.001	0.004	0.016	2.706	3.841	5.024	6.635	7.879
2	0.010	0.020	0.051	0.103	0.211	4.605	5.991	7.378	9.210	10.597
3	0.072	0.115	0.216	0.352	0.584	6.251	7.815	9.348	11.345	12.838
4	0.207	0.297	0.484	0.711	1.064	7.779	9.488	11.143	13.277	14.860
5	0.412	0.554	0.831	1.145	1.610	9.236	11.070	12.832	15.086	16.750
6	0.676	0.872	1.237	1.635	2.204	10.645	12.592	14.449	16.812	18.548
7	0.989	1.239	1.690	2.167	2.833	12.017	14.067	16.013	18.475	20.278
8	1.344	1.647	2.180	2.733	3.490	13.362	15.507	17.535	20.090	21.955
9	1.735	2.088	2.700	3.325	4.168	14.684	16.919	19.023	21.666	23.589
10	2.156	2.558	3.247	3.940	4.865	15.987	18.307	20.483	23.209	25.188
11	2.603	3.053	3.816	4.575	5.578	17.275	19.675	21.920	24.725	26.757
12	3.074	3.571	4.404	5.226	6.304	18.549	21.026	23.337	26.217	28.300
13	3.565	4.107	5.009	5.892	7.041	19.812	22.362	24.736	27.688	29.819
14	4.075	4.660	5.629	6.571	7.790	21.064	23.685	26.119	29.141	31.319
15	4.601	5.229	6.262	7.261	8.547	22.307	24.996	27.488	30.578	32.801
16	5.142	5.812	6.908	7.962	9.312	23.542	26.296	28.845	32.000	34.267
17	5.697	6.408	7.564	8.672	10.085	24.769	27.587	30.191	33.409	35.718
18	6.265	7.015	8.231	9.390	10.865	25.989	28.869	31.526	34.805	37.156
19	6.844	7.633	8.907	10.117	11.651	27.204	30.144	32.852	36.191	38.582
20	7.434	8.260	9.591	10.851	12.443	28.412	31.410	34.170	37.566	39.997
21	8.034	8.897	10.283	11.591	13.240	29.615	32.671	35.479	38.932	41.401
22	8.643	9.542	10.982	12.338	14.041	30.813	33.924	36.781	40.289	42.796
23	9.260	10.196	11.689	13.091	14.848	32.007	35.172	38.076	41.638	44.181
24	9.886	10.856	12.401	13.848	15.659	33.196	36.415	39.364	42.980	45.558
25	10.520	11.524	13.120	14.611	16.473	34.382	37.652	40.646	44.314	46.928
26	11.160	12.198	13.844	15.379	17.292	35.563	38.885	41.923	45.642	48.290
27	11.808	12.878	14.573	16.151	18.114	36.741	40.113	43.195	46.963	49.645
28	12.461	13.565	15.308	16.928	18.939	37.916	41.337	44.461	48.278	50.994
29	13.121	14.256	16.047	17.708	19.768	39.087	42.557	45.722	49.588	52.335
30	13.787	14.953	16.791	18.493	20.599	40.256	43.773	46.979	50.892	53.672
40	20.707	22.164	24.433	26.509	29.051	51.805	55.758	59.342	63.691	66.766
50	27.991	29.707	32.357	34.764	37.689	63.167	67.505	71.420	76.154	79.490
60	35.534	37.485	40.482	43.188	46.459	74.397	79.082	83.298	88.379	91.952
70	43.275	45.442	48.758	51.739	55.329	85.527	90.531	95.023	100.425	104.215
80	51.172	53.540	57.153	60.391	64.278	96.578	101.879	106.629	112.329	116.321
90	59.196	61.754	65.647	69.126	73.291	107.565	113.145	118.136	124.116	128.299
100	67.328	70.065	74.222	77.929	82.358	118.498	124.342	129.561	135.807	140.170

<표 7> F-분포의 상위 α의 확률을 주는 값

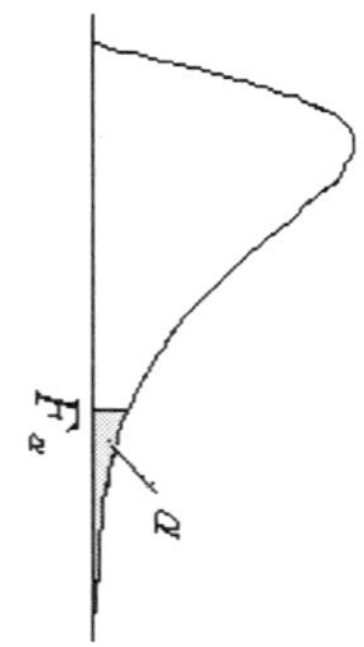

$\alpha = 0.10$

ν_2 \ ν_1	1	2	3	4	5	6	7	8	9	10	12	15	20	25	30	40	60
1	39.86	49.50	53.59	55.83	57.24	58.20	58.91	59.44	59.86	60.19	60.71	61.22	61.74	62.05	62.26	62.53	62.79
2	8.53	9.00	9.16	9.24	9.29	9.33	9.35	9.37	9.38	9.39	9.41	9.42	9.44	9.45	9.46	9.47	9.47
3	5.54	5.46	5.39	5.34	5.31	5.28	5.27	5.25	5.24	5.23	5.22	5.20	5.18	5.17	5.17	5.16	5.15
4	4.54	4.32	4.19	4.11	4.05	4.01	3.98	3.95	3.94	3.92	3.90	3.87	3.84	3.83	3.82	3.80	3.79
5	4.06	3.78	3.62	3.52	3.45	3.40	3.37	3.34	3.32	3.30	3.27	3.24	3.21	3.19	3.17	3.16	3.14
6	3.78	3.46	3.29	3.18	3.11	3.05	3.01	2.98	2.96	2.94	2.90	2.87	2.84	2.81	2.80	2.78	2.76
7	3.59	3.26	3.07	2.96	2.88	2.83	2.78	2.75	2.72	2.70	2.67	2.63	2.59	2.57	2.56	2.54	2.51
8	3.46	3.11	2.92	2.81	2.73	2.67	2.62	2.59	2.56	2.54	2.50	2.46	2.42	2.40	2.38	2.36	2.34
9	3.36	3.01	2.81	2.69	2.61	2.55	2.51	2.47	2.44	2.42	2.38	2.34	2.30	2.27	2.25	2.23	2.21
10	3.29	2.92	2.73	2.61	2.52	2.46	2.41	2.38	2.35	2.32	2.28	2.24	2.20	2.17	2.16	2.13	2.11
11	3.23	2.86	2.66	2.54	2.45	2.39	2.34	2.30	2.27	2.25	2.21	2.17	2.12	2.10	2.08	2.05	2.03
12	3.18	2.81	2.61	2.48	2.39	2.33	2.28	2.24	2.21	2.19	2.15	2.10	2.06	2.03	2.01	1.99	1.96
13	3.14	2.76	2.56	2.43	2.35	2.28	2.23	2.20	2.16	2.14	2.10	2.05	2.01	1.98	1.96	1.93	1.90
14	3.10	2.73	2.52	2.39	2.31	2.24	2.19	2.15	2.12	2.10	2.05	2.01	1.96	1.93	1.91	1.89	1.86
15	3.07	2.70	2.49	2.36	2.27	2.21	2.16	2.12	2.09	2.06	2.02	1.97	1.92	1.89	1.87	1.85	1.82
16	3.05	2.67	2.46	2.33	2.24	2.18	2.13	2.09	2.06	2.03	1.99	1.94	1.89	1.86	1.84	1.81	1.78
17	3.03	2.64	2.44	2.31	2.22	2.15	2.10	2.06	2.03	2.00	1.96	1.91	1.86	1.83	1.81	1.78	1.75
18	3.01	2.62	2.42	2.29	2.20	2.13	2.08	2.04	2.00	1.98	1.93	1.89	1.84	1.80	1.78	1.75	1.72
19	2.99	2.61	2.40	2.27	2.18	2.11	2.06	2.02	1.98	1.96	1.91	1.86	1.81	1.78	1.76	1.73	1.70
20	2.97	2.59	2.38	2.25	2.16	2.09	2.04	2.00	1.96	1.94	1.89	1.84	1.79	1.76	1.74	1.71	1.68
21	2.96	2.57	2.36	2.23	2.14	2.08	2.02	1.98	1.95	1.92	1.87	1.83	1.78	1.74	1.72	1.69	1.66
22	2.95	2.56	2.35	2.22	2.13	2.06	2.01	1.97	1.93	1.90	1.86	1.81	1.76	1.73	1.70	1.67	1.64
23	2.94	2.55	2.34	2.21	2.11	2.05	1.99	1.95	1.92	1.89	1.84	1.80	1.74	1.71	1.69	1.66	1.62
24	2.93	2.54	2.33	2.19	2.10	2.04	1.98	1.94	1.91	1.88	1.83	1.78	1.73	1.70	1.67	1.64	1.61
25	2.92	2.53	2.32	2.18	2.09	2.02	1.97	1.93	1.89	1.87	1.82	1.77	1.72	1.68	1.66	1.63	1.59
26	2.91	2.52	2.31	2.17	2.08	2.01	1.96	1.92	1.88	1.86	1.81	1.76	1.71	1.67	1.65	1.61	1.58
27	2.90	2.51	2.30	2.17	2.07	2.00	1.95	1.91	1.87	1.85	1.80	1.75	1.70	1.66	1.64	1.60	1.57
28	2.89	2.50	2.29	2.16	2.06	2.00	1.94	1.90	1.87	1.84	1.79	1.74	1.69	1.65	1.63	1.59	1.56
29	2.89	2.50	2.28	2.15	2.06	1.99	1.93	1.89	1.86	1.83	1.78	1.73	1.68	1.64	1.62	1.58	1.55
30	2.88	2.49	2.28	2.14	2.05	1.98	1.93	1.88	1.85	1.82	1.77	1.72	1.67	1.63	1.61	1.57	1.54
40	2.84	2.44	2.23	2.09	2.00	1.93	1.87	1.83	1.79	1.76	1.71	1.66	1.61	1.57	1.54	1.51	1.47
60	2.79	2.39	2.18	2.04	1.95	1.87	1.82	1.77	1.74	1.71	1.66	1.60	1.54	1.50	1.48	1.44	1.40
120	2.75	2.35	2.13	1.99	1.90	1.82	1.77	1.72	1.68	1.65	1.60	1.55	1.48	1.45	1.41	1.37	1.32
∞	2.71	2.30	2.08	1.94	1.85	1.77	1.72	1.67	1.63	1.60	1.55	1.49	1.42	1.38	1.34	1.30	1.24

표 7> F분포의 상위 α의 확률을 주는 값(계속)

$\alpha = 0.05$

ν_2 \ ν_1	1	2	3	4	5	6	7	8	9	10	12	15	20	25	30	40	60
1	161.5	199.5	215.7	224.6	230.2	234.0	236.8	238.9	240.5	241.9	243.9	246.0	248.0	249.3	250.1	251.1	252.2
2	18.51	19.00	19.16	19.25	19.30	19.33	19.35	19.37	19.38	19.40	19.41	19.43	19.45	19.46	19.46	19.47	19.48
3	10.13	9.55	9.28	9.12	9.01	8.94	8.89	8.85	8.81	8.79	8.74	8.70	8.66	8.63	8.62	8.59	8.57
4	7.71	6.94	6.59	6.39	6.26	6.16	6.09	6.04	6.00	5.96	5.91	5.86	5.80	5.77	5.75	5.72	5.69
5	6.61	5.79	5.41	5.19	5.05	4.95	4.88	4.82	4.77	4.74	4.68	4.62	4.56	4.52	4.50	4.46	4.43
6	5.99	5.14	4.76	4.53	4.39	4.28	4.21	4.15	4.10	4.06	4.00	3.94	3.87	3.83	3.81	3.77	3.74
7	5.59	4.74	4.35	4.12	3.97	3.87	3.79	3.73	3.68	3.64	3.57	3.51	3.44	3.40	3.38	3.34	3.30
8	5.32	4.46	4.07	3.84	3.69	3.58	3.50	3.44	3.39	3.35	3.28	3.22	3.15	3.11	3.08	3.04	3.01
9	5.12	4.26	3.86	3.63	3.48	3.37	3.29	3.23	3.18	3.14	3.07	3.01	2.94	2.89	2.86	2.83	2.79
10	4.96	4.10	3.71	3.48	3.33	3.22	3.14	3.07	3.02	2.98	2.91	2.85	2.77	2.73	2.70	2.66	2.62
11	4.84	3.98	3.59	3.36	3.20	3.09	3.01	2.95	2.90	2.85	2.79	2.72	2.65	2.60	2.57	2.53	2.49
12	4.75	3.89	3.49	3.26	3.11	3.00	2.91	2.85	2.80	2.75	2.69	2.62	2.54	2.50	2.47	2.43	2.38
13	4.67	3.81	3.41	3.18	3.03	2.92	2.83	2.77	2.71	2.67	2.60	2.53	2.46	2.41	2.38	2.34	2.30
14	4.60	3.74	3.34	3.11	2.96	2.85	2.76	2.70	2.65	2.60	2.53	2.46	2.39	2.34	2.31	2.27	2.22
15	4.54	3.68	3.29	3.06	2.90	2.79	2.71	2.64	2.59	2.54	2.48	2.40	2.33	2.28	2.25	2.20	2.16
16	4.49	3.63	3.24	3.01	2.85	2.74	2.66	2.59	2.54	2.49	2.42	2.35	2.28	2.23	2.19	2.15	2.11
17	4.45	3.59	3.20	2.96	2.81	2.70	2.61	2.55	2.49	2.45	2.38	2.31	2.23	2.18	2.15	2.10	2.06
18	4.41	3.55	3.16	2.93	2.77	2.66	2.58	2.51	2.46	2.41	2.34	2.27	2.19	2.14	2.11	2.06	2.02
19	4.38	3.52	3.13	2.90	2.74	2.63	2.54	2.48	2.42	2.38	2.31	2.23	2.16	2.11	2.07	2.03	1.98
20	4.35	3.49	3.10	2.87	2.71	2.60	2.51	2.45	2.39	2.35	2.28	2.20	2.12	2.07	2.04	1.99	1.95
21	4.32	3.47	3.07	2.84	2.68	2.57	2.49	2.42	2.37	2.32	2.25	2.18	2.10	2.05	2.01	1.96	1.92
22	4.30	3.44	3.05	2.82	2.66	2.55	2.46	2.40	2.34	2.30	2.23	2.15	2.07	2.02	1.98	1.94	1.89
23	4.28	3.42	3.03	2.80	2.64	2.53	2.44	2.37	2.32	2.27	2.20	2.13	2.05	2.00	1.96	1.91	1.86
24	4.26	3.40	3.01	2.78	2.62	2.51	2.42	2.36	2.30	2.25	2.18	2.11	2.03	1.97	1.94	1.89	1.84
25	4.24	3.39	2.99	2.76	2.60	2.49	2.40	2.34	2.28	2.24	2.16	2.09	2.01	1.96	1.92	1.87	1.82
26	4.23	3.37	2.98	2.74	2.59	2.47	2.39	2.32	2.27	2.22	2.15	2.07	1.99	1.94	1.90	1.85	1.80
27	4.21	3.35	2.96	2.73	2.57	2.46	2.37	2.31	2.25	2.20	2.13	2.06	1.97	1.92	1.88	1.84	1.79
28	4.20	3.34	2.95	2.71	2.56	2.45	2.36	2.29	2.24	2.19	2.12	2.04	1.96	1.91	1.87	1.82	1.77
29	4.18	3.33	2.93	2.70	2.55	2.43	2.35	2.28	2.22	2.18	2.10	2.03	1.94	1.89	1.85	1.81	1.75
30	4.17	3.32	2.92	2.69	2.53	2.42	2.33	2.27	2.21	2.16	2.09	2.01	1.93	1.88	1.84	1.79	1.74
40	4.08	3.23	2.84	2.61	2.45	2.34	2.25	2.18	2.12	2.08	2.00	1.92	1.84	1.78	1.74	1.69	1.64
60	4.00	3.15	2.76	2.53	2.37	2.25	2.17	2.10	2.04	1.99	1.92	1.84	1.75	1.69	1.65	1.59	1.53
120	3.92	3.07	2.68	2.45	2.29	2.18	2.09	2.02	1.96	1.91	1.83	1.75	1.66	1.60	1.55	1.50	1.43
∞	3.84	3.00	2.61	2.37	2.21	2.10	2.01	1.94	1.88	1.83	1.75	1.67	1.57	1.51	1.46	1.39	1.32

연습문제풀이

제2장 자료의 요약

[1] 계급간격 $W = R/C$

1) $R = 81 - 17 = 64$, $W = 64/8 = 8$

2) $R = 102.3 - 14.5 = 87.8$, $W = 87.8/7 = 12.54 \approx 13$

3) $R = 204 - 23 = 181$, $W = 181/11 = 16.45 \approx 17$

4) $R = 73.6 - 13.6 = 60$, $W = 60/12 = 5$

[3]

계급	도수	상대도수	누적도수	누적상대도수
1-4	14	0.175	14	0.175
5-8	18	0.225	32	0.400
9-12	12	0.150	44	0.550
13-16	16	0.200	60	0.750
17-20	20	0.250	80	1.000

[5] $c = 3.3(\log n) + 1$

1) 6 2) 7 3) 8 4) 8 5) 10

[7]

x	도수	누적도수
66-70	2	2
71-75	4	6
76-80	10	16
81-85	7	23
86-90	4	27
91-95	1	28

[9]

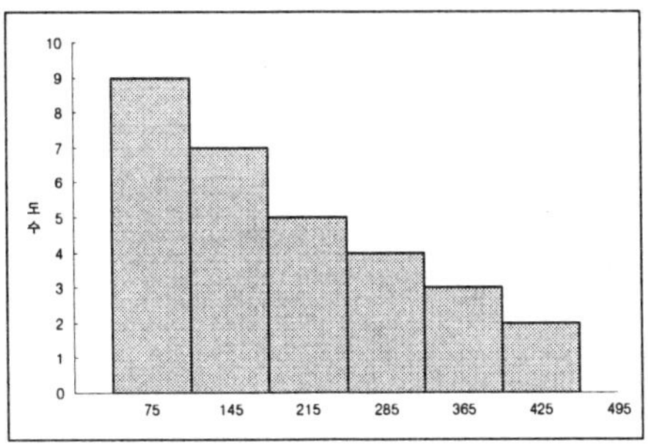

[11]

계급	도수	누적도수
1-4	1	1
5-8	18	19
9-12	12	31
13-16	16	47
17-29	20	67

[13]

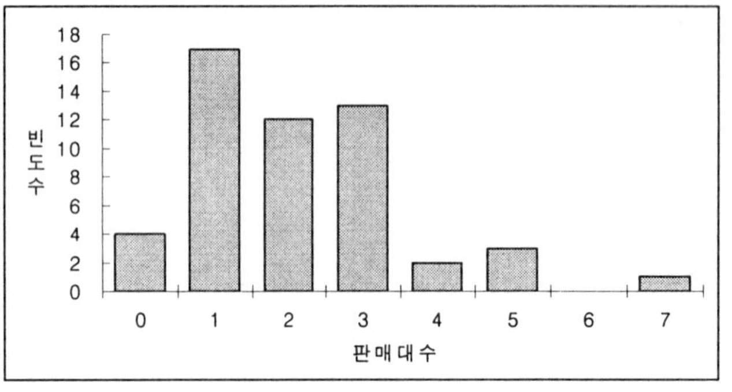

제3장 기술통계 : 일변량 자료의 분석

[1] 1) 평균 : $\bar{x}=\frac{1}{6}(201+187+234+208+198)=198.33$

2) 중위수 : $\frac{1}{2}(198+201)=199.5$

3) 최빈수 : 없음

4) 중앙범위 : $\frac{1}{2}(162+234)=198$

5) $Q_1=187\ Q_3=208$

6) $D_4=198$

[3] 1) 중위수 : 55

2) 평균 : $\bar{x}=\frac{\sum x_i f_i}{\sum f_i}=\frac{2325}{25}=93$

3) 중앙범위 : $\frac{1}{2}(55+300)=177.5$

4) 왜도 : 2.43

5) $IQR=Q_3-Q_1=80-55=25$

6) $D_6=70$

7) 표준편차 : 78.51

[5] 산술평균=147.0, 중위수=146.75, 최빈수=149

[7] 1) 산술평균=76, 중위수=75.65, 최빈수=74.5

2) 표준편차=9.47, 분산=89.42

3) 왜도=0.05, 분포의 모양: 우비대칭분포

[9] 1) $s^2 = \frac{1}{n-1}\left(\sum x^2 - n(\bar{x})^2\right) = \frac{1}{8}\left(52 - 9\times\left(\frac{7}{9}\right)^2\right) = 5.82,\ s = \sqrt{5.82} = 2.41$

2) $s^2 = \frac{1}{n-1}\left(\sum x^2 - n(\bar{x})^2\right) = \frac{1}{19}\left(25 - 20\times\left(\frac{12}{20}\right)^2\right) = 0.94,\ s = \sqrt{5.82} = 0.97$

[11] 1) $\mu = 12$ 2) $\sigma = 5.66$

3) 4 : -1.41, 8 : -0.71, 12 : 0, 16 : 0.71, 20 : 1.41

4) 평균=0, 분산=1

[13] A: $\frac{75-65}{10} = 1$ B: $\frac{75-70}{5} = 1$ C: $\frac{75-55}{15} = 1.33$

D: $\frac{75-75}{2} = 0$ E: $\frac{75-70}{3} = 1.67$

∴ E 학급에서 가장 높다.

[19] 1) $R = 71 - 40 = 31,\ s = \frac{31}{4} \approx 7.75$ 2) $\bar{y} = 59.2,\ s = 10.36$

∴ (1)에서 구한 근사값보다 크다.

[21] 1) $\bar{x} = \frac{1}{19}(7.28 + 8.54 + \cdots + 7.66) = 7.26$

2) $s = 3.20$

3) $\frac{10 - 7.26}{3.20} = 0/86$

[23] 2) $\bar{y} = \frac{1}{100}(0\times 69 + \cdots + 8\times 1) = 0.66$

$s = \sqrt{\frac{(0-0.66)^2 + \cdots + (8-0.66)^2}{100}} = 1.39$

3) 체비세프 정리에 의하면 이 자료의 $1 - \frac{1}{2^2} = 75\%$ 이상이 $\bar{y} \pm 2s = 0.66 \pm 2.78$

구간 내에 존재한다.

[25] $\bar{x} = \frac{2+3+3+5+7}{5} = 4$

[27] $\bar{x} = \frac{\sum x_i f_i}{\sum f_i} = 106.24$

$s = \sqrt{\frac{\sum (x_i - \bar{x})^2 f_i}{\sum f_i}} = 36.17$

$\alpha_3 = 0.38,\quad \beta = 0.546$

[29] $s^2 = \dfrac{(x_1-\bar{x})^2+(x_2-\bar{x})^2}{2-1}$, $\bar{x}=\dfrac{x_1+x_2}{2}$

$$\Leftrightarrow s^2 = \left\{x_1-\frac{1}{2}(x_1+x_2)\right\}^2+\left\{x_2-\frac{1}{2}(x_1+x_2)\right\}^2$$

$$=\left(\frac{x_1-x_2}{2}\right)^2+\left(\frac{x_2-x_1}{2}\right)^2$$

$$=\frac{1}{2}(x_1-x_2)^2$$

제4장 기술통계 : 이변량 자료의 정리

[1] $r=\dfrac{S_{XY}}{S_XS_Y}=1$, 완전 양상관

[3] $\bar{x}=1.33$, $\sum x_i^2=82$, $\bar{y}=-0.66$, $\sum y_i^2=74$, $\sum x_iy_i=66$ 이므로

$$a=\bar{y}-\frac{S_{XY}}{S_X^2}\bar{x}=-2, \qquad b=\frac{S_{XY}}{S_X^2}=1$$

$$\therefore \hat{y}=-2+x$$

[5] $\bar{x}=540.417$, $\sum x_i^2=3793827$, $\bar{y}=6$, $\sum y_i^2=504$, $\sum x_iy_i=42300$

1) $a=\bar{y}-\dfrac{S_{XY}}{S_X^2}\bar{y}=-0.334$, $\quad b=\dfrac{S_{XY}}{S_X^2}=0.0117$

$$\therefore \hat{y}=-0.334+0.0117x$$

2) $r=\dfrac{S_{XY}}{S_XS_Y}=0.743$

[7] $\bar{x}=3$, $\sum x_i^2=55$, $\bar{y}=10.6$, $\sum y_i^2=729$, $\sum x_iy_i=198$

2) $r=\dfrac{S_{XY}}{S_XS_Y}=0.954$

3) $a=\bar{y}-\dfrac{S_{XY}}{S_X^2}\bar{x}=-1.1$, $\quad b=\dfrac{S_{XY}}{S_X^2}=3.9$

$$\therefore \hat{y}=-1.1+3.9x$$

4) 3.9

5) $-1.1+3.9\times3.5=12.55$

[9] $s_{XY} = \frac{1}{n}\sum_{i=1}^{n}(x_i - \overline{x})(y_i - \overline{y})$

$$= \frac{1}{n}\left(\sum_{i=1}^{n}x_iy_i - \overline{x}\sum_{i=1}^{n}y_i - \overline{y}\sum_{i=1}^{n}x_i + \overline{x}\,\overline{y}\right)$$

$$= \frac{1}{n}\sum_{i=1}^{n}x_iy_i - \overline{x}\,\overline{y} - \overline{x}\,\overline{y} + \overline{x}\,\overline{y}$$

$$= \frac{1}{n}\sum_{i=1}^{n}x_iy_i - \overline{x}\,\overline{y}$$

[11] $\overline{x} = 126.2$, $\sum x_i^2 = 159434$, $\overline{y} = 27$, $\sum y_i^2 = 7402$, $\sum x_iy_i = 34171$

$$r = \frac{S_{XY}}{S_XS_Y} = 0.7038$$

① Y의 X에 관한 회귀선

$$a = \overline{y} - \frac{S_{XY}}{S_X^2}\overline{x} = -45.178, \quad b = \frac{S_{XY}}{S_X^2} = 0.572$$

$\therefore \hat{y} = -45.178 + 0.572x$

② X의 Y에 관한 회귀선

$$a = \overline{x} - \frac{S_{XY}}{S_Y^2}\overline{y} = 101.458, \ b = \frac{S_{XY}}{S_Y^2} = 0.952$$

$\therefore \ \hat{x} - 101.458 + 0.952y$

제5장 기초확률론

[1] 1) $\Omega = \{HHH, HHT, HTH, HTT, THH, THT, TTH, TTT\}$

2) $A = \{HHH, HHT, THH, THT\}$

$B = \{HHT, HTH, THH\}$

3) $A \cup B = \{HHH, HHT, HTH, THH, THT\}$

$A \cap B = \{HHT, THH\}$

$A^c = \{HTH, HTT, TTH, TTT\}$

$B^c = \{HHH, HTT, THT, TTH, TTT\}$

$(A \cap B)^c = \{HHH, HTH, HTT, THT, TTH, TTT\}$

$A^c \cap B = \{HTH\}$

[3] $A \cup (A \cap B)^c = A \cup (A^c \cup B^c) = (A \cup A^c) \cup (A \cup B^c) = \Omega \cup (A \cup B^c) = \Omega$

[5] $6 \times 4 = 24$가지

[7] $4 \times 5 \times 5 \times 2 = 200$가지

[9] $\binom{7}{3} = 35$가지

[11] 1) 5/12 2) 3/12 3) 3/12

[13] 1) 거짓 2) 참

[15]

$$\begin{aligned} P(A\cup B\cup C) &= P\{A\cup(B\cup C)\} \\ &= P(A)+P(B\cup C)-P\{A\cap(B\cup C)\} \\ &= P(A)+P(B\cup C)-P\{(A\cap B)\cup(A\cap C)\} \\ &= P(A)+P(B)+P(C)-P(A\cap B)-P(A\cap C) \\ &\quad -P(B\cap C)+P(A\cap B\cap C) \end{aligned}$$

[17] $A=(2,6),(3,5),(4,4),(5,3),(6,2),\ P(A)=5/36$

$B=((2,2),(2,4),(2,6),(4,2),(4,4),(4,6),(6,2),(6,4),(6,6),\ P(B)=9/36$

$A\cap B=(2,6),(4,4),(6,2),\ P(A\cap B)=3/36$

$P(A)P(B)=(6/36)(9/36)=1/24\neq 3/36=P(A\cap B)$

따라서 A와 B는 독립이 아니다.

[19] $E(X)=\dfrac{1}{6}(1^2+2^2+3^2+4^2+5^2+6^2)=\dfrac{91}{6}$

제6장 이산확률분포

[1] 1) $P(X=3)=P(X\leqq 3)-P(X\leqq 2)=0.055-0.012$

2) $P(X=11)=P(X\leqq 11)-P(X\leqq 10)=0.010-0.003$

3) $P(X=5)=P(X\leqq 5)-P(X\leqq 4)=0.975-0.901$

[3] 1) $P(X\leqq 5)=0.004$

2) $P(X>8)=1-P(X\leqq 8)=1-0.131=0.869$

3) $P(6\leqq X\leqq 10)=P(X\leqq 10)-P(X\leqq 5)=0.485-0.004=0.481$

[5] $\mu=20\times 0.3=6$

$\sigma=\sqrt{\sigma^2}=\sqrt{20\times 0.3\times 0.7}=\sqrt{4.2}$

[7] $X\sim Bin(15,0.6)$

1) $P(X\leqq 5)=0.034$

2) $P(X\geqq 5)=1-P(X\leqq 4)=1-0.009=0.991$

3) $\mu=15\times 0.6=9$

$\sigma=\sqrt{\sigma^2}=\sqrt{15\times 0.6\times 0.4}=\sqrt{3.6}$

[9] $n=3000, p=0.0005$에 대한 이항분포표가 없으므로 포아송 근사를 이용한다.

$\lambda=np=3000\times 0.0005=1.5$이므로

$P(X\geqq 2)=1-P(X\leqq 1)=1-0.558=0.442$

[11] $\mu=20\times 0.20=4$

$\sigma^2=20\times 0.20\times 0.80=3.2$

[13]

$$P(X \geqq 2) = 1 - P(X \leqq 1) = 1 - [P(X=0) + P(X=1)]$$

$$= 1 - [\binom{6}{0}(\frac{3}{4})^0(1-\frac{3}{4})^6 + \binom{6}{1}(\frac{3}{4})^1(\frac{1}{4})^5]$$

$$= 0.99536$$

[15] 1) X는 $n=3$이고 $P=\frac{D}{N}=\frac{6}{10}=0.6$ 인 이항분포를 따른다.

2)

x	$P(X=x)$
0	$0.064 = \binom{3}{0}(0.6)^0(0.4)^3$
1	0.288
2	0.432
3	0.216

[17] $N=20$, $D=5$, $n=4$ 인 초기하 분포

1) $P(X=2) = \frac{\binom{5}{2}\binom{15}{2}}{\binom{20}{4}}$

2) $P(X \leq 1) = P(X=0) + P(X=1) = \frac{\binom{5}{0}\binom{15}{4}}{\binom{20}{4}} + \frac{\binom{5}{1}\binom{15}{3}}{\binom{20}{4}}$

3) $P(X=4) = \frac{\binom{5}{4}\binom{15}{0}}{\binom{20}{4}}$

[19] 1) $P(X=0) = 0.942$

2) $P(X=10) = P(X \leqq 10) - P(X \leqq 9) = 0.583 - 0.458 = 0.125$

3) $P(X=6) = P(X \leqq 6) - P(X \leqq 5) = 0.999 - 0.996 = 0.003$

[21] $\lambda = 500 \times 0.02 = 10$

1) $P(X=8) = P(X \leqq 8) - P(X \leqq 7) = 0.333 - 0.220 = 0.113$

2) $P(X \leqq 6) = 0.130$

3) $P(X \geqq 2) = 1 - P(X \leqq 1) = 1 - 0.000 = 1$

[23] $n=60$, $p=0.05, \lambda = 60 \times 0.05 = 3$

X : 당첨될 복권수

$P(X>0) = 1 - P(X=0) = 1 - 0.050 = 0.95$

제7장 연속확률분포

[1] $X \sim U(30,80) \quad f(x)=\frac{1}{80-30}=\frac{1}{50},\ 30<x<80$

1) $P(X=37)=0$

2) $P(X>53)=\int_{53}^{80}\frac{1}{50}dx=\frac{80-53}{50}=\frac{27}{50}$

3) $P(43<x<72)=\int_{43}^{72}\frac{1}{50}dx=\frac{1}{50}(72-43)=\frac{29}{50}$

[3] $X \sim U(-15,10) \quad f(x)=\frac{1}{10-(-15)}=\frac{1}{25},\ -15<x<10$

1) $P(X\leqq -3)=\int_{-15}^{-3}\frac{1}{25}dx=\frac{12}{25}$

2) $P(-6\leqq X\leqq 3)=\int_{-6}^{3}\frac{1}{25}dx=\frac{9}{25}$

3) $P(X\leqq -12)+P(X\geqq 7)=\int_{-15}^{-12}\frac{1}{25}dx+\int_{7}^{10}\frac{1}{25}dx=\frac{3}{25}+\frac{3}{25}=\frac{6}{25}$

[5] 교수가 수업시간에 도착할 시간은 8시 57분과 9시 4분 사이에 균등하게 도착한다.

$X\sim U(-3,4) \quad f(x)=\frac{1}{7},\ -3<x<4$

$P(X\leqq 0)=\int_{-3}^{0}\frac{1}{7}dx=\frac{3}{7}$

[7] 1) $P(Z>z)=0.025 \quad \Rightarrow P(0<Z<z)=0.5-0.025=0.475 \Rightarrow z=1.96$

2) $P(-z<Z<z)=0.90 \quad \Rightarrow z=1.645$

3)

$$\begin{aligned} P(-z<Z<2)=0.94 \quad &\Rightarrow P(Z<2)-P(Z<-z)=0.94 \\ &\Rightarrow 0.9772-P(Z<-z)=0.94 \\ &\Rightarrow P(Z<-z)=0.0372 \\ &\Rightarrow P(0<Z<z)=0.5-0.0372 \\ &\Rightarrow z=1.785 \end{aligned}$$

4)

$$\begin{aligned} P(Z<z)+P(Z>1.1)=0.90 &\Rightarrow P(Z<z)+0.1335=0.90 \\ &\Rightarrow P(Z<z)=0.7665 \\ &\Rightarrow z=0.725 \end{aligned}$$

[9] $X\sim N(70,5^2)$

1) $P(X<k)=0.95 \quad \Rightarrow P\left(\frac{X-70}{5}<\frac{k-70}{5}\right)=P\left(Z<\frac{k-70}{5}\right)=0.95$

$$\Rightarrow \frac{k-70}{5}=1.645 \quad \Rightarrow k=78.225$$

2) $P(X>k)=0.05 \quad \Rightarrow P\left(Z>\frac{k-70}{5}\right)=0.05 \quad k=78.225$

3) $P(-k<X<k)=0.75 \quad \Rightarrow P\left(\frac{-k-70}{5}<\frac{X-70}{5}<\frac{k-70}{5}\right)$

$$\Rightarrow P\left(\frac{-k-70}{5}<Z<\frac{k-70}{5}\right)=0.75$$

$$\Rightarrow P\left(0<Z<\frac{k-70}{5}\right)=0.375 \quad \Rightarrow \frac{k-70}{5}=1.15$$

$$\Rightarrow k=75.75$$

4) $P(X<k)=P(\frac{X-70}{5}<\frac{k-70}{5})$

$$=P(Z<\frac{k-70}{5})=0.409$$

$$\Rightarrow \frac{k-70}{5}=-0.23 \Rightarrow k=68.85$$

[11] $X\sim N(850,80^2)$

1) $P(X\leqq 900)=P(Z\leqq \frac{900-850}{80})=P(Z\leqq 0.625)=0.734$

2) $P(X\geqq 800)=P(Z\geqq \frac{800-850}{80})=P(Z\geqq -0.625)=0.734$

3) $P(850\leqq X\leqq 950)=P(\frac{850-850}{80}\leqq Z\leqq \frac{950-850}{80})$

$$=P(0\leqq Z\leqq 1.25)=0.3944$$

4) $P(X\geqq x)=0.98 \Rightarrow P(Z\geqq \frac{x-850}{80}) = 0.98$

$$\Rightarrow \frac{x-850}{80}=-z=-2.055$$

$$\Rightarrow x=685.6$$

[13] $P(X>x)=\frac{20}{200}=0.1$

$$\Rightarrow P(\frac{X-70}{15}>\frac{x-70}{15})=0.1$$

$$\Rightarrow \frac{x-70}{15}=1.285 \Rightarrow x=89.28$$

∴ 적어도 89.28점 이상은 받아야 한다.

[15] $X\sim Bin(100,0.2)$

$\mu=E(X)=100\times 0.2=20$

$\sigma=\sqrt{var(X)}=\sqrt{100\times 0.2\times 0.8}=4$

1) $P(X \geqq 18) \approx P(\frac{X-20}{4} \geqq \frac{18-20}{4}) = P(Z \geqq -0.5) = 0.6915$

2) $P(X < 25) = P(X \leqq 24) \approx P(\frac{X-20}{4} \leqq \frac{24-20}{4}) = P(Z \leqq 1) = 0.8413$

3) $P(15 < X \leqq 30) = P(16 \leqq X \leqq 30) \approx P(\frac{16-20}{4} \leqq Z \leqq \frac{30-20}{4})$

$= P(-1 \leqq Z \leqq 2.5) = 0.8351$

4) $P(17 \leqq X \leqq 32) \approx P(\frac{17-20}{4} \leqq Z \leqq \frac{32-20}{4}) = P(-0.75 \leqq Z \leqq 3) = 0.7721$

[17] $X \sim Bin(1000, 0.5)$

$\mu = E(X) = 1000 \times 0.5 = 500$

$\sigma = \sqrt{var(X)} = \sqrt{1000 \times 0.5 \times 0.5} = 15.81$

1) $P(X \geqq 730) \approx P(X \geqq 729.5) = P(\frac{X-500}{15.81} \geqq \frac{729.5-500}{15.81})$

$= P(Z \geqq 14.52) \approx 0$

2) $P(470 \leqq X \leqq 510) \approx P(469.5 \leqq X \leqq 510.5) = P(\frac{469.5-500}{15.81} \leqq Z \leqq \frac{510.5-500}{15.81})$

$P(-1.93 \leqq Z \leqq 0.66) = 0.7186$

3) $P(X = 515) \approx P(514.5 \leqq x \leqq 515.5)$

$= P(\frac{514.5-500}{15.81} \leqq Z \leqq \frac{515.5-500}{15.81})$

$= P(0.92 \leqq Z \leqq 0.98)$

$= 0.0153$

4) $P(X \leqq 520) \approx P(X \leqq 520.5) = P(\frac{X-500}{15.81} \leqq \frac{520.5-500}{15.81})$

$= P(Z \leqq 1.296) = 0.9025$

5) $P(X < 495) \approx P(X \leqq 494.5) = P(\frac{X-500}{15.81} \leqq \frac{494.5-500}{15.81})$

$= P(Z \leqq -0.348) = 0.364$

[19] $X \sim Bin(300, 0.6)$

$\mu = E(X) = 300 \times 0.6 = 180$

$\sigma = \sqrt{var(X)} = \sqrt{300 \times 0.6 \times 0.4} = 8.48$

1) $P(150 \leqq X \leqq 175) \approx P(150.5 \leqq X \leqq 175.5) = P(\frac{150.5-180}{8.48} \leqq Z \leqq \frac{175.5-180}{8.48})$

$= P(-3.48 \leqq Z \leqq -0.53) = 0.298$

2) $P(X = 180) \approx P(179.5 \leqq X \leqq 180.5) = P(\frac{179.5-180}{8.48} \leqq Z \leqq \frac{180.5-180}{8.48})$

$= P(-0.06 \leqq Z \leqq 0.06)$

$= 2 \times 0.0239 = 0.0478$

제8장 표본분포이론

[1] 층화임의추출법

[3] 복원 : 5^3 = 125 가지 비복원 : $\binom{5}{3}$= 10가지

[5] $\frac{N-n}{N-1}=\frac{100-10}{100-1}=\frac{90}{99}=\frac{10}{11}$

[7] $N(0,1)$: 평균이 0이고 분산이 1인 표준정규분포

[9] $X\sim N(800,40^2), n=16 \Rightarrow \overline{X}\sim N\left(800,\frac{40^2}{16}\right)$

$$P(\overline{X}<780)=P\left(Z<\frac{780-800}{40/4}\right)=P\left(Z<\frac{-20}{10}\right)=P(Z<-2)=0.0228$$

[11] $X\sim(170,6^2),\ n=36 \Rightarrow \overline{X}\sim N(170,1)$

$$P(169\leqq \overline{X}\leqq 172)=P(-2\leqq Z\leqq 2)=0.9589$$

[13] $X\sim(100,5),\ n=50 \Rightarrow Var(\overline{X})=\frac{\sigma^2}{n}=\frac{5}{50}=0.1$

[15] $\overline{X}\sim N\left(\mu,\frac{4}{n}\right)$

$P(|\overline{X}-\mu|\leqq 0.1)\geqq 0.95$

$\Rightarrow P(|Z|\leqq \frac{0.1}{2/\sqrt{n}})\geqq 0.95$

$\Rightarrow \frac{0-1}{2/\sqrt{n}}=1.96$

$n=1536.94 \approx 1537$

[17] $p=0.2,\ n=64$

$$P\left(\hat{p}>\frac{16}{64}\right)=P(\hat{p}>0.25)=P\left(Z>\frac{0.25-0.2}{0.05}\right)=P(Z>1)=1-0.8413=0.1587$$

[19] 표준정규분포

[21] 1) 1.645 2) 1.960 3) 2.576

[23] 컴퓨터 실습

제9장 추정

[1] 1) $n=20$, $\sigma^2=4$ 이므로 95% 추정오차의 한계는

$1.96\times\frac{\sigma}{\sqrt{n}}=1.96\times 1.96\frac{2}{\sqrt{20}}=0.8765$ 이다.

2) $n=100$, $\sigma^2=0.9$ 인 경우, $1.96\times\frac{\sigma}{\sqrt{n}}=1.96\times 1.96\frac{\sqrt{0.9}}{\sqrt{100}}=0.1859$

3) $n=50$, $\sigma^2=12$ 인 경우, $1.96\times\frac{\sigma}{\sqrt{n}}=1.96\times 1.96\frac{\sqrt{12}}{\sqrt{50}}=0.9602$

[3] μ: 미지, $\sigma=10$ 인 경우, 95% 신뢰구간은

$$\left[\bar{x}-1.96\times\frac{10}{\sqrt{n}},\ \bar{x}+1.96\times\frac{10}{\sqrt{n}}\right]$$

이다. 이때 신뢰구간의 폭은 $\bar{x}+1.96\times\frac{10}{\sqrt{n}}-(\bar{x}-1.96\times\frac{10}{\sqrt{n}})=3.92\times\frac{10}{\sqrt{n}}$ 이다.

1) $n=100$ 인 경우, $3.92\times\frac{10}{\sqrt{100}}=3.92$

2) $n=200$ 인 경우, $3.92\times\frac{10}{\sqrt{200}}=2.7719$

3) $n=400$ 인 경우, $3.92\times\frac{10}{\sqrt{400}}=1.96$ 이다.

[5] 1) $\left[\bar{x}-1.65\times\frac{10}{\sqrt{100}},\ \bar{x}+1.65\times\frac{10}{\sqrt{100}}\right]$ 으로부터, 신뢰구간의 폭은 3.33이다.

2) $\left[\bar{x}-2.58\times\frac{10}{\sqrt{100}},\ \bar{x}+2.58\times\frac{10}{\sqrt{100}}\right]$ 으로부터, 신뢰구간의 폭은 5.16이다.

3) 신뢰계수가 증가함에 따라 신뢰구간의 폭이 넓어졌다.

[7] $n=200$, $\bar{x}=0.072$, $s=0.056$ 이므로, $\hat{\mu}=0.072$ 이고, 95% 추정오차의 한계는

$1.96\times\frac{0.056}{\sqrt{200}}=0.0078$ 이다.

[9] $n=30$, $\bar{x}=0.145$, $s=0.0051$ 이므로, μ 에 대한 90% 신뢰구간은

$$\left[0.145-1.645\times\frac{0.0051}{\sqrt{30}},\ 0.145+1.645\times\frac{0.0051}{\sqrt{30}}\right]=[0.1435,\ 0.1465]$$

[11] $n_1=30$, $\overline{x_1}=21.3$, $s_1=2.6$

$n_2=30$, $\overline{x_2}=13.4$, $s_2=1.9$

이다. 모평균 차이에 대한 95% 신뢰구간은

$$\left[(\overline{x_1}-\overline{x_2})-z_{\alpha/2}\sqrt{\frac{\sigma_1^2}{n_1}+\frac{\sigma_2^2}{n_2}},\ (\overline{x_1}-\overline{x_2})+z_{\alpha/2}\sqrt{\frac{\sigma_1^2}{n_1}+\frac{\sigma_2^2}{n_2}}\right]$$

로부터 구할 수 있다. 여기서, $n_1=n_2=30$ 이므로, σ_1^2 과 σ_2^2 대신에 각각 s_1^2 과 s_2^2 을 사용하자. 따라서,

$$(21.3-13.4)\pm1.96\sqrt{\frac{(2.6)^2}{30}+\frac{(1.9)^2}{30}}=[6.7477,\ 9.0523]$$ 이다.

[13] 1) $\hat{p}=\frac{1134}{2000}=0.567$

2) $\left[0.567-2.58\sqrt{\frac{0.567\times0.433}{2000}}, 0.567+2.58\sqrt{\frac{0.567\times0.433}{2000}}\right]=[0.5384, 0.5956]$

[15] 1) $\hat{p_1}=\frac{42}{50}=0.84$, $\hat{p_2}=\frac{25}{50}=0.5$ 이므로,

점추정 값의 차이 $=0.84-0.5=0.34$

추정오차의 한계 $=1.96\sqrt{\frac{0.84\times0.16}{50}+\frac{0.5\times0.5}{50}}=0.1719$

2) $[0.34-0.1719, 0.34+0.1719]=[0.1671\ ,\ 0.5119]$

[17] $n=\frac{1.65^2\times0.6\times0.4}{0.02^2}=1633.5$ 이므로, 약 1,634명

[19] $\hat{p_1}=0.71,\ \hat{p_2}=0.75,\ n_1=n_2=1500,\quad \alpha=0.01$ 이므로,

$(0.71-0.75)\pm 2.58\times\sqrt{\frac{0.71\times0.29}{1500}+\frac{0.75\times0.25}{1500}}=[-0.0818,\ 0.0018]$

제10장 가설검정

[1] 1) $H_0: \mu=2.3\quad v.s.\quad H_1: \mu>2.3$

2) $\mu=2.3$ 이 옳음에도 불구하고 $\mu>2.3$ 을 채택하는 오류

3) 검정통계량 $Z_0=\frac{2.4-2.3}{0.29/\sqrt{35}}=2.0408$ 이므로, H_0 를 기각한다. 따라서 이 자료는 $\mu>2.3$ 임을 나타내는 확실한 증거가 된다.

[3] 1단계 : 가설설정 $H_0: \mu=0.8\quad v.s.\quad H_1: \mu<0.8$

2단계 : 검정통계량 계산

$$Z=\frac{0.797-0.8}{0.08/\sqrt{100}}=-3.75$$

3단계 : 기각역 결정

$\alpha=0.05$이므로, 검정통계량 Z_0 값이 $Z_0<-1.65$ 이면 H_0 을 기각한다.

4단계 : 의사결정

이 경우 검정통계량 $Z=3.75$가 기각역 내에 있으므로, 유의수준 5%하에서 H_0 을 기각한다. 따라서 제약회사의 주장을 논박할 충분한 근거가 된다.

[5] 1단계 : 가설설정 $H_0: \mu=300\quad v.s.\quad H_1: \mu\neq300$

2단계 : 검정통계량

$$Z_0=\frac{\bar{x}-\mu_0}{\sigma/\sqrt{n}}=\frac{272-300}{42/\sqrt{36}}=-4.0$$

3단계 : 유의수준 $\alpha=0.05$ 이므로 기각역은 $|Z_0|\leq1.96$ 이다. 따라서 검정통계량 $Z_0=-4.0$은 기각역 내에 있으므로 귀무가설을 기각한다.

[7] 자료로부터 $\bar{x}=12.744$, $s=0.0783$ 이다.

1단계 : 가설설정 $H_0: \mu=12.70\ v.s.\ H_1: \mu\neq12.70$

2단계 : 검정통계량

$$t_0=\frac{12.744-12.70}{0.0783/\sqrt{10}}=1.7742$$

3단계 : 유의수준 $\alpha=0.05$ 이므로 검정통계량 t_0 가 $|t_0|>t_{0.025}(9)=2.262$이면, H_0 을

기각한다. 검정통계량 t_0가 기각역 내에 포함되지 않았으므로 유의수준 5%하에서 H_0을 기각할 수 없다. 따라서 납품서와 같다고 할 수 있다.

[9] $\alpha = P(H_1\text{채택} \mid \mu = 1152.8) = P(\bar{x} < 1130.4 \mid \mu = 1152.8)$

$= P\left(Z < \dfrac{1130.4 - 1152.8}{20/\sqrt{400}}\right) = P(Z < -2.24) = 0.0125$

제11장 두모수에 대한 추론

[1] 1) $H_0 : \mu_1 = \mu_2 \quad v.s. \quad H_1 : \mu_1 > \mu_2$

2) $Z_0 = \dfrac{11.6 - 9.7}{\sqrt{\dfrac{27.9}{80} + \dfrac{38.4}{80}}} = 2.0870$

유의수준 $\alpha = 0.05$일 때, 기각역은 $Z_0 > Z_{0.10} = 1.645$

3) 검정통계량이 기각역 내에 있으므로, $\alpha = 0.10$ 하에서 귀무가설을 기각한다. 따라서 이 자료는 $\mu_1 > \mu_2$임을 나타내기에 충분한 자료가 된다.

[3] 1) 가설검정 $H_0 : \mu_1 = \mu_2 \quad v.s. \quad H_1 : \mu_1 \neq \mu_2$

2) 검정통계량 계산

$$Z_0 = \frac{1.24 - 1.31}{\sqrt{\dfrac{0.056}{36} + \dfrac{0.054}{45}}} = -0.6014$$

$\alpha = 0.05$에서 기각역은 $|Z_0| > Z_{0.025} = 1.96$ 이다.

3) 검정통계량이 기각역 내에 포함되지 않으므로, 유의수준 5%하에서 H_0을 기각하지 않는다. 따라서 위의 자료는 $\mu_1 \neq \mu_2$임을 나타내기에 충분한 근거가 되지 못한다.

[5] 1단계 : 가설설정 $H_0 : p_1 = p_2 \quad v.s. \quad H_1 : p_1 > p_2$

2단계 : 검정통계량을 구하기 위해 p를 계산하면

$$p = \frac{37 + 23}{50 + 50} = \frac{60}{100} = 0.6$$

$$Z_0 = \frac{0.74 - 0.46}{\sqrt{(0.6 \times 0.4)\left(\dfrac{1}{50} + \dfrac{1}{50}\right)}} = 2.8571$$

3단계 : $\alpha = 0.05$하에서 기각역은 $Z_0 > Z_{0.05} = 1.645$ 이다. 이 경우, 검정통계량이 기각역 내에 있으므로 귀무가설 H_0을 기각한다. 따라서 여성모델을 사용한 경우가 더 비싸다고 인식하는데 영향을 미친다.

[7] 1단계 : 가설설정 $H_0 : p_1 = p_2 \quad v.s. \quad H_1 : p_1 \neq p_2$

2단계 : 검정통계량을 구하기 위해 p를 계산하면

$$p = \frac{12 + 2}{51 + 47} = 0.1429$$

$$Z_0 = \frac{0.2353-0.0426}{\sqrt{(0.1428\times 0.8572)\left(\frac{1}{51}+\frac{1}{47}\right)}} = 4.7138$$

3단계 : $\alpha=0.05$하에서 기각역은 $|Z_0|> Z_{0.025}=1.96$ 이다. 이 경우, 검정통계량이 기각역 내에 포함되므로 H_0을 기각한다. 따라서 유의적인 차이가 있다.

[9] 1단계 : 가설설정 $H_0:\mu_1=\mu_2$ $v.s.$ $H_1:\mu_1\neq\mu_2$

2단계 : $\bar{d}=-3.500$, $S_d=3.1623$이므로,

$$t_0=\frac{-3.500}{3.1623/\sqrt{8}}=-3.130 \text{ 이다.}$$

3단계 : $\alpha=0.05$ 이므로 기각역은 $|t_0|> t_{0.025}(7)=2.365$ 이다. 이 경우, 검정통계량이 기각역 내에 포함되므로 H_0 을 기각한다. 따라서 두 사료의 우유생산량은 차이가 있다.

제12장 범주형 자료 분석

[1] 카이제곱분포

[3] H_0: $p_1=9/16$, $p_2=3/16$, $p_3=3/16$, $p_4=1/16$

꽃의 종류	관측도수	기대도수
A	310	315
B	120	105
C	100	105
D	30	35
합	560	500

$$\begin{aligned}\chi^2 &= \sum\frac{(O_i-E_i)^2}{E_i}\\ &= \frac{(310-315)^2}{315}+\frac{(120-105)^2}{105}+\frac{(100-105)^2}{100}+\frac{(30-35)^2}{35}\\ &=3.17\end{aligned}$$

$p-$값$=P(\chi^2(3)>3.17)=0.3656>\alpha=0.05$

∴ 유의수준 $\alpha=0.05$로 귀무가설을 기각하지 않는다.

[5] H_0 : 신상품에 대한 선호도와 성별은 서로 독립이다

성별 \ 신상품	A	B	C	합
남	10(12)	50(26)	20(32)	80
여	20(18)	40(54)	60(48)	120
합	30	90	80	200

$$\chi^2 = \sum\sum \frac{(O_{ij}-E_{ij})^2}{E_ij} = 19.758$$

$p-$값$= P(\chi^2(3) > 19.758) = 0.000191 < \alpha = 0.05$

∴ 유의수준 $\alpha = 0.05$로 귀무가설을 기각한다. 즉, 신상품에 대한 선호도와 성별은 종속이다.

[7] H_0: $p_1 = p_2 = p_3 = p_4 = p_5 = 3/100$

크기	공장1	공장2	공장3	공장4	공장5	합
관찰도수	10	5	8	1	6	30
기대도수	6	6	6	6	6	30

$$\chi^2 = \sum \frac{(O_i - E_i)^2}{E_i} = 7.67$$

$p-$값$= P(\chi^2(4) > 7.67) = 0.1046 > \alpha = 0.05$

∴ 유의수준 $\alpha = 0.05$에서 귀무가설을 채택한다. 즉, 공장마다 불량률이 다르다는 충분한 증거가 없다.

[9] H_0 : 직업과 혈압간에는 서로 관련성이 없다(독립이다)

직업 \ 혈압	낮다	정상	높다	계
농 업	3(1)	5(7)	2(2)	10
근로자	5(6)	45(42)	10(12)	60
기 타	2(3)	20(21)	8(6)	30
계	10	70	20	100

$$\chi^2 = \sum\sum \frac{(O_{ij}-E_{ij})^2}{E_{ij}} = 6.33$$

$p-$값$= P(\chi^2(4) > 6.33) = 0.1726 > \alpha = 0.05$

∴ 유의수준 $\alpha = 0.05$로 귀무가설을 채택한다. 즉, 직업과 혈압은 서로 독립이다.

제13장 분산분석(Excel의 결과를 사용한 답안)

[1]

분산분석표

요인	제곱합	자유도	제곱 평균	F비
처리	1019.2	2	509.6	5.135371
잔차	1190.8	12	99.23333	
계	2210	14		

F 비 $> F_{0.05}(2,12) = 3.88529$이므로 유의수준 5%에서 담배의 종류에 따라 타르의 양이 같다고 말할 수 없다.

[3]

1) 분산분석표

요인	제곱합	자유도	제곱 평균	F비
안정제	117.6	1	117.6	54.6506
복용량	286.6333	2	143.3167	66.60155
교호작용	55.3	2	27.65	12.8494
잔차	116.2	54	2.151852	
계	575.7333	59		

2) 교호작용에 대해 12.8494 = F 비 > $F_{0.05}(2,54) = 3.168246$ 이므로 안정제와 복용량간에는 교호작용 효과가 없다고 할 수 없다.

3) 안정제에 대해 54.6506 = F 비 > $F_{0.05}(1,54) = 4.01954$ 이므로 안정제의 효과가 같다고 할 수 없다. 또한 복용량은 $66.60155 = F_0 > F_{0.05}(2,54) = 3.168246$ 이므로 복용량의 효과 또한 같다고 할 수 없다.

[5]

1) 분산분석표

요인	제곱합	자유도	제곱 평균	F 비
콩	232.75	2	116.375	5.115385
비료	11789	3	3929.667	172.7326
교호작용	563.25	6	93.875	4.126374
잔차	273	12	22.75	
계	12858	23		

2) 콩과 비료의 교호작용의 효과는 4.126374 = F 비 > $F_{0.05}(6,12) = 2.996117$ 이므로 교호작용의 효과가 있다.

3) 콩의 경우 5.115385 = F 비 > $F_{0.05}(2,12) = 3.88529$ 이므로 콩의 종류별 수확량에 차이가 있다.

4) 비료의 경우 172.7326 = F 비 > $F_{0.05}(3,12) = 3.4903$ 이므로 비료별 수확량에 차이가 있다.

제14장 회귀분석 (Excel의 결과를 사용한 답안)

[1] 2) 표본상관계수는 r_{xy}=-0.948413871이며 가설 $H_0 : \rho_{xy} = 0$ 대 $H_1 : \rho_{xy} \neq 0$ 에 대한 검정통계량은 t_0=-7.32768이고 $|t_0| > t_{0.025}(6) = 2.446914$ 이므로 모상관계수 ρ_{xy}가 0이라고 할 수 없다.

3) $\hat{y}$ = 15.83785741-0.127921715x

4) 15.83785741- 0.127921715×32.5 = 11.68040168(톤)

[3] 2) $\hat{y}$ = 13.10873722-0.090013872x_1 +0.082494974x_2

3) 분산분석표

요인	자유도	제곱합	제곱 평균	F 비
회귀	2	24.87501798	12.43751	92.30309
잔차	5	0.673732024	0.134746	
계	7	25.54875		

F 비 $> F_{0.05}(2,5) = 5.786148$ 이므로 중회귀모형은 유의하다.

4) 결정계수 R^2 = 0.97362955 그리고 수정된 결정계수 R_a^2 = 0.963081371

[5] 1) 표본상관계수 $r_{x_1 y} = 0.81426$, $r_{x_2 y} = 0.76982$

2) $\hat{y}$ = 6.18984871+1.07223036x_1, SSE=299.327477

3) $\hat{y}$ = 30.5714286+3.64285714x_2, SSE=361.857143

4) $\hat{y}$ = 6.55304825+0.72203796x_1+2.05012635x_2, SSE=195.427393

[7] 1) $\hat{y}$ = 4.916667x_1+2.333333x_2-3.5x_3

2) $\hat{y}$ = 10.28571+1.678571x_1+1.571429x_2-1.21429x_3

찾아보기

(ㄱ)

(ㄴ)

(ㄷ)

(ㅇ)

(기타)

저자 약력

엄준근
서울대학교 계산통계학과 이학박사
미국 캘리포니아 주립대학(리버사이드) 객원교수
현 : 동국대학교 통계학과 교수

김혜중
미국 캘리포니아 주립대학(리버사이드) 통계학박사
미국 캘리포니아 주립대학(리버사이드) 객원교수
현 : 동국대학교 통계학과 교수

이관제
미국 뉴저지 주립대학(Rutgers) 통계학박사
미국 뉴저지 주립대학(Rutgers) 객원교수
현 : 동국대학교 통계학과 교수

김주환
미국 뉴멕시코 주립대학 수학통계학과 통계학박사
이탈리아 피렌체대학 통계학과 객원교수
현 : 동국대학교(경주) 정보통계학과 교수

심규박
동국대학교 통계학과 이학박사
미국 미네소타 주립대학 객원교수
현 : 동국대학교(경주) 정보통계학과 교수

조태경
미국 오클라호마 주립대학 통계학과 통계학박사
미국 인디애나 주립대학 객원교수
현 : 동국대학교(경주) 정보통계학과 교수

이영섭
미국 뉴저지 주립대학(Rutgers) 통계학박사
현 : 동국대학교 통계학과 교수

김선웅
동국대학교 통계학과 이학박사
미국 미시간 대학 박사 후 연구원
현 : 동국대학교 통계학과 교수

안홍엽
미국 위스콘신대학 통계학과 통계학 박사
현 : 동국대학교 통계학과 교수

일반통계학

2002년 3월 2일 초 판 발행
2006년 7월 20일 개정판 발행

저 자 / 염준근 · 김혜중 · 이관제 · 김주환 · 심규박
조태경 · 이영섭 · 김선웅 · 안홍엽

발행자 / 오판근
발행처 / 교우사

주 소 / 서울 동대문구 제기2동 148-19
전 화 / 925-2861, 929-4865
팩 스 / 925-2860
E-mail / kw2861 @ chollian. net
http: // www. kyowoo. co. kr
등록 / 1994. 3. 24 제6-0256호

ISBN 89-8172-304-4 (93310)
값 **22,000**원